民國建築工程期刊匯編

MINGUO JIANZHU GONGCHENG QIKAN HUIBIAN

72

《民國建築工程期刊匯編》編寫組 編

廣西師范大學出版社
GUANGXI NORMAL UNIVERSITY PRESS
·桂林·

第七十二册目録

中國營造學社彙刊

中華郵政特准掛號認為新聞紙類

中國營造學社彙刊

婉漪圖

第六卷 第三期

本社出版圖籍

中國營造學社彙刊第一卷至第三卷(絕版)
第四卷共四期(第二期絕版)　每期八角
第五卷共四期　每期八角
第六卷第一二三期　每期一圓

清式營造則例(絕版)　梁思成
建築設計參考圖集第一二三四五六集　梁思成　劉致平　每集一圓六角
文淵閣藏書全景　四十圓
清文淵閣實測圖說　劉敦楨　梁思成　二圓
營造算例　梁思成　一圓
寶坻廣濟寺三大士殿(絕版)　梁思成
牌樓算例(絕版)　劉敦楨
正定古建築調查紀略(絕版)　梁思成
同治重修圓明園史料(絕版)　劉敦楨
大同古建築調查報告(絕版)　梁思成　劉敦楨
雲岡石窟中所表現的北魏建築(絕版)　林徽因　梁思成　劉敦楨
漢代建築式樣與裝飾(絕版)　鮑鼎　劉敦楨　梁思成
定興縣北齊石柱(絕版)　劉敦楨
晉汾古建築預查紀略　林徽因　梁思成　五角
易縣清西陵(絕版)　劉敦楨　五角
河北省西部古建築調查紀略　劉敦楨　五角
天寧寺建築年代之鑑別問題　林徽因　梁思成　二角
曲阜孔廟之建築及其修葺計劃　梁思成　一圓
北平護國寺殘蹟　劉敦楨　四角
清官式石橋做法附石閘石涵洞做法　王璧文　八角
一家言中之居室器玩部(絕版)　清　李漁
岐陽世家文物圖像册　甲種五圓　乙種四圓
岐陽世家文物考述　瞿兌之　八角
工段營造錄　清　李斗　四角
梓人遺制(絕版)　朱啓鈐　劉敦楨校刊
園冶　明　計成　甲種一圓八角　乙種一圓
三几圖(蝶几燕几匡几)　朱啓鈐校刊　一圓八角
蘇州古建築調查記　劉敦楨　五角

中國營造學社彙刊第六卷第三期目錄

汴鄭古建築遊覽紀錄

楊廷寶

前者因事過鄭赴汴，乘暇拍得古建築像片多幅，返平後，友人囑爲遊記，寶豈能爲文，姑就見聞所及，臚列於次，聊供專家之研究可耳。

開封祐國寺塔

祐國寺塔，俗名鐵塔，在開封城内東北隅，現河南大學校址迤北。光緒祥符縣志謂「祐國寺在縣治東北。晉天福中建於明德坊，名曰等覺禪院。宋乾德二年公元九六四遷於豐美坊，卽今所也。慶歷元年公元一〇四一改爲上方寺。内有鐵色琉璃塔，俗呼爲鐵塔寺。」明天順間改稱祐國寺。崇禎十五年公元一六四二河水泛濫，塔殿猶存。順治二年公元一六四五重修。乾隆十五年增修，並賜名甘露寺。民國元年寶遊學開封，居於寺南之舊貢院即現河南大學，常至該寺遊覽，尚留殿宇三數間，頃已圮毀，惟琉璃塔與銅鑄巨佛一尊依然留存耳。

明李濂汴京遺蹟志謂：「上方寺在城之東北隅安遠門裏夷山之上，即開寶寺之東院也。一名上方院。宋仁宗慶歷中開寶寺靈感塔燬，乃於上方院建鐵色琉璃磚塔，八角十三層，高三百六十尺。」又謂「開寶寺在上方寺之西，北齊天保十年建。宋太祖開寶三年改曰開寶寺。重起繚廊朵殿凡二百八十區。太宗端拱中命巧匠喻浩建塔八角十三層高三百六十尺。」歐陽修歸田錄稱「在京師諸塔中最高而制度亦甚精。」 二塔地址相距甚近，俱為八角十三層，而汴京遺蹟志與宋東京考均述慶歷中開寶寺靈感塔燬後，乃於上方院建鐵色琉璃磚塔，似其間不無因襲相循之關係。 又均稱靈感塔燬於仁宗慶歷四年，使其言然，則祐國寺琉璃磚塔之建創，當在慶歷四年公元一〇四四以後矣。

塔十三層，外部鑲砌褐色琉璃磚，磚面隱起花紋，雖經歷代修葺，刻尚完整，巍然矗立，洵巨觀也圖版壹甲。 塔之平面為等邊八角形，頭層每面闊約四·一三公尺插圖一，每角鑲有琉璃圓柱，並無轉稜，丈量不易。 每柱上下計分數段，琉璃色彩亦有深淺之別，想係歷代修繕仿製之結果。柱身豎列團花五行，每團有漩紋如佛項之曲髮，前人紀載謂角柱刻有獅龍者，今不可見。 八柱直接立於地上，其下似尚有琉璃柱礎，但因新近環砌青磚便道，遮蓋不可辨矣圖版貳甲。 東西南北四面有小門，門口均與現地面平。 清胡介祉謂鐵塔之根，刨土直下丈餘，始見故址，則地面以

圖版壹

甲 開封祐國寺塔全景

乙 祐國寺塔詳部(其一)

丙 祐國寺塔詳部(其二)

圖版貳

甲 開封祐國寺塔第一層詳部

乙 祐國寺塔第一層遷盤

丙 同第一層門之上額

圖版叁

甲 開封祐國寺塔第一層腰簷詳部

乙 祐國寺塔第一層琉璃磚

丙 祐國寺塔第一層彫飾

丁 祐國寺塔第一層琉璃磚

圖版肆

開封祐國寺銅像

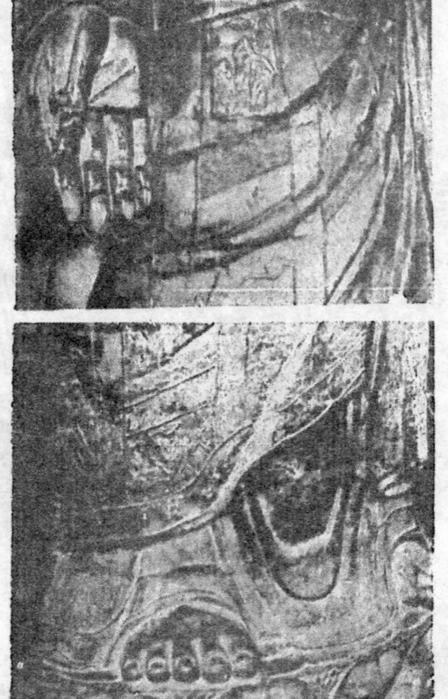

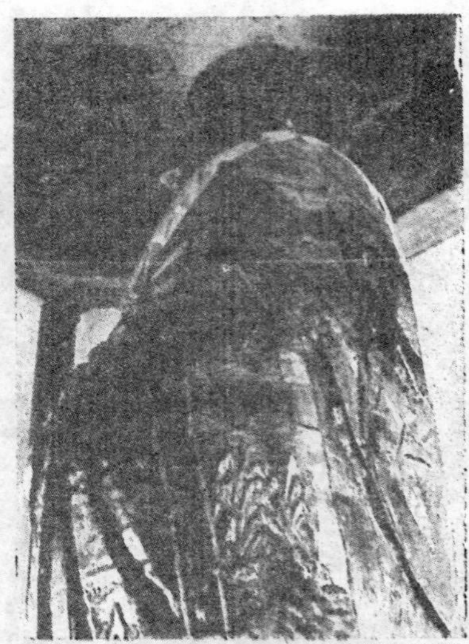

圖版伍

甲　開封繁塔全景

乙　繁塔第一層入口

圖版陸

甲　開封繁塔磚飾（其一）

乙　繁塔磚飾（其二）

丙　同第一層室內仰視

圖版柒

甲 開封龍亭遠景

乙 龍亭

圖版捌

甲 開封龍亭石陛

乙 開封龍亭石闌

丙 開封龍亭蟠龍座

35980

圖版玖

乙 鼓樓詳部

甲 開封鼓樓

丙 開封山陝館照壁及牌樓

圖版拾

甲 開封山陝館牌樓

乙 山陝館鐘樓

丙 山陝館牌樓詳部

圖版拾壹

甲　鄭州開元寺塔全景

乙　鄭州開元寺塔詳部

圖版拾貳

甲　鄭州開元寺經幢

乙　開元寺經幢詳部(其一)

丙　開元寺經幢詳部(其二)

圖版拾叁

甲 鄭州城隍廟大殿

乙 城隍廟大殿角科

圖版拾肆

甲 鄭州城隍廟戲樓

乙 鄭州禮拜寺

下，必另有淤沒部分，即就塔之全體比例而言，其下亦應另有基座也。如夢錄紀載崇禎十五年水災以前狀況，謂鐵塔八面圍廊，六面櫺窗，向南一門，匾曰「天下第一塔」。光緒祥符縣志又曰，「塔座下八稜方池，北面有小橋，過橋由北洞門入，盤旋而昇」。則鐵塔之下部，代有變遷無疑矣。

自現在地平面至頭層蓮盤下面，磚縫爲一·九〇公尺，計鑲琉璃臥磚七層，橫立磚六層。橫立磚之間，又施竪頂頭磚，分塔壁爲無數長方小池子，如天花之狀圖版貳甲。其上各層外壁亦然，惟尺寸不同，數量各異。磚之表面飾以花紋，如飛仙，降龍，麒麟，五僧，五菩薩，雙佛龕，及寶相花等，均用於橫立琉璃磚上圖版叁乙丁。飛仙樣式具有宋代顯著之特徵，衣紋飄揚，身下附帶流雲。佛與菩薩雖均平列成隊，而或歪首，或拱臂，姿勢不一，神情活躍。雙佛龕每龕有觀音坐像，兩傍二侍立菩薩。寶相花飾則每磚三朶。麒麟降龍，手法俱甚工細，神韻亦皆生動可愛。以上各式花紋，散見壁上，似無何種次序，惟每行臥磚，概飾寶相花，每磚四朶，竪頂頭磚則均飾立菩薩或立僧圖版叁乙丁。

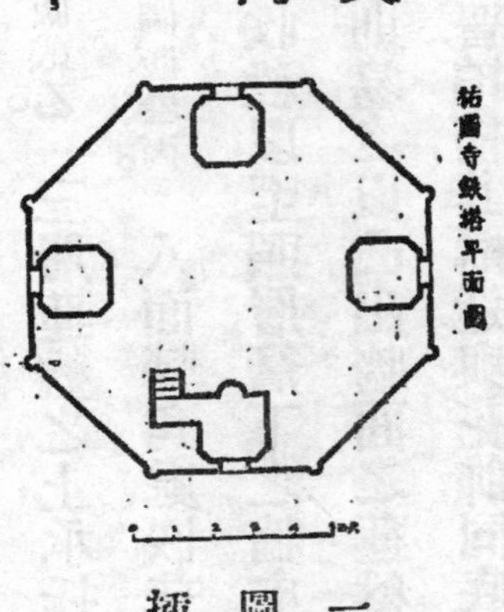

祐國寺鐵塔平面圖

插圖一

東西南北四門，門口寬約六三公分。上部用疊澁方法收爲尖頂。疊澁磚外端作半圓形，表面有流雲花飾圖版貳丙。東南西三門之內，爲不等邊八角小室。北面小室左邊設梯，可盤旋而登插圖一。圓柱以上爲蓮盤三層，逐層向外托出少許圖版貳甲，每層高下相距適爲橫立磚一層，花飾如前。蓮盤係單瓣，瓣上復有瓔珞紋圖版貳乙。三層蓮盤之上，承托腰線方磚一排，每磚飾以斜十字瓔珞：其間柱作半圓形，亦有瓔珞紋圖版叁丙。八面轉角處，嵌琉璃獅子，有雄有雌，狀頗獰獰。方磚腰線以上，鑲橫立磚二層。逐步收殺以至頭層簷下之牆皮線。自此上至普拍枋，本有橫立磚五排，分位而底座以上之第二排，則易之以凸出牆面之蓮盤一層，將琉璃角柱八根上下斬斷，不解何所用意圖版貳甲。角柱直承普拍枋，其構造與花飾，同底坐之角柱。普拍枋倣木構，在角柱上交叉出頭，厚度係臥磚兩層砌成，下面並無闌額，與木構物異圖版叁甲。

琉璃鋪作圖版叁甲自櫨斗伸出華栱兩跳，第一跳跳頭施令栱。第二跳跳頭無栱，直接承托琉璃撩簷枋下。出跳華栱俱係雙磚攏砌。補間鋪作每面六朵，數目極密，致每朵令栱彼此相連，成爲鴛鴦交手栱，兩栱相交，共托一散斗。轉角鋪作施碩大之櫨斗，斗上出華栱三縫，而中央一縫，恰托於老角梁之下圖版叁甲。

撩簷枋至轉角處，微微升起，兼枕頭木之用。簷椽與飛子均方形，帶卷殺，出簷長短相若，且平行排列，而無翼角飛椽。大角梁作蟬肚形，玲瓏可愛。子角梁向上翹起，係兩半琉璃攏合而成，中藏鐵骨，以掌套獸圖版叁甲。

琉璃瓦件色黃。勾頭圓形，飾以團龍。滴水形似摺扇，飾以橄欖小點一排。勾頭滴水以上，皆圓頭琉璃磚壘砌，成魚鱗狀而無筒瓦。出簷約·八五公尺。博脊大體似甚簡單，仰視則目力不能達。

第二層平座斗栱排法及跳數，一如頭層屋簷，每面用六朵圖版壹丙。轉角鋪作亦係三朵合成。每朵第二跳華栱承托撩簷枋，其上鋪琉璃磚爲平坐，寬約半公尺。

第二層牆壁高度，計得橫立磚五排，每角亦鑲圓柱。其斗栱出簷一切作法，概如下層。但四面窗洞僅南面可通，他方則嵌佛像。自此以上各層作法相同，惟窗門方向逐層轉移，至最末層則向東矣。

三層至六層平坐與屋簷，除轉角鋪作外，補間鋪作俱用五朵。第七層平座爲五朵，而屋簷則四朵。第九層屋簷三朵。至第十三層屋簷則僅餘兩朵焉。

塔頂垂脊八注，冠以桃形寶頂，繫以巨鍊八條，惜其細部非目力所能辨。按如夢錄載鐵塔上，立銅寶瓶，高丈餘，而現存寶頂則體積甚小，未識是否乾隆十五年巡幸中州奉旨增修時所更改耶。

內部可由北面小室盤旋而登，如行螺殼中。二層窗口向南。三層向西。四層向北。依次類推，乃得六層與十層窗口亦均向南；最末第十三層向東。猶憶兒時嘗偕同學登塔爲戲，極頂盡處，坐鐵佛一尊，出窗門，攀緣平坐，互相誇耀。縣志載「每級俱有門戶。當門壁上俱嵌黃琉璃佛一尊高約三尺。洪武二十九年周藩造，共四十八尊。壁上題敬德監工重修，當是周府內史名俗以爲尉遲敬德誤也。」又據龍非了先生調查琉璃磚及佛像版載有年月者，計得治平四年公元一〇六七，洪武二十九年公元一三九六仲夏，大明嘉靖三十三年公元一五五四，大明萬曆五年公元一五七七，天朝萬曆六年公元一五七八乙卯孟夏四月初八大清乾隆三十八年公元一七七三等等，惜今塔門封閉，不可復登，內部情形無從查考矣。

塔南有銅鑄佛像一尊，高約丈餘，甚奇偉圖版肆，民國以來殿宇傾圮，近建八角亭保護之。此像神情莊嚴，衣紋勁秀，不似近代物。袈裟裝飾有山水雲各種花紋。左手橫胸前，右手直垂。足下蓮座半埋土內，蓮瓣間凸出花蕊。昔日蓮座之下，必有佛臺，佛臺高于殿基，殿基又高于地面，由此推論，宋時地面當較現時低下兩公尺以上矣。又據祥符縣志載「殿內正中立接引銅佛一尊，高丈六尺，極奇偉，北宋所鑄，」蓋卽此佛也。

開封繁塔

繁塔在今南門外火車站之東南里許，現爲河南大學農學院校址。光緒祥符縣志載宋陳洪進助修繁塔記，謂「伏覩繁臺天淸寺建立寶塔，特發心奉爲皇帝陛下捨銀五百兩入緣。……太平興國三年三月日弟子平海軍節度使特進檢校太師陳洪進記。」又南面入口左右壁間，嵌經石，均有「宋太平興國二年歲次丁丑十月戊午朔八日」之銘文。其他塔內宋人捐修題名石上有紀太平興國三年或七年正月五日或淳化元年者。據此，繁塔當建於宋初。惟汴京遺蹟志謂「天清寺在陳州門裏繁臺上，周世宗顯德中創建。世宗初度之日曰天清節，故名其寺亦曰天清。寺之內磚塔曰興慈塔，俗名繁塔，宋太宗太平興國二年重修。元末兵燹，寺塔俱廢。國朝洪武十九年，僧勝安重修。」又明萬曆四十五年周藩繁塔寺重修記謂「繁臺寺三而天清其鼻祖也。肇建五代，周顯德中爲天清節，故以名寺，而今所稱繁臺塔者，卽當日興慈塔也。宋太平興國二年重修。元末兵燹，寺塔俱廢。國初復重建，而剷塔之項，僅留四（疑係三字之誤）級，則空同子所攻爲剷王氣故耳。」然則繁塔之創建年月，爲周爲宋，究未易斷定也。

塔爲六角形，現只餘三層。塔身遍鑲小佛像磚（圖版伍）。下層每面約寬一四・一〇公尺。南北兩面有門。南門入口左右壁嵌經石，左壁刻「金剛般若波羅密經」，右壁刻「十善業道經要略」，由此直通塔心六角小室，（插圖二）其壁面亦鑲小佛磚，如外簷，而室頂則施疊澀三十層，中央留直徑二公尺餘之孔，由下層可望見二層以上（圖版陸丙）。北門入口爲樓梯間，但刻已封閉，未能攀登。

塔基有極高之封護牆腳。前門圓券之前，另有圓券磚門（圖

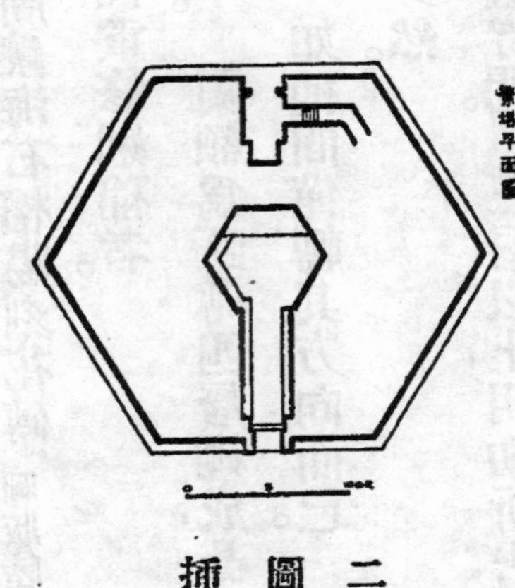

插圖二

版伍乙，似係後代增建。塔身外面每層均砌方磚，隱出佛龕佛像，四周鑲海石榴陽刻花磚（圖版陸甲乙）。

小佛龕概作凹形，佛像乃凹起，衣紋相法，備極工細，間有後代重修剔補者。

出簷鋪作自櫨斗伸出華栱兩跳，除泥道栱之外，他無橫行栱子。闌額為臥磚四層砌成，凸出牆面少許，上承櫨斗。第二跳直承磚簷，並無覆瓦。轉角鋪作一如補間，僅轉其方向而已。

二層平座亦有華栱兩跳，作法與下簷相同。三層平座出簷亦然。

二層南面有圓券門，東南及西南有平券門。三層南面亦有圓券門。三層以上，明初折去，改建六角形五層小佛磚之塔，尖而冠以寶頂，雖非當年原狀，而塔之雄姿固未嘗少殺也。

開封相國寺

相國寺在宋門內馬道街迤西，即宋之大相國寺遺址也。北齊天寶六年創建，名曰建國寺。唐為鄭審宅園。睿宗景雲二年公元七一一改為相國寺。宋至道二年公元九九六勅建三門，製樓於其上，賜額曰大相國寺。金章宗元世祖相繼修葺。明成化二十年更賜名崇法寺。嘉靖三十三年，萬曆三十五年重修。明季河水圮。清順治十六年巡撫賈漢復重修，仍名大相國寺。乾隆三十一年巡撫阿思哈重修。道光二十七年，同治八年屢經重修。據各書所載，寺內樓臺殿閣，僧舍花園，甚為富麗，常茂徠相國寺紀略謂此寺舊址周圍五頃四十畝，蓋在咸豐以前，猶存相當規模，民國破除迷信，佛像多遭摧毀，至爲可惜。

寺現闢爲市民商場，山門前有出簷甚巨之四柱三樓牌樓一座。入山門，東西爲鐘鼓樓。佛殿多用如意斗栱，翼角飛簷亦升起甚高，工匠作風兼乎南北，豈中州南北接壤，地理使然歟。佛殿之北有八角羅漢堂，中央院內矗立八角重簷高亭一座，內供四面千手巨佛，屋瓦皆黃綠琉璃。再北爲藏經樓，惟各建築物均甚粗草，恐皆清代構築者也。

開封龍亭及其他

龍亭 圖版柒 在午朝門之北里許。南臨潘楊二湖，俗傳爲宋大內故址。大門內概爲新建築物。入黃琉璃頂之圓券門，拾級而登，經元寶頂之正堂，其後緊接崇階數十級，中鋪雲龍陛石 圖版捌甲，石分數塊，手法工細不同，顯係新舊摻雜。兩傍欄板望柱 圖版捌乙 亦式樣各異，其中或有明代遺物。臺巔建重簷歇山帶升斗黃琉璃瓦大廈，雖係清代工程，而作法則兼乎南北，如普拍枋之寬與闌額之窄是也。殿內中央陳雕龍石座一方，亦清代作品 圖版捌丙。平臺東西均有臺階曲折下降，自遠望之，複疊崚層，極爲壯麗。案明季周藩之府，本宋宮闕舊基，然如夢錄謂周藩宮後有煤山，府志亦云『龍亭山一名煤山，明太祖封周藩于開封，築土山于王宮後，建亭閣，列花石爲游觀所，清康熙三十一年建萬壽宮於其上』。按此則龍亭即當日之煤山無疑矣。

鼓樓亦開封名勝之一，在相國寺之東北。刻因馬路增高，門洞日低，由東北角可登臺上。鼓樓係重簷歇山結構式樣，純屬清式，但其闌額與普拍枋圖版玖乙則又與正定之陽和樓相倣。此樓東西向，西額曰「聲振天中」，東額曰「無遠弗屆」，皆康熙二十八年閻興邦立。惟屋脊刻增建洋式鐘樓，大好建築物遂成不倫不類之狀矣圖版玖甲。臺之西南角有大鐘一座，乃明正德二年所鑄。

山陝館道光七年重修，規模頗宏麗。臨街照壁，左右各建一牌樓門。牌樓結構，一仍開封普通慣例，出簷甚巨圖版玖丙。院內又有六柱五樓牌樓一座，結構頗奇特；其正面只見三間，蓋兩傍二樓，均分向前後折四十五度也圖版拾甲。每端二柱，在柱頭科之間，又以雕枋攀拉，使成三角形。明間二柱各用抱鼓石三塊，使牌樓構造更形堅固。每柱之上，均用交叉枋。交叉枋頭飾以垂蓮吊柱式樣，益覺玲瓏圖版拾丙，蓋與湯陰岳廟之牌樓，及劉士能先生在沁陽縣城隍廟所見之牌樓，屬於同系統之內也。

河南博物館以新鄭出土之大批古銅器，蜚聲海內，而所藏隋開皇二年石刻佛龕，尤與建築史有關。石分上中下三段，乃近歲河岸崩潰而出土者。下段爲新配之雕龍石座，無足稱道。石刻正面高一·七一公尺，下部寬·七三公尺；側面上部寬·五九五公尺，下部寬·六二公尺，成爲上小下大之立體形插圖三。每面分上中下三段，鐫刻佛像，四面共十二段。各面邊框俱

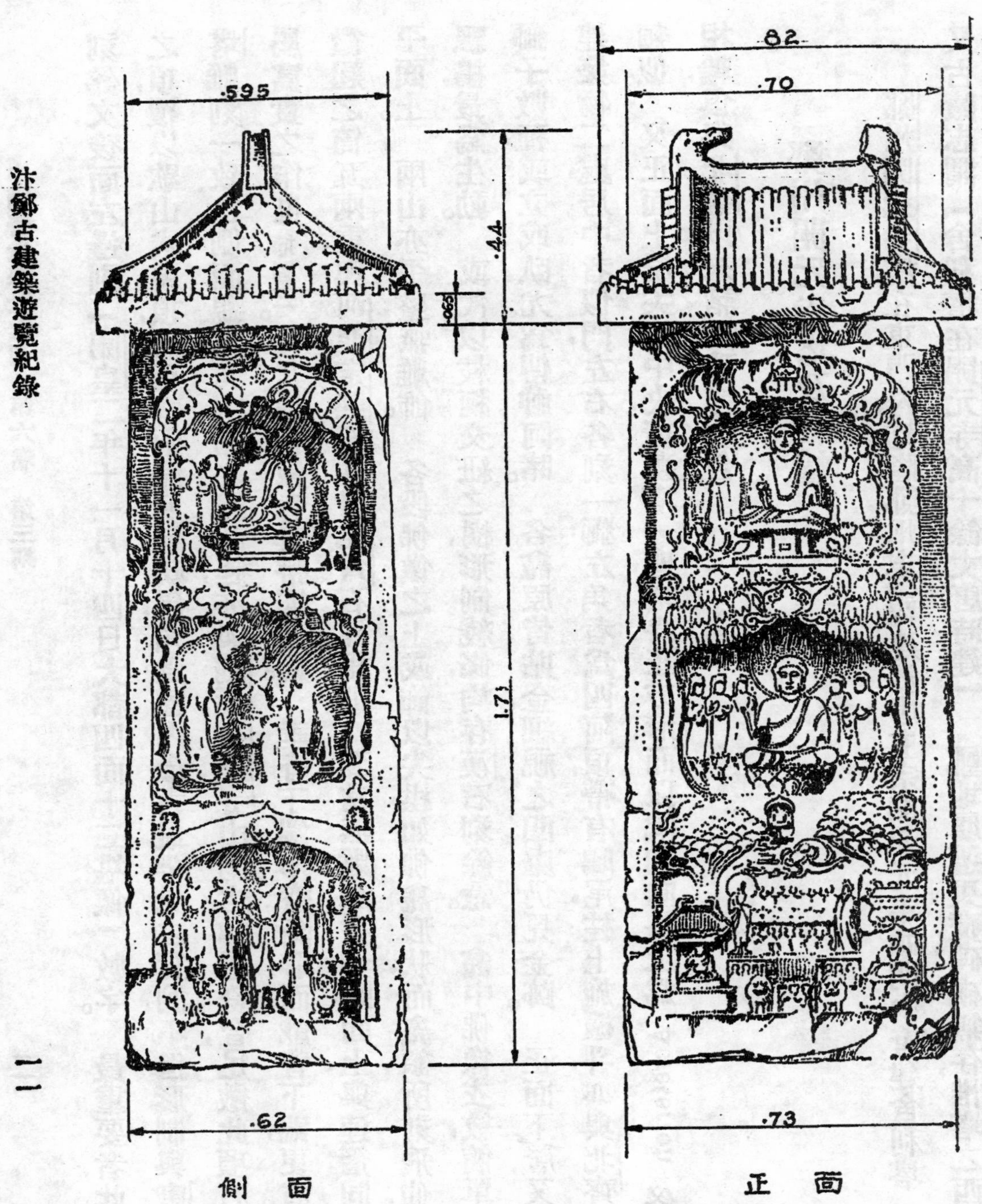

側面　　　　正面

隋石刻四面十二佛龕

插圖三

刻銘文，後面左邊刻『開皇二年十一月十四日大都四面十二堪像』數字。 最重要者，此石刻之頂覆以歇山式屋頂，而正脊兩端所雕鴟尾，尤爲國內最古最罕見之實例，不但形制與唐大雁塔雕刻一致，自側面觀之，其兩側之鰭凸起，亦與薊縣獨樂寺山門之鴟尾符合，足徵此項石刻，純屬寫實之作也（插圖三）。 其垂脊戧脊俱帶握角綫。 垂脊下端作齊斷形，而戧脊下端更有向上徵翹之筒瓦兩重，與河北定興石柱村北齊石柱相似。 瓦當無雕飾，在切斷面上，與連簷同在一平面上。 兩山亦平整無雕飾。 各段佛像之上，或飾以尖栱，如佛龕形狀，而龕額所刻飛仙衣帶飄揚，最爲生動。 或代以枝柯交紐之樹形，制綫條均存漢石刻餘意。 龕中佛像衣紋簡單古樸；獅子數種，或立或臥，尤爲傳神阿睹。 各龕原皆貼金，細視之，凹處仍見金跡。 正面下層，又雕有建築物二處，居中者似門，左右各刻一獅：左角者爲四阿頂，帶有鴟尾，柱上施櫨斗，亦與北齊石柱類似。 又正面上層尖栱中央琢墓塔一座，塔身正方形，而以隅角向外，上爲 Acreterion 及覆鉢相輪，俱與北魏以來諸例，悉皆吻合。

鄭州開元寺塔及經幢

鄭州開元寺塔在東門內，乾隆鄭州志謂『建於唐玄宗開元元年，頭門內唐建舍利塔一座。』又古蹟志謂『舍利塔在開元寺，高十餘丈，唐時建。』 鄭地屢遭兵燹，碑碣無存，惟塔之西面門洞內，有光緒十一年修葺古塔記碑一座，原文如次。

鄭治開元寺有古塔焉，失修者幾易代矣。歲癸酉，武林張公諱暄字春庭牧茲土，顧而慨焉曰：是塔也，古之遺也，鄭之鎮也。其廢其興，不得謂與一州氣運無關。都人士盍念諸。其各出貲為修補計。僉曰：願為公助。於是刻日興作，不數日而址基完固。咸擬蕆事後泐石記之。未幾，張公移任去，事遂寢。今以泐城工記事碑語及此，恐斯舉之歷久遂湮也，迺誌其厓略如此。

光緒拾壹年歲次乙酉荷月中浣　穀旦

塔為八角十三層，現僅餘十一層（圖版拾壹）。頭層周圍有寬約一·二二公尺之磚基。塔身簡潔無柱飾。每層出簷與平座均以磚砌，年久失修，為風雨侵蝕，惟第六七八九數層尚略可辨識；即出簷作法，以磚向外疊砌，如西安之大雁塔；而平座間隱約若有蓮瓣形。頭層東西南北四面均闢有圓券門洞，寬約一·九五公尺。惟下層現狀，顯經光緒九年修葺；其東西北三門由內面用磚砌平，外露門洞一·七七公尺厚，僅留南門以通內部八角小室（插圖四）。北面砌磚，近被拆毀一部，亦可內外相通。塔之內部，據當地父老所述，每層均有木板與樓

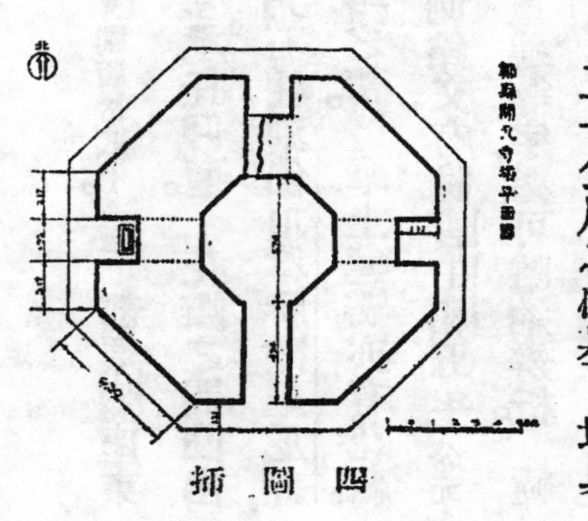

鄭縣開元寺塔平面圖

插圖四

梯，洪楊之亂，悉付一炬，刻塔頂亦已傾圮，由頭層仰見可見蒼穹。

塔之西北不數武，有開元寺僅餘之經幢焉。幢上下計分九段圖版拾貳甲。下部須彌座束腰部分，八面俱刻小獸，跳躍形態，活潑可愛。覆蓮以上，有蹲獸八隻，承托仰蓮。花瓣之間凸出花蕊圖版拾貳丙，與開封祐國寺接引銅像之蓮座相似。此上爲八角石柱，刻佛頂尊勝陀羅尼經，卽幢身也。傘罩各面俱雕飛仙瓔珞，每遇轉角飾以獸面口銜瓔珞之帶。傘上蓮瓣亦有花蕊。由此以上又爲八角石柱，東西南北四面各鐫佛龕圖版拾貳乙。龕側銘文有晚唐中和五年公元八八五六月十日造及後唐天成五年公元九三〇五月九日至十八日重建等字，猶可隱約辨析。幢頂亦八角形圖版拾貳乙；簷下轉角鋪作用簡單華栱跳出甚遠，承托撩簷枋，但年久剝蝕，形體欠整。椽子雙重，俱平行排列而無翼角斜椽，與北齊石柱屋頂作法相倣。屋面八注垂脊皆雙曲線，下端模糊，未易辨認。寶頂作欒胡盧形。

鄭州文廟及城隍廟

乾隆鄭州志謂文廟在州治東逼近東城，漢平帝永平年間建。元季兵燬，明洪武三年重建。正統天順成化正德嘉靖及清順治六年重修。大成殿七楹，東西兩廡二十楹，啟聖祠明倫堂敬一亭尊經閣，依制齊備。惜大成殿燬於光緒二十三年火災，刻僅存正殿三楹，黃綠琉璃瓦頂，屋脊吻獸，備極華麗圖版拾叁甲。 簷下用五彩升斗，機枋直承椽望，而無挑簷桁。 角科機枋上皮升起甚高，一如大同善化寺三聖殿轉角鋪作之撩簷枋與生頭木，而飾以要頭數層，頗富麗美觀圖版拾叁乙；然此法在鄭地頗爲普遍，固不止此一處也。 文廟存碑尚多。 泮池之南，尚有五彩琉璃照壁，最爲玲瓏悅目。

城隍靈佑廟在文廟之北，志稱明洪武二年勅封靈佑侯，有御製碑文。 弘治嘉靖隆慶及清康熙乾隆光緒諸代屢經重修。 民國以來，尚餘相當規模，刻改爲職業學校。 大門升斗後尾俱平挿垂蓮吊柱一排，而不似溜金斗之向上挑。 垂柱互以枋子相連，而柱之上端，直承金檩。 正殿三楹歇山黃琉璃瓦頂。 斗栱用五彩，亦僅以機枋承椽望，而無挑簷桁。 轉角處機枋上皮加生頭木，一若古式。 椽飛俱方形。 飛椽無卷殺。 連簷封護，與南式相仿。 門窗裝修均經近時修改，無可稱述。 惟殿南遙對戲樓一座圖版拾肆甲，樓二層，中央歇山頂特高，其下腰簷一層，如北平城垣箭樓之廡座，而兩側復翼以挾屋，屋脊參差配合，頗有匠心獨到之處。

鄭縣禮拜寺於歇山殿之後，附以元寶頂之屋，其後復有四角攢尖建築，雖年代較晚，而配列方法，殊爲奇特圖版拾肆乙。

汴鄭中州重地，歷代遺蹟不可勝數，惜河患頻仍，兵燹相繼，凡見諸典籍紀載與藝文頌詠者，多已蕩然無存。 遊覽斯境，能不感慨繫之。 惟望政府勵行保存古物之旨，將此碩果僅存之古建築，速予修繕，不惟史迹名勝，垂諸永遠，其足以啟發國民愛國之思，與壽美觀念者，抑尤爲重大也。

參考書

汴京遺跡志
宋東京考
東京夢華錄
如夢錄
光緒祥符縣志
乾隆鄭州志
民國鄭縣志
龍非了先生開封之鐵塔

蘇州古建築調查記

劉敦楨

紀遊

民國廿五年夏余因暑期休假之便，南游新都，盤桓旬日，意猶未闌，忽憶金閶名蹟，相距密邇，復爲蘇州之遊。八月九日搭滬寧車東行，晚九時抵蘇州站，雇車入平門，寓新蘇飯店，其地舊北局也，近歲闢爲商場，市聲嘈雜，午夜猶未稍息。翌晨天微雨，首游玄妙觀，有三淸殿者，建於南宋淳熙間，重簷九間，外列石柱，厥狀甚偉，而內部中央數間施上昂及插栱，尤爲海內不易多覯之例；無意獲之，驚喜無藝。午後雇車出金門，沿山塘至虎丘；山門附近攤販售土物者紛隨左右，淸曠之景爲之囂然。次二山門柱上無普拍枋，內部次間，復於斗栱後尾各施平闇，就余所知，自薊縣遼獨樂寺觀音閣與五臺山佛光寺外，唯此門與之鼎足而三耳。 自門後陟磴道，至千人石，觀周顯德石幢及明金剛塔；次經劍池，上爲雲巖寺；其西磚塔七層，雄踞山巔，俗稱虎丘塔者是已。 時乍雨乍晴，濕氣蒸鬱，熱不可耐，回憶十載前月夜步劍池石梁上，野風吹裾，遙聞鈴鐸聲，清越可愛，惘然竟如夢境矣。 歸途繞道平門，至護龍街北端訪報恩寺，寺之大殿新構未久，規制雖宏，徒增傖俗，無足取也。 惟殿北磚塔九層，宏壯雄麗，甲於蘇城他剎，循級而登，南及石湖，西眉天平，皆收眼底，爲之徘徊瀏覽，不忍遽去，下塔返寓，已萬家燈火矣。

十一日，雨益劇，上午訪城東雙塔寺，寺久廢，現改爲雙塔小學校，其東北有磚塔二基，簷牙凋落，古色斑駁，式樣結構，審係宋構。 嗣赴城西南瑞光寺，寺自洪楊亂後，佛殿僧寮，存者什不及一，此外唯孤塔一座，矗立蔬圃中，就形制判之，亦天水舊物也。 時大雨傾盆，乃至府文廟訪宋平江天文二碑，因遍觀廟內建築，僅大成殿上簷斗栱，用上下昂，尚存舊法，餘無足述。 午後觀開元寺明無梁殿，搭車返寧。

此行草草二日，涉獵所及，不啻萬一，然雙塔與玄妙觀三清殿，未獲詳細測繪，縈繫胸中，無時或已。 返平後，出所攝像片示梁思成先生，相與驚詫，以爲大江以南一城之內，聚若許古物，捨杭州外，當推此爲巨擘矣。 時適首都中央博物館徵求建築圖案，聘梁先生與余爲審查員，因決計乘南行之便，再作第二次考察。

圖版壹

甲 圓妙觀三清殿正面

乙 圓妙觀三清殿山面

圖版貳

甲 三清殿簷柱柱礎

乙 三清殿之窗

丙 三清殿下簷柱頭鋪作及補間鋪作

圖版叁

甲 三清殿下簷轉角鋪作（其一）

乙 三清殿下簷轉角鋪作（其二）

圖版肆

甲 三清殿上簷外簷柱頭鋪作

乙 三清殿上簷外簷柱頭鋪作後尾

丙 三清殿上簷外簷轉角鋪作

圖版伍

甲 三清殿內簷當心間斗栱及平棊

乙 三清殿內簷當心間斗栱詳部

圖版陸

甲 三清殿內簷東第三縫斗栱

乙 三清殿內簷盡間梁架

丙 三清殿內簷西第三縫及梢間梁架

圖版柒

甲 三清殿須彌座

乙 須彌座詳部（其一）

丙 須彌座詳部（其二）

36009

圖版捌

甲 三清殿當心間塑像

（自柏爾斯曼中國建築轉載）

乙 圓妙觀彌羅閣

圖版玖

甲 雙塔全景

乙 西塔

圖版拾

甲 西塔第二層外簷斗栱

乙 西塔第一層內簷斗栱

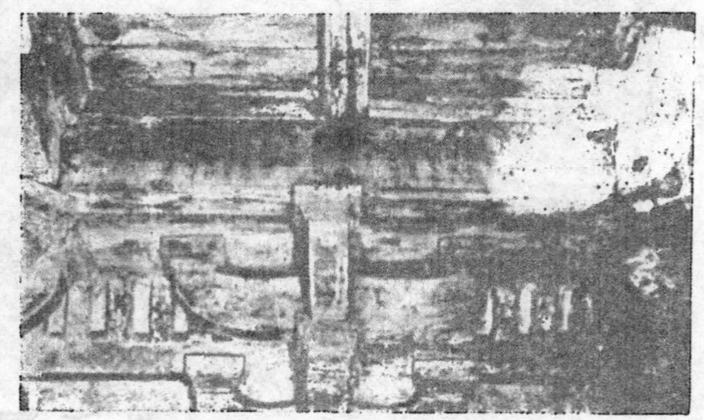

丙 西塔第二層內簷斗栱

圖版拾壹

甲 雙塔寺大殿石柱柱礎

乙 大殿石柱彫刻(其一)

丙 大殿石柱彫刻(其二)

圖版拾貳

甲　報恩寺塔全景

乙　報恩寺塔第一層入口

丙　同第一層外廊須彌座

圖版拾叁

甲 報恩寺塔外廊

乙 報恩寺塔外廊斗栱

圖版拾肆

甲 報恩寺塔內廊

丙 報恩寺塔第九層內廊結構

乙 報恩寺塔第二層內廊結構

圖版拾伍

甲 報恩寺塔塔心走道

乙 報恩寺塔走道之藻井

36018

圖版拾陸

甲 報恩寺塔塔心方室斗栱

乙 報恩寺塔塔心柱

圖版拾柒

甲 虎丘雲巖寺二山門背面

乙 雲巖寺二山門山面

丙 二山門次間梁架及平闇

圖版拾捌

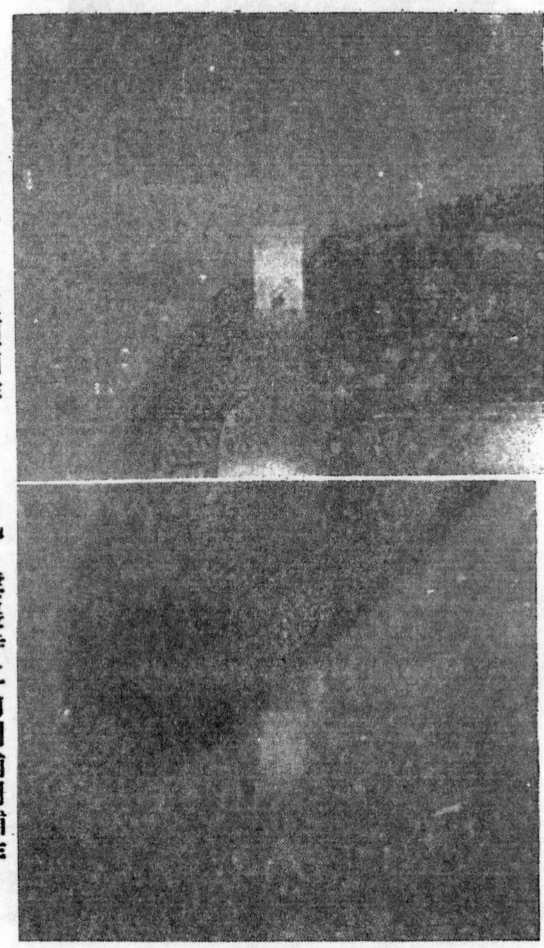

甲 雲巖寺二山門柱頭鋪作

乙 雲巖寺二山門補間鋪作

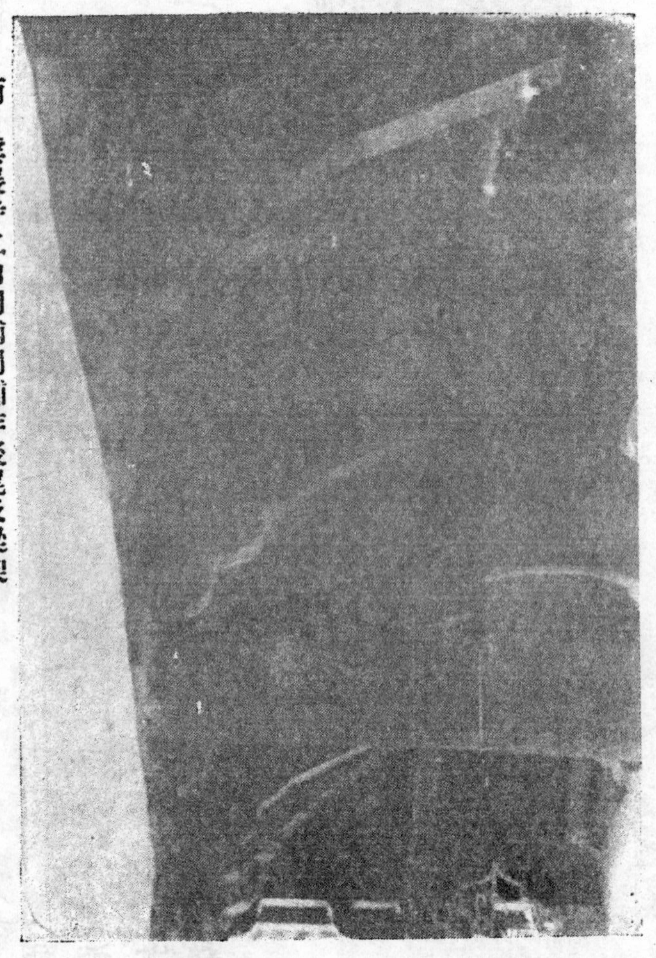

丙 雲巖寺二山門補間鋪作後尾及梁架

36020

圖版拾玖

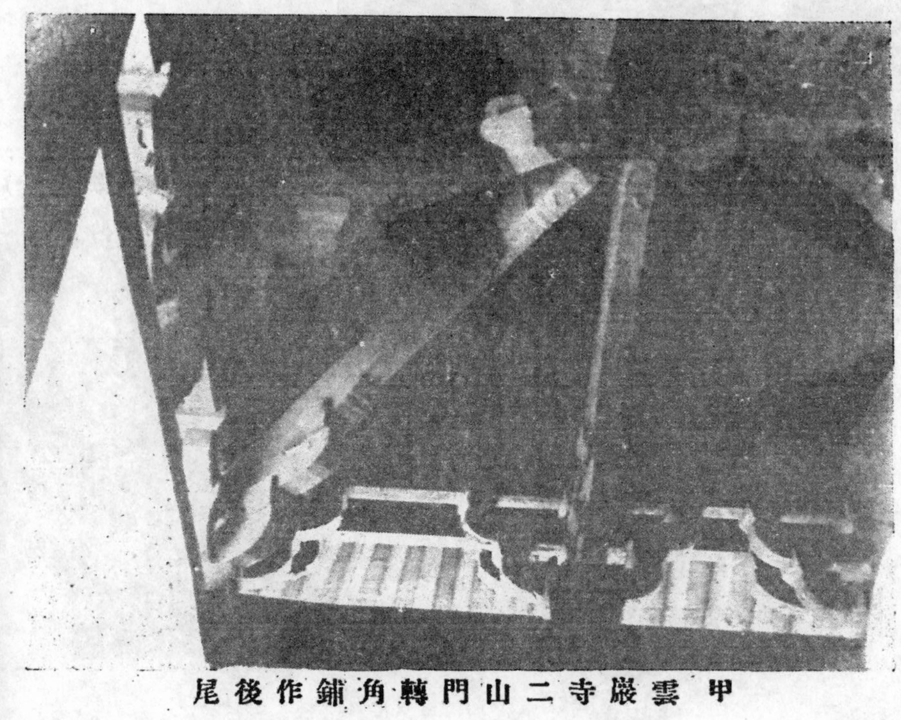

甲 雲巖寺二山門轉角鋪作後尾

乙 雲巖寺經幢

36021

圖版貳拾

36022

甲 虎丘雲巖寺塔全景

乙 雲巖寺塔詳部（其一）

丙 雲巖寺塔詳部（其二）

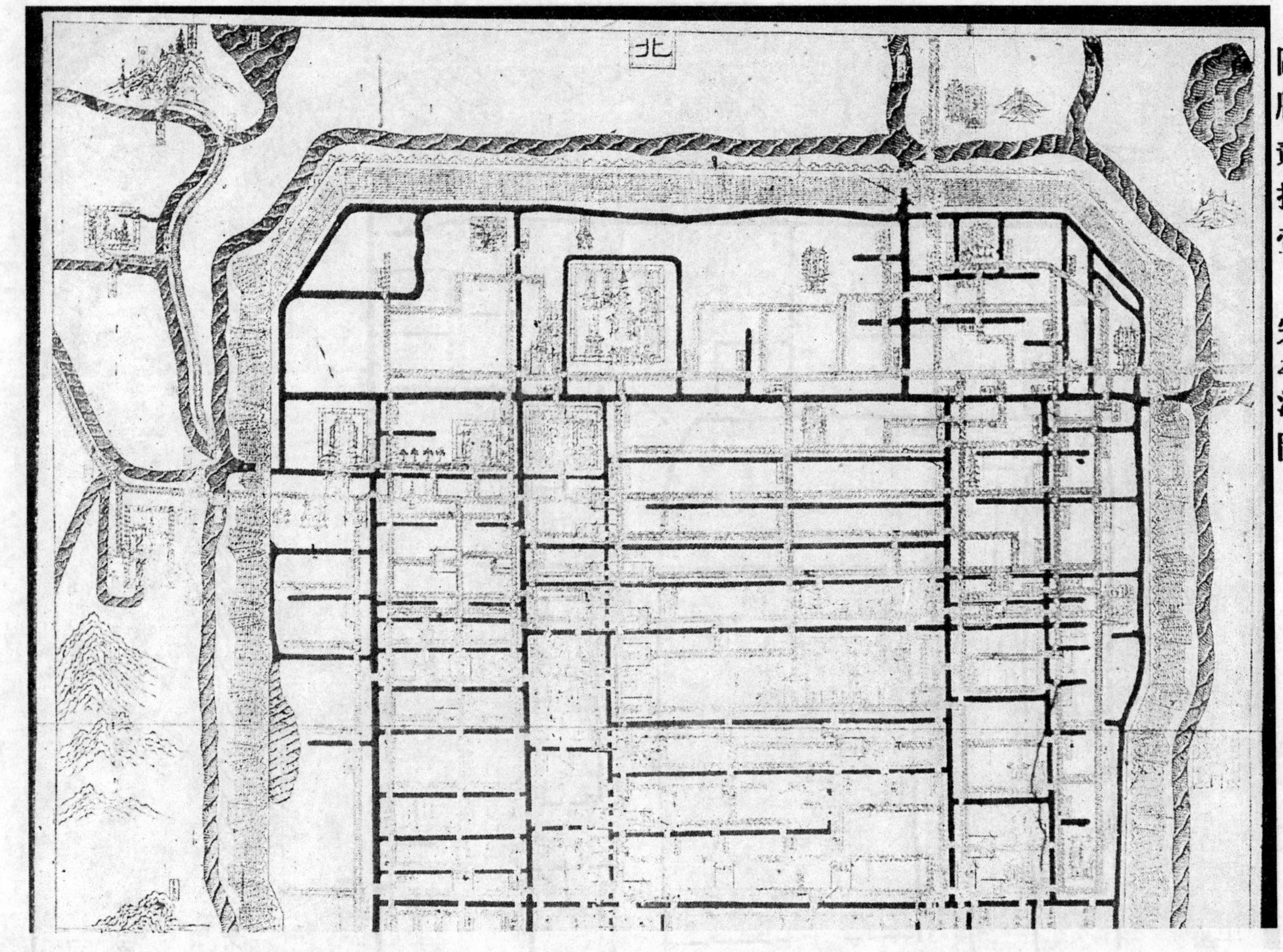

圖版貳拾壹　宋平江圖

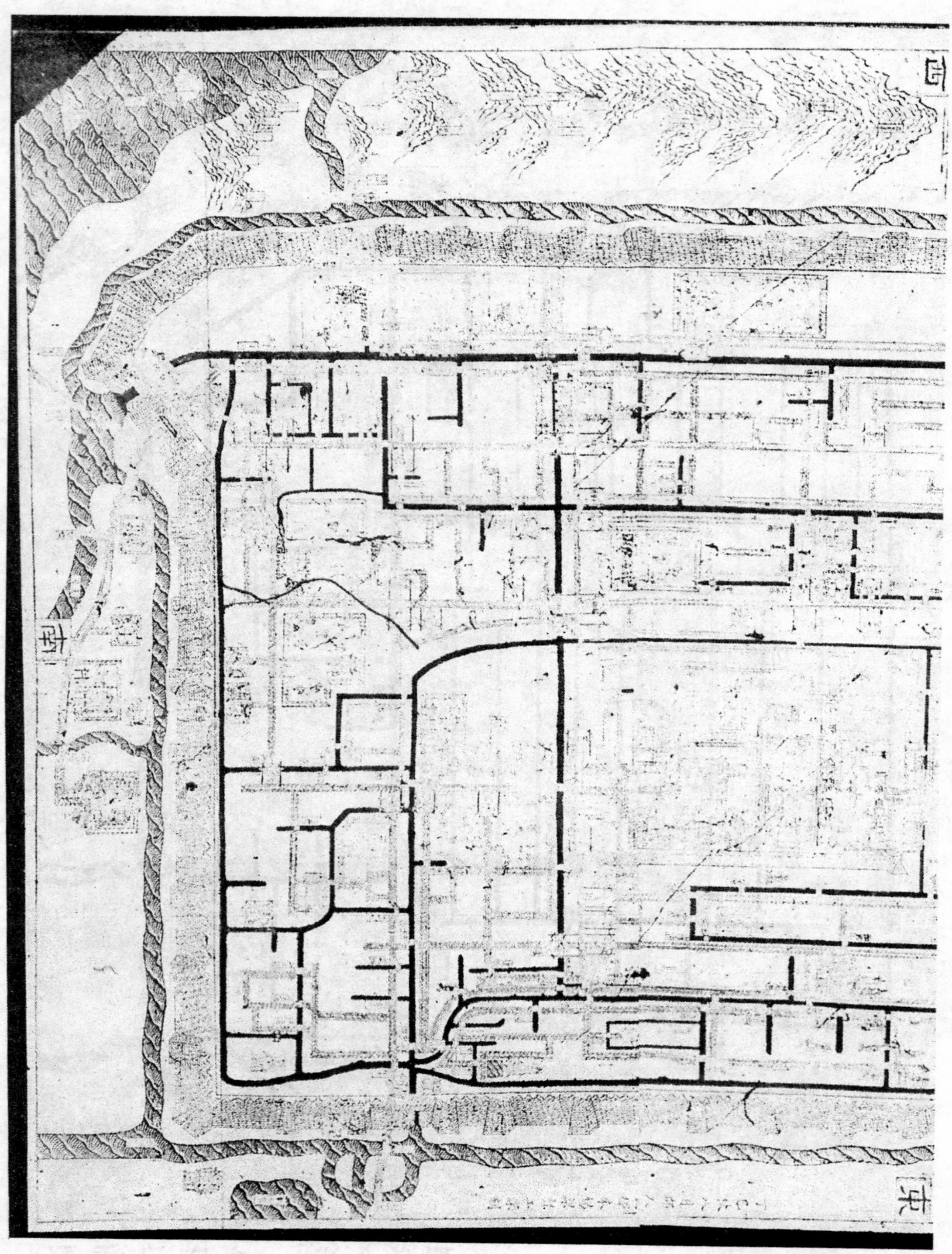
西
南
東

圖版貳拾貳

甲　宋平江圖碑

乙　府文廟牌樓（其一）

丙　府文廟牌樓（其二）

圖版貳拾叁

甲 府文廟大成殿正面

乙 大成殿柱礎

丙 大成殿上簷斗栱後尾

圖版貳拾肆

乙 瑞光寺塔外簷詳部

甲 瑞光寺塔全景

丙 瑞光寺塔內部斗栱

（自支那建築轉載）

圖版貳拾伍

甲 開元寺無梁殿外觀

乙 無梁殿上簷藻井之一隅

丙 無梁殿上簷藻井之仰視

36028

圖版貳拾陸

甲 天平山范祠御碑亭

乙 木瀆嚴家花園（其一）

丙 木瀆嚴家花園（其二）

圖版貳拾柒

甲　木瀆嚴家花園（其三）

乙　木瀆嚴家花園（其四）

丙　留園石闌干

九月七日晨，與梁先生自南京同道赴蘇，寓城外鐵路飯店，解裝後，偕赴玄妙觀雙塔府文廟開元寺等處視察。翌晨，社友盧樹森夏昌世二先生聯袂蒞蘇，參加工作，乃議先自園林建築着手。是日凡調查怡園拙政園獅子林汪園四處。前二者皆布局平凡，無特殊之點，可供紀述，獅子林疊山傳出倪瓚手者，亦曲徑盤紆，崎嶇險阻，了無生趣，與瓚平生行事，殊不相類，惟汪園結構特關蹊徑，在諸園中最爲傑出耳。園在申衙前路北，題耕蔭義莊，自莊門經甬道至東北隅，有門西向，即園門也。門內建方亭，下爲小池一泓，橫亘南北，池東假山崢嶸，直上純用大劈法，其下析爲幽谷，深窅婉轉，勢若天成，而池北復構敞軒，一徑蛇蟠，經小亭導至山巔，深樹參差，蓊蔚四合，幾忘置身塵市中。按園爲乾隆間蔣楫所建，全園面積，不足一畝，而深谿洞壑，落落大方，一洗世俗矯揉造作之弊，可云以少許勝多許者矣。

九日晨七時，自閶門乘長途汽車，經胥門，折西南約一小時，抵木瀆鎮，遊嚴家花園。園面積頗廣，院宇區劃，稍嫌瑣碎，然軒廳結構，廊廡配列，下逮門窗闌檻，新意層出，處處不肯稍落常套。最後得小池一處，中跨石梁，作之字形，環池湖石錯布，修木灌叢，深淺相映，爲境絕幽（圖版貳拾柒甲，乙）。大抵南中園林，地不拘大小，室不拘方向，牆院分割，廊廡斷續，或曲或偏，隨宜施設，無固定程式（圖版貳拾陸乙，丙）；其牆壁則以白色灰色爲主，間亦塗抹黑色，其間配列漏窗與磚製之邊框，雅素明淨，能與環境調和；而木造部分，亦僅用橙黃，褐，黑，深紅等類單純色彩，故人爲之美，清幽之趣，並行而不背，而嚴氏此園，又特其翹楚也。

出園乘竹輿赴靈巖山，沿途重岡小澗，頗饒野趣，時赤日炎歊，輿夫喘汗，且行且息，乃棄輿步行，至山巔靈巖寺。寺爲館娃宮故址，大殿七間重簷，鳩工數載，猶未完竣，蘇匠耆宿姚補雲先生所擘畫也。東院有磚塔九成，殘毀過半，傳建自趙宋。其前鐘樓三層，崒然山巔，雖建造年代稍晚，亦足窺此寺舊日規模之宏巨矣。自寺西北下山，約行五里，抵天平山東麓，訪范墳及文正公祠。有御碑亭八稜重簷，上簷施十字脊，將屆簷端，忽析而爲八（圖版貳拾陸甲），蓋亭之四隅面稍狹，故上下簷垂脊不能一致，亦亭制中別開生面者也。下午返木瀆，復至嚴氏園補攝像片。五時，乘車返蘇。

十日，測繪玄妙觀三清殿須彌座及外簷斗栱，並至雙塔攝影。是日下午，夏先生於西塔第二層東北面素枋上，發見南宋紹興五年墨筆題字，證二塔確建於北宋初期，一行爲之驚喜無似。是夕梁先生因事回平，次日夏先生亦返南京，余與盧先生量三清殿內簷斗栱及雙塔尺寸，凡三日竣畢；又於塔北發現大殿故基及原有石柱數處，鐫刻精審，迥出意外。十四日，至府文廟報恩寺塔虎丘塔等處補攝像片，並便道訪閶門外留園，園別爲中東西三部，平面配置，庸俗無足觀，惟西部有石欄似明代物（圖版貳拾柒丙），不諳自何處移置於此。是夜與盧先生離蘇。

此行工作，荷姚補雲先生，及蘇州工業學校鄧着先沈賓顏二先生，雙塔小學陶蓉初先生，玄妙觀劉仙根先生多方匡助，獲益良深；殘餘事項，則託張至剛君代爲調查補充，統誌於此，謹表謝意。

本文以介紹蘇州古建築概況爲主旨，凡所論述，僅以重要特徵爲限，故於雙塔詳細結構，略而未載，希讀者參閱本社古建築調查報告第一輯爲盼。又范祠靈巖寺及各園林建築，爲篇幅所限，悉從割愛，亦祈諒焉。

圓妙觀三淸殿

圓妙觀概狀

圓妙觀亦作玄妙觀，位於城之中央，南臨觀前大街，府志謂創於晉咸寧中，初名眞慶道院，唐稱開元宮，宋眞宗大中祥符間又更名天慶觀（注一），考其時宰臣丁謂等迭奏祥異，導帝奉道，致營建宮觀，徧於宇內，而謂蘇人也，故疑此觀之昌盛，始於是時。建炎南渡，金人屠戮平江，觀燬於兵，旋經王喚陳峴趙伯驌等次第修復，雄傑冠於浙右（注一）。據府文廟所藏南宋紹定間平江圖（插圖一），觀之規模，最外爲櫺星門三間，次門一重，左右翼以夾屋，與東西廊銜接，俱與現狀不合，惟其後重簷大殿，殆卽今之三淸殿？兩側復有夾屋及東西廡構，成觀之主體，自殿以北，則因篇幅所限，略而未載，然亦可窺淳熙重建後大概情狀也。洎元世祖至元元年，改稱圓妙觀。明洪武中置道紀司於此。正統以降，歷清乾嘉諸朝，屢毀屢修，非止一度注二三，至於最近則稍稍中落非復舊時勝狀矣。

觀之山門南對宮巷北口重簷歇山清乾隆三十八年火後巡撫薩載所重建也注二六。門之兩側，原有扇面牆，近改建商場三層，夾峙左右，似於環境稍欠調和。門內東西廊久毀，廣場中唯見百販雲集，游人接踵摩肩，紛紜雜沓，與故都廟市無異。其北三清殿，重簷九間，觀之正殿也圖版壹甲。殿後舊有彌羅閣三層，重建於清光緒九年注二，屋頂中央升高一部，另加歇山頂，其上頗富變化圖版捌乙。惜民國初元不戒於火，近歲蘇人建中山堂於其故址，形制拙陋，方諸原構，不啻上下牀之別矣。左右諸殿，或零落敗壞，或全部傾圮，無關弘旨，悉從節略。

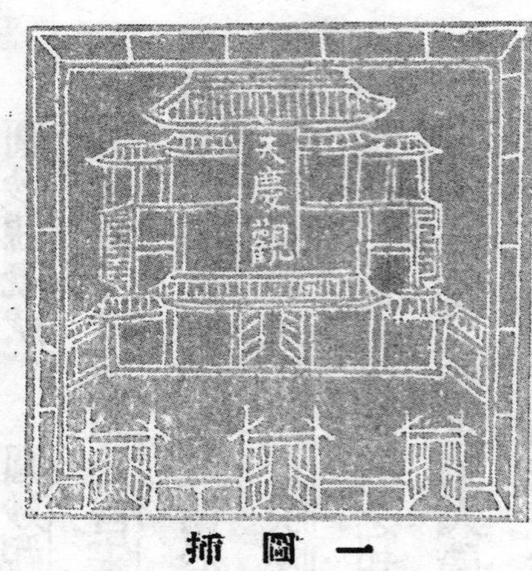

插圖一

三清殿建置沿革　殿之沿革，南宋以前，無可考矣，惟淳熙重建後，歷代修葺，碑記方志蒐羅，尚稱完備，茲摘要表列如次，以供參考；

宋孝宗淳熙二年至四年	公元一一七五—一一七七	郡守陳峴，吳縣尹黃伯中等奉勅重建大殿注一三，四。
六年	一一七九	殿燬於火，提刑趙伯驌攝郡，重建注一，
八年	一一八一	賜額金闕寥陽寶殿注一。

理宗寶祐	二年	一二五四	住持嚴守柔重覆屋注四。
景定	二年	一二六一	住持蔣處仁重加修飾施以欄循注四,五。
元世祖至元廿六年至廿七年		一二八九—一二九〇	住持嚴煥文張善淵左轄朱文清等重修注四,五。
清世祖順治	間	一六四四—一六六一	三清殿圮注一。
聖祖康熙	十二年	一六七三	道士施道淵重修注一,六。
康熙	末		道士胡得古重加藻繪注六。
仁宗嘉慶	二十二年	一八一七	殿西北隅毀於雷火注一,二,七。
	廿三年至廿四年	一八一八—一八一九	韓崶蔣敬奎封如蘭等重修注一,二,七。

據前表所載，此殿自南宋淳熙六年趙伯驌重建後，迄今七百五十餘年，雖迭經修治，然迄無再建之紀錄，且其結構式樣，如下文論列者，亦確屬南宋所構，故在今日所知江南木造物中年代之古無逾於此矣。 至於府志中所載略有疑義者亦有三事：

(一)至正末兵燹注一。

(二)順治間三清殿圮注一。

(三)嘉慶二十二年三清殿毀於雷火注一。

按第(一)項又見於明胡濙所撰重建彌羅閣記，然是碑僅云「元末至正間燬於兵燹……迨今百餘年，殿堂廊廡，漸次修建」注五，所云殿堂，是否即指三清殿而言，無由判斷。 而第(二)項似本

36035

於清彭啟豐重修圓妙觀碑『國朝康熙間，有施鍊師道淵殫心營建，募白金四萬兩有奇，大殿寶閣鉅工悉成，』數語 注六，顧所稱『營建』係全毀後重新建造，抑局部修繕，又因原文界說不清，無術強為詮釋。今以式樣判之，三清殿決非成於明清二代，固甚明也。 至於第(三)項紀載，證以清石韞玉重修圓妙觀三清殿記 注七，當時雷火範圍僅限於西北一隅，極為明顯，足徵府志所紀，過於含混，不足據也。

平面。 殿前建有月臺，正面與東西面各設踏跺一處，周以石欄 插圖二，惟殿之本身，僅南面有欄，而以西南角者年代較古。

殿面闊九間，廣四十五公尺有奇，除當心間最闊外，其東西第一第二次間，皆為五·二一公尺，東西梢間與東西盡間依次略為減小。 進深顯六間，深二十五公尺餘，除南北第一間因方簷轉角之故，須與正面盡間相等外，其中央四間，又與正面梢間同為四·四一公尺，故各柱間之距離，縱橫雙方僅有四種 插圖二。 面闊進深之總比例，則約為五與三之比。

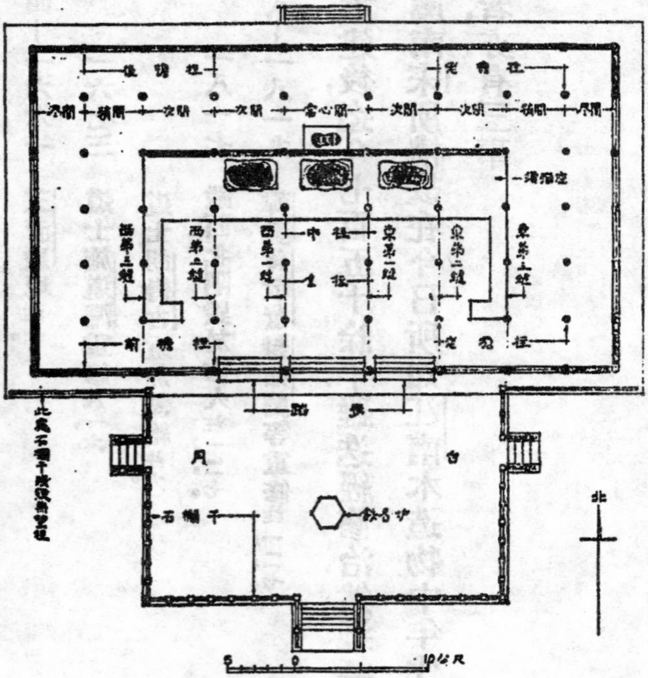

圓妙觀三清殿平面圖

插圖二

內部之柱，均與外部一致（插圖二），較之北宋遼金遺物，酌量需要情形變動柱之位置者，其配列方法，異常簡單，似已下啟明清殿閣平面之先聲矣。而內槽於中央五間後金柱處，築塼壁，直達內額下皮，亦與明長陵享殿同一方式。此壁之前有塼砌須彌座，面闊五間，進深則自後金柱起，至前部老檐柱止，兩端突出作冂字形平面（插圖二），與大同下華嚴寺薄伽教藏殿大體類似。

殿正面中央三間，各施長槅四扇；東西第二次間與梢間施壼門式之窗及障日版（圖版貳乙）；東西盡間則築以簷牆（插圖二）。背面當心間施長槅；盡間築牆；其餘諸間與東西山面中央四間，俱於闌額下直接裝直櫺窗一列。窗身比例矮而且闊，頗不多覯。

柱及柱礎：殿之簷柱，用不等邊八角形石柱，正面鐫刻佛號，惟背面中央四柱，鐫刻較粗，石質亦異，似經後代掉換者。內部之柱，不論內槽外槽，大多數僅至內額上皮爲止，而外槽柱（即前後老簷柱及東西盡間之柱），因承受上層外簷斗栱，故附階地位十分迫促，僅能爲徹明造（圖版陸乙）；而內槽諸柱（即中央六縫之前後金柱與中柱），則於斗栱之上更施平棊，體制較爲崇偉（圖版伍甲）。至內額以上部分，多數皆於斗栱上用叉柱（圖版伍甲）支載殿頂梁架，惟中央三間之後金柱，則延長於內額以上（圖版伍乙），故其內轉角鋪作，皆用插栱，插於柱內（即日本之天竺樣），爲國內現存最古之實例。

柱礎計二種（插圖三）。（甲）簷柱之礎，方廣八十八公分，不及柱徑二倍，上刻素覆盆與盆脣各一層，平面皆作圓形；再上雕八角形柱腳，式樣比例，顯係模仿木造之櫍（圖版貳甲）。（乙）內部之柱，則於素覆盆與盆唇上再施石鼓一層，高三十二公分，但此部是否原來所有，抑係木櫍腐朽後易以石鼓，俱難斷定。

材栔 此殿材栔分二種。(甲)下簷之材，高十九公分，寬九公分，切斷面約爲二與一之比。栔高八公分，依營造法式所載之原則推之，約等於材高十五分之六・三，與薊縣獨樂寺觀音閣一致。(乙)上簷之材，因木料年久伸縮，或製作草率，或迭經修理之故，其高度有二二，二二・五，二三・五，二四，二四・五公分數種；材寬則有一六，一六・五，一七公分數種。平均計之，高二三・八公分，寬一六・五公分，斷面比例，較下簷更與正方形接近。栔高以九・五公分者占據多數，約合材高十五分之六，與法式規定適相契合。

斗栱 斗栱結構經余輩調查者共計八種。茲先述下簷斗栱，然後再及上簷。

(甲)下簷柱頭鋪作，係四鋪作單昂(插圖四)，昂之形狀最足注意者，其前端下垂異常平緩，與山東靈巖寺千佛殿及嵩山會善寺大殿完全一致，足徵南宋金元之際，昂之卷殺方法，共有二

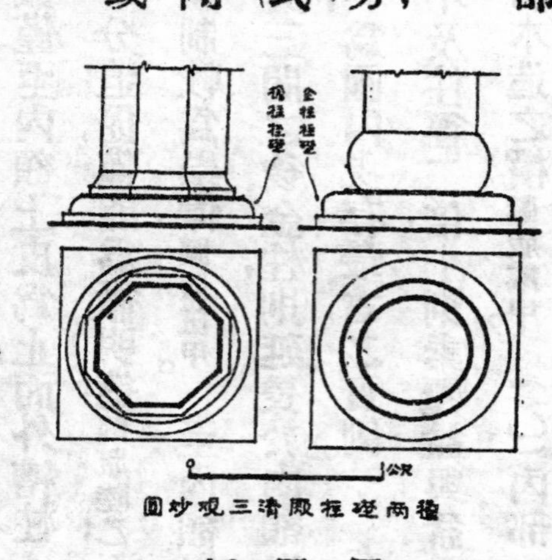

插圖三 圓妙觀三清殿柱礎兩種

插圖四 圓妙觀三清殿下檐柱頭鋪作側面

36038

種；一爲應縣淨土寺，定興慈雲閣，安平聖姑廟等處前端下垂較甚之昂；一卽靈巖會善二寺與此殿是也。 又昂之下緣，自宋迄清無不成一直綫，獨此數殿之昂向上微微反曲，亦爲國內鮮見之例圖版貳丙。 昂下近櫨斗處，則雕刻華頭子上口施交互斗及令栱，使與耍頭相交，而耍頭乃內側月梁所延長，前端刻宋式楷頭形狀，亦屬初覩，惟此項耍頭僅正面西側數間如是，其餘皆未延至令栱外側也。 令栱之上再施撩簷枋及升頭木以承托簷椽。

櫨斗左右二側施泥道栱慢栱及柱頭枋各一層，再上卽爲圓形之槫。

櫨斗背面僅出華栱一跳，托於月梁下。

(乙)下簷補間鋪作 插圖五，除正面盡間與山面南北兩間用一朶外，其餘各間胥爲二朶。 其結構皆用眞昂，後尾挑斡斜上施枓及令栱，卽法式卷四飛昂制度『跳一材二栔』者是也。 栱上再置素枋一層高一材，直接貼於槫下，並無襻間。 其餘結構悉準柱頭鋪作從略。

(丙)下簷轉角鋪作 圖版叁甲乙各於轉角櫨斗正側二面出單昂，跳上施令栱。 栱之外端，延長於側面，承受撩簷枋。 枋之前端，亦刻楷頭。

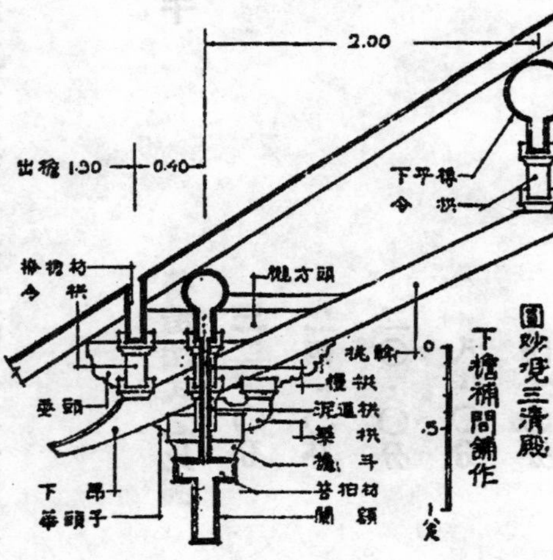

圓妙觀三清殿 下檐補間鋪作

插圖五

櫨斗轉角處施角昂與由昂各一層，寬廣均各相等圖版叁甲。由昂之上，原有角神或寶瓶，但現已遺失。

上述下簷斗栱之分件尺寸，依營造法式材高十五分為標準，推算其與材高之比例，大抵較法式規定者稍大。

分件名稱	實測尺寸	合材高十五之若干	營造法式之比例
櫨斗通長	四四·〇公分	三四·七分	三二·〇分
底長	三三·五公分	二六·三分	二四·〇分
通高	二七·〇公分	二一·二分	二〇·〇分
耳高	一〇·五公分	八·二分	八·〇分
平高	六·五公分	五·一分	四·〇分
欹高	一〇·〇公分	七·九分	八·〇分
散斗通長	二〇·五公分	一六·一分	一六·〇分
底長	一三·〇公分	一〇·二分	一〇·〇分
進深	二〇·五公分	一六·一分	一四·〇分
通高	一三·〇公分	一〇·二分	一〇·〇分
耳高	六·〇公分	四·八分	四·〇分

平高	二・五公分	二・〇分	二・〇分
出跳長	四〇・〇公分	三一，五分	三〇・〇分
耍頭出跳	二七・〇公分	二一，二分	二五・〇分
泥道栱長	八五・五公分	六七・三分	六二・〇分
慢栱長	一二四・五公分	九八，〇分	九二・〇分
令栱長	九七，五公分	七六・七分	七二・〇分

(丁)上簷外簷柱頭鋪作與補間鋪作均用重抄重昂結構完全一致圖版肆甲。後者每間僅用一朵。第一跳華栱偷心。第二跳華栱施令栱與羅漢枋。第三跳用假昂跳頭結構同前。第四跳亦假昂，惟此二昂之形狀，雖前端下垂甚平，但其下緣則用直綫，不似下簷之昂呈向上反曲之狀也。昂上施令栱，與耍頭十字相交耍頭亦未伸出栱之外側。又令栱上所載撩簷枋狹而且高，與下簷符合。插圖六。

櫨斗左右兩側，施泥道栱，慢栱與柱頭枋各一層。自此以上，爲遮椽版所隱蔽，詳狀不明。

櫨斗背面出華栱四跳圖版肆乙。第一跳偷心。第二第

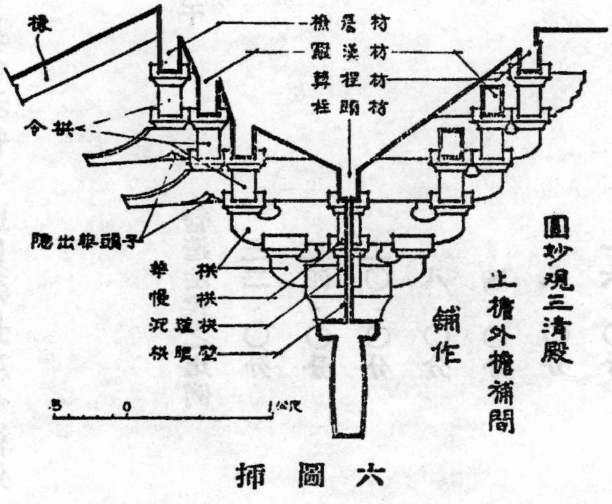

圓妙觀三清殿上檐外檐補間鋪作

插圖六

三兩跳，各施令栱及羅漢枋一層。第四跳施令栱，承托算程枋與平棊，惟耍頭則延長於令栱外側，前端所刻花紋較下簷稍爲複雜，不與法式楷頭類似也。

各分件尺寸與材高之比例如次：

分件名稱	實測尺寸	合材高十五分之若干	營造法式之比例
櫨斗通長	六一·〇公分	三八·三分	三二·〇分
底長	四七·五公分	二九·九分	二四·〇分
通高	四〇·〇公分	二五·一分	二〇·〇分
耳高	一六·五公分	一〇·四分	八·〇分
平高	七·〇公分	四·三分	四·〇分
欹高	一六·五公分	一〇·四分	八·〇分
散斗通長	二七·〇公分	一七·〇分	一六·〇分
底長	二〇·〇公分	一二·六分	一〇·〇分
進深	二七·〇公分	一七·〇分	一四·〇分
通高	一六·〇公分	一〇·〇分	一〇·〇分
耳高	六·五公分	四·〇八分	四·〇分
平高	三·五公分	一·八四分	二·〇分
欹高	六·〇公分	四·〇八分	四·〇分

第一跳長	四五・五公分	二八・五分	三〇・五分
二跳長	三七・五公分	二三・五分	三〇・或二六・〇分
三跳長	二七・〇公分	一七・〇分	
四跳長	二六・五公分	一六・七分	
泥道栱長	一〇五・〇公分	六六・〇分	六二・〇分
慢栱長	一六一・〇公分	一〇一・二分	九二・〇分
令栱長	一一二・〇公分	七〇・四分	七二・〇分

前表中可注意者；（一）櫨斗散斗之比例，大抵較法式稍大。（二）出跳之長，較法式短。（三）上簷第二第三跳上僅施單栱素枋，栱之長度與撩簷枋下之令栱相等，適符法式卷四「鋪作全用單栱造者，只用令栱」。

又栱之卷殺均係三瓣，較法式華栱泥道栱瓜子栱慢栱用四瓣，令栱用五瓣者，根本不合，而與當地北宋太平興國七年（公元九八二）所建雙塔內簷斗栱，完全符契。各瓣之長除華栱較短外，其餘各栱大抵同在九公分上下。

（戊）上簷外簷轉角鋪作之結構（圖版肆丙），最奇特者計三事。（一）轉角櫨斗正側二面之第二第三兩跳上所施令栱，未曾延長與角昂相交，與薊縣遼獨樂寺觀音閣下簷轉角鋪作第四跳上之令栱同一方式。（二）正側二面用雙抄雙昂（即華栱二層昂二層），而轉角處則用角栱一層角昂三層，未能一致。(三)第三層角昂上，未施由昂。

(己)內槽中央四縫上所用六鋪作重抄上昂斗栱，爲國內唯一可珍之孤例(圖版伍甲乙)。其結構程次(插圖七)，自櫨斗兩側各出華栱二跳，第一跳偸心，第二跳計心，施令栱羅漢枋各一層。第三跳則自第二跳內側出上昂，昂下承以鞾楔四瓣，跳上則施令栱及算桯枋，支載平棊重量。此項斗栱，在斗櫨兩側，純取對稱方式，如下圖所示。

前述上昂斗栱，如與營造法式卷四飛昂制度對校，其全體鋪作之高度，自第一跳華栱下皮至第三跳算桯枋上皮，共高六材五栔，而法式卷四上昂制度六鋪作重抄上用者，自平棊枋至櫨斗口，亦高六材五栔，惟法式所云之平棊枋，據同書卷五梁制度，實係算桯枋之誤，故此殿上昂之總高，與法式可云完全一致也。至於出跳之長，此殿第一跳約合材高二十八分，第二跳二十一分，第三跳三二·七分，共長八一·七分，較法式規定「第一跳華栱心長二十七分，第二跳華栱心及

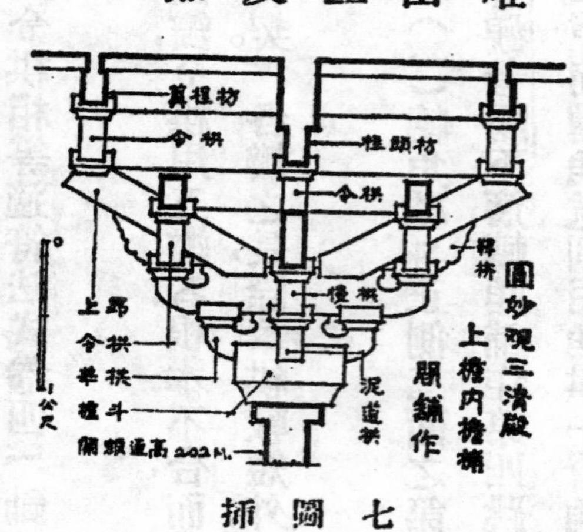

插圖七

營造法式六鋪作重栱出上昂斗栱

插圖八

上昂心共長二十八分一之栔幾增出三分之一；而法式之連珠斗與騎斗栱，此殿廢而不用，另於第二跳上施令栱與羅漢枋，皆其差違最甚之點（插圖八）。故就大體言之，此殿之上昂結構，似較法式更爲簡單化也。

以上係就上昂而言。其與華栱成九十度之正心縫上，則施重栱素枋與單栱素枋（插圖七九）；即櫨斗上用泥道栱，慢栱，及柱頭枋各一層；後者高一材一栔。其上無齊心枓，直接置令栱與柱頭枋，再上則爲壓槽枋焉。

（庚）內槽內轉角鋪作在後金柱上者（圖版伍乙）皆用插栱，插於柱內，無櫨斗，亦爲此殿最重要之特徵。在平面四十五度斜角縫上，自柱出斜華栱二跳。第一跳偸心。第二跳計心，跳頭上施平盤斗及令栱二具，在平面上，十字相交。最後於上昂跳頭上，亦施平盤斗及十字相交之令栱，承托算榥枋。其餘各面插栱之出跳，略如（己）項，從略。

（辛）內簷東西第三縫上之斗栱，爲外觀調和起見，其外側（圖版陸甲）須與外簷斗栱後尾一致，而內側又須與東西第二縫斗栱遙相對稱，故內外兩側，未能取同樣之方式。其正心泥道栱上之結構，與（己）項同。

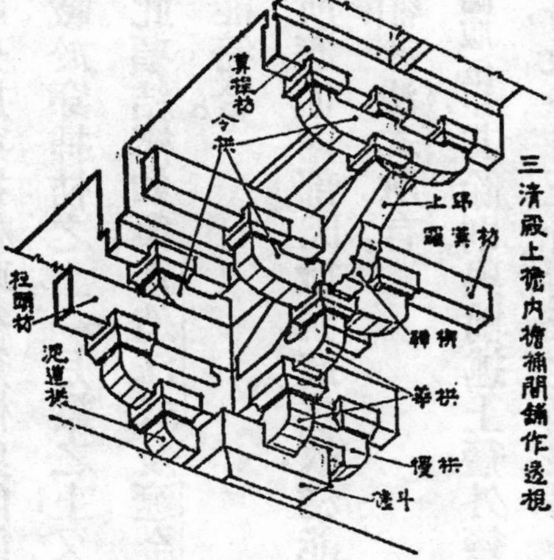

三清殿上簷內槽補間鋪作透視

插圖九

36045

枋額及其他　下簷僅施闌額一層，切斷面狹而高，至隅柱外刻作楷頭形狀圖版叁。普拍枋之寬祗及柱上徑三分之二，其下緣呈斜削狀，殊不常見。至隅柱外兩角刻海棠曲綫圖版叁，與北部遼金元遺物大體符合。

外槽梁架即東西盡間及南北簷柱與老簷柱間之梁架　於簷柱上端先施穿插枋聯絡簷柱與內側之老簷柱圖版陸乙。次於柱頭鋪作上架月梁，梁下復用隔架科，載於穿插枋之上。月梁之上，又施櫨斗裝十字交叉之令栱，承受上層月梁與槫下之素枋焉。此項結構，如與營造法式及遼金遺物對照，僅乳栿搭牽改爲月梁形狀，及槫下未施襻間，其餘尚能符合。

上簷闌額用兩層，極似明清之大小額枋，但外部爲博脊所遮，僅內部因徹明造之故，猶能辨析耳圖版陸丙。其下更施一枋，用魚形之柱支於枋上，承受闌額，非法式所有。

內額在中央四縫者，以數木拼合，高二公尺餘，龐碩逾恆圖版伍甲，其餘則與前述上簷外簷闌額約略相等圖版陸丙。又後者之下，另施一枋，中點置蜀柱櫨斗及一斗三升構成之隔架科，托於內額下皮，與明清宮殿之結構法大體類似，然其法實未見於營造法式及北部遼金元遺物中，甚疑明永樂以蘇匠營北京，此式乃隨之遠被幽燕耳。

殿內平棊支條，皆係同一高度，已無法式程貼之分圖版伍甲。

須彌座　內槽磚製須彌座高一・七五公尺，全體式樣，略如法式而繁密過之插圖十。茲分上中下三部，自下而上，述其梗概如次。

下部最下層爲單混肚磚。其上置牙脚磚與罨牙磚各二層互相重疊，而下層牙脚磚刻龜脚，上層刻卷雲及鳳頭生動圖版柒乙丙。次用綫道（Moulding）二組，每組以平綫道與斜綫道組合，漸次向內退收，代替法式之仰覆蓮。再上施混綫一層。

中部束腰約占臺高四分之一，表面浮雕幾何形華文圖版柒甲。

上部於束腰上施綫道一層，表面刻香印文。其上一層向內收進，如束腰形狀，刻斜卍字文。次復有凸出之綫道，與下部對稱，刻斜三角文。再次施梟混曲綫。至頂覆以方澁平磚。

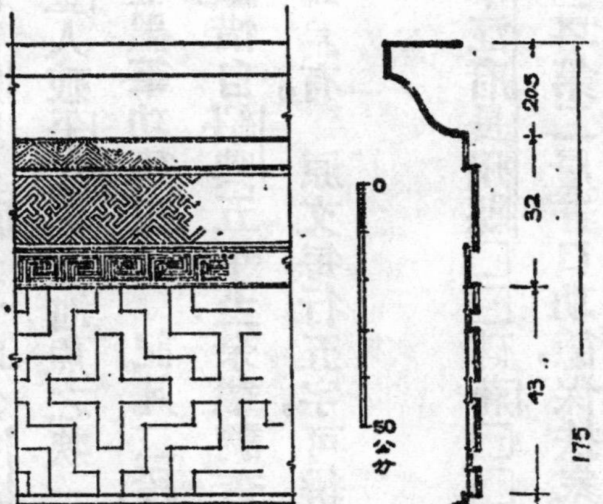

插圖十　三清殿須彌座現狀圖

塑像　殿內中央三間奉三清像，趺坐方座上圖版捌甲，較河南濟源縣奉仙觀唐垂拱元年太上老君石像碑及其他明清道像，用蓮座背光者，雅俗之別，不可同日而語。諸像雖經後世塗抹，但姿態凝重，神采儼然，在宋塑中尚非下乘。其下裳垂於座下者，褶紋拳曲，與曩歲所見曲陽淸化寺石像，如出一手，亦足爲南宋舊物之證也。

雙塔寺雙塔及大殿遺蹟

雙塔寺概況　寺在定慧寺街路北，府志稱唐咸通中州民盛楚建，初名般若院，吳越錢氏改爲羅漢院注八九。宋太宗太平興國七年，有王文罕兄弟創建磚塔二座，一稱舍利塔，一稱功德舍利塔，八角七層，式樣結構完全一致，故自宋以來，蘇人皆呼爲雙塔寺焉。太宗至道初，復頒賜御書，改稱壽寧萬歲禪院。高宗南渡，金人破平江，寺遭池魚之殃，一部被毀，旋經比丘惠先等修復。見西塔第二層紹興五年公元一一三五墨筆功德題記。記凡二段，一在東北面素枋上圖版拾丙，一在西南面枋上，爲此寺最重要之文獻，惜自紹興五年至余輩調查時，歷時八百寒暑，殘餘墨迹，已如粉狀浮於枋之表面，一經觸手，卽歸烏有。原文每行五字，可辨識者猶一百四十字，迻錄於次，倘亦留意當地史蹟者所樂覩也。

東北面井口枋題字　大宋國平江府長州縣□□碑蔣□□□□□弟子衛□壽□□八娘男□□與家眷等□心施錢□□塔第二層井口功德保扶家眷莊嚴福智，成就菩提。紹興乙卯題。宋都紳陳明。

西南面井口枋題字　雙塔乃太平興國七年歲次壬午建，□王氏□一方所□至今紹興乙卯□□一百五十三載。　緣金□□城寺宇□惟北二□□□□□比丘師□惠先等九人努力募緣，次第修整，時紹興五年歲在乙卯三月十三日同修□塔比丘□□□□文上用記歲月矣。　刊字比丘觀注八。

其後五十餘載，光宗紹熙中寺改爲提舉常平祝聖道場　注九。　自此以後，經宋嘉熙，明永樂，嘉靖萬曆，崇禎，及清康熙，乾隆，道光，數度重修，大體維持原狀　注八，九，十，十一。惟咸同之際，蘇州受太平軍及清軍再度蹂躪，寺之大部遂至蕩然無存。　同治初，軍事底定，僧卻凡曾稍事修葺，但未規復舊觀。

寺現改爲雙塔小學校，舊日建築僅存磚塔二基及大殿殘餘石柱，矗立蔓草中，其外繞以竹籬與亂磚牆，零落荒寥，不堪屬目。　牆西刻闢爲操場，南部則爲小學教舍與附屬建築，俱興建未久，無一利用舊日殿宇者，足證咸同間此寺受重大打擊，無力恢復，竟至於廢棄也。

雙塔建置沿革　塔之建立年代，除前述紹興五年墨筆題字外，府志又有建於太宗雍熙中之紀載　注八，然考太平興國共僅八年，其翌歲卽爲雍熙元年，距興國七年，纔及二載，意者雙塔興工於興國七年，至雍熙初始告落成，而府志所述，乃其落成歲月也。　其後塔之修理紀錄，見於諸書與碑記銘刻者，依年代前後，彙集如後，以供參考，惟泛言重修而界說不清者，悉從删落。

宋太宗太平興國七年　公元　九八二年　王文罕兄弟建雙塔見西塔第二層紹興五年題字。

高宗建炎　四年　一一三〇年　金兀朮破平江，塔一部被毀同前。

紹興　五年　一一三五年　比丘惠先等九人募修西塔同前。

明世宗嘉靖　元年　一五二二年　西塔相輪吹折注十。

三十九年　一五六〇年　馬祖曉重修雙塔注十。

思宗崇禎　六年　一六三三年　雙塔圮毀注十一。

九年　一六三六年　修雙塔注十一。

清高宗乾隆中　一七三六—一七九五年　東塔相輪毀注八。

宣宗道光　二年　一八二二年　修理雙塔見西塔塔頂覆鉢銘記。

前表中以塔頂相輪之修理，占據多數，此外幷無根本重建之紀錄，可與下述結構式樣，互相參印，證雙塔確建於北宋初期也。

塔之平面　二塔平面皆等邊八角形插圖十一，在東南西北四面各闢一門，門內經走道，導至中央方室，並無塔心柱之設。按我國磚塔中採取多簷重疊之式，而內部可登臨者，如北魏嵩山嵩嶽寺塔，與唐西安大雁小雁塔，宋天臺國清寺

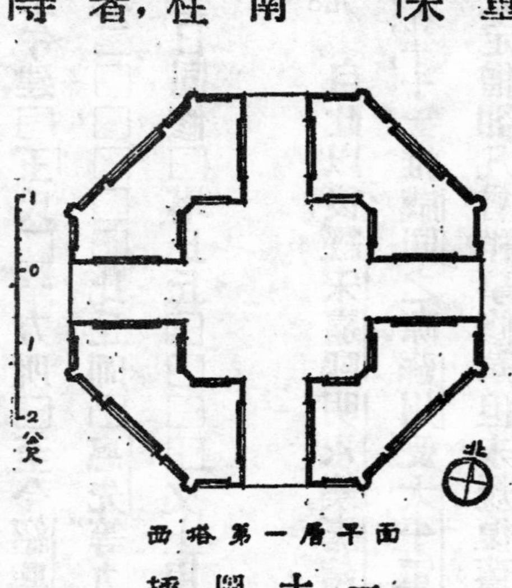

插圖十一　西塔第一層平面

塔等，其內部闢正方形或六角形八角形之室，自下直達頂部，而各層樓板梯級，則以木材構之。至北宋中葉定縣開元寺料敵塔，長清縣靈巖寺辟支塔，及武安縣常樂寺塔，始於塔內爲龐大之磚柱，藏梯級於柱內，或柱與外壁之間，自是以後，煽爲風尙，遂至普及全國。此二塔建於北宋初期，塔之外形，雖改爲八角形，但其內部配置，仍與杭州雷峯塔，開封繁塔等，遵守北魏以來舊法，足爲唐宋間磚塔平面變遷之證物。

自第二層以上至第七層，塔外皆有平座。內部小室，則僅第五層用八角形，其餘仍爲正方形平面。惟可注意者，室之方向，各層依次棹換四十五度，在平面上互相重疊，如✴形。因是之故，各層門窗位置，亦隨之變換，不但外觀參差錯落，富於變化，（圖版玖）且令壁體重量之分布，較爲平均，足徵創建當時，經營考案，極費匠心。按我國唐宋磚塔中，如西安大小雁塔，與定縣料敵塔等，其各層門窗，皆設於東西南北四面，遂至塔身重量，集中於其餘四面，而門窗下，復無反券(Reverse arch)補助，故門券窗券之上，每易發生裂縫，甚至誘致壁體崩潰之危險，就結構言，其不逮雙塔之合理，固甚明也。

雙塔外觀　塔七層，每層皆施平座腰簷，壁面復砌出柱額斗栱，故其形制，純係踏襲我國固有之木塔式樣（圖版玖）。至其局部手法，如下文論列者，雖不及時代稍晚之易縣千佛塔，與涿縣遼智度寺雲居寺二塔，能爲澈底之模仿，然在磚塔採用木造式樣過程中，要不失爲重要證物也。

茲自下而上，摘述如次。

塔下原有之臺基現爲浮土所掩，當著者調查時，以時間倉促，未及窮究，嗣據張至剛君發掘東塔西南角結果發現塔外另有磚砌臺基一層隨塔身迴轉約寬二公尺。

第一層除東南西北四面設入口外，其餘四面各於壁面隱出直櫺窗。 其上壁體凋毀一部，僅於轉角處發見角梁椽眼數處，似原有附階一層，再上始爲腰簷平座，如應縣遼佛宮寺塔之式樣，第確否若是，尙非今日所能證實耳。

第二層以上各層結構大體相同。 卽最下以疊澁式之「板簷磚」與「菱角牙子」及少數磚製之櫨斗替木構成極簡單之平座。 平座之上，據現存望柱椽眼推測，其外側似有欄檻縈繞，但現已遺失無存矣。 外壁表面則於轉角處隱出八角形之柱，下施地栿，上施闌額，每層配列壼門式之窗四處，另四面則隱出槏柱及直櫺窗，如木造物情狀（插圖十二）。 闌額之上，無普拍枋。 其上斗栱除轉角鋪作外，每面僅有補間鋪作一朶，而櫨斗之欹，皆嵌入闌額內，亦古法之一。 所有各層鋪作，僅第七層出華栱二跳，餘皆一跳，跳頭上施令栱，承受橑簷枋。 櫨斗左右，僅施泥道栱與柱頭

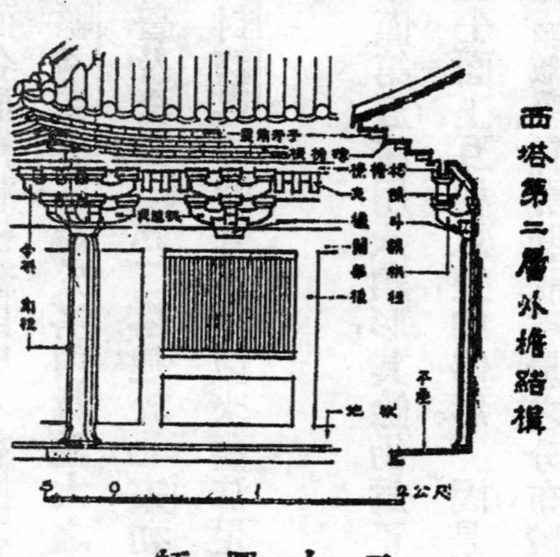

西塔第二層外檐結構

插圖十二

枋一層，無慢栱。　又柱頭枋與橑簷之間，隱出支條及遮椽版，圖版拾甲，與薊縣遼獨樂寺觀音閣同一方式，殆因雙塔建造年代，較是閣僅早二歲，故其結構方法亦能符合若是也。

出簷結構圖版拾甲，係於橑簷枋之上，以「菱角牙子」與「板簷磚」各三層，逐漸挑出，代替木造物之簷椽飛子，至轉角處微微反翹，其上施瓦隴垂脊焉。插圖十二。　考「菱角牙子」與「板簷磚」，皆唐代磚塔慣用之手法，惟唐塔翼角無作反翹形狀者，其上亦僅以疊澁式之磚，向內收進，尚未發見瓦葺之例。　雙塔建於北宋初期，其一部結構，雖已濡染木造物之式樣，然其時去唐未遠，舊法猶未滌除，故產生如是混雜情狀焉。

塔頂之刹，於垂脊上端，施須彌座，插圖十三。　次覆鉢，次露盤，皆鑄鐵爲之。　其上於刹桿周圍，施相輪七層，輪之直徑，愈向上愈減小。　其上置寶蓋式裝飾。　次寶珠。　次圓光，平面作十字形，鏤刻人物，疎朗有致。　再上復施寶珠及仰蓮，刹項則置葫蘆一具。圖版玖乙。　全體比例及覆鉢相輪圓光之形制，均極與日本奈良朝法隆寺五重塔，朝鮮鳳巖寺石塔，及艾克博士介紹之泉州雙石塔類似，足證宋代南方之刹，猶大體保存唐刹遺型；而北部遼金諸塔所用之仰月，及相輪下之鐵球，則手法較爲淆雜矣。

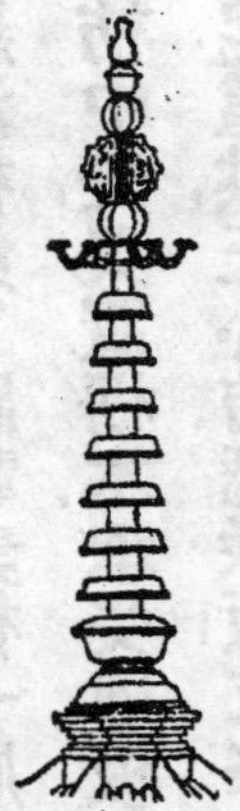

插圖十三

內部結構　塔內各層方室，皆裝設木構樓板，亦北魏以來舊法也。惟樓板之下，僅一二三四層以木製斗栱承托；第五層改磚斗栱；六七兩層，因面積過小之故，斗栱槫木俱皆略去。

第一層結構詳狀，於四隅施磚砌八角柱，上置內額，其下復施一枋，載於入口兩側之方柱櫨斗內（插圖十四）。額上斗栱用五鋪作重抄，第一跳施令栱羅漢枋，第二跳載素枋一層，異常簡單（圖版拾乙）。此枋中央又置楞木，承受樓板，其上墁以地磚。其餘泥道栱、正心枋、遮椽板、支條等，與外簷一致。

第二層以上，因高度逐漸低之故，內部結構亦漸趨簡單。至六七兩層，所有柱額斗栱，悉皆未用。

塔內梯級現均遺失，無由知其原來情狀；僅第二層至第五層，依壁面挖削部分觀測，似原以木梯盤旋而上者。

雙塔內部雖無直達下部之塔心木，但其刹桿則延至第六層窗臺下，以亘梁承之，似為唐以來通行之方法。

西塔第一層內部結構斷面

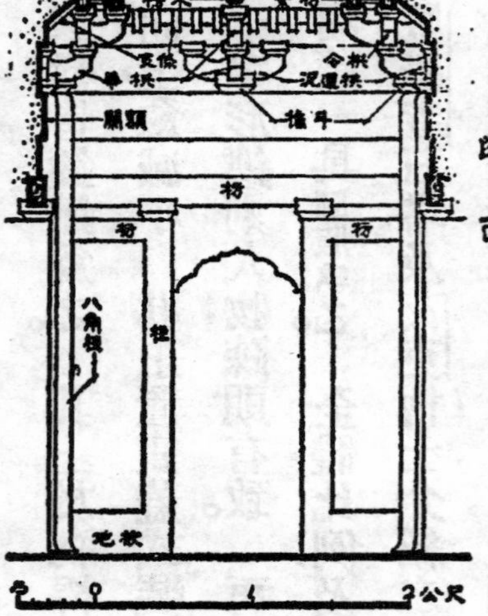

插圖十四

一　大殿遺蹟

雙塔之北，相距十八公尺處，有大殿故基一座，其平面據現存石柱位置，與正方形接近，依遼與北宋之例推之，疑其原來外觀，乃單簷歇山。石柱之形制凡三種。（甲）正面當心間二柱，平面圓形，鏤刻蓮渠，宛轉連續，如卷草形狀，其間雜以人物圖版拾壹乙，與北宋宣和七年所建嵩山少林寺初祖庵簷柱，如出一手。柱下施柱櫍與覆盆，後者所雕卷草，流麗典雅，確係宋代作品圖版拾壹甲。（乙）八角柱四處，無雕刻。（丙）海棠文石柱四處圖版拾壹丙，柱身與櫍皆刻爲十瓣，柱下部所雕花文，亦極秀麗自然，惟刀法淺而且平，頗類明代作風，豈此數柱乃嘉靖間馬祖曉重修大殿時所換置耶。然以當心間二柱證之，殿之位置，自宋以來，卽已如是，殆無疑也。

報恩寺塔

報恩寺在城西北門南向，與護龍街北端相值，俗呼爲北寺。府志謂原名通元寺，創於吳赤烏中；唐玄宗改稱開元寺；周顯德中，吳越錢氏又易名報恩寺。舊有梁正慧所建浮圖十一層，北宋時不戒於火，元豐中改築九層，蘇軾嘗捨銅龜以藏舍利焉。高宗建炎四年，金人蹂躪平江，塔復燬。紹興間，僧大圓重建，亦祗九層。其後元至順，明弘治，隆慶，萬曆，淸康熙凡數度修治，至洪楊亂後，塔復傾圮，光緒二十六年，僧繼和重修一新故嚴整爲蘇城諸塔之冠焉注十二，十三，十四，十五。

塔八角九層，每層施平座，腰簷，翼角翬飛，欄廊縈繞，純仿木塔式樣，而塔頂與剎，聳然秀出，約占塔高五分之一，外觀雄壯秀麗，兼而擅之圖版拾貳甲。塔身結構，最外爲外廊；次爲外壁，其內設內廊，置梯級；再次復構塔心，內闢方室，供奉佛像插圖十五；而外壁與塔心，胥以磚甃爲之，故自南宋創建以來，迭遭兵燹，其骨體猶依然健在，職是故也。

茲自外及內分外廊，內廊，塔心三項，述其特徵如後。

外廊　塔之外廊，以第一層爲最巨，依現狀推測，此層之簷，似自原有之腰簷，延長於外，被覆塔之臺基，致成此狀者（圖版拾貳乙）。　蓋現存之廊，每面面闊三間，甃以磚壁，其下有石座，刻卷雲，描線秀逸，不似近代所製，而臺外散水海墁，較現有地面竟低二尺有奇（圖版拾貳丙），足證此部乃塔外原有之臺基。其上磚壁與簷，皆晚近所構也。　廊之入口，設於正南面，其前有甬道，與大殿連接。　除入口外，其餘諸間，各施一窗。

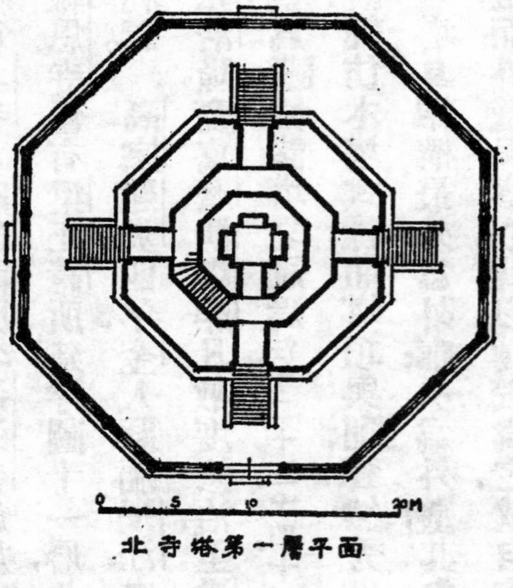

0　5　10　20M

北寺塔第一層平面

插圖十五

第二層以上之廊，係根據外壁原有磚製斗栱之位置而重建者（圖版拾叁甲），故本文於說明外廊之前，應敘述各層外壁表面所隱出之柱額斗栱。

（一）平座斗栱　在第二三四層，每面各隱出補間鋪作四朵，第五層以上，減爲三朵。

（二）外壁表面　各層皆以磚製八角柱，分爲三間。　當心間設門，門之形狀，第二三四層用圓券，第五層以上，改壺門式。

（三）柱下施櫍。 柱上僅隱出闌額，無普拍枋。

（四）闌額上之斗栱，除柱頭鋪作與轉角鋪作外，次間皆無補間鋪作，惟第三四層當心間，用補間二朶，第二五六七八層用一朶，第九層無。

至於各層柱額之分配，比例之粗健，以及斗栱卷殺情狀，皆與當地虎丘瑞光二塔，大體類似，足證確屬趙宋遺構。惟此塔迭經變亂，凡壁面櫨斗挑出之華栱與昂，俱已無存。 現之平座，則於舊櫨斗口各出挑梁三層，前端垂直截去，護以鉛鐵板，未施令栱與羅漢枋（圖版拾叁甲）；其上即直接鋪板施欄楯，構成外廊。 上部腰簷則於闌額上之櫨斗，出重昂或單抄單昂，前者用於上部數層，其華栱前端向外巖出，略似四川漢闕花莖形之栱；而後者跳頭上所施令栱，未直接置於交互斗上，亦不常見（圖版拾叁乙）。然此種不規則之方法，皆出於近代匠人之手，則無疑也。

內廊： 內廊隨塔之平面作八角形，設梯級於其西南西北二面。 廊兩側壁面，亦模仿木造式樣，隱出柱額斗栱（圖版拾肆甲）；轉角處又於柱之上端施橫枋一層，聯絡內外二柱，其法雖蹈襲木造物之原則，但爲應縣遼佛宮寺木塔所未有。 次於轉角櫨斗上，各出華栱一跳，承載月梁一重。 再上以「版檐磚」「菱角牙子」各二層相對挑出，中央鋪蓋樓板，墁砌地磚（圖版拾肆甲乙）。 惟上述結構，亦有少數例外，即

（一）第六九兩層壁上未隱出斗栱，月梁下亦無華栱（圖版拾肆丙）。

（二）第八層月梁下雖施華栱，而壁上無磚製斗栱。

（三）第九層內廊之頂，純用疊澁式之磚，自內外雙方挑出至中點會合圖版拾肆丙。

如上所述，此塔內廊之頂除第九層外，其餘皆施木板，在原則上，雖係墨守北魏嵩嶽寺以來之舊法，然此項結構，足減輕各部分不平均沉下 Setting）之危險，極可贊美。蓋此塔係由外壁與塔心二部結合而成，依工程常例言之，在建造中，或建造後未久，雙方卽應開始沉下至某種程度，而塔心與外壁輕重既殊，沉下之率，自難一致，今於二者之間，構以木製之樓板，則無論何方下沉較多，均不至波及他部之安全。觀現存八九兩層內廊地面向內傾斜甚大，足徵此塔塔心之下沉，實較外壁爲多，而此二層外壁，並未因此發生重大之危險，其故蓋可思也。

塔心　塔心亦作八角形，內設正方小室一間，自內廊闢走道可導至此室。惟走道之位置及其數目，各層不盡一致：如第一層僅在正南面設有一處插圖十五，其餘各層或二處圖版拾伍甲或三處，隨宜改變，並無定法，然無論何層，皆限於東西南北四面，從無設於四隅面者。走道之上，偶覆以八角形藻井，與宋定縣料敵塔及當地雙塔寺二塔同一手法，而結構複雜與手法之華麗，則遠過之圖版拾伍乙。

方室之內，設佛龕，壁上隱出柱額斗栱，其要點如次：

（一）室之四隅，各設八角柱一處。柱下無礎石。櫍之形狀，與雙塔一致。

(二)內額上，無普拍枋。

(三)每面施補間鋪作一朶。櫨斗形狀有方角，圓角，及角上刻海棠曲綫者三種，而斗底則皆伸出內額之外。櫨斗正面出華栱二跳；第一跳施令栱與羅漢枋；第二跳施令栱素枋圖版拾陸甲。斗之左右，隱出泥道栱慢栱柱頭枋各一層。遮椽版下，無支條。

(四)轉角櫨斗隨柱之平面作八角形。角上出斜華栱二跳，跳頭上各施十字交义之令栱，其後端因空間關係，長短不一，但皆未延長與正心慢栱及羅漢枋相交，亦與三清殿同。上舉各點，又與前述外壁所示之式樣完全一致，足證塔之磚造部分—卽外壁與塔心—確爲南宋紹興間僧大圓所構者也。塔之刹柱圖版拾陸乙，僅限於八九兩層，其下以東西方向之大柁承之，亦與雙塔同一方式，足窺當時此式之普及也。

虎丘雲巖寺

(三)山門。

(一)門之平面，門面闊三間，深進四架，施中柱，自側面觀之，卽清式顯二間也。其特徵如次：

(二)門之平面除正面與背面當心間外，皆甃以磚壁。內部則於當心間二中柱之間設門，門之兩側，以磚壁劃爲前後二部；前部東西次間置金剛各一軀，後部庋元明以來碑記數種。

36059

(二)外觀單簷歇山，翼角反翹，一如南方建築常狀，惟可注意者，其簷端輪廓自當心間平柱起，即開始反翹，故其曲線比較圓和，尚存古法（圖版拾柒甲乙）。

(三)內部梁架分配（圖版拾捌丙），與法式卷三十一「四架椽屋分心用三柱」同一原則，僅乳栿搭牽皆改用月梁，其下承以丁頭栱，及中柱較高柱上置櫨斗令栱及素枋一層，略去襻間耳。

(四)外簷柱頭鋪作之櫨斗，四角刻海棠曲綫（圖版拾捌甲）。正面出華栱一跳，跳上所施令栱，比例單薄，卷殺情狀，亦與雙塔圓妙觀三清殿未能一致，似係清代掉換者。櫨斗背面出華栱一跳，承載月梁（圖版拾捌丙）。左右兩側施泥道栱，慢栱，柱頭枋，如常狀。

(五)外簷補間鋪作（圖版拾捌乙），當心間用二朵，次間及山面各為一朵。櫨斗形狀及正面出跳，悉如柱頭鋪作，惟斗下未施普拍枋，直接騎於闌額之上，與已毀之甪直保聖殿大殿同一方法。櫨斗背面出華栱二跳偸心。其上於第二跳華栱心起挑斡，跳頭上施令栱與素枋，托於下平槫之下（圖版拾捌丙）。在結構上，挑斡原係下昂之一部，支於槫下，用以完成槓桿作用者。但北宋崇寧間所修營造法式，除正規下昂外，又有二種變體，一為插昂，用於四鋪作，後尾不起挑斡，無槓桿作用；其一雖用挑斡，而外部無昂，與前項適相反對。後者見法式卷四飛昂制度注釋內：

若屋內徹上明造，即用挑斡，或只挑一枓，或挑一材二栔。（謂一栱上下皆有枓也。若不出昂而用挑斡者，即騎束闌方下昂桯。）

所謂「若不出昂而用挑斡者」，其性質實與上昂無異，此門補間鋪作即其遺制也（圖版拾捌丙）。

（六）東西次間，於上層月梁與槫下素枋之上，施平闇圖版拾柒丙，亦係較古之做法，惟因時代稍晚之故，其方椽分布較遼獨樂寺觀音閣更形叢密耳。

門之建造年代，據前述結構上所示特徵，不似建於清代匠工之手，而明永樂正統二碑所述興葺工作，又未涉及此門注十九，二十，惟元末至正六年虎丘雲巖禪寺興造記謂：

重紀至元之四年……山之前為重門，則改建一新注十八，

與現門結構式樣，尚能一部符合，故疑此門應建於元順帝至元四年公元一三三八，而門扉連楹屋頂瓦飾及一部分斗栱，則經近世修葺者也。

經幢　劍池東南千人石上有經幢一座圖版拾玖乙，下為臺座二層，其下層刻山文，上刻俯蓮，束腰部分則鐫佛像。中為幢身八稜，正面題「佛說大佛頂陁羅尼」，又有「下元甲子顯德五載」銘，刻蓋五代周世宗顯德五年公元九五八所建也。上部復分為二層，每層高度與直徑，皆逐漸收小，與普通之塔同一原則。此二層表面鐫琢佛像，其下承以寶蓋式裝飾，或仰蓮，至頂覆以八稜之頂。頂上僅存仰蓮一層，餘皆傾毀。

此幢形制，雖與山東泰安高里山晉天福九年公元九四四所建之幢，屬於同系統之內，但幢之上部，較高里山多增一層，細部手法，亦較纖弱。又顯德五年距藝祖陳橋之變，僅僅二載，故所鐫山文，與宋代慣用者毫無二致也。

雲巖寺塔　塔磚製，位於虎丘之巔，俗稱虎丘塔。當著者調查時，塔門適封閉不能入觀，而各層外簷與塔頂又大部崩圮，惟壁面額柱斗栱，尚保存一部。茲就外部未殘毀者，介紹如次：

(一)塔之形範，八角七層，各層轉角處砌圓柱，上施闌額。其壁面於各層正中闢壺門式之門，兩側夾以欂柱，分壁爲三間圖版貳拾甲。

(二)額上無普拍枋。其上除轉角鋪作外，每面施補間鋪作二朵，皆五鋪作偷心重栱造圖版貳拾丙，但第七層祗用補間一朵。

(三)櫨斗形狀，轉角鋪作用石質圓櫨斗，補間者雖亦偶用圓形圖版貳拾乙，但以方角或角上刻海棠曲綫者居多。

(四)華栱比例雄巨，皆三瓣卷殺，據剝落處所示，栱內參有木骨，補助其應張力。

(五)櫨斗兩側僅隱出泥道栱與柱頭枋一層圖版貳拾丙。

(六)遮椽版表面塑有寫生花，但據剝落部分觀之，版下原隱出支條圖版貳拾丙，如雙塔情狀。

(七)腰簷結構，係於撩簷枋上施板簷磚與菱角牙子各二層圖版貳拾丙，自此以上雖已剝落，但依現狀測之，殆與雙塔同爲磚砌之簷。

(八)平座斗栱用四鋪作單抄，較腰簷減一跳圖版貳拾丙。

如上所述，此塔式樣在蘇州諸塔中，比較與雙塔接近，而詳部結構，尤多共通之點，是其建造年代，宜亦相去不遠。惟塔之沿革，見於通志注十六，虎阜志注十七，及元明諸碑者注十八十九二十，僅載元至元重修後，寺於明洪武十八年及二十七年再度遭祝融之厄，塔被波及，嗣經永樂初修復，宣德八年火復作，又及於災，洎正統二年三年，復為大規模之重葺，乃復舊觀注十九二十。蓋均詳於元明二代修理紀錄也。至其創建年代，稽之載籍，僅有明張益蘇郡虎丘寺修塔記略「始建於隋仁壽九年」一語。然考宋平江城坊考卷五引吳郡圖經續記：

雲巖寺……分為東西二寺，寺皆在山下，蓋自會昌廢毀後，人乃移寺山上。

是唐末以前，寺固不在今處，塔烏從而建立？且隋代磚石之塔，據今日所知，無論文獻實物，俱無平面採用八角形，而外觀模仿木塔式樣，施平座腰簷及柱額斗栱者；不但隋代如是，即唐初亦無其例，足證張氏所紀，不足憑信。今以實例衡之，其結構式樣，最與杭州雷峯塔及當地雙塔類似，疑建於五代或北宋之成份占據多數也。

府文廟

府文廟在城西南隅，宋仁宗景祐元年，范仲淹以所得錢氏南園創建，其子純禮增擴之，自是以後，歷元明清三代，踵事緣飾，遂成現狀。然稽之文獻，其大成殿與門廡橋池，經明天順成化間改作，規模始具注二十一。廟內外建築，如櫺星門之為明構，牌樓式樣之特殊圖版貳拾貳乙丙，及大成門石礎之龐巨，均足引人注目。然在結構上，無如大成殿斗栱保存古式較多。此外廟內又藏有宋輿圖天文圖平江圖三石，蜚聲海內，爲自來金石家所樂道。顧本文爲篇幅所限，僅摘述大成殿概狀及平江圖碑中關於平江府治一部分而已。

宋平江圖碑　碑立於文廟西側舊禮門之西次間，東向，額題平江圖三字，無年代銘刻（圖版貳拾壹）。圖心高二·〇二公尺，寬一·三六公尺。民國六年葉德輝等曾督工深刻一次，然觀圖內綫條，深淺廣狹，并不一律，大體猶能保持原有作風也。　碑之製作年代，近人王謇斷爲南宋紹定二年（公元一二二九）郡守李壽朋所作，最爲精確可信。其言曰：

> 平江圖碑始不詳其何時所刻。程氏祖慶吳郡金石目亦僅據瞿木夫說，以刻碑人呂挺張允成允迪三人姓名疊見宋理宗寧宗兩朝碑刻，遂斷爲南宋故物，而未詳其年月。余因讀趙汝談吳郡志序及吳郡志官宇門所載紹定二年郡守李壽朋重建坊市故實，始悟平江圖碑，亦必刻於是年。　證以碑中公署寺觀凡建於紹定二年春夏以前者，圖中悉有，秋冬以後新建者即無。益信刻行吳郡志興復古名迹，鐫成平江圖，悉在是年。

上文見王氏所著宋平江城坊考自序中。其詳細論點，散見原書各篇，恕不備舉。　至於是圖內容，關於南宋一代史蹟者，王氏博采羣書，一一爲之考訂，無庸重贅。惟圖中所示平江府治，乃我國古代官署建築不可多得之史料，爰爲介紹如次。

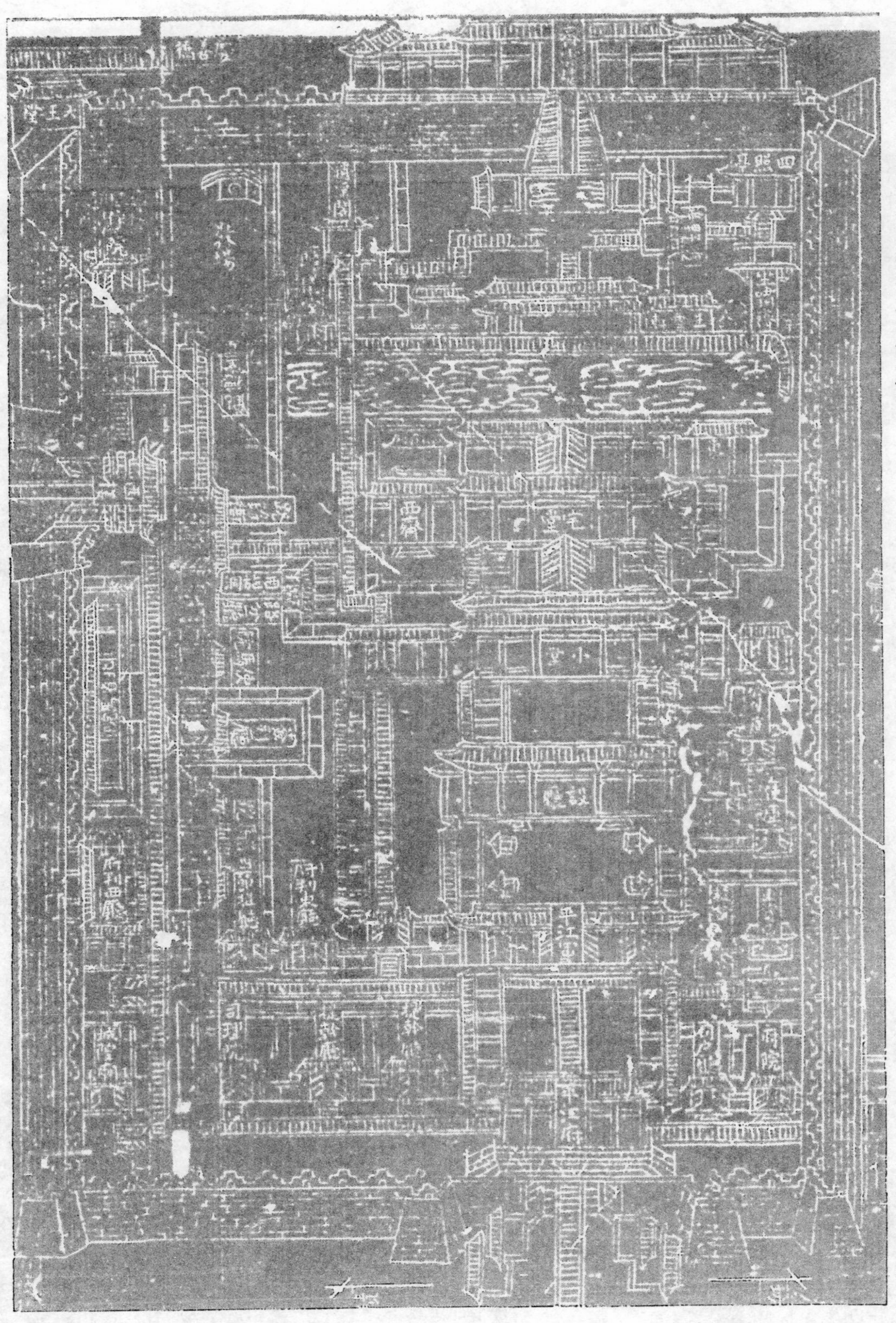

插圖十六　宋平江圖碑中之平江府治

宋平江府治在州城內，稍偏東南，外具城樐樓觀，異乎常制。俗傳創於吳伍子胥，故謂爲吳小城，亦曰子城。按蘇州爲東南大郡，地望優重，異於他州，而子城自漢唐以來，卽爲郡治所在。宋代仍之，以爲平江軍節度使之治所。政和間，升爲平江府。建炎兵燹，城中建築大部被燬。紹興初，高宗欲自浙移駐平江，命漕臣卽子城營治宮室。三年，行宮成。四年，駐驆平江。七年春，復賜爲府治，改都臨安今杭州。職是之故，終宋之世，平江官制，幾與臨安相埓，其府舍亦雄麗冠於浙右也。其時郡守王喚，承兵火之餘，興葺官署學校，不遺餘力，而喚又能究心藝事，重刊營造法式於此，卽世所稱紹興本者，故其興作營繕，猶遵奉汴梁遺法。而此圖成於理宗紹定二年，距王氏經營平江僅八十餘載，尚能傳其盛狀也。逮元末，張士誠割據吳中，據爲太尉府。張氏敗滅，城闕臺閣，咸夷爲平地。今之圖書館體育塲一帶，俗呼爲皇廢基者，卽其遺址已。

宋府治建築之沿革，王氏宋平江城坊考，逐條割析，言之詳矣。故本文僅就其平面配置可注意者，列舉如次。

(一)府治之外，周以城垣，雖非普通官署所有，但據洪武蘇州府志，其譙樓西石橋有唐乾符三年銘刻，載勾當料匠姓名甚詳，足證唐時已有子城，非創於宋。尤可注意者，其正門設於南面偏東，未居中央，而西門亦偏西北。此外，併無東門北門，俱與我國傳統之對稱式相反插圖十六。

(二)城垣之上，除南面府門樓觀與西樓外，西北角復有天王堂一處，卽吳郡志所載建炎時未遭金人焚燬者。此外北垣復有齊雲樓，循城爲屋左右翼以兩挾插圖十六輪奐雄特，一時稱最，吳人至謂爲兵火之後唯王喚重建此樓差勝舊制耳。考我國古代城闉城隅每築臺觀點綴景物，如鄴之銅雀，洛之金墉，蜀之西樓，及滕王黃鶴岳陽等不勝縷舉，而此樓之名曾見白氏香山集，蓋自唐以來卽爲吳中名蹟也。

(三)城以內之建築因府門偏於東南其平面配置亦不能採取對稱方式插圖十六，然其主要廳堂仍以府門爲中軸自外及內，依次排列，其餘附屬建築則區布於其左右。依其性質用途大體可別爲六部：

(甲)府門之北爲戟門五間。次設廳，犒燕將士之所，旬日而設，故曰設廳。再次小堂，與設廳胥覆以重屋。自府門至此兩側翼以修廊構成廊院三重，府治之主體也。

(乙)小堂以北有宅堂二重，其間綴以柱廊如工字形，左右復有東齋西齋均郡守燕居之所。

(丙)宅堂北鑿大池，池北有生雲軒，坐嘯齋，秀野亭，四照亭，逍遙閣，瞻儀堂諸勝。而四照亭爲屋四合隨歲時之宜，各植花木，亦王喚所構。每春首佳日縱民游樂其中，非僅府治之後園也。

(丁)戟門與設廳之東，有司戶廳與府院，掌戶籍賦稅倉庫受納及州院庶務，故軍資庫，公使庫，酒庫等皆附設其後。

（戊）戟門以西，爲府判東廳，府判西廳，提幹廳，節推廳，簽判廳，司理院，俱處理刑民政務之所，另附以南北使馬院及城隍廟焉。

（己）城之西側置路分廳及路鈐衙，掌軍旅屯戍邊防訓練之政，故其北卽爲教場與觀德堂，而製造器甲弓弩之作院，亦在其西。

綜上所述，自府門至後園一段，雖蹈襲我國古代前堂後寢之遺法，然其全體範圍之廣，包容之衆，至納倉庫作院教場於一垣之內，決非明淸官署所能覩也。顧炎武日知錄謂：「予見天下州之爲唐舊治者，其城郭必皆寬廣，街道必皆正直，廨舍之爲唐舊刱者，其基址必皆宏敞；宋以下所置，時彌近者制彌陋」，觀平江圖益足徵信矣。

大成殿斗栱：大成殿面闊七間，重簷四柱，前施月臺（圖版貳拾叁甲），在蘇城諸建築中，其規模僅次於圓妙觀三淸殿耳。簷柱柱礎上所施石製之櫍，尚存古制（圖版貳拾叁乙）。普拍枋出頭處亦刻海棠曲綫，但其寬度已視柱徑稍窄。下簷補間鋪作，當心間用四朵，次間三朵，均係四鋪作挿昂，卽淸式三彩單昂也。

上簷用五鋪作重昂，櫨斗後尾出華栱一跳，跳頭上施三福雲與上昂相交，昂之上端則支於挑斡之下（圖版貳拾叁丙）。此挑斡係外側第二層昂之後尾，故此部結構乃合併下昂上昂於一處，與甪直保聖寺大殿大體符合，惟挑斡之上，復將外側之耍頭延長於後，斲刻如淸式夔龍尾形狀，而其他詳部手法，如華頭子鞾楔等，亦多疑點。據民國吳縣志，殿自明成化十年改建後，經天啟崇禎及清順治康熙道光數次修葺，至洪楊之亂，廟燬於兵，同治三年巡撫李鴻章丁日昌等相繼修治，七年竣工注二十一，雖未明言大成殿亦在其列，然據結構手法與材料色彩，似經清末一度改修者，惟其上簷斗栱或利用一部分舊物，未可知耳。

瑞光寺塔

塔身磚造，八角七層，外側施木製平座腰簷，與正定天寧寺塔同一原則，惟塔頂之剎及外部木造部分，刻已大部傾毁圖版貳拾肆甲，其殘存部分可辨析者：

（一）各層外壁轉角處，砌有圓形之柱圖版貳拾肆乙。第二三兩層各面皆設門，第四層以上，復與第一層同，惟門之位置，第四層設於四隅面，第五層改歸東南西北四面，自此以上至第九層，依次掉換，各設入口一處，其餘四面隱出直櫺窗形狀。門窗位置，第一層僅在東南西北四面似因內部梯級關係，不得不如是也。又門窗兩側，均隱出欂柱及橫枋，與雙塔同。

（二）平座斗栱係五鋪作卷頭造圖版貳拾肆乙。其補間鋪作在第三層以下者，每面用二朵，第四層以上減爲一朵。先於壁面上嵌木製普拍枋，其上隱出櫨斗與泥道栱柱頭枋，遮椽版，支條等，跳上則施令栱與羅漢枋。轉角鋪作於櫨斗口出華栱三縫，如雙塔之制。

（三）腰簷斗栱朶數同前。其結構於柱上嵌木額，次施圓櫨斗與長方形櫨斗，前者用於轉角鋪作，後者用於補間鋪作，亦皆木製。其餘詳部手法，略如平座，惟轉角鋪作之令栱依普通木構物之方法，延長其外端，托於撩簷枋下，非雙塔虎丘塔所有也。

（四）塔之內部，因入口封塞，不能考察，寶鐵齋金石文字跋尾所載甎上宋代題字注二十三，亦無法證實。然據伊東忠太博士所攝影片圖版貳拾肆丙，塔之中央，復有磚砌之磚心，作八角形，壁上所施五鋪作偷心斗栱，亦比例雄健，且遮椽版下具有支條，疑爲宋代舊物，惟轉角處皆延長其令栱之外端，似其年代應較雙塔稍晚耳。

塔之沿革，或謂創於三國吳赤烏四年，或謂五代錢氏所建，確否無由案證，惟北宋末朱勔改舊塔十三層爲七層，諸書所載悉皆一致，似可置信。其後宋靖康元至正，凡再度燬於兵火，經宋淳熙元至元，明洪武，永樂，天順，崇禎，清康熙，次第重修，洎咸豐末季，復遭洪楊之劫注二十二，遂至零落敗毀，不堪寓目。至其建造年代，依式樣判斷，其塔身決非成於明清二代，極爲明顯。卽使非朱勔改建之原物，亦應爲南宋淳熙間法林所葺，方志謂「元至正末復燬」注二十二，疑僅限於外簷，非全部也。

開元寺無梁殿

寺在瑞光寺之北，唐末吳越錢氏自城北報恩寺徙建於此，遂成巨剎，惟現存建築，唯無梁殿保存稍佳耳。殿建於明萬曆四十六年公元一六一八原名藏經閣注二十四，五面闊七間，重簷歇山，內部構以穹窿（Vault）不假寸木，故有此稱。

殿之外觀圖版貳拾伍甲，上下兩層皆施圓柱，分正面爲七間。柱之下段，下簷者承以須彌座，上簷之柱爲欄干所遮，手法稍異，惟柱之上端，另飾小垂蓮柱，則上下層胥皆一致，極類五臺山顯通寺諸殿也。簷端所施磚製斗栱，當心間用斜栱，略如河北山西諸省遼金遺物，其餘皆爲五鋪作重抄，但補間鋪作之數目，下簷用二朵，上簷減爲一朵。又補間鋪作之在盡間者，與轉角鋪作相連，而轉角櫨斗上，皆施抹角栱，亦非南方建築所有。

內部上下二層皆構Barrel vault，但上層當心間另加八角形藻井，形制較爲華麗。其結構先於室隅施疊澁式之磚數層，上置五鋪作斗栱一朵，構成藻井之底邊，次於各隅施垂蓮柱，其間聯以橫枋及花版，極類山西一帶慣用之手法圖版貳拾伍乙。再上二層各以偸心華栱二跳向內挑出，但華栱之數，下層每面二朵，轉角一朵，上層則每面減爲一朵，且略去轉角之栱。以上各種方式，未見於當地其他建築，頗疑營建此殿之匠工，係來自山西一帶者。

此殿山牆窗券上，現均發生裂縫，蓋我國磚石工亂無門窗下加構反券（Reverse arch）之法，故牆壁死重（Dead load）過大時，每每誘致此種結果，如定縣料敵塔及南京靈谷寺明無梁殿數見不鮮，此殿亦其一例也。

注一　光緒蘇州府志卷四十四『圓妙觀在城東北隅，晉咸寧中創，號眞慶道院。唐爲開元宮。宋祥符中更名天慶觀。皇祐間新作三門，尤峻壯。建炎兵燬。紹興十六年，郡守王㬇重作兩廊，畫繪寶度人經變相，召畫史工山林人物樓櫓花木各專一技者分任其事，極其工緻。淳熙三年，郡守陳峴建三清殿。六年火。提刑趙伯驌攝郡，重建。八年，賜御書金闕寥陽寶殿六字爲殿額。元至元元年，始改今額。至正末兵燬。明洪武中，置道紀司於此。正統間，巡撫侍郎周忱知府況鍾建彌羅閣，請賜道藏經。萬歷三十年閣圮。本朝順治間三清殿圮，康熙初道士施道淵力新之，並建雷尊殿、天王殿。道紀陶宏化募建東嶽殿廡，又構五嶽樓。十二年，布政慕天顏重建彌羅閣，再期而成，復還舊觀。乾隆中高宗純皇帝南巡賜額，屢次臨幸。三十八年，三門燬於火，巡撫薩載重修。嘉慶二十二年，三清殿毀於雷火，尚書韓崶等修』。

注二　民國吳縣志卷三十七『玄妙觀在城東北隅，晉咸寧中創，號眞慶道院……乾隆三十八年三門毀於火，四十年巡撫薩載重修。嘉慶二十二年三清殿毀於雷火，尚書韓崶等修……咸豐十年彌羅閣毀。光緒九年錢塘胡光墉捐資重建』。

注三　曹允元吳縣志卷三十七宋白玉蟾詔建三清殿記略『平江府天慶觀……建炎戎燼之餘，紹興乙丑，太守貳卿王侯㬇剏於朝，賜緡錢，復殿廊，以召去弗遂。黃冠朱眞猷鳩衆市材，欲踵其志，復以疾奄。淳熙乙未，道籙李若濟奉御香修醮於茲，回奏得旨，令郡侯殿撰陳峴，從公賄屬吳縣尹黃伯中董役，經始於乙未之春，訖成於丁酉之冬。捐鎚月斧，旦暮庀工，霞栱雲甍，人神胥慶』。

注四　元牟巘平江府重修三清殿記『平江圓妙觀三清殿，實再建於淳熙丙申……越八十年甲寅，住持嚴守柔重覆屋。又八年辛酉，蔣處仁重葺周檐。又三十四年爲今至元戊子（以干支推算應作二十七年，著者注）阮稽郡乘，改賜額，舊觀寖隳。處仁之徒嚴煥文，與任作新，而爲費甚重……時則今左轄朱公文淸與妻君子大捐金錢，以相其役。煥文不避寒暑，致木江淮，官易其棟梁，以至交員偃値，靡不堅壯，汚墁陶甓，靡不完密，斧藻像飾，靡不嚴潔。始於乙丑二月，成於庚寅十月。』

注五　明胡濙圓妙觀重建彌羅閣記『圓妙觀創自晉朝，名眞慶道院，唐更名開元宮，宋賜額天慶觀……郡守陳峴命羽士募緣，增崇修建，雄冠諸郡。寶祐景定間，住持嚴守柔蔣處仁重加修飾，施以闌楯。元至元間，黜天慶之號而改今額。道士嚴煥文張善淵復爲修理，時左轄朱文淸，大捐帑廩，以相其役，由是穹門邃廡，奐觀口閣，傑出吳中。元末至正間，燬於兵燹，迨今百有餘年，殿堂廊廡，漸次修建，率皆完美，惟彌羅寶閣，工費浩繁，久虛未建……宗繼（張宗繼）乃募衆緣，遂爲倡始。正統三年，巡撫侍郎廬陵周公忱，如郡守南昌況公伯律，因歲旱禱雨於其觀，遂獲甘霖。二公暨全郡吏民，咸欲修墮舉廢，戮力同心，首捐俸貲，以興復爲己任。委郡紀郭貴謙鳩材庀工，貴謙先令化士尤元眞張養正至鎭江市木，今年夏（正統五年）厥工告成。』

注六　淸彭啓豐重修圓妙觀碑『吾吳圓妙觀，峙都會之中，前爲三淸殿……後爲彌羅寶閣……其初創自晉咸寧二年，名眞慶道院，唐曰開元宮，宋曰天慶觀，元曰圓妙觀。明正統時，巡撫周文襄公忱，知府事況公鍾，募建後閣，後悉圮壞。國朝康熙間，有施鍊師道淵，殫心營建，募白金四萬兩有奇，大殿寶閣，鉅工悉成。越四十餘年，法嗣胡得古重加藻繪，擴方丈而新之。……乾隆三十八年冬，觀外居民不戒於火，延及觀門，與雷尊殿門，於是巡撫薩公飭諸僚屬，議修葺，勸輸助，遴高貲者八人董其事。期年告成，計工二萬六千有奇，費白金六千二百兩有奇，粲然復舊觀

注七　石蘊玉重修圓妙觀三清殿記『蘇城圓妙觀，古之天慶觀也，肇基於晉咸寧中……其中大殿崇奉三清像，重屋四楹，規模大壯。嘉慶二十二年歲在丁丑，孟秋之月，疾雷破柱，毀其西北一隅。維時大司寇韓公崶銜恤在籍，率衆捐金鳩工修治，而工師求大木不得。……明年常熟瀕海漁人，懸罟入水，忽重不可舉，竊意以爲網得大魚，糾集多人拽入福山口，潮退視之，非魚也，大木偉然偃臥於沙灘之上。邑人以告公，命工度之，其長七十尺有奇，其直中繩，其圓中規，適符所用。……是役也，經始於戊寅四月，落成於己卯九月，韓公爲之倡，而蔣待詔敬、蘆封君如蘭等實成其事』。

注八　蘇州府志卷四十二『雙塔禪寺在城東南隅定慧寺巷。唐咸通中，州民盛楚等建爲寺。吳越錢氏改羅漢堂。宋雍熙中王文罕建兩磚塔，峙俗以雙塔名之。至道初，賜御書四十八卷，改爲壽寧萬壽禪院。嘉熙中重建。明永樂八年僧本清建。康熙十五年，里人唐堯仁捐建天王殿、方丈、禪堂。乾隆中，東塔相輪毀，道光年重修。咸豐十年毀，雙塔及一殿尚存。同治間僧郤凡稍加修葺』。

注九　姑蘇志『雙塔禪寺在城東南隅，唐咸通中州民盛楚建，初名般若院。吳越錢氏改羅漢院。宋雍熙中王文罕建兩磚塔對峙，遂名雙塔。至道初賜御書四十八卷，改壽寧萬壽禪院。紹熙中爲提舉常平祝聖道場，提舉徐誼奮給以常平田。嘉熙中重建，釋妙思記。永樂八年僧本清重建』。

注十　重修雙塔記『嘉靖元年七月二十五日，怪風爲災，折石塔頂。相輪樣題，久漸傾落。崇甚鉅幹，並致摧夷。有馬居士祖曉者，長洲人也。……買石于山下，購材于江，客範甓于陶匠，冶鐵于晁氏。千夫獻力，百工效技。口經始勿亟，口創速成，構架于烟霄，等功于神運。雙輪珠煥，兩剎峰標。塔凡七成，扶二棧，牖開八面，龕一燈，覆以瑚甃，圍以口檻。裏所

□字法華，並舊藏舍利雜寶，秘以銅盒，固之鐵檢，奉安峻級，永鎮神基。頹圮者四十年，興復者不逾歲。』

注十一　壽寧寺重修雙塔碑記『崇禎六年癸酉，復漸圮，西南房無念新公泊斯宗淳闡士梵雲等修之。□□半載而雙標並矗，□□起□孟夏三月，卒事季秋之既望。□禎九年，歲在丙子八月。』

注十二　民國吳縣志卷三十六『報恩講寺，在府城北陲，俗稱北寺，古爲通玄寺，吳赤烏中孫權母吳夫人捨宅建……開元中詔天下置開元寺，寺改名開元。……大順二年，爲淮西賊孫儒焚燬。後唐同光三年，錢鏐重建開元寺於吳縣西南三里半。周顯德中，錢氏於故開元寺基建寺，移支硎山報恩寺額於此。宋崇寧中加號萬歲。……建炎四年，罹兵燹。舊有塔十一層，梁僧正慧建，宋元豐時經火，復新。蘇軾捨銅龜以藏舍利，至是再燬。紹興間行者大圓重建，僅九成。元至元二十九年重建寺。……弘治十二年，知縣鄺璠命僧德昊修塔。隆慶間寺塔交燼，僧性月募修。萬歷十年，遊僧如金修塔，凡九年成。……三十一年，塔心欹斜，僧洪恩再修。……清初僧惟一以浮圖傾圮，募修八級。康熙三年，僧剖石璧募修殿塔。……咸豐十年兵燹後，寺幾荒廢，九級寶塔亦將頹圮。光緒二十四年住持僧啟曦立志興修，未幾病歿。二十六年住持僧繼和克承師志。』

注十三　民國吳縣志卷三十六陳琦重修報恩寺寶塔記『報恩賢首講寺，剏於吳大帝赤烏初年，而塔則肇於蕭梁時，凡十一級。屢墮刼灰，至宋紹興間，沙門大圓僅成九級，即今塔是也。……弘治庚申，知吳縣鄺侯璠命僧德壽鳩工修葺。……未久，德壽示寂，衆舉僧德昊、道充、宗恩司之，洎善士倪道完復相其役。……經始於是年五月，明年是月乃底於成。易腐爲堅，增新去舊。珠頂光芒，金繩交絡，白壁外飾，丹梯上通，像設莊嚴，天神森衛，闌楯旋繞，層層如一。風鐸之聲，聞呼四境；夜燈之餘，燭乎半空，顧不雄哉。』

注十四　圖書集成神異典第一百廿三卷王世貞北寺重修九級浮圖記略『僧正慧者，別創窣堵波十一層於殿右，迨千餘載，而不戒於火。宋元豐中，合謀新之，改而爲九。蓋緒成藏舍利之瑞，學士蘇軾以所藏古銅龜奉之，而爲之志，自是稱壯觀者數十年。未幾復燬。紹興末，頭陀大圓復一新之。垂四百年，復不戒於火。萬曆初，將鼎新之，而貲用不繼。有山僧性月者，慨然請任其役。甫樹架而工師驕焉，故昂其直以相要。適遊僧曰如金者，自伏牛來，遶塔頂禮而歎。性月故識之，躍曰：「事濟矣！」請一切受署。如金初無所難易，架構之工十未二三，即挺身木杪，指揮羣役。少間，即爲廣說因果，辨僻泉湧。或戟髮肘，或翅一足，猿跂鳥掛，踔厲若飛。嘗一傾滑而墜，衆謂立靡碎矣！去地丈許，翻騰而上，尋理舊談，面不改色。乃共咋舌，以爲神人，檀施雲集。如金復手自料理，分功役作，往往兼數人，凡九閱歲而始成。雖九級之尊，毋改舊觀，而壯麗參鉅，儼然若攬化人之袪而造天中矣。」

注十五　清汪琬重修報恩寺記：「報恩寺在府治臥龍街之北，俗但謂之北寺。……逮入國朝，亦復陊剝漸甚，有僧惟一者募修頗力，卒未竟而能。康熙五年，太傅金文通公歸老于家，偕其仲子侍衛君顧而嘆息，促延剖石璧公主之。首嵩不染塵耳殿，繼興塔工，施者輻湊坌集。於是飛金湧碧，絢爛中天之上，欄楯俛雲，鈴鐸交風。」

注十六　乾隆江南通志卷四十四：「虎邱雲巖寺在府閶門西七里，晉王珣及弟珉別業也。咸和二年捨建，即劍池分爲東西二寺，今合爲一。宋至道中重建，後毀於兵。元至元又建。明永樂初重修。」

注十七　虎阜志卷五：「虎阜禪寺即虎邱山寺，晉司徒王珣及其弟司空珉之別墅。咸和二年捨建，即劍池分東西二寺。唐避諱，改名武邱報恩寺。會昌間毀，後合爲一。宋至道中，知州事魏庠奏改爲雲巖寺。元至元四年修。明洪武二十六年燬於火。永樂初建。宣德八年復火。正德二年重建。十年勅賜藏經。萬曆二十八年勅賜藏經。崇禎二年燬，十一年重建。……乾隆五十五年僧祖通募修。」

注十八　元至正六年虎邱雲巖禪寺興造記：「吳郡西北有山曰虎，有大招提曰雲巖寺。……重紀至元之四年，行宣政院以慧燈圓照禪師普明嗣領寺事。至則裝飾佛菩薩羅金剛神，塑造文殊普賢觀世音三大士。繕治舍利之塔。經律法之藏，範美銅爲鉦鐘。大佛殿，千佛閣，三大士殿，藏院，僧堂，庫司，三門，兩廡，香木寒泉劍池華雨諸亭，則仍其舊。祖塔，衆寮，倉庾，庖湢，宴休之平遠堂，游眺之小吳軒，山之前爲重門，則改建使一新。』

注十九　明永樂二十二年楊士奇虎邱雲巖禪寺修造記『蘇長洲縣之西北不十里有山曰虎邱。……蓋有王珣及弟珉之別墅，咸和二年捐爲寺，始東西二寺；唐會昌中合爲一，而名雲巖者，則昉於宋大中祥符間。藏陸熊郡志如此。始清順尊者主此寺，至隆禪寺而復振。歷世變故，寺屢壞，輒屢有興之。洪武甲戌寺復燬。永樂初，普眞主寺，始作佛殿。寺僧寶林重葺浮圖七級。繼普眞者宗南，作文殊殿。十七年，良玠繼宗南。是年作庖庫，作東廡，明年作西廡，作選佛場，又明年作妙莊嚴閣，三年落成。蓋寺至良玠始復完。所作閣之功最巨，凡三重，崇一百尺有奇，廣八十尺有奇，深六十尺，奉三世佛及萬佛像，中奉觀音大士及諸天像。其材之費，爲鈔三十餘萬貫，金石彩繪之費六十餘萬。又經營作天王殿，以次成也。』

注二十　明正統十年張益蘇郡虎邱寺塔重建記『虎邱寺有塔凡七級，在絕頂，視他塔特高。始建於隋仁壽九年。……洪武乙亥，僧舍不戒於火，寺焚，延及浮圖。永樂初，住持法寶重構殿宇，而塔則專託寺僧寶林加葺之。宣德癸丑，火復作於僧舍，浮圖又及於災，而加甚於昔焉。住山定公南印，乃罄衣鉢所有，粗具材石。既而巡撫侍郎周公，郡守况公，捐已俸首助之，郡人爭以財物來施。經始於正統丁巳之春，落成於戊午八月三日。』

注廿一　民國吳縣志卷二十六『府學在府治南，……景祐元年，范文正公仲淹守鄉郡，……以所購錢氏南園巽隅地，舊欲卜宅者，割以創焉。左爲廣殿，右爲公堂，泮池在前，齋室在旁。……嘉祐中富嚴添建六經閣。熙寧中，校理李綖又以南園地益其垣。……建炎兵燬，守臣先葺學宮，廟未遑作。紹興十一年，直寶文閣梁汝嘉建大成殿。十五年直寶文閣王煥繪兩廡，徒祀象，瓶講堂，闢齋舍。乾道四年直秘閣姚憲闢正路，濬泮池。九年直密閣邱宓重建傳道堂，又建直廬。淳熙間，教授黃度葺二齋，擇有志者居之。二年韓彥古建仰高、采芹二亭。……寶慶三年秋七月大風雨，殿閣皆摧圮欲壓。紹定二年，教授江泰亨請復豪右所占田，得租緡以新之。守林介，提刑朝請郎王與權，提舉朝請大夫常平王栻，守文寶漢閣李壽朋相繼訖其事。淳祐六年，侍制魏峻因博士何德新請，捐五萬緡復加興葺，凡爲屋二百一十有三間。寶祐三年，學士趙與篤拓地鑿池，作橋門，移采芹亭與外門相映，建齋九處。……又建成德堂於閣後，建觀德亭於射圃，采芹亭則改建於櫺星門內之西，泳涯書堂則建於傳道堂後，道山亭則建於立雪亭右土阜上。……大德初，殿宇壞。治中王都中謀於郡人兩浙鹽運使朱虎，以私財撤而新之。並修學宮。舊御書居殿之西，直講堂之前，碎於暴風，延祐中部使者鄧文原以學租之羨復之，董以經歷李仲英，達魯花赤八不沙，總管曹晉，以海漕校尉沈文輝相其役，更閣於堂之北，曰尊經。皇慶四年，總管師克恭修殿及講堂、學廡，趙鳳儀繼之，增外垣五百四十丈，環植松柏萬株。至治二年總管錢光弼修廟學，又築垣一百五十丈。三年改建先賢祠及櫺星門，貴學田逋租充費。至元元年，文正祠火，總管道童重建。至正五年，總管吳秉彝修學。十五年達魯花赤六十、從教授徐震等請，易陶甓甃廟垣，凡縱廣五百七十丈，高一丈三尺，下廣七尺。十九年總管周仁修學。二十六年總管王椿建樂軒於大成殿前。明洪武三年重建道山亭。六年知府魏觀建明倫堂於成德堂舊址，置敏行、育德、條禮、中立、養正、志道六齋，復地之侵於民者五百四十丈，補垣四百八十丈有奇，拓廟南地，展櫺星門以臨通衢。七年重建教授廳於明倫堂之西。……十五年知府劉鱗重建尊經閣。二十二年教授陳孟浩等白巡按御史李立重修廟學。宣德二年，又白巡按御史陳敏易泮池梁以石，爲竇七以象七星，長十二丈，廣一丈二尺，又建先賢、文正、文昌三祠。八年知府況鍾重建大成殿，巡撫侍郎周忱助成之，又易止善堂曰至善，又建毓賢堂於後。……正統二年重建明倫堂五間，二掖宏壯愈舊爲齋四，左隆禮中立右養正志道設兩廊號舍及射圃亭。九年知府李從智築垣六百三十丈。景泰元年知府朱勝建會膳堂。三年知府汪濟於毓賢堂增建學舍三十間。天順四年知府姚堂大修學，改隆遠中立二齋，曰成德達材，立杏壇，學門內覆以亭，重建道山亭，又立狀元解元二坊。六年知府林鶚改建廟，易兩廡諸賢象以木主。成化二年知府邢宥重修殿堂門閣，改建祠齋廬圃池橋。四年知府賈奭作亭於尊經閣後，提學御史陳選題爲遊息所，前鑿方池，布橋，立坊曰衆芳。又前壘石爲山，曰文秀峯，改觀德亭爲廳。十年知府邱霽修道山亭，增置石欄，以大成殿自宋元以來凡三改作，皆隘不稱，請於巡撫都御史畢亨大規度之，建殿五間，重簷三軒，兩廡四十二間，撤舊材作戟門五間，左右掖門各三間。學門故東向，歷朝道折而南入，及是益市民居地，徙門於櫺星之西，更爲門于泮池之北，以達于廟左，學右基址方整，邱去劉瑀來代，始畢工。二十年巡按御史張淮修學。二十一年知府毛廷美建宮坊于學南大門外。……十二年知府曹鳳建嘉會廳于學門外，爲師生迎候之所，增建會元坊。……正德元年又建東西二門，東曰躍龍，西曰翔鳳，移嘉會廳於東門外街東，改舊廳爲安定書院，又闢翔鳳門外學路，循牆而北以達府治。三年知府林廷棉重塑兩廡先賢象。十二年知府徐讚言于提學御史張鰲山巡按御史孫樂大修學廟。嘉靖二年知府胡纘宗重建大門扁額，悉自書題躍改龍曰龍門，翔鳳曰鳳池。……七年奉詔建敬一亭。十一年詔廟稱先師廟，徹像易主，廟後建啓聖祠，教授錢德洪以湖石壘巖洞于道山亭前，又題文秀峯，曰南園遺勝。……二十八年知府俞城買學門西民地，即以稽古堂改建徂徠堂，南面正向。三十七年巡按御史尚維持知府溫景葵修廟學，就舊遊息所改建敬一亭，易泮宮坊額曰斯文在茲，移三元坊于龍門北，建萬世師表三吳文獻二坊，分列廟學門外。萬曆七年知府李從實重築杏壇，立碑建亭。……三十八年教授陳堂請移廨於毓賢堂後。天啓三年巡撫都御史周啓元重建安定祠及祭器樂器二庫，並繕修廟堂廡署等處，提學孫之益，巡按御史潘士良，巡鹽御史傅宗龍各輸金有差。六年爲颶風摧壞。崇禎四年知府史應選，修明倫堂。六年風益烈，喬木周垣盡仆，巡按御史祁彪佳，修廟庫名宦祠。七年巡撫都御史張國維修學門，櫺門，儀門。……十二年推官倪長圩大修廟廡門庫祠堂經閣園牆，無不畢整。……十四年竣工。十六年訓導所築泮池前各祠垣。淸順治十二年，巡撫都御史張中元修啟聖祠西戟門。十五年提學僉事張能鱗巡按御史韓世琦倡修聖容殿啟聖祠及門閣牆垣。康熙五年布政使佟彭年重修拜亭裝修聖象及殿廡門堂等處，並濬七星橋池。七年十二年巡撫都御史馬祐布政使慕天顏大修廟學，提督梁化鳳王之鼎織造侍郞甯先聲按察使陳秉直鈔關席柱劉士龍以建府縣官廨不助力。……十五年郡人施文川修泮橋二門橋。十六年分守參議方國棟修啟聖祠。二十年分守參議祖澤深捐修戟門櫺星門櫺門，訓導張杰捐修至善堂毓賢堂。二十二年巡撫都御史余國柱修，戶部侍郞李仙根僑居蘇，偕郡人侯補國子監學正宋駿業助之。二十四年巡撫都御史湯斌大修廟學。三十七年巡撫都御史宋犖修廟殿。四十一年又修明倫堂。四十八年知府陳鵬年請於巡撫都御史于準募修，增植松柏。五十七年巡撫都御史吳存禮修廟垣，建考房四十二間。雍正四年巡撫都御史張楷修明倫堂。八年巡撫都御史尹繼善修學宮，改建崇聖祠，移敬一亭八角亭二座。乾隆四年以後，布政使常撥存餘學租歲修。六年張文秀建文奎閣。七年撥學租修七星橋，崇聖祠。八年修戟門，齋房。十一年知府傅椿重濬玉帶河，建洗馬橋，道山亭。五十三年郡人侯選道汪文琛獨力捐修。嘉慶十七年巡撫都御史朱理重修。道光二十一年紳士董國華偕諸同人募貲修大成殿，重建明倫堂，郡人汪正董其役，逾年工竣。咸豐十年燬於兵。同治三年巡撫李鴻章重建，至七年巡撫丁日昌始竣其役。』

注廿二

民國吳縣志卷三十六『瑞光寺在盤門內，吳赤烏四年僧性康來自康居國，孫權建寺居之，名普濟禪院。權建舍利塔十三級於寺中，以報母恩。（注乾隆府志云，按圖經續記瑞光禪院，故傳錢氏建之以奉廣陵王祠廟，今有廣陵像及生平袍笏之類在焉，不言創自赤烏，其說與諸志不同。今按葉夢得石林詩話云，姑蘇州學之南，積水數頃，旁有小山，錢氏廣陵王所作，今瑞光寺即其宅，而此其別圃也，則朱氏之說，信而有徵矣。）唐天福二年重修塔，放五色光，敕賜銅牌置塔頂。……崇寧四年奉敕修塔，塔放五色光，賜名天寧萬年寶塔。宣和間朱勔出資重修，以浮圖十三級太峻，改為七級，賜額為瑞光禪寺。靖康兵燬。淳熙十三年法林禪師重葺。……元至元三年敕修。至正末復燬。明洪武二十四年僧曇芳重建。永樂間凡再修，始還舊觀。天順四年僧淨珪修寶塔。……崇禎三年僧浴與澄修塔。……清康熙十四年僧悟徹修塔。……咸豐十年燬，惟塔存。』

注廿三　宋平江城坊考卷一『寶鐵齋金石文字跋尾云，瑞光塔甎題字在塔中，正書四行，文云，吳縣太平鄉木瀆鎮廟橋西街南面北居口女口口顧氏五二娘捨甎柱，一口追助先考顧十七郎，妣張氏六娘，亡夫趙口郎，衆魂超升，按瑞光塔修於朱勔，其為宋物無疑。』

注廿四　民國吳縣志卷三十六『開元禪寺在盤門內，舊在城北隅，即今報恩寺，後唐同光三年錢鏐徙今地。……萬曆四十六年賜藏經，建閣供奉，壘甓為之，寸木不用，因名無梁殿。……咸豐十年燬，惟無梁殿存。』

注廿五　民國吳縣志卷三十六潘曾沂開元寺重修藏經閣記；『藏經閣者，建自前明萬曆四十六年，有神宗時所頒全藏庋於其上。閣高九丈，東西闊六丈六尺，南北深三丈六尺，純壘細磚，不假寸木，當日建造費十七萬九千餘金，而成神功，結構雄傑，冠江南。今越二百年矣，經頹殘缺失次，而磚閣巋然完好。惟閣頂久經燥濕寒暑，滋長頑木，糾蔓蔽障，日漸侵損。……迨今己丑歲，又以如德等及護力，遂得續修藏經閣，自春興役，五閱月而告成。……道光九年七月記。』

元大都城坊考

王璧文

曩者，本刊第一卷第二期所載元大都宮苑圖考一文，於元代宮苑壇廟及諸作鋪設材料工官敘述異常詳密，而獨略於城坊配置，論者每以為憾。爰為蒐討散失，鉤索遺聞，述大都城平面配置，與市坊分布，補其闕漏。第宮闕制度已詳前文者，恕不重贅，讀者諒焉。

一　沿革

元大都今北平古冀州地，唐屬幽州范陽郡，其末季劉仁恭嘗據以僭帝號注一。石晉時地入於遼，遼太宗會同元年立為南京，又曰燕京，是為北平奠都之始注二。金海陵貞元元年因遼南京舊址拓而大之，號曰中都注三。元太祖十年克燕，初為燕京路總管大興府。世祖至元元年，舊曰中都，四年於舊城之東北創置新城，始遷都焉。九年改曰大都注四。降及明清，並因之爲都，稱曰北京注五。逮至民國，仍而未改。十七年國都南遷，乃更名北平。故言北平建置沿革者，應以唐以前屬之第一期，遼金爲第二期，元明清爲第三期。而吾輩今日所見之城闕宮殿，雖多數爲明清二代遺蹟，然究其嬗遞因革之原，不能不以元大都爲起點也。

注一　舊唐書三九地理志　幽州大都督府，隋爲涿郡，武德元年改爲幽州總管府……天寶九年改范陽郡……乾元元年復爲幽州。

注二　遼史四太宗紀　會同元年十一月……是月晉復遣趙瑩奉表來賀，以幽薊……等十六州並圖籍來獻，於是詔以皇都爲上京，府曰臨潢，升幽州爲南京。

同書四〇地理志四　南京析津府本古冀州地……自唐而晉，高祖以遼有援力之勞，割幽州等十六州以獻，太宗升爲南京，又曰燕京。

注三　金史五海陵紀　天德三年三月壬辰，詔廣燕城宮室。貞元元年三月乙卯，以遷都詔中外，改元貞元，改燕京爲中都。府曰大興。

同書二四地理志上　中都路……海陵貞元元年定都，以燕乃列國之名，不當爲京師號，遂改爲中都。又注曰：天德三年始圖上燕城宮室制度，三月命張浩等增廣燕城，城門十三，東曰施仁，曰宣曜，曰陽春；南曰景風，曰豐宜，曰端禮；西曰麗澤，曰顥華，曰彰儀；北曰會城，曰通玄，曰崇智，曰光泰。浩等取眞定府潭園材木營建宮室及涼位十六。

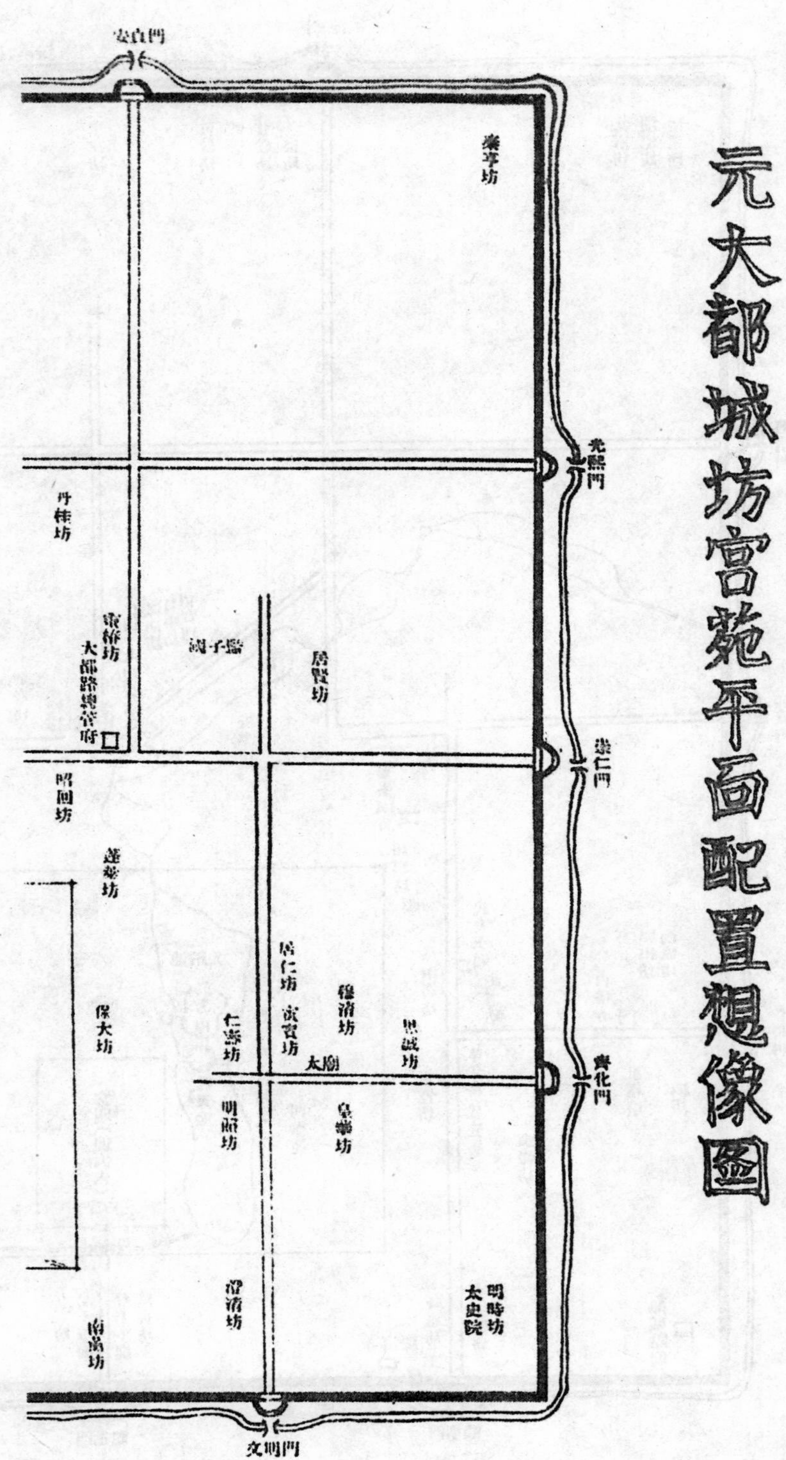
元大都城坊宫苑平面配置想像图
安貞門
光熙門
崇仁門
齊化門
文明門
丹桂坊
靈椿坊
大都路總管府
國子監
居賢坊
昭回坊
保大坊
居仁坊
穆清坊
仁壽坊
寅賓坊
思誠坊
太廟
明照坊
皇華坊
澄清坊
明時坊
太史院
南薰坊

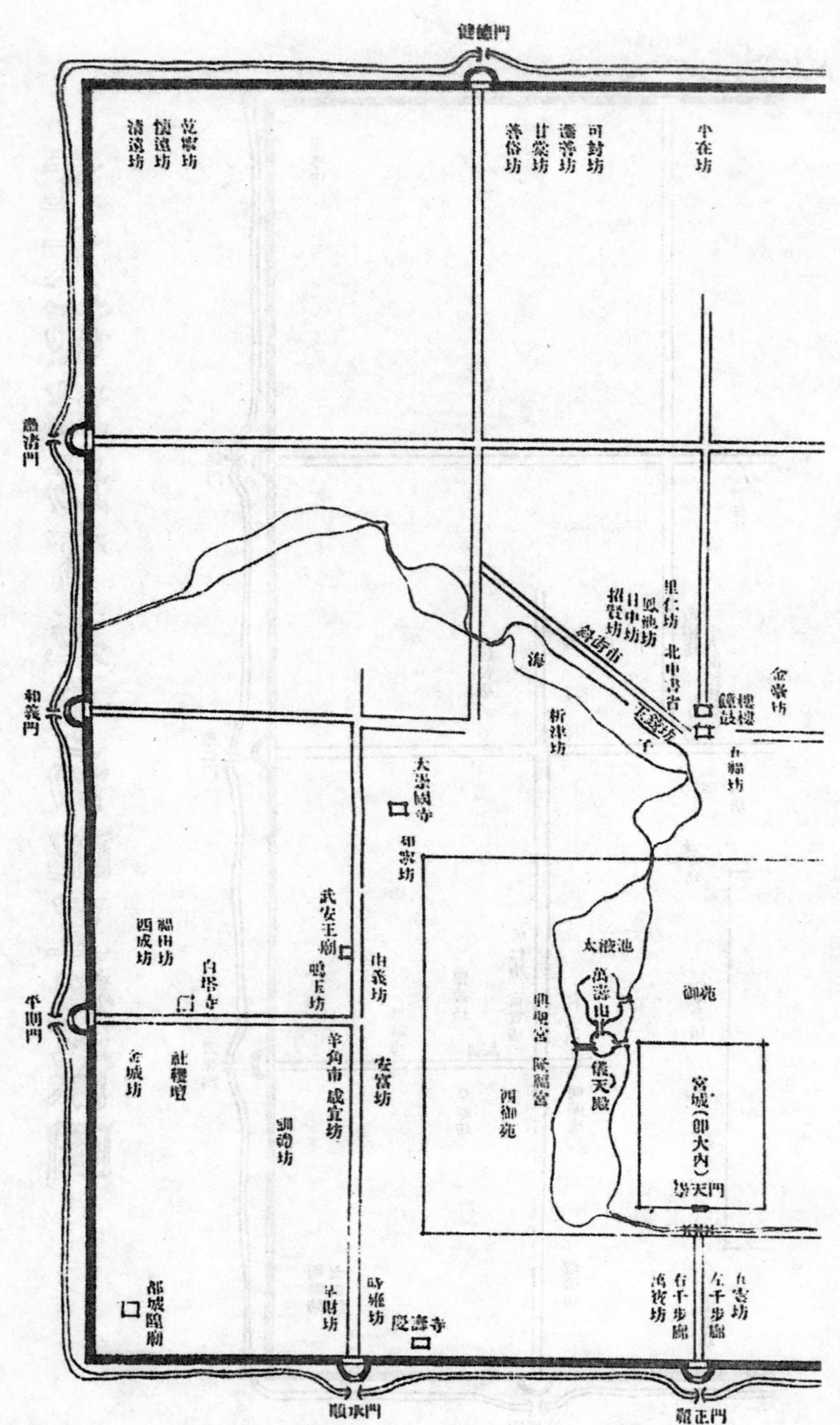

健德門
乾寧坊
慎道坊
清遠坊
善俗坊
甘棠坊
可封坊
肅清門
和義門
平則門
順承門
麗正門
斜街市
海
子
北中書省
鐘樓
鼓樓
析津坊
日中坊
招賢坊
大崇國寺
武安王廟
白塔寺
由義坊
福田坊
西成坊
金城坊
社稷壇
羊角市
咸宜坊
安富坊
太液池
萬壽山
儀天殿
興聖宮
隆福宮
西御苑
御苑
宮城（即大內）
崇天門
左千步廊
右千步廊
都城隍廟
時雍坊
阜財坊

36086

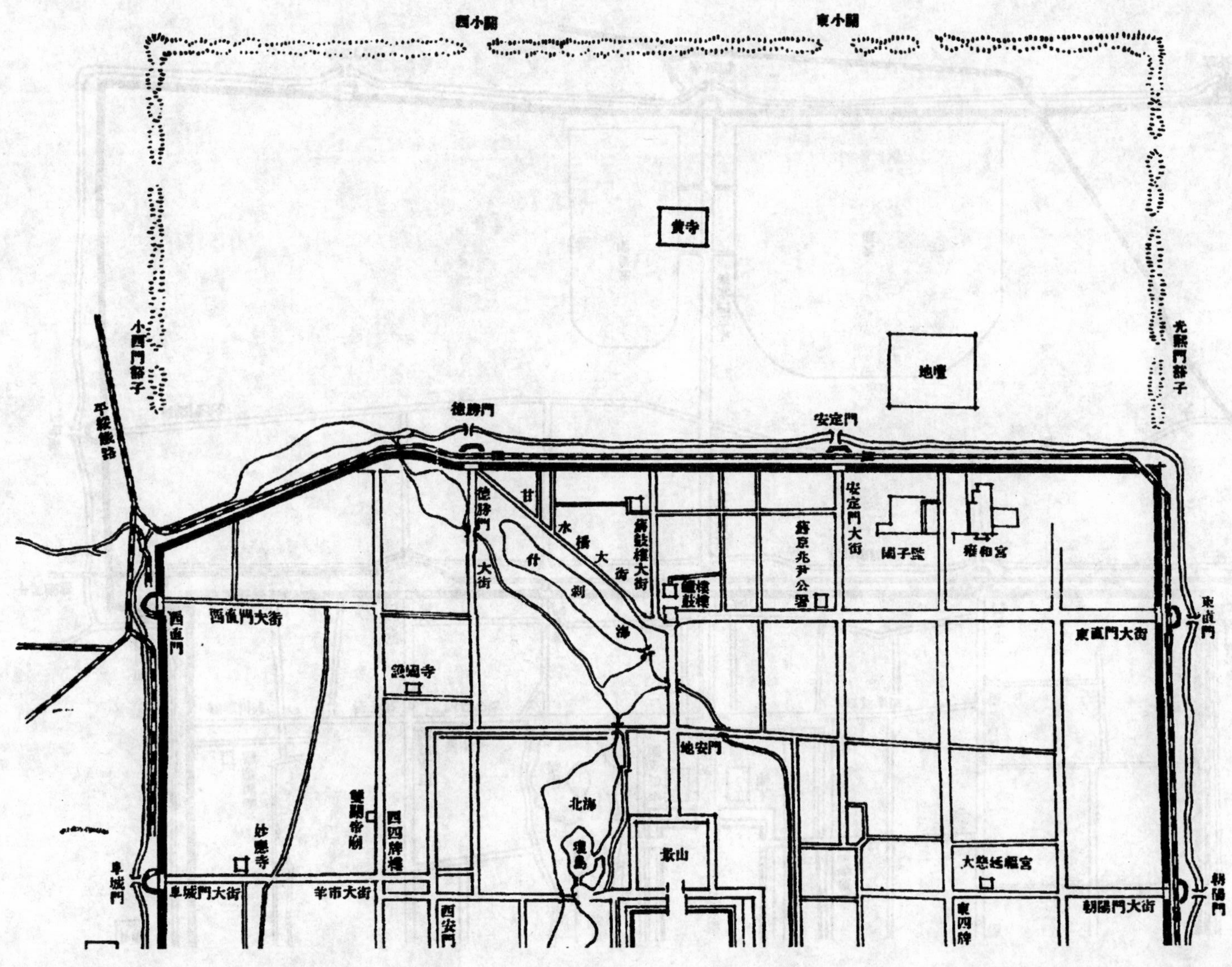

北平市内外城平面图

36087

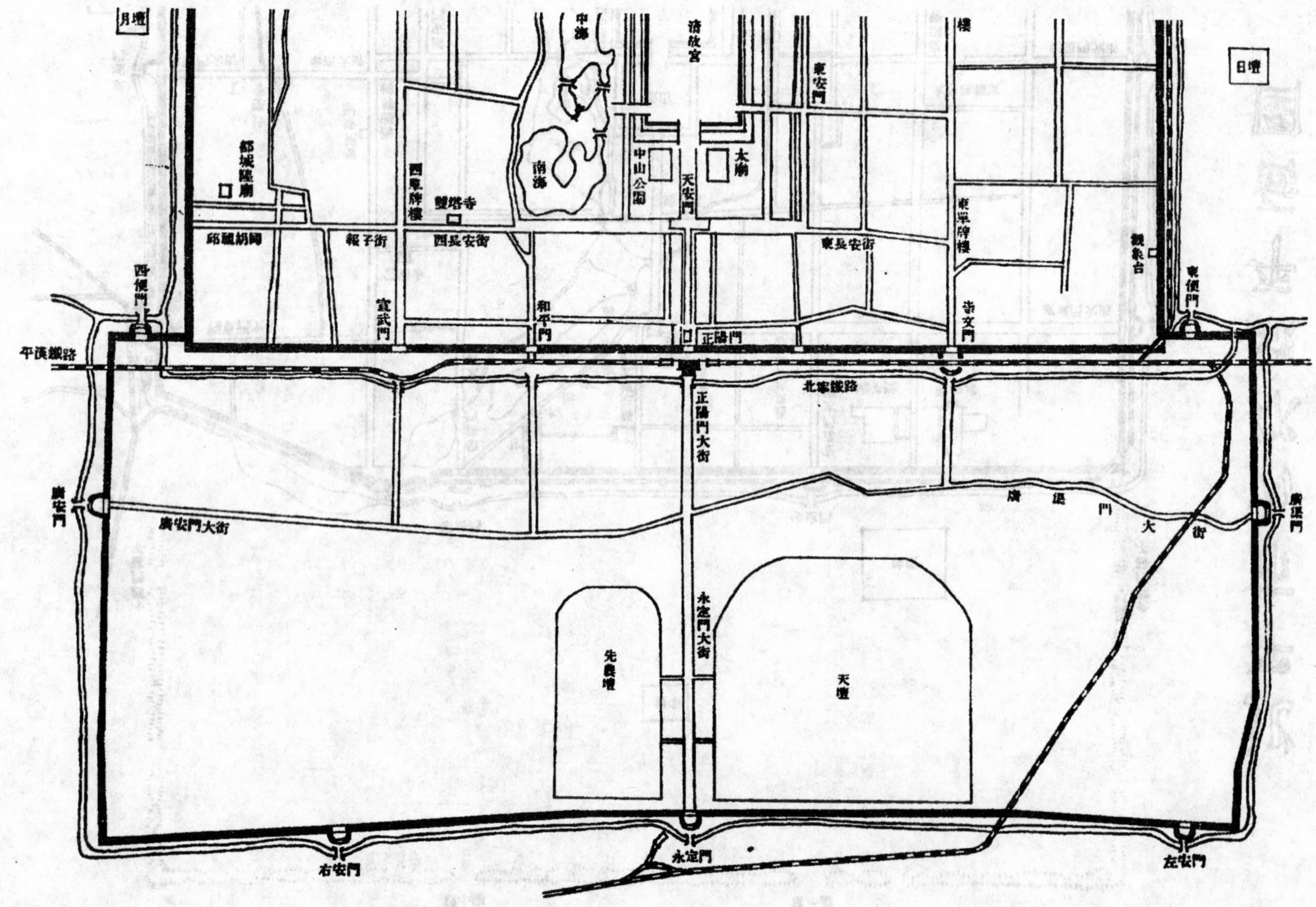
月壇
中海
清故宮
東安門
日壇
都城隍廟
西單牌樓
雙塔寺
南海
中山公園
天安門
太廟
東單牌樓
觀象台
報子街
西長安街
東長安街
西便門
宣武門
和平門
正陽門
崇文門
東便門
平漢鐵路
北寧鐵路
正陽門大街
廣安門
廣安門大街
廣渠門大街
廣渠門
永定門大街
先農壇
天壇
右安門
永定門
左安門

圖版貳

甲 光熙門（光熙門）豁子

乙 東小關（安貞門）

丙 西小關（健德門）

丁 小西門（肅清門）豁子

36089

圖版叁

甲 土城東北角

乙 土城西北角

丙 小西門(肅清門)豁子甕城遺蹟(外側)

丁 小西門(肅清門)豁子甕城遺蹟(內側)

圖版肆

甲 東土城（南望）

乙 西土城（南望）

丙 西小關（健德門）外石橋

圖版伍

甲 東土城(外側)

乙 西土城(外側)

丙 北土城(外側)

丁 北土城(內側)

注四　元史五世祖紀　至元元年八月乙卯詔改燕京爲中都，其大興府仍舊。四年春正月戊午，城大都（同書卷六）。九年二月壬辰，改中都爲大都（同書卷七）。

同書五八地理志一　大都路……元太祖十年克燕，初爲燕京路，總管大興府。……世祖至元元年，中書省臣言開平府闕庭所在，加號上都，燕京分立省部，亦乞正名，遂改中都，其大興府仍舊。四年始於中都之東北，置今城而遷都焉。……九年改大都。

同書一四七張柔傳　至元三年加榮祿大夫，判行工部事，城大都。又張弘略附傳　至元三年城大都，佐其父爲築宮城總管……十三年城成，賜內帑。

同書一五七劉秉忠傳　四年又命秉忠築中都城。

輟耕錄二一宮闕制度　至元四年城京師。

道園學古錄五遊長春宮詩序　國初作大都於燕京北東，大遷民以實之，燕城廢。

松雪齋文集八蔚州楊氏先塋碑銘　侯名贇，蔚州人，年十一給事馬驛，馬肥好，十六歲祖母代之還家爲農，稍長右三部俾領三千人採木，作大都城門，時至元四年也。

元皇慶二年敕建大都路總治碑　至元初，聖祖□□侯分畫天下總路，丁卯春既城大都，即以路總京畿，府曰大興。

日下舊聞考三八引洪武北平圖經志書　至元四年始定鼎於中都之北三里築城，圍六十里，九年改爲大都。

注五　明史五成祖紀　永樂元年正月辛卯，以北平爲北京，二月庚戌，改北平爲順天府。

同書四〇地理志一順天府（元大都路直隸中書省）洪武元年八月，改爲北平府……永樂元年正月，升爲北京，改府爲順天府。

嘉慶重修大清一統志京師一京師……明初爲燕王封國，永樂元年建北京……正統中始定爲京師。本朝世祖章皇帝統一寰區，撫有九域，聲敎廣被，曁遠弗届……而定都京師，宮室維舊，德化聿新。

二　大都平面配置之概狀

甲　宮苑廟社

大都城平面爲南北較長之長方形，闢十一門，南面中央曰麗正門，東曰文明，西曰順承；東面中央曰崇仁，南曰齊化，北曰光熙；西面中央曰和義，南曰平則，北曰肅清；北之東曰安貞，西曰健德，蓋唯北面二門，餘皆三門也。　南麗正門之內爲千步廊，次宮城，又曰大內，中有殿曰大明殿，凡登極壽節正旦會朝諸典，率舉行於此，所謂國之正朝也。　宮城之北爲御苑，苑北爲鐘鼓樓，適居城之中央。　苑之西則爲太液池，池中有萬壽山（或曰萬歲山）正當大內之西北，殿閣巍峨，松檜叢鬱，諸帝遊幸之所也。　池之西岸又有二宮焉，曰隆福，曰興聖，隆福在興聖之前，乃皇太后頤養之居；興聖在後，以處妃嬪，並稱爲西內，卽明蕭洵故宮遺錄所謂西宮海子者是也。　明初燕王建國，因其地營西宮，永樂中改建都城，遂併入西苑注六。今北海西岸北平圖書館及集靈囿一帶，卽其遺址。隆福宮之西南又有西御苑，以處先朝后妃，約在今大光明殿及圖樣山之地。大內及西內之外，繞以蕭牆，其制若明淸之皇城包括宮城西內及太液池於內，乃皇宮之外圍也。綜上所述知元之宮苑皆萃集於大都南半部之中央，無一位於鐘鼓樓以北也圖版壹。

宮城左右廟社分據，在左者爲太廟，位於齊化門內偏北。元史卷七四祭祀志謂：「門外馳道抵齊化門之通衢。」案今朝陽門，元之齊化門也，今大街北有大慈延福宮，卽其遺址矣。社稷當宮城之右，在和義門內稍南，事見元史卷七六祭祀志。揆此二者，一在宮城之東，一在其西，與宮城鼎足而三，而其位置同屬於都城之南部。自此以外，殆全爲坊市所據焉圖版壹。

乙　坊市

大都城內，共分五十坊。坊與坊之間，配列平直宏闊之街衢，極爲壯觀，具見西人沙利寧氏（A. T. H. Charignon）馬哥孛羅遊記（Le livre de Marco Pole.）：

因街道之寬而直，吾人能立於街之此端得見彼端，或於某城門得見相對之城門，全城除華麗之宮殿外，有許多宏大旅社及高貴宅第注七。

街之寬度，據日下舊聞考卷三八引析津志，復有大衖小衖與巷衖之別：

36095

街制自南於北謂之經，自東至西謂之緯，大街二十四步闊，小街十二步闊，三百八十四大巷，二十九街通。

據上文所示，此整齊劃一之街衢，在營建當時，殆必先為嚴密之計劃，然後以次施行，不難推想而得。而遷都之際，民舍面積，復規定以地八畝為度，見元史卷一三世祖紀：

至元二十二年二月壬戌，詔舊城居民之遷京城者，以貲高及居職者為先，仍定制以地八畝為一分，其或地過八畝及力不能作室者，皆不得冒據，聽民作室。

揆其定制，則必預劃全城為若干方形面積，又可知矣。且當時自金中都遷居新城者，類多官吏士紳之輩，以其經濟上之充裕，故營建亦率能宏壯整齊，合乎規制。關於此事，西人喜仁龍（O. Sirén）北京城垣及城門（The walls and gates of Peking.）引馬哥孛羅遊記：

房屋之建築，均係成四方形，以宮殿及附屬之庭院園林所佔之方形面積為多，其餘則須給各巨族，每一方地環有商業會集之街衢，是以全城之形式，儼若棋盤，此種分配之完善，可謂最公平者也注八。

紀述最為明晰，殆可與唐之長安先後媲美矣。惟城中坊巷，是否全部皆有民居，如今日之稠密程度，則不無疑問。蓋據著者觀之，元大都繁華之區域，當在鐘鼓樓及其東西二側，即今之東四牌樓與西四牌樓附近，而北部實極荒涼，試察析津志記述街市之地點參閱第五章附表可以明矣。尤以元代留存之寺觀証之，如白塔寺（今妙應寺）及大崇國寺（今護國寺）諸寺，皆散布於城之中部，而今日北郊一帶，除少數明清建築外，幾無元代遺跡可認，足窺洪武改縮元城之北部，不爲無故也。

丙　平面配置之原則

如上所述元大都之平面配置，殆可以「面朝背市」及「左廟右社」二語盡之。考我國古代都城制度，以周禮冬官考工記所載者爲最早：

> 匠人營國方九里，旁三門，國中九經九緯，經涂九軌，左祖右社，面朝後市，市朝一夫。

今以大都城核之，其宮城與苑囿皆在都城之南部，而建廟社於其東西，坊市民居則區劃於城之北部，可謂與考工記「左祖右社面朝背市」如出一臼矣（圖版壹）。案元以異族入主中華，其文化程度實遠遜於漢人，故世祖之營大都，不惜變更其宗國固有之習慣，而唯漢法是遵，觀乎元史卷一二五高智耀傳：

> 會西北藩王遣使入朝，謂本朝舊俗與漢法異，今留漢地，建都邑城郭，儀文制度，遵用漢法，其故如何？

殆可徵矣。雖然，其所以至是者，亦由耶律楚材劉秉忠諸人擘劃之力居多。考楚材秉忠皆以儒術見任世祖，凡所施設，皆以我國傳統文化爲基礎，如元史卷一四六耶律楚材傳：

楚材又請遣人入城求孔子後，得五十一代孫元措，奏襲封衍聖公，付以林廟地，命收太常禮樂生，及召名臣梁陟、王萬慶、趙著等，使直釋九經，進講東宮。又率大臣子弟執經解義，俾知聖人之道，……由是文治興焉。

及同書卷一五七劉秉忠傳:

四年又命秉忠築中都城，始建宗廟宮室……他如頒章服，舉朝儀，給俸祿，定官制，皆自秉忠發之爲一代成憲。

足證元代建國之初，典章制度，咸出二人之手，故大都營建之役，雖工官中有也黑迭兒其人，隸籍域外，而其宮闕制度，仍能與禮經相符者，職是故耳。

注六　春明夢餘錄六　初燕邸因元故宮，即今之西苑，開朝門於前，元人重佛，朝門外有大慈恩寺，即今之射所，東爲灰廠，中有夾道，故皇城西南一角獨缺……至永樂十五年，改建皇城於東，去舊宮可一里許。

日下舊聞考三三　明初燕邸，仍西宮之舊，當即元之隆福興聖諸宮遺址，在太液池西，其後改建都城，則燕邸舊宮，及太液池東之元舊內，並爲西苑地，而宮城徙而又東。

宸垣識略四　西苑在西華門西，創自金，而元明遞加增飾，金祇爲離宮，元建大內於太液池左，隆福興聖等宮于太液池右，明大內徙而之東，則元故宮盡爲西苑地，舊佔皇城西偏之八，今祇十之三四。

注七　A. T. H. Charignon: Le livre de Marco Polo. Livre II. Chapitre LXXXIV. .... Et les rues sont si droites que l'on voit d'une extrémité a l'autre, car elles sont aussi disposées qu'une porte se voit de l'autre à travers la ville par les rues. Il y a par la cité de grands et beaux palais, beaucoup de belles hotelleries et belles maisons en grand nombre.

注八 O. Sirén: The walls and gates of Peking. II. Earlier cities on the site of Peking. Marco Polo offers some information about the general character of the city plan and the streets of khanbalic: "..........All the plots of ground on which the houses are built are four square, and laid out with straight lines; all the plots being occupied by great spacious palaces with courts and gardens of proportionate size. All these plots are assigned to different heads of families. Each square plot is encompassed by handsome streets for traffic; and thus the whole city is arrged in squares just like a chessboard, and disposed in a manner so perfect and masterly, that it is impossible to give a description that should do it justice."

三 都城

甲 制度及結構

大都城建於世祖至元四年注四，城之制，元史卷五八地理志曰：

城方六十里，十一門：正南曰麗正，南之右曰順承，南之左曰文明，北之東曰安貞，北之西曰健德；正東曰崇仁，東之右曰齊化，東之左曰光熙；正西曰和義，西之右曰肅清，西之左曰平則。

據上文所示，都城東西南三面各有三門，北面二門，蓋爲十一門也圖版壹。案之同書百官志及元陶宗儀輟耕錄王士點禁扁諸書，其數目及名稱悉相吻合注九。惟馬哥孛羅遊記(Le livre de Marco Polo.)謂『都城每面三門，共計十二門』注十，法人普意雅(G. Bouillard)並承其說注十一。然元史輟耕錄諸書均明言門數十一，而北面僅闢二門。又據明太祖實錄：

洪武元年九月戊戌，大將軍徐達改元都安貞門爲安定門，健德門爲德勝門。

證之，亦可推定其北實爲二門，蓋當時如爲三門，更名之際，豈無聲述？再者，元城門之名，除安貞，健德，崇仁，和義四門，於明初卽已改稱外，其餘悉仍其舊，直至英宗正統間，始易今稱注十二，揆其位置及數目，悉能符合十一門之數，足證馬氏『十二門』之說，實誤記也。都城每門之外，各設甕城吊橋，所以嚴警備而固守衞也。然據元史卷四五順帝紀：

至正十九年冬十月庚申朔，詔京師十一門皆築甕城，造吊橋。

其制蓋自順帝始，足證大都初創之時，各門僅具城門一重而已。又吊橋結構，以木爲之，故明初尙沿其制，迨正統間，始改爲石橋焉注十三。

關於城樓角樓之設置與否，詳考歷來載籍，鮮有及之者，僅馬哥孛羅遊記謂：『每門之上，及每城角之上，均有宏麗之殿一』注十，揆其所謂『殿』者，實卽今之城樓及角樓也。案城門及城隅設樓之制，我國古已有之，所以嚴守備壯觀瞻也注十四。元世醉心漢法，對於此制，未必不模做之。尤以元代角樓之建，如離宮太廟寺觀無不設之，都城首善之地，觀瞻所繫，萬無減略之理注十五，而馬哥孛羅（Marco Polo.）復親歷其境，於此龐大宏麗之建築物，言之必有所本也。

大都城垣之結構，據日下舊聞考卷三八引析津志：

世祖築城已周，乃于文明門外向東五里立葦場，收葦以蓑城，每歲收百萬，以葦編排，自下砌上，恐致摧塌。

審最初之制，實爲土垣，而牆面蓑以葦衣，非若今城內外悉甃以甎甓也。又據元經世大典政典總叙記述軍役職務一節，有「砍葦被城上」一款，足證析津志所述，實非虛妄注十六。關於此事，其記述尤爲顯著者，尚有馬哥孛羅遊記及洪武北平圖經志書二書，均言城爲土城注十七。前者并詳舉其高厚尺度，謂「牆高十餘步，牆根厚十步，頂厚三步」注十，苟所記準確，則牆之上下寬度約爲三與一之比，以較大清會典及城垣做法册式所定三與二之比注十八，則大都城垣之坡度極爲緩和，足爲土垣之又一證據也。更檢元史諸帝本紀，自世祖至元九年，迄順帝至正十年，八十年間，關於修繕都城之記載，竟至十五次之多注十九；觀其興葺之勤，亦可推定其非爲堅固耐久之工程也。茲列表於左，以明其概：

修理次數	年 月	公 元	每次相距時間	備 注
第一次	世祖至元九年四月	一二七二	大都城建於至元四年第一次重修距創建時僅五年	
第二次	二〇年六月	一二八三	距第一次修葺計一一年	

次序	年號	年月	公元	相距	備註
第三次		二一年五月 七月	一二八四	距第二次計一年	
第四次		二七年六月	一二九〇	距第三次計六年	
第五次		二八年七月	一二九一	距第四次計一年	
第六次		二九年七月	一二九二	距第五次計一年	
第七次	成宗元貞	二年一〇月 一一月	一二九六	距第六次計四年	
第八次	英宗至治	元年八月	一三二一	距第七次計二五年	
第九次		二年三月	一三二二	距第八次計一年	
第一〇次		三年六月	一三二三	距第九次計一年	
第一一次	泰定帝致和	元年正月	一三二八	距第一〇次計五年	
第一二次	文宗天曆	二年六月	一三二九	距第一一次計一年	明帝紀作七月
第一三次	順帝至正	三年七月	一三四三	距第一二次計一四年	
第一四次		八年五月	一三四八	距第一三次計五年	
第一五次		一〇年三月	一三五〇	距第一四次計二年	

據上表所示，其每次重修相距最長之時間爲二十五年，最短者一年，其餘或十餘年，或四五年不等，而自成宗元貞二年至英宗至治元年二十五年間，是否曾有重修之舉，抑爲史書遺漏，尙屬疑

間。竊以世祖一朝，自創建之後，重修者凡六次，而英宗三年之間，輒三修之，自非土垣，當不致頽毀如是之速？更綜其役軍數日之衆，動以萬計，其非小規模之修葺，又可推知。綜合以上諸說，元都城之爲土垣，殆少疑義矣。至於今北平城，經明洪武一度改修，甃其外側，故當時有「創包磚甓」之紀載注十七，迄英宗正統中，復又甃其內面，始成今式注二十，依此益足證大都城之爲土垣，良非誣妄。

注九　元史九〇百官志　大都城門尉，秩正六品，尉二員，副尉一員，掌門禁啓閉管鑰之事，至元二十年置，……凡十有一門，曰麗正，曰文明，曰順承，曰平則，曰和義，曰肅清，曰安貞，曰健德，曰光熙，曰崇仁，曰齊化，每門設官如上。

輟耕錄二一宮闕制度　城方六十里，里二百四十步，分十一門：正南曰麗正，南之右曰順承，南之左曰文明；北之東曰安貞，北之西曰健德；正東曰崇仁，東之右曰齊化，東之左曰光熙；正西曰和義，西之右曰肅清，西之左曰平則。

禁扁戊　麗正（正南），文明（左），順承（右）；崇仁（正東），齊化（東之南），光熙（東之北）；和義（正西），平則（西之南），肅清（西之北）；健德（北之西），安貞（北之東）以上都城門。

注十　A. T. H. Charignon: Le livre de Marco Polo. Livre II. Chapitre LXXXIV......de tour elle a vingt quatre mil.es, chaque coté de son quarré mesure six milles, car elle est parfaitement quarrée tant de part que d'autre. Elle est toute murée de murs en terre qui sont bien épais de dix pas à leur pied, mais ne sont pas si gros dessus que dessous, car ils vont toujours en s'étrécissant, de sorte que dessus ils sont l.rges d'environ trois pas, et tout garnis de créneaux. Les créneaux sont blancs et les murs ont plus de dix pas de hauteur. La ville a douze portes sur chacune desquelles il y a un grand palais très beaux si bien qu'en chaque face de son quarré il y a trois portes et cinq palais, parce que en chaque coin il y a un palais très grand et beaux.

注十一　見G. Bouillard 氏 Note succincte sur l'historique du territoire de Pékin et sur les divers enceintes de cette ville. Chapitre II. Les successives des Pékin. F. Tatou das Yüan. (原文刊於 The museum of far eastern antiquite stokholm No. I.)

注十二　明史四〇地理志　順天府注；京城周四十五里，門九，正南曰麗正，正統初改曰正陽；南之左曰文明，後曰崇文；南之右曰順城，後曰宣武；東之南曰齊化，後曰朝陽；東之北曰東直；西之南曰平則，後曰阜成；西之北曰彰儀，後曰西直；北之東曰安定，北之西曰德勝。

日下舊聞考三八引工部志　永樂中定都北京，建築京城，周圍四十里，爲九門，南曰麗正，文明，順承；東曰齊化，東直；西曰平則，西直；北曰安定，德勝。正統初更名麗正爲正陽，文明爲崇文，順承爲宣武，齊化爲朝陽，平則爲阜城，餘四門仍舊。

注十三　明英宗實錄　正統四年四月丙午，修造京師門樓城壕橋閘完……九門各有木橋，今悉撤之，易以石，兩橋之間各有水閘，……自正統二年正月興工，至是始畢。

注十四　見本社彙刊第三卷第一期，劉士能先生論城墻角樓書。

注十五　按元大內如大明殿，延春閣，西內如隆福宮，周廡四隅均有角樓之設，可參閱輟耕錄二一宮闕制度一章。元史七四祭祀志三宗廟上　廟制至元十七年新作於大都，前廟後寢，正殿東西七間，南北五間……環以宮城，四隅重樓，號角樓。

元代畫塑記　武宗皇帝至大三年正月二十一日，敕虎堅鐵木兒丞相奉旨，新建寺……東西角樓魔梨支王四尊，東北角樓尊勝佛七尊，西北角樓無量壽佛九尊。

仁宗皇帝皇慶二年八月十六日，敕院史也訥大聖壽萬安寺……東北角樓尊聖佛七尊……西北角樓朵兒只南砵一十一尊，各帶蓮花座光焰等，西南北角樓馬哈哥剌等一十五尊……東西角樓四背馬哈哥剌等一十五尊。

泰定三年三月二十日，宣政院史滿禿傳敕諸色府可依帝師指受，畫大天源延聖寺……東南角樓天王九尊，西南角樓馬哈哥剌等佛一十五尊，東北角樓尊勝佛七尊，西北角樓阿彌陀佛九尊，各帶蓮花須彌座光焰。

注十六　元文類四一經世大典序錄政典總叙工役　軍之役土木者，率以築都城，皇城，建郊廟，社稷，宮殿，……餘則建佛寺……砍葦被城上。

注十七　日下舊聞考三八引洪武北平圖經志書　舊土城一座，周圍六十里，克復後以城圍太廣，乃減其東西迤北之半，創包磚甓，周圍四十里。

注十八　大清會典八六七工部城垣　雍正八年覆准內外城墻除土心之外，舊址闊五六尺，頂闊三四五尺不等，今議以址闊六尺，頂闊四尺，著爲定例。

城垣做法冊式　如城墻一段長十丈，身高二丈四尺，底寬三丈四尺，頂寬二丈四尺。

注十九　元史七世祖紀　至元九年四月辛巳，敕修築都城，凡費悉從官給，毋取諸民。　二十年六月丙申，發軍修完大都城(同書卷一二)　二十一年五月丙午，以侍衛親軍萬人修大都城。　七月丁丑，命樞密院差軍修大都城(同書卷一三)。二十七年六月丙申發侍衛兵萬人完都城。二十八年七月己未雨壞都城，發兵二萬人築之(同書卷一六)。二十九年七月癸亥完大都城(同書卷一七)。

同書一九成宗紀　元貞二年十月甲辰，修大都城。十一月辛未以洪澤芍陂屯田軍萬人修大都城。

同書二七英宗紀　至治元年八月壬寅修都城。二年三月戊寅修都城。三年六月壬申留守司以雨請修都城，有旨今歲不宜大興土功，其略完之(同書卷二八)。

同書三〇泰定帝紀　致和元年正月戊子，發卒修京城。

同書三三文宗紀　天曆二年六月辛巳發諸衛軍六千完京城。(按明帝紀作天曆二年七月壬午，發諸衛軍六千完京城)。

同書四一順帝紀　至正三年七月戊辰，修大都城。八年五月丁酉朔，大霖雨，京城崩。十年十二月壬午朔，修大都城(同書卷四二)

注二十　明英宗實錄　正統十年六月戊辰，京師城垣其外舊固以甎石，內惟土築，遇雨輙頹毀，至是命太監阮安，成國公朱勇，修武伯沈榮，尙書王巹，侍郎王佑，督工修甓之。

乙　位置

都城位置，據元史地理志，謂在金中都故城之東北。案中都城創建於海陵天德三年，因遼南京舊城增拓而成注三。其城當今北平城之西南，與今城一部相環接，見奉寬燕京故城考及日人那波利貞遼金南京燕京故城疆域考注二十一，而今之北平城，乃明清之舊都，因元大都城修治改築者也。據明太祖實錄：

洪武元年八月丁丑，大將軍徐達命指揮華雲龍經理故元都，新築城垣，南北取徑直，東西長一千八百九十丈。

及日下舊聞考卷三八引寰宇通志：

洪武初，改大都路爲北平府，縮其城之北五里，廢東西之北光熙、肅清二門，其九門俱仍舊。

又據明太宗實錄：

永樂十七年十一月甲子，拓北京南城，計二千七百餘丈。

是洪武初僅縮其城之北面，至永樂定都茲土，又拓其南面，遂成今狀耳。今北郊有土阜環屏城之正北，俗呼爲土城。其平面作冂形，隨其東西北三向，又有東土城、西土城及北土城之稱圖版壹肆甲乙伍。按北土城之方向與今城北垣平行，且相距五里許，適與洪武縮入之數符合，而東西土城直達今城北面之東西兩角樓圖版肆甲乙，觀其形勢，即洪武帝所廢大都城北面及東西迤北光熙、肅清二門之土垣也。且北土城有兩大豁子，直今安定、德勝二門，俗呼爲東西小關圖版貳乙丙，按其位置，實即安貞、健德二門之遺址。而東土城之光熙門豁子或稱紅橋豁子圖版貳甲，又與西土城小西門豁子圖版貳丁，遙相對稱，亦與元光熙、肅清二門相當。今小西門豁子之外，復有半圜形之土垣圖版叁丙丁，或卽順帝至正中所築甕城之遺跡歟？更觀今土城外之地形，恒較凹於平地，疑爲元護城濠之舊跡：蓋以西小關外殘毀之石橋圖版肆丙，及其西乾涸之河道證之，其河直貫東西與北土城平行，雖石橋非元代之舊，而現存之河道，謂爲當日之護城濠，殊有可能。

或謂今城東西兩垣，經明初縮入，已非元城之舊址。如近人奉寬燕京故城考元大都一節，卽持此說者也。其言曰：

若夫京城之東西兩垣，明初大致雖因元舊，然較之舊基似略形收縮，何則？今北郊元代土城環抱今城北面，審其長度，各展出東西兩角樓以外，東方所展尤多，與今城東西垣不成南北直線，是可知也。

然偏徵諸書，咸謂明初改築，僅縮其北面，未云曾改其東西兩垣；且法人普意雅（G.Bouillard）測量之圖，東西土垣之位置，並未較今城有所展出或縮入，而著者踏查結果，亦明明與今城東西垣南北成一直線圖版壹肆甲乙，足證奉寬所云，固未親歷其地作精密之考察也。

都城南垣展拓之舉，始於永樂十七年，實錄明言之矣；惟其時南展之里數，詳考諸籍，鮮有記錄，然徵諸實物，厥有四點，可爲佐證，并由此可推元城南垣之位置，茲列舉如左：

（一）慶壽寺雙塔　據日下舊聞考卷三八案語：「……考元一統志析津志，皆謂至元城京師，有司定基，正直慶壽寺海雲可庵二師塔，敕命遠三十步許，環而築之。」及同書卷四二引析津志：『慶壽寺西有雲團師與可庵大師二塔正當築城要衝，時相奏世祖有旨，命圈裏入城內。』案慶壽寺今名雙塔寺注二十二，在西長安街路北雙塔尙巍然矗立，南距今城南垣約一里半，元城旣環塔南三十步，其舊址似卽今長安街稍南之地而其他部分，亦必與雙塔同在一平行線上故可斷定元城之南垣，實在今垣之北約一里數十步至一里半之間也。設此說非誣今之天安門東西長安街，及東西單牌樓稍南當爲元城南面城垣之舊基圖版壹。

(二)觀象臺　據春明夢餘錄卷五九：『觀象臺在城東南隅，』及明一統志：『欽天監設司天臺於朝陽門城上，』其地卽今城東南角迤北約一里餘。光緒順天府志燕京故城考及西人喜仁龍（O. Sirén）所著北京城垣及城門（The walls and gates of Peking）均謂此臺爲元之司天臺並謂其地乃元城之東南角注二十三。案元司天臺又名靈臺，建於世祖至元十六年，據楊垣太史院銘謂臺在都城東垣下太史院中注二十四。又據日下舊聞考卷三八引析津志『明時坊在太史院東』是院址猶在坊西與城東垣尙有相當之距離，足證元時臺址與今臺實不相涉，而今臺非元之舊可知矣。雖然謂今臺爲元城之東南交角，其說或可徵信，蓋今臺南距今城東南角樓約爲一里又五十餘步，與前述慶壽寺雙塔距今城南垣之距離約略相等故也圖版壹。

(三)城隍廟　今西城城隍廟街之城隍廟，始創於元，而經明世重建者也注二十五。其事見元虞集道園學古錄卷二三大都城隍廟碑：「七年太保臣劉秉忠……請立城隍神廟，上然之命擇地建廟如其言得吉兆於城西南隅建城隍之廟」及日下舊聞考卷五〇引元一統志：「都城隍廟在大都城西南隅，順承門裏向西」。揆當時之廟址，實近都城之西南交角，明世南拓其城，此廟遂遠距城垣幾及二里之譜。試自今觀象臺爲起點，經東西長安街，天安門至西單牌樓迤西邱祖胡同西端城之西垣爲止，引一直線，正包慶壽寺雙塔及城隍廟於內，而廟之位置，亦適當城之西南交角也圖版壹。

(四)鐘鼓樓　元代鐘鼓樓之位置，見於載籍者；(一)日下舊聞考卷三八引元一統志：「九年二月……建鐘鼓樓於城中」；(二)同書卷五四引析津志：「齊政樓都城之麗譙也……北鐘樓，此樓正居都城之中」(三)又同卷引析津志：「崇仁倒鈔庫西中心閣，閣之西，齊政樓也，更鼓譙樓，樓之正北，乃鐘樓也」(四)又同卷引析津志：「鐘樓京師北省東，鼓樓北」；(五)馬哥孛羅遊記：「城之中心有大殿，上懸巨鐘……」注二十六。根據上述各節，鐘鼓二樓固在都城之正中，惟案現存鐘鼓二樓，偏處城北，實非全城之中心，緣此二樓乃明清二代所重建注二十七，其位置已較元樓爲偏東，證以今舊鼓樓大街之地位可知也。蓋元時鼓樓在街之南口一帶，鐘樓在鼓樓正北，必在街內無疑，更以此街之地望言之，適當京城東西兩垣之正中，足知元之鐘鼓樓卽在其地。嗣明成祖營北京，大內位置稍向東移，此二樓亦隨之遷改，故至今猶留有舊鼓樓大街之名。今試以舊鼓樓大街爲中心，令城北垣展至郊外土城，南垣縮至東西長安街稍南，則其地適當都城東西南北四方之中矣圖版壹。

綜觀上舉各例，則大都城實爲今北平城之前身，惟南北二面經明世洪武永樂二度改修，縮其北約五里，展其南約里許，而東西兩垣，則仍元之舊基，迥未稍有移動也。更可推知元城之平面，實爲南北較長之矩形，而非正方形版圖壹。且其全城圍度，若按吾人所推論之城牆位置觀之，僅五十里左右，實不足六十里之數，元史云云，殆非精確，而馬哥孛羅謂城爲正方形，每面六英里，全周共計二十四英里之記述注十，尤不免言之過甚焉。

注二十一　奉寬燕京故城考　原文刊於北平燕京大學出版燕京學報第五期。

那波利貞遼金南京燕京故城疆域考　原文刊於萬賴博士還曆紀念支那學論叢，有單行本。

注二十二　春明夢餘錄六六　元慶壽寺卽雙塔寺，在西長安街，塔二，一九級，一七級，寺僧海雲可庵葬其下。

注二十三　光緒順天府志一三　觀象臺注：今之觀象臺，元之司天臺也。

燕京故城考元大都　今城東壁之觀象臺，乃元大都城之東南角……又郡國甲第之建設樓觀，必在垣之東南巽隅，如魁樓之類，今京師之觀象臺，溯自元初，彼時決在城垣之東南交角，應建角樓處。現在其方位乃在角樓之北約里許，猶是前明舊基。明展都城南一面，臺不與之俱南，或者限于緯度不能少移之故乎。

O. Sirén: The walls and gates of Peking. II. Earlier cities on the site of Peking.......And it may be added, that the observatory, according to recorded tradition, stood in the south-west corner of the Mongol city, while the remains of it that still exist are found on the east wall about 1½ li north of the present south-east corner.

注二十四　元史一〇世祖紀　至元十六年二月癸未，太史令王恂等言，建司天臺於大都，儀像圭表皆銅爲之。

元文類一七　楊桓太史院銘　聖慮周悉，凡厚民生者，無不爲之，以農事爲四民衣食之本，既設有司以董其勤，又思爲振舉之務，乃立太史院，以講明天道，敬授民時焉……十六年春，擇美地得都邑東墉下，始治役垣，縱二百布武，橫減四之一，中起靈臺，餘十丈，爲層三，中下皆周以廡，其下面日中室，爲官府，以總聽院政……左右旁室以會司屬……中層離室以列景曜，巽室以措水運渾天壺漏，坤室以措渾天象蓋天圖，震兌二室以圖南北異方渾天蓋天之隱見，坎室以位太歲，乾室以貯天文測驗書，艮室以貯古今推算曆法。臺顛設簡仰二儀，正方案冪簡儀。下靈臺之左，別爲小臺，際冪周廡，以華四外，上措玲瓏渾儀。靈臺之右立高表，表前爲堂，表北冪石圭，圭面刻度景丈尺寸分，圭旁夾以連冪可圭，上露天日爲度景計。靈臺之前東西隅，置印曆工作局，次南神厨算學，設位如上。

注二十五　明英宗實錄　正統十二年十一月壬辰，重建城隍廟成，御製碑文曰……舊有城隍廟在都城西南隅，固陋甚矣，朕念弗稱其所主也，城完之日，令更造焉。

明世宗實錄　嘉靖二十七年正月己丑，都城隍廟災，詔工部擇日重建。

36112

光緒順天府志六 都城隍廟在宣武門內,西單牌樓西關市口城隍廟街……廟建於元至元四年……

……明永樂中重建……宣德五年六月命行在工部修正統十二年十一月重建嘉靖二十七年正月廟災詔工部重建本朝雍正四年乾隆二十八年屢發帑興修恢宏鉅麗視昔有加。

嘉慶重修大清一統志二 都城隍廟在京城之西南隅明永樂中建本朝雍正四年增修……乾隆二十八年重修。

注二十六 A.T.H. Charignon: Le livre de Marco Polo. Chapitre LXXXIV ...... Et au milieu de la cité se trouve un grandissime palais, lequel a une grosse cloche qui somme la nuit pour que nul n'aille par la ville quand elle aura s·mmé trois fois: après quoi personne n'ose y circuler, sinon pour pesoin de femme en travail d'enfant ou de gens malade.

注二十七 明一統志一 鼓樓鐘樓永樂十八年建。

大清會典八六七工部城垣 鼓樓在皇城地安門外址高一丈二尺廣十六丈七尺有奇縱減三之一,四面有階上建樓五間重簷前後券門六左右券門二磴道門一繞以闌廊周建磚垣鐘樓在鼓樓北制相埒建樓三間柱梲榱題悉制以石。乾隆十年改建鐘樓凡柱梲榱題舊制用木皆易以石至十二年工竣。四十一年修葺鼓樓……次年工竣。

日下舊聞考五四 鐘樓明永樂十八年建蓋遷都北京營繕宮闕時也後亟燬于火本朝乾隆十年奉旨重建十二年落成。

四　宮城 蕭牆及宮城外夾垣附

甲　位置

宮城者，大內之周垣也，建於世祖至元八年注二十八。陶宗儀輟耕錄卷二一宮闕制度曰：「大內南臨麗正門正衙曰大明殿曰延春閣，」又曰「萬壽山在大內西北太液池之陽。」案麗正門者，元大都南面正門也，其地點據前述大都南垣之位置，宜與今天安門平行，而在其稍西，而太液池萬壽山按萬壽山又名萬歲山則今之北海與瓊島也。故元宮城之位置依麗正門與萬壽山推之，知與明清二代之宮城相去非遠。惟據春明夢餘錄與日下舊聞考所述元大內之舊址，較今故宮稍偏西北，其文如次：

(一)孫承澤春明夢餘錄卷六「初燕邸因元故宮，卽今之西苑，……至永樂十五年改建皇城於東，去舊宮可一里許。」

(二)日下舊聞考卷三二「明初燕邸仍西宮之舊，……其後改建都城，則燕邸舊宮及太液池東之元舊內，並爲西苑地，而宮城徙而又東。」

據上二說，元之宮城毗近太液池之東岸，而較清故宮稍西，殆爲信而有徵。惟春明夢餘錄謂明皇城「去舊宮可一里許，」則不無可疑耳。蓋現存明清宮城自永樂剏建以來，六百年間，未曾遷移其位置，苟自其南北中綫西度里許定元宮城之中綫，再依輟耕錄卷二一宮闕制度：「宮城……東西門百八十步」折半推之，則其西垣必達中南海之內，此爲事理所絕不許可，故可決明初東移之距離，不至如孫氏所紀之甚也。又據輟耕錄卷二一宮闕制度：

儀天殿在池中圓坻上……東爲木橋，長一百二十尺，闊二十二尺，通大內之夾垣。

所云儀天殿卽今之團城，其東僅隔一橋，卽與大內夾垣相接，則元宮城之西垣，當在今北長街附近矣。由此推論，明清宮城東移之距離，恐至多不出半里之遙。且考明永樂帝之營北京，其宮城位置與南之正陽門，北之鐘鼓樓，適在南北中綫之上，以此類推，疑元大都亦取同樣之方式。蓋元宮城以南面中央之麗正門爲標準，見日下舊聞考卷三三引析津志：

世皇建都之初，問於劉太保秉忠定大內方向，秉忠以麗正門外第三橋南一樹爲方以對，上制可。

今麗正門雖經永樂展築南垣後，遺蹟蕩然，無可追索，然元鐘鼓樓之位置，依舊鼓樓大街猶可據爲研究綫索也。根據此項假說，自舊鼓樓大街繪一直綫，使與大都東西二面之城垣平行，則其方位適值今故宮武英殿附近，恰與舊鼓樓大街至今鐘鼓樓間之距離相等。然則以此綫爲元宮城之南北中綫，或視孫氏之說，更與事實較爲切近歟（圖版壹）。

以上係討論元宮城之東西位置，至於宮城南北所屆，略見明蕭洵故宮遺錄，其言曰：

36115

南麗正門內曰千步廊，可七百步，建欞星門……門內數二（亦作）十步許，有河，河上建白石橋三座，……度橋可二百步，爲崇天門。

案崇天門乃元宮城南面之正門，與今午門同一性質。據前引麗正門至此門之距離，約爲九百餘步，以每里三百六十步除之，得二里半有奇，則元崇天門當與今故宮之乾淸門平行，而在其稍西。今以此點爲根據，依輟耕錄所載元宮城「南北長六百十五步」推之，其北面之厚載門，竟達今景山北牆迤外，是元宮城範圍，包括今故宮北部與景山一帶於內也。雖然由此假說，則元之萬壽山，位於宮城正西，與輟耕錄「萬壽山在大內西北」之說，抵觸不合矣。且輟耕錄稱：

厚載北爲御苑。

苟如蕭氏所紀，則御苑直今地安門一帶，北距鐘鼓樓甚近，似不至偪促若是也。意者蕭氏紀遊之文，所叙千步廊距離，殆難致信，而陶錄則本諸元經世大典將作所疏殿閣制度之文，其精密程度，不能同日語也。

然則元宮城南北界線，究如何解決耶？據前引輟耕錄所載大內之西夾垣，既在今北長街附近，而其北端，即與太液池相值，依地形言之，此垣折而東趨之地點，至北不能超過今大高玄殿之西側。今假定此點爲元宮城之北垣，再以輟耕錄「南北六百十五步」核之，則崇天門宜與今太和門雁行，而在其稍西。如是，與陶氏山在西北之說，亦相吻合矣（圖版壹）。

乙 制度

宮城之制，據輟耕錄卷二一宮闕制度：

宮城周迴九里三十步，東西四百八十步，南北六百十五步，高三十五尺，磚甃。

揆其平面蓋爲長方形也，而馬哥孛羅遊記謂城爲正方形，每面一里，全周共計四里者，記錄實欠忠實注二十九。惟上文所述城圍尺度，吾人亦有應加討論之點，卽明初測量元城之結果，較之陶錄所記，稍有未合。明太祖實錄曰：

洪武元年八月壬辰，大將軍徐達遣指揮張煥計度故元皇城，周圍一千二十六丈。

試以陶錄「宮城周廻九里三十步」或「東西四百八十步，南北六百十五步」二倍之和數，按每里二百四十步案陶氏關於當時里數之規定，曾有每里合二百四十步之槩述，見注三十合之，得二千一百九十步，換言之，卽一千九十五丈，以較明初所測「一千二十六丈」之數，二者相差六十九丈。究以何者爲確，則因明初拆除改築之結果，遺物湮沒，蔑由案證矣。

關於宮城城門之分配及其結構制度，輟耕錄、故宮遺錄及禁扁諸書論之極詳注三十一，茲列表如左，以明其槪：

名稱	位置	制度				結構形式
		楹數	東西（即面闊）	深（即進深）	高	
崇天門 午門（故）	宮城正南 正南（禁）	一一間登門兩斜廡一〇間連𨀌樓東西廡各五間	一八七尺	五五尺	八五尺	五門左右𨀌樓二𨀌樓登門有兩斜廡闕上兩觀皆三𨀌樓連𨀌樓有東西廡門分爲五總建闕樓其上翼爲廻廊低連兩觀觀旁出爲十字角樓高下三級（故）
星拱門 挾門（故）	崇天門左旁去午門百餘步（故） 北（禁）	三間	五五尺	四五尺	五〇尺	三間一門
雲從門 挾門（故）	崇天門右 右（禁）	同右	同右	同右	同右	同右
東華門	東 左（故）	七間	一一〇尺	四五尺	八〇尺	七間三門
西華門	西 右（故）	同右	同右	同右	同右	同右
厚載門	北 後（故） 北（禁）	五間	八七尺	同右	同右	五間一門上建高閣環以飛橋舞台於前廻欄引翼（故）
角樓	宮城四隅各一座					三𨀌樓十字角樓（故）
備注	凡表中注（故）字者見故宮遺錄（禁）字者見禁扁餘見輟耕錄					

根據上表三書所記，完全相同，其城之南面蓋爲三門，東西及北各一門，全城共計六門也。　觀乎宋史卷八五地理志：

宮城周廻五里，南三門，中曰乾元，東曰左掖，西曰右掖，東西面門曰東華、西華……北一門曰拱辰。

其制殆源淵於我國舊制者也。　宮城每門之上設有門樓，四隅各設角樓，其制俱見上表，此外馬哥孛羅遊記對於此制並有記載，其記云：『城之四隅各有最富麗之殿一，兩殿之間尙有一同式樓之殿，故全城共有八殿也』注三十二。　此云殿者殆卽城樓角樓之謂也，而其數爲八者則指四角樓與四門樓耳。　唯案上表觀之，城具六門，似應有六樓與馬氏所紀不合，豈星拱雲從二門，無門樓之設置耶？　然故宮遺錄稱：『兩旁各去午門百餘步，有掖門，皆崇高閣』注三十一，所謂午門，卽崇天門，掖門者，星拱雲從二門也，揆其語意，二門似亦有門樓之設，馬氏云云，豈約略言之歟？又據陶蕭二氏之記，述崇天一門總分爲五門，連左右星拱雲從二門，共爲七門，是宮城南面應有七門也，馬氏之記，僅云『此牆南面有五門』注三十二，殆有脫落。

關於城垣質的問題，輟耕錄謂爲『磚甃』，馬哥孛羅遊記則稱『垣爲白色牆上並附有雉堞』注二十九。　考馬氏游大都事在世祖至元間，而陶書所載宮殿有成於泰定四年者，其間制度有無更改，則非今日所能論斷矣。

丙　蕭牆（宮城外周垣）及宮城外夾垣

京城之內，宮城迤外，復置垣焉，故宮遺錄曰：

南麗正門內曰千步廊，可七百步，建靈星門，門建蕭牆，周廻可二十里，俗呼紅門闌馬牆。

揆其制度，殆彷彿明清之皇城焉。　且其圍度之廣闊，似包納宮城北御苑太液池，及隆福興聖諸宮於內，按輟耕錄卷二一宮闕制度：「外周垣紅門十有五」，所謂外周垣者，似卽指此牆而言，而紅門之分配情形，惜無記載，致難推測耳。　蕭牆正門曰靈星門，門內爲石橋，再北爲崇天門（注三十三），門之外爲左右千步廊，再南則都城之麗正門也。　關於靈星門之位置，如依蕭氏所述，當與今故宮乾淸門之地平行，而與宮城全體之位置，苦難吻合，（參閱宮城位置一節）以鄙意度之，或爲午門附近，以今天安門至午門之距離，實有一里數十步之遙，蕭氏所謂「可七百步」者，固亦揣度之辭耳。

又蕭牆之內，宮城之外，據輟耕錄卷二一宮闕制度：

夾垣東北隅有羊圈……儀天殿……東爲木橋……通大內之夾垣。

似尚有夾垣之設置，惟實物久湮，無可考焉。

注二十八　元史六世祖紀　至元四年正月戊午，立提點宮城所。　八年二月丁酉，發中都眞定順天河間平灤民二萬八千餘人築宮城。　九年四月乙酉，宮城初建東西華，左右掖門。　十九年二月辛卯，修宮城（同書卷十二）。

注二十九　輟耕錄二十一宮闕制度　宮城……至元八年八月十七日申時動工，明年三月十五日即工。

A. T. H. Charignon: Le livre de Marco Polo, Livre II. Chapitre LXXXIII. …… Il y a tout autour un grand mur quarré ayant sur chaque côté un mille, c'est-à-dire qu'il s'étend sur une longueur totale de quatre milles. Croyez-le bien, il est très grand, de hauteur il a bien dix pas. surtout son pourtour, il est blanc, et grênelé.

注三十　輟耕錄二十一宮闕制度　城方六十里里二百四十步。

注三十一　輟耕錄二十一宮闕制度　崇天十一間五門，東西一百八十七尺，深五十五尺，高八十五尺，左右趓樓二，趓樓登門兩斜廡十間。闕上兩觀皆三趓樓，連趓樓東西廡各五間……崇天之左曰星拱，三間一門，東西五十五尺，深四十五尺，高五十尺；崇天之右曰雲從，制度如星拱。東曰東華，七間三門，東西一百十尺，深四十五尺，高八十尺；西曰西華，制度如東華；北曰厚載，五間一門，東西八十七尺，深高如西華。角樓四，據宮城之四隅，皆三趓樓。

故宮遺錄　崇天門門分為五，總建闕樓，其上翼為迴廊，低連兩觀，觀旁出為十字角樓，高下三級。兩旁各去午門百餘步有掖門，皆崇高閣。內城廣可六七里，方布四隅，隅上各建十字角樓。其左有門為東華，右為西華……又後為厚載門，上建高閣，環以飛橋舞台於前，回欄引翼。

注三十二　禁篇戊　崇天（正南），星拱（北），雲從（右），東華，西華，厚載（北已上宮城門）

A. T. H. Charignon: Le livre de Marco Polo. Livre II. Chapitre LXXXIII…… A chaque coin de ce mur il y a un grand palais très beau et très riche, ou l'on garde dedans les équipements de guerre du seigneur…… entre un palais et l'autre, il y a un autre palais, semblable à ceux des quatre coins. Si bien qu'il y a tout le long de l'enceinte huit palais très grands, et tous sont pleins des harnois au grand sire.

Ce mur a cinq portes sur sa face méridionale, au milieu il y a une porte qui ne s'ouvre jamais, sinon quand doit sortir le grand équipage de guerre. De part et d'autre de cette grande porte il y en a deux autres; si bien que celle fait cinq en tout. La grande étant au milieu. Par les portes moindres entrent tous les gens, et la grande porte est au milieu de ces quatres. Mais ces quatres portes par ou entrent les gens ne sont pas l'une à côté de l'autre: il y en a deux aux deux coins dudit mur qui regarde le midi; les autres deux sont de chaque côté de la grande, si bien que cette grande porte se trouve précisément au milieu et des autres portes et de la longueur du mur.

注三十三　元史七四祭祀志宗廟上「駕至崇天門外垣靈星門外，門下侍郎奏請車駕權停，敕衆官下馬，贊者承傳衆官下馬，車駕動，衆官前引入內石橋與儀仗倒捲而北駐立，駕入崇天門至大明門外降駕升輿以入……。」

又國俗舊禮「世祖至元七年，以帝師八思巴之言，於大明殿御座上置白傘蓋一頂，用素段泥金書梵字於其上，謂鎮伏邪魔護安國剎，自後每歲二月十五日於大殿啓建白傘……引傘蓋周遊皇城內外……至十五日恭請傘蓋於御座奉置寶輿，諸儀衛隊仗列於殿前，諸色社直暨諸壇面列于崇天門外，迎引出宮，至慶壽寺具素食，食罷起行，從西宮門外垣海子南岸入厚載紅門，由東華門過延春門而西，帝及后妃公主於五德殿門外搭金脊五殿綵樓而觀覽焉……至十六日罷散，歲以為常，謂之遊皇城。」

輟耕錄二一宮闕制度「直崇天門有白石橋三虹，上分三道，中為御道，鐫百花蟠龍。」

故宮遺錄「南麗正門……門內數（一作二）十步許有河，河上建白石橋三座，名周橋，皆琢龍鳳祥雲，明瑩如玉，橋下有四白石龍，擎戴水中甚壯，

五　坊市

大都城內之坊市，取易『大衍之數五十』之義，定爲五十坊，直隸於左右警巡二院，其坊名則翰林院學士虞集所擬定者也。茲將日下舊聞考卷三八引元一統志及析津志所述坊名依原書順序，表列如左：

名稱	位置	取名意義	備注
福田坊	在西白塔寺(析)	坊有梵剎取福田之義	凡表中注(析)字者見析津志餘見元一統志
阜財坊	近庫藏 順承門內金玉局巷口(析)	取禹舜南風歌阜民財之義	
金城坊	在平則門內(析)	取聖人有金城金城有堅固久安之義	
玉鉉坊	近中書省 在中書省前相近(析)	按周易鼎玉鉉大吉以坊近中書省取此義	
保大坊	近樞密院 在樞府北(析)	按傳曰武有七德保大定功以坊近樞密院取此義	
靈椿坊	在都府北(析)	取燕山竇十郎靈椿一株老之詩	
丹桂坊	在靈椿北(析)	取燕山竇十郎教子故事丹桂五枝芳之義	
明時坊	近太史院 在太史院東(析)	取周易革卦君子治歷明時之義	
鳳池坊	近海子在舊省前 在斜街北(析)	取鳳凰池之義	

安富坊	在順承門羊角市(析)	取孟子安富尊榮之義
懷遠坊	在西北隅(析)	取左傳懷遠以德之義
太平坊		取天下太平之義
大同坊		取四方會同之義
文德坊		按尚書誕敷文德取此義
金臺坊		按燕昭王築黃金臺以禮賢士取此義
穆清坊	近太廟	取毛詩於穆清廟之義
五福坊	在中地	取洪範五福之義
泰亨坊	在東北寅方	取泰卦吉亨之義
八政坊	近萬斯倉八作司	取洪範八政食貨爲先之義
時雍坊		取尚書黎民於變時雍之義
乾寧坊	在西北乾位	取周易乾卦萬國咸寧之義
咸寧坊		取尚書野無遺賢萬國咸寧之義
同樂坊		取孟子與民同樂之義
壽域坊		取杜詩八荒開壽域之義
宜民坊		取毛詩宜民宜人之義

析津坊	近海子	燕地分野上應析木之津地近海子故取析津爲名
康衢坊		取堯時老人擊壤康衢之義
進賢坊		取賢才並進之義
嘉會坊	在南方	坊在南方南方屬禮取周易嘉會之義
平在坊	在北方	取尚書平在朔易之義
和寧坊		取周易保合太和萬國咸寧之義
智樂坊	近流水	取智者樂水之義
鄰德坊		取論語德不孤必有鄰之義
有慶坊		按尚書一人有慶兆民賴之取其義
清遠坊	在西北隅	取遠方清寧之義
日中坊	地當市中	取日中爲市之義
寅賓坊	在正東	取尚書寅賓出日之義
西成坊	在正西	取尚書平秩西成之義
由義坊	在西市	取孟子居仁由義之言分爲東西坊名
居仁坊	在東市	
睦親坊	近諸王府	取尚書以親九族九族既睦之義

坊名	位置	取義
仁壽坊	近御藥院	取仁者壽之義
萬寶坊	大內前右千步廊坊門在西	坊門在西屬秋取萬寶秋成之義
豫順坊		按周易豫卦豫順以動利建侯行師取此義
甘棠坊		按燕地乃周召公所封詩人美召公之政有甘棠篇取此義
五雲坊	大內前左千步廊坊門在東與萬寶對立	取唐詩五雲多處是三台之義
湛露坊	近宣酒庫	按毛詩湛露爲錫宴羣臣霑恩如湛露坊近宣酒庫取此義
樂善坊	近諸王府	取漢東平王爲善最樂之義
澄清坊	近御史臺	取澄清天下之義
里仁坊	在鐘樓西北	
發祥坊	在永錫坊西	
永錫坊		
善利坊		
樂道坊	三相公寺前	
好德坊		
招賢坊	在翰林院西北	
善俗坊	在健德門	

自里仁以下諸坊見析津志

坊	位置		
昭回坊	在都府南		
居賢坊	在國學東		
鳴玉坊	在羊市之北		
展親坊	在草市橋西		
惠文坊			
請茶坊	在海子橋北		
訓禮坊	在順承門裏倒鈔庫北		
咸宜坊			
思誠坊	東		
皇華坊	與上（案指思誠坊而言）		
明照坊	相對		
蓬萊坊	在天師宮前		
南薰坊	在光祿寺東		
甘棠坊	在健德門		
遷善坊			
可封坊			
豐儲坊	在西倉西		

綜觀上表，元一統志所載，實止四十九坊，與五十坊之數不合，或者遂錄時漏遺其一，殊未可知。又析津志里仁以下諸坊，除甘棠坊見於一統志外，其餘均不在虞集五十坊之數，然證以明張爵五城坊巷胡同集明世諸坊名稱，又往往相符，豈爲元末之制歟？　關於各坊位置，上表係根據原書次序排列，未能劃分清楚，茲以其可考證者，列爲東西北三部；自宮城迤東屬之東部，迤西者屬西部，在鐘鼓樓迤北者屬之北部（圖版壹）。其雖列名稱而地界無考者，並附於後焉。

（一）東部

五雲坊　元一統志曰：「大內前左千步廊，坊門在東，與萬寶對立。」　案千步廊在都城麗正門內，見故宮遺錄。　麗正門在今天安門稍西，（參閱都城位置一節）千步廊在麗正門之內，坊又在廊東，則今之太廟一帶是矣。

南薰坊　在光祿寺東。案元光祿寺今無考。　五城坊巷胡同集（以下簡稱胡同集）有南薰坊，在正陽門內，自大街東至崇文門大街，北至東長安街，均屬之。　案元時此地尚屬都城迤外，或者此坊當時原在宮城之東南，明代拓城，坊地遂因而南遷歟？

澄清坊　坊近御史臺。按元御史臺署今無考。　胡同集有澄清坊，自臺基廠北門經東單牌樓乾魚胡同（今甘雨胡同）北至椿樹胡同成壽寺悉屬之。揆其名稱，仍襲元制，唯其地址是否昔日之舊，則未可知耳。

明時坊　元一統志曰：「近太史院東。」案元太史院建於世祖至元十六年，院址在都城東牆下，見楊桓太史院銘注二十四。今城東垣元之舊基也，坊在院東，必近垣下矣。胡同集明時坊屬東城在崇文門裏，自大街東至東城根北迄總捕胡同今總布胡同迤北悉屬之，揆其坊名位置悉與元時相符，特其四界因明初都城南展之結果，則又較元時爲廣闊也。

保大坊　元一統志曰：「近樞密院，」析津志曰：「在樞府北。」案元樞密院舊址無考。胡同集有保大坊在皇城之東，是否元舊，難遽定之。

思誠皇華明照三坊　析津志不詳地址，僅謂思誠在東，皇華明照二坊與之相對。案胡同集有思城黃華明照三坊。思城在東四牌樓東北朝陽門大街迤北，其地在元爲太廟及寅賓穆清二坊所據，思誠殆爲元末改制歟?黃華坊在東四牌樓東南明時坊之北；明照坊在牌樓西南澄清坊之北，二坊一在思誠之南，一在其西，適與之相對，其地是否卽元之舊，殊難遽定。

穆清坊　元一統志謂：「坊近太廟，」案元太廟據元史卷七四祭祀志宗廟上「廟制至元十七年新作於大都，前廟後寢……環以宮城……東西南開靈星門三門，外馳道抵齊化門之通衢。」齊化門今朝陽門也，今大街北有大慈延福宮，傳謂元太廟之舊址。

坊旣毗近廟址，必在大街以北廟之左近，唯廟之西屬於寅賓坊，穆淸坊或在其東北歟？

寅賓坊　寅賓坊一統志曰『在正東。』據日下舊聞考卷四八引說學集：『京師寅賓里有無量壽庵者居士屠君所建也……至元二十一年出己貲七百貫買地十畝於太廟之西作無量壽庵。』案寅賓里卽寅賓坊也，元太廟在今朝陽門大街迤北大慈延福宮之地，坊在廟西，當是今東四牌樓頭二三條胡同一帶矣。其地明入思城坊，寅賓穆淸之名久廢。

居仁坊　在東市，案東市今之東四牌樓一帶也，其地猶有大市街之稱，殆卽當日之遺址，唯坊之地界久湮，雖云在市，究在市之何方，殊難指定？

仁壽坊　仁壽坊近御葯院，按元御葯院今無攷。胡同集有仁壽坊在今東四牌樓西北，自猪市大街北至鐵獅子胡同悉屬之，其制或因元之舊歟？

昭回坊　析津志：『昭回坊在都府南。』案都府卽大都路總管府，明淸因之爲順天府公署，今鼓樓東大街之舊京兆尹公署卽其遺址也，注三十四坊在府南，當是今大街迤南之地。胡同集有昭回靖恭坊，自鼓樓東大街迤南至皇墻東，自交道口大街西迄地安門大街均屬之，揆其地界較之元世或無顯著之變徙也。

蓬萊坊　析津志曰：『在天師宮前。』案明一統志卷一：順天府『崇眞萬壽宮在府南蓬萊坊元至元中建，俗名天師庵」，是天師庵卽天師宮，蓬萊坊之位置蓋在府南也。案此所謂「府」者，卽順天府公署，元之大都路總管府也。惟此坊究距府南若干，因崇眞宮圮廢已久，無可考證。據胡同集：天師庵隸保大坊，與取燈胡同、惠民葯局、草廠、眉掠胡同及安定門街南序次毗連，今取燈胡同猶存，在皇城之東偏北，蓬萊坊既與相近，疑亦在皇城東北角一帶。

(二)西部

萬寶坊：元一統志曰：「在大內前右千步廊」。案元時千步廊在今天安門內稍西，參閱五雲坊一則，坊在廊右，則當在今中山公園迤西一帶。

阜財坊：元一統志曰：「阜財坊近庫藏」。析津志曰：「在順承門內金玉局巷口」。案元世倉庫及金玉局，其位置均無考，其順承門遺址約當今之西單牌樓，坊址既稱在門內，似屬大街之西，因街東爲時雍坊也。胡同集有阜財坊在宣武門內，自門內順城牆往西至都城西南角，北至刑部今舊刑部街止悉屬之，其坊名仍因元舊，但其位置因城垣之南展，遂較元世爲偏南耳。

時雍坊：一統志及析津志均不著其位置。胡同集有大小時雍二坊。大時雍坊自正陽門內順城牆往西至宣武門大街，北至西長安街悉屬之。小時雍坊在西單牌樓迤東，北至乾石橋，東至皇城西垣屬之。考大時雍坊元時其地尙屬城外，小時雍坊當元之順承門內迤東，其地或卽元代舊址?迄乎明世南展其城，坊地因之廣闊，故析爲大小二坊耳。

訓禮坊咸宜坊　析津志曰：「訓禮坊咸宜坊順承門裏倒鈔庫北。」案元順承門今西單牌樓也。訓禮坊無考。咸宜坊見於胡同集在西四牌樓西南，自馬市街南至乾石橋，東自大街西至河漕悉屬之。案日下舊聞考卷三八引洪武北平圖經志書云：「羊角市在鳴玉咸宜坊。」考羊角市在今西四牌樓之西，其地猶名羊市街，殆卽元之舊也。鳴玉坊在西四牌樓西北，據圖志之文觀之，二坊固相毗連，更證以胡同集二坊位置，一南一北適相銜接，今地卽爲元時之舊，殆少疑問也。

金城坊　析津志：「在平則門內。」案元之平則門，今阜成門也。胡同集阜成門內有金城坊，自阜成門大街南至都城隍廟一帶悉屬之，其名稱位置，悉與析津志相合。又胡同集坊中並有金城坊胡同，蓋卽元之舊地，今又訛爲錦什坊街矣。

安富坊　析津志曰：「在順承門羊角市。」案羊角市在鳴玉咸宜二坊，今西四牌樓西之羊市街是也，參閱咸宜坊一則 安富坊旣毗近市址，亦必在西四牌樓附近。據胡同集安富坊在西四牌樓東南，自西安門大街南至乾石橋均屬之，其名稱仍因元制未改，而坊界或亦

（三）屬當日之舊歟？

鳴玉坊　析津志曰：「在羊市之北。」案羊市卽羊角市，在西四牌樓之西，參閱咸宜坊一則。胡同集有鳴玉坊，在西四牌樓之西北，自馬市街北至西直門大街，南東自大街西至河漕止，均屬之。其名稱地界悉能與析津志相合，謂爲元世之舊，殆無疑問。

福田坊　析津志：「福田坊在西白塔寺。」案白塔寺今名妙應寺，俗仍沿舊稱曰白塔寺，在今阜成門大街路北。寺始創於遼，元世祖至元中卽其地建大聖壽萬安寺，明英宗天順中始改名妙應寺焉。注三十五。寺址在明世屬河漕西坊，見胡同集。福田之名久廢，坊之四界更無可考，而以今寺址證之，當在其附近。

西成坊　析津志曰：「寅賓坊在正東……西成坊在正西。」據上文觀之，二坊一在東方，一在西方，必係東西相對。案寅賓坊在今東四牌樓迆東，參閱寅賓坊一則。西成如與之東西相望，應在西四牌樓一帶。光緒順天府志卷一四舊坊考按語：「明代坊名多沿元舊，其地今尙可稽……夢餘錄之河漕西坊卽西成坊，自建朝天宮後，又分爲朝天坊。」案河漕西及朝天宮二坊俱在今阜成門大街迆北，見胡同集。又據明嘉靖間普安寺重修碑記：「寶藏禪師得達摩遺音，開導僧□明心見性……念年高遯起歸山之興，諸貴公並諸善男子懇留之，協備甕資，易得西城坊古剎普安寺一座……請□交而□□□第□上入

36133

爲開山第一代住持……嘉靖四十三年冬十一月至日。」案普安寺今猶存在西四牌樓西北之翊敎寺街。據碑文觀之，西成坊址蓋亦屬此一帶矣。

由義坊　析津志曰：「在西市」。案西市者，意卽今之西四牌樓一帶也。據元泰定間漢義勇武安王祠祀：「都城西市舊有廟，燬久弗修，泰定乙丑十月……皇帝以爲忠義死事，祠不可廢，……命卽故基作興之」。案義勇武安王廟今西四牌樓北大街路西之雙關帝廟也，見日下舊聞考卷五二。又據舊聞考卷三八引析津志：「羊市，馬市，牛市，駱駝市，驢騾市以上七處市俱在羊角市一帶」。羊角市在今西四牌樓稍西，觀上文其牛馬諸市固同屬四牌樓附近矣。足證其地在元世實屬都城西部最繁華之區域，其曰西市者，以其在都城之西故以爲名。唯由義坊之位置究屬市之何方，則遺址無由勘定矣。

和寧坊　元一統志及析津志均不著其地址。據道園學古錄卷四二襄敏楊公神道碑：「……至元十□始大城京師……而貴戚勳臣悉受分地，式臘公得建地和寧里，在內朝之西北」。案和寧里卽和寧坊也，內朝殆指大內宮城而言，惟宮城西北爲太液池萬壽山，其地似無建坊之可能，而碑稱在內朝之西北者，或者指興聖宮而言，若然則今太平倉迤南至皇城西安門一帶，或屬其遺址也。

（三）北部

日中坊　一統志：「日中坊地當市中」。　案所謂「市」者即斜街市，證以日下舊聞考卷三八引洪武北平圖經志書：「斜街市在日中坊」，蓋不誣也。考市址在鐘鼓樓之西，今甘水橋大街似即其遺址。　胡同集有日忠坊，自鐘鼓樓迤西均屬之。　惟別有日中坊在今德勝門大街迤西至西北城角一帶，揆其地望似與元坊無涉，而鐘鼓樓迤西之日忠坊謂爲元之舊地，殆屬可能耳。

五福坊　一統志曰：「坊在中地」。　案元鐘鼓樓一帶爲都城之中心點，坊在中地，必屬樓之附近，然究在樓之何方，無可考。

金臺坊　元一統志及析津志均不著地址。　胡同集有金臺坊，自鐘鼓樓東至淨土寺胡同東口，北至城牆悉屬之，未審是否即元舊地？

里仁坊　析津志曰：「在鐘樓西北」。　案元鐘樓在今舊鼓樓大街，坊距樓之西北若干無考。

玉鉉坊　元一統志曰：「坊近中書省」。　析津志曰：「在省前」。　案元中書省有二：一在海子東北，鐘樓之西，稱北省，或曰舊省；一在宮城東南，稱南省，即新省也。遺址約當今南池子一帶注三十六。　此云近中書省，意必指舊省而言，何則，以諸坊命名始於世祖至元二十五年，時新省尚未立也。　設此說不誣，而坊之位置應在今舊鼓樓大街以西，什刹海後海迤北，因元鐘樓在街內，坊在樓西，故可斷定卽今之街西也。

鳳池坊　元一統志曰：「坊近海子，在舊省前。」案舊省卽中書省舊署，卽所謂北省也，至順間改爲翰林院，其地在鐘樓迤西注三十六。考元鐘樓在今舊鼓樓大街，省當樓西，是猶在今大街迤西也。鳳池坊又在省前，則今什剎海後海迤北是矣。又據析津志謂坊在斜街北，案元之斜街，今之甘水橋大街也，坊如在街北，則今鼓樓西鑄鐘廠及錫拉胡同一帶，卽其舊基。

析津坊　元一統志稱：「近海子。」案海子一帶明入日忠坊，已無遺跡可考。

靈椿坊　析津志曰：「在都府北。」都府卽大都路總管府也，明淸因之爲順天府公署，今鼓樓東大街之舊京兆尹公署，卽其遺址也注三十四。坊址在府北，當是今分司廳胡同一帶。胡同集有靈椿坊自安定門大街西至淨土寺悉屬之，其位置較之元代或無顯著之變遷。又據元皇慶二年勅建大都路總治碑：「……監路事平章政事莫吉奏，臣等遥寓廨常故案山積，帑庚無所於寄，民有訟者或露處以口上諭旨……其趣還市地建立不可緩也……乃命左使孟珪市靈椿里周姓民居凡六，其地畝一千不足者一，室楹五十不足者二……」都署實在坊內，而今署之遺址猶可考，足證元明二代坊界殆未曾遷徙也。

丹桂坊　丹桂坊據析津志：「在靈椿北。」案靈椿坊在今安定門內鼓樓東大街迤北一帶，丹桂如在其北，以今地度之，似在今城北垣迤外，明初縮城，此坊遂廢。

居賢坊　析津志：「居賢坊在國學東。」　國學卽國子監也。　據元史卷八十一選舉志學校：「至元二十四年旣遷都北城，立國子學於國城之東。」　又元文類卷一九程鉅夫國子學先聖廟碑：「至元四年作都城，畫地宮城之東爲廟學基，……大德三年春丞相臣哈剌哈孫荅剌罕……乃身任之，飭五材，鳩衆工，……十年秋廟成，謀樹國子學，御史台臣復以爲請，制可，至大元年冬學成。」　又據春明夢餘錄卷五四：「國子監，在城東北，卽元之舊學。」　綜觀上示各節，今之國子監蓋爲元時舊基也。　今監東爲雍和宮大街，街東爲雍和宮，再東卽京城東北角，元時坊地稱在監東，豈卽其地歟？

招賢坊　析津志：「坊在翰林院西北。」　案元初翰林院迄無定址，至順中始賜居北中書省，其地在鐘樓之西，其遺址以今地證之，約當舊鼓樓大街迤西。　坊如在院西北，或屬今德勝門一帶。

懷遠、乾寧、清遠三坊　析津志謂懷遠、清遠二坊均在西北隅，乾寧坊在西北乾位。　案元城西北隅久成荒原，詳址無考。

泰亨坊　坊在東北寅方，無考。

善俗、甘棠、遷善、可封四坊　析津志謂善俗、甘棠、遷善、可封四坊均在健德門，案元健德門，今德勝門外之西小關是也，坊宜在門內，惟界址無考。

（四）地址無考者

太平坊　大同坊　文德坊　八政坊　咸寧坊　同樂坊　壽域坊　宜民坊　康衢坊
進賢坊　嘉會坊　平在坊　智樂坊　隣德坊　有慶坊　睦親坊　豫順坊　湛露坊
樂善坊　發祥坊　永錫坊　善利坊　樂道坊　好德坊　展親坊　惠文坊　請茶坊
豐儲坊　共計二十八坊。

元代街市之制，並見於析津志及洪武北平圖經志書，其街有七，即長街，千步廊街，丁字街，十字街，鐘樓街，半邊街及棊盤街是也。　市之主要者三，斜街市，羊角市，及舊樞密院角市（？）是也。其他如米麵，牛羊，騾馬，柴菜，珠子，舒嚕諸市，並附麗於三市或各城門之外焉。　茲逐錄日下舊聞考卷三八所引原文列表如次：

名稱	位置	備注
長街		轉錄舊聞考引析津志
千步廊街		
丁字街		

十字街		
鐘樓街		
半邊街		
棊盤街		
斜街市	日中坊	轉錄同書引洪武北平圖經志書
羊角市	鳴玉坊咸宜坊	
舊樞密院角市	南薰明照二坊	
米市	鐘樓前十字街西南角	轉錄同書引析津志
麵市		
羊市	俱在羊角市一帶	
馬市		
牛市		
駱駝市		
驢騾市		
雜貨市	十市口	
柴草市	十市口北	此地若集市近年俱於此街西爲貿易所

市名	地點	附註
段子市	鐘樓街西南	
皮帽市	同上	
菜市	麗正門三橋 哈達門丁字街菜市 和義門外	
帽子市	鐘樓	
窮漢市	鐘樓後 文明門外市橋 順承門城南街邊 麗正門西 順承門裏草塔兒	
鵓鴿市	喜雲樓下	
鵝鴨市	鐘樓西	
珠子市	鐘樓前街西第一巷	
省東市	檢校司門前牆下	
文籍市	省前東街	
紙劄市	省前	
靴市	翰林院東	就買底皮西甸皮諸靴材都出在一處
車市	齊化門十字街東	

拱木市	城西	
猪市	文明門外一里	
魚市	文明門外橋南一里	
草市	門門有之	
舒嚕市	鐘樓前	按舒嚕滿洲語珊瑚也偽作沙剌今譯改一巷皆賣金銀珍珠寶貝
柴炭市集市	順承門外 鐘樓 千斯倉 樞密院	
人市	羊角市	至今樓子尚存此是至元間後有司禁約姑存此以為鑒戒
煤市	修文坊前	
南城市		
窮漢市	大悲閣東南巷內	
蒸餅市	大悲閣後	
臙粉市	披雲樓南	
果市	和義門外 順承門外 安貞門外	

鐵器市	鐘樓後

注三十四　春明夢餘錄四畿甸　京師地屬順天府，其府治即元大都路總治舊署也。

光緒順天府志一三　鼓樓東大街，順天府署在東北，元大都路總管舊署遺址。

注三十五　元史一〇世祖紀　至元十六年十二月丁酉，建聖壽萬安寺于京城。　二十五年四月甲戌，萬安寺成，佛像及窗壁皆金飾之，凡費金五百四十兩有奇，水銀二百四十斤。

春明夢餘錄六六　遼白塔寺建自壽昌二年，塔制如幢，色白如銀，至元八年加銅網，石欄，天順二年改名妙應寺。

日下舊聞考五二引長安客話　妙應寺在阜城門內。

注三十六　元史七五祭祀志　神御殿　至元二十四年二月，翰林院言舊院屋敝，新院屋纔六間，三朝御容宜於太常寺安奉，後仍遷新院，至大四年翰林院移署舊尚書省，有旨月祭。

元文類四七　殿復尚書省上梁文……再涓吉地，爰築新基……左帶鳳池之水，右瞻鰲冠之峯。

日下舊聞考六四　元之翰林國史院，屢經遷徙，至順間賜居北中書省舊署，析津志稱院內古木繁陰，蔚然森越者是也，自後遂爲定制，其地在鳳池坊北，鐘樓之西，鐘樓又在中心閣西，俱見析津志，按中心閣址爲今之鼓樓，則元之翰林院在今鼓樓迤西。　又析津志侍儀司署在都省之東，水門之西，南倉之前，今按都省即元之中書省，以尚書省改設，所謂南省也。　南倉即元之太倉，亦見析津志，其跡雖皆不可考，而以金水河水門按之，元時署在其西，今則當其西北，蓋明時展築南城，水門遂徙而南，而署廨之縈帶玉河，則自元迄今未改也。

宋永思陵平面及石藏子之初步研究

陳仲篪

自秦始皇營驪山，窮極奢巧，後世帝王鑑於發掘之禍，懍焉而思儉觳，然崇墳厚葬，累世相沿，未能盡除，故陵寢建築亦占我國營造史中極重要之一部。第歷代園陵規制，史籍所載，大抵羅列典禮事例，其於建築語焉不詳，而遺蹟所示，亦僅明清二朝，太半完整，自宋以前，幾經變遷，存者唯土石工之一部耳。獨周必大思陵錄所收宋高宗永思陵修奉文件，述是陵建築異常詳盡，爲自來公私記載所不易多覯。且考趙宋自南渡以後，偏安江左，物力蹇困，凡所設施，未能悉遵舊規，故諸帝欑宮雖大體遵奉唐以來上下宮制度，但亦參酌時宜，廢象生神牆及方上陵臺，而藏梓宮於上宮獻殿之後，爲龜頭屋覆之，自是以後，遂有明清方城明樓之制，故南宋欑宮，實爲我國近代陵制變遷之樞紐，治建築史者，不能以其規模狹陋而忽視之也。爰就見聞所及，考證羣書，先求其平面配置之概狀，及龜頭皇堂石藏子之結構法，爲初步之介紹。至於大木間架裝修彩畫，則因是陵建於孝宗淳熙十五年公元一一八八上距營造法式成書閱時八十餘載，所用術語，已不與是書全合，而原書訛奪處亦復不少，如柱欑之誤柱置，飛子之誤扉子，其例頗多，故其結構詳狀，尚未能渙然冰釋，一一勒爲圖式也。倘冀海內同氣，更爲進一步之研究，則幸甚矣。

一　思陵錄概要

思陵錄二卷，附刻於周益國文忠集中。益國乃宋周必大之封爵，文忠其謚也。按必大廬陵人，高宗紹興二十年進士，中博學宏詞，受知孝宗，淳熙十四年二月拜右丞相。十月，高宗崩，翌年三月葬永思陵，以必大權太傅，持節護梓宮，進封濟國公。紹熙元年，光宗卽位，降觀文殿大學士，判潭州，尋除禮泉觀使，遂投閑散。寧宗慶元間薨，贈太師，謚文忠。史稱其由詞臣躋位二府，誠篤忠厚，善導其君，著書八十一種，有平園集二百卷云。

36144

必大之著作，據通行本張敦仁彭邦疇王贈芳歐陽棨諸人之序，知其初集名省齋文稿續集乃稱平園，而文獻通考作周益國公集；顏氏彙刻書目謂之周益國公大全集，自宋以來，其著錄不同蓋已如此。至是書刊行始末見於諸序者，係歐陽棨集張古餘舊藏本及王霞久內府皮閣本，彭氏知聖道齋本翰林院本參互鈎稽訂譌補闕始克成書，故周氏遺書之獲流傳今日，實以歐陽之力居多也。

思陵錄爲集中雜著述之一，清徐乾學讀禮通考嘗徵引之，此外未見單行本行世。書中所紀，始自淳熙十四年八月止於十六年二月，以日繫事，所謂排日文字是也。其中偶涉宣召奏對及使金佚聞，然於高宗崩御與欑宮奉安經過，必大皆身預其役，敍述特詳，故以思陵錄名之。考宋代陵寢之名，自太祖以下，例冠「永」字，但私家筆乘間亦略去，此書亦其一例，未足詬病也。

書中所紀之永思陵建築，係轉錄當時官署文牒，未曾擅易改削，爲史料中最足寶貴之原料，故文中所紀各作做法及尺度術語，與元符間李明仲所修營造法式符合者，猶半數以上，而上宮皇堂龜頭制度與神牆坯牆杈笆椽等，且足補李書之缺，其足珍異，顧當何如。

原書所收永思陵修奉文件，計修奉使司交割上下宮及查驗上宮皇堂石藏照會各一件，共三千五百餘言，轉載篇末，以供參考。

二　永思陵平面配置之推測

宋代陵寢，依其分布狀態，蓋可別爲三區：曰保定，曰鞏縣，曰會稽。在保定者，爲僖祖欽陵，順祖康陵，翼祖靖陵，皆開國後追建者。鞏縣有太祖太宗以下諸帝后之陵，及乾德間徙建之宣祖安陵，在宋陵中規模最爲宏巨。其次則爲南渡諸帝之陵，權厝於會稽寶山，稱爲「欑宮」，所以示異日恢復中原歸葬鞏洛也。然考欑宮制度見於思陵錄者，方之鞏縣諸陵，雖大小殊懸，不可同日而語，但除象生陵臺數者外，其上下二宮猶能具體而微，遵奉唐與北宋以來之舊法，故本文於敘述永思陵之前，應介紹北宋諸陵之概狀，

甲　北宋陵平面

宋代陵寢兆域，悉圍以竹籬，謂之「籬寨」，而籬寨復有內外之別。外籬在前，建有神御殿及附屬建築，因位於山陵之下，稱爲「下宮」。考下宮之名，據新唐書韋彤傳，似仿於唐太宗之昭陵注一，惟是陵下宮位於山下，距陵約十八里，見宋人游師雄所題昭陵圖，而北宋諸陵文獻實物，今日俱無徵考，不能求其地位所在，及與陵之相互關係矣。惟下宮所附之建築見於紀載者，有下

列數種：

(一)神御殿　神御殿係奉安御容之所，即漢原廟遺制也。宋史卷一百二十二禮志載太宗永昌陵『於陵所作殿以安御容朝暮上食四時致祭』雖未言屬於下宮之內，然據思陵錄上『二月……庚寅陰延和奏事呈修奉司乞將來遷懿節皇后御容往太上下宮日，拆去舊殿，初欲依予奏下宮前殿奉徽宗御容中殿設三后於龕，當時祔懿節於後殿，將來不若徹去鴟吻之類留以奉安册寶之屬免動工作似亦無歉上以爲然』則下宮內建有神御殿，毫無疑義。

(二)齋宮　宋史眞宗紀載『景德二年……置諸陵齋宮』同書禮志復載濮安懿王園寢有齋院，均與永思陵下宮之換衣廳同一性質，故知北宋陵之齋宮應在下宮左近。

(三)東西序　宋史禮志『陪葬皇子皇孫及未出閣之公主蚤亡者各設位次諸陵下宮之東序。』云東序，必有西序。

(四)神廚庫屋　宋史濮安懿王園寢條，載有神廚，以此推諸陵亦必如是。又宋會要『皇祐二年七月二十四日，詔更造諸陵祭器于陵所置庫貯之』，殆指後者言也。

(五)公宇　宋會要『大中祥符八年詔……三陵副使都監公宇並在下宮內，屢不禁火，可移于宮外。』按公宇乃都監之官署，本文所述永思陵奉使房或其遺制也。

上舉數例，率皆可信，此外見於思陵錄者，尚有綽楔門，欞星門，神遊亭數種，惜無旁證，未能推北宋下宮亦如是耳。

外籬之後爲內籬，其範圍包括石象生，獻殿，陵臺，謂之上宮。　上宮者陵之主體，其規制見於宋史禮志者，如

安陵宣祖陵在鞏縣……陵臺三層，正方，每面長九十尺。　南神門至乳臺，乳臺至鵲臺，皆九十五步。　乳臺高二十五尺。　鵲臺增四尺。　神牆高九尺五寸，環四百六十步，各置神門角闕。

又宋會要：

康陵順祖陵在保定　比安陵減省，神牆四面各長七十五步。　四神門。　南神門外至乳臺四十五步。　乳臺至鵲臺五十五步。　……四神門外各設獅子二。　南神門外宮人二，文武官各二，石羊，石虎各四，石馬各二，并控馬者，望柱石二。

不特帝陵如此，鞏縣后陵，亦莫不皆然，宋史禮志謂

太祖孝明孝惠二后……陵臺再成，四面各長七十五尺。　神牆高七尺五寸，四面各長六十五步。　南神門至乳臺四十五步，高二丈三尺。

太祖皇后宋氏……神牆，乳臺，鵲臺，並如孝明園陵制度。

眞宗明肅皇后……神牆高七尺五寸，四面各長六十五步。　乳臺高一丈九尺，至南神門四

十五步。鵲臺高二丈三尺至乳臺四十五步。

以上所舉之史料雖敘述方法由內及外，然逆而推之，可知北宋上宮之平面，係於南端建有鵲臺，次乳臺，次象生，次神牆，每面各闢一門，門內更爲正方形之陵臺，其下卽帝后埋骨所也。今以遺物證之，亦能大體吻合，如關野貞西遊雜記所載鞏縣太宗永熙陵平面圖（插圖一），陵之南端，有鵲臺故址（注二）夾峙陵道左右，峨峨然若漢墓之雙闕。次乳臺二，位於鵲臺之北約一百八十餘公尺。自此以北，陵道兩側，排列石象生，計有望柱，象，馬，貘，虎，羊，獅，與文武臣共四十餘軀。再次南神門遺址二，位於象生之後，而門之東西北三面，復有門址及石獅，四隅又有角闕，知舊日門與角闕之間，原構有神牆，每面約長二百十餘公尺。神牆之內，中央築陵臺，方五十餘公尺，較宋史禮志所載二百五十尺略小。臺之外觀，關野謂爲方錐體而截去其頂，亦與宋史帝陵三成后陵二成之說不符。殆諸陵經金人發掘後，迭經變遷，非復原狀矣。

宋太宗永熙陵平面圖

陵台

①鵲台 ②乳台 ③華表 ④象 ⑤龍馬 ⑥貘 ⑦馬及羊 ⑧虎 ⑨羊 ⑩人 ⑪文石 ⑫獅 ⑬武石 ⑭文石 ⑮神門 ⑯角台

10 0 50 100公尺

插圖一

不僅是也，宋陵之鵲臺乳臺角闕等今日雖僅存荒土一坯，然稽之載籍，其上固有木構之建築，巍然與城闕無異，如

(一)宋會要『大中祥符五年十月，三陵副使言山門角闕乳臺鵲臺勾欄損腐，宜用柏木製換，帝以用木爲之不久，命悉以磚代之。』

(二)宋史神宗紀『熙寧六年二月丙申，永昌陵上宮東門火。』

(三)宋史五行志『熙寧六年二月丙申，永昌陵上宮火燔東城門。』

依建築常例言之，第(一)條所述臺闕上之勾欄既爲木造，則欄下平座與欄以內之建築亦必爲木構物無疑。證以(二)(三)兩條，其事益足徵信。又(二)(三)所紀年代相同，則所謂『上宮東門』與『上宮……東城門』實同爲一物，今依遺蹟推之，殆卽神牆之東神門也。故疑神牆以內乃上宮之本體，其外或再周以竹籬，包前部象生於內，若唐陵之有周垣二重也。

雖然，上述北宋陵寢建築位於地面上者，其規制實導源於漢唐二代，非趙宋所創也。蓋漢之『方上』卽爲方形層疊之狀（注三），與宋之『陵臺』初無二致（插圖二）；而方上之外，繚以陵垣一重或二重，自漢迄唐，俱皆如

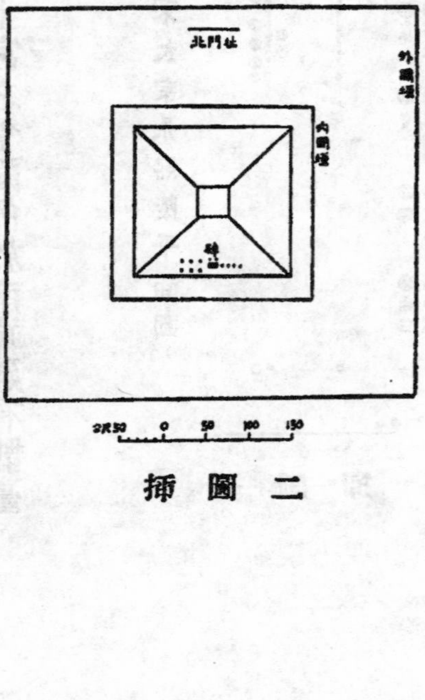

漢宣帝杜陵平面圖

插圖二

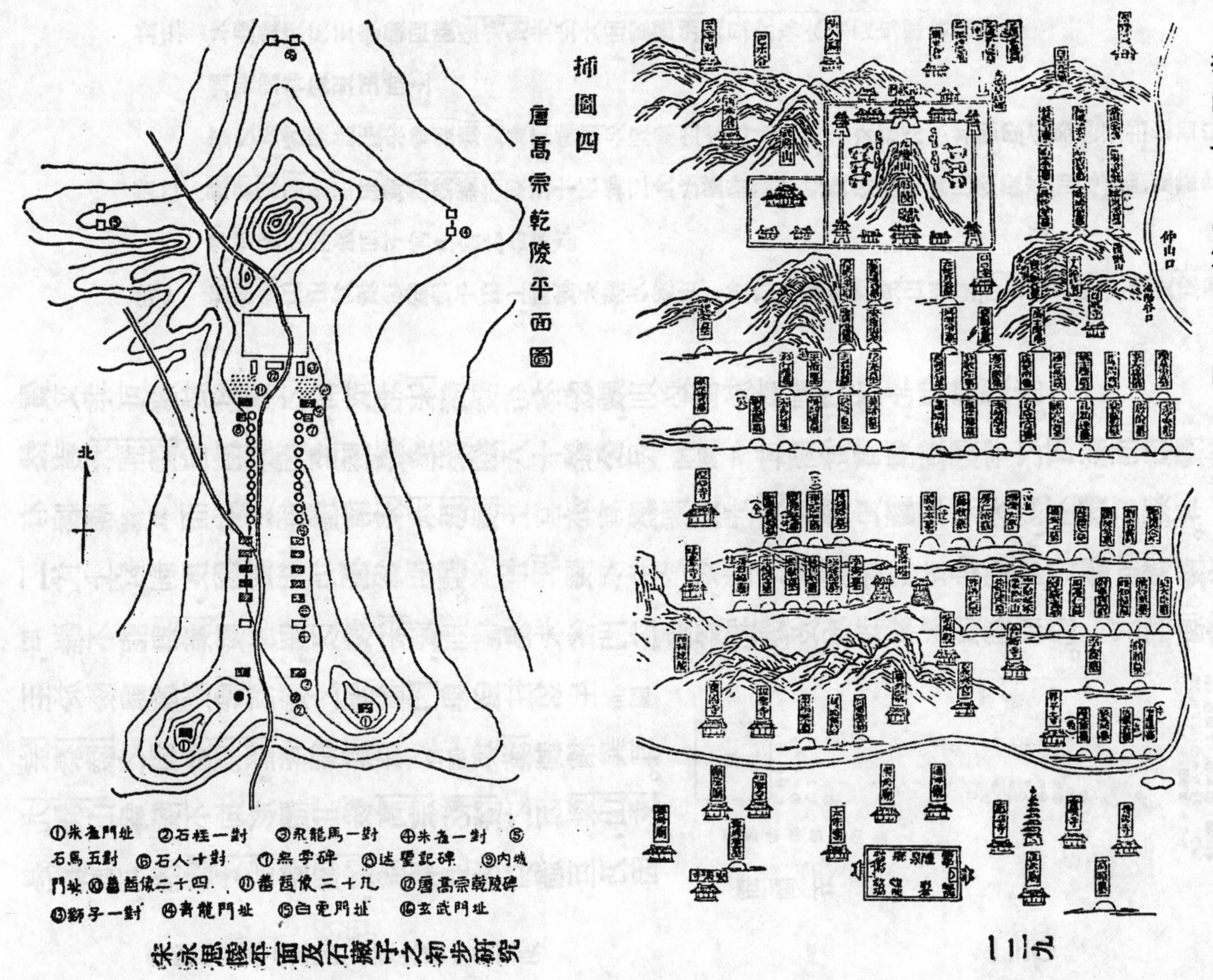

插圖三　唐太宗昭陵圖

插圖四　唐高宗乾陵平面圖

是插圖三，惟唐太宗營昭陵，慮累土之功過巨，乃因九嵕山爲陵，不拘形體，其後高宗乾陵之因梁山，玄宗泰陵之因金粟堆，皆循其法注四，與漢制稍異耳。至於陵前施設，唐乾陵之朱雀門與望柱象生插圖四，雖不能與漢陵對照，以較宋陵，則僅易朱雀門之名爲乳臺，及增改象生數種而已。足證唐宋二代上宮制度，因襲相仍，極爲明顯。　惟唐陵象生之後，建有獻殿插圖四五，供朔晡日祭，如漢陵之有寢廟注五，而本文所述南宋永思陵上宮亦有獻殿，獨北宋諸陵，史籍缺而未載，不無可疑耳。然考永熙陵自南神門至陵臺，進深約八十餘公尺插圖一，其間實有建造殿宇之可能，而獻殿性質，又非可建於乳臺之前，故北宋諸陵苟有獻殿，則必位於南神門之北，似無疑也。

插圖五

唐德宗崇陵平面圖

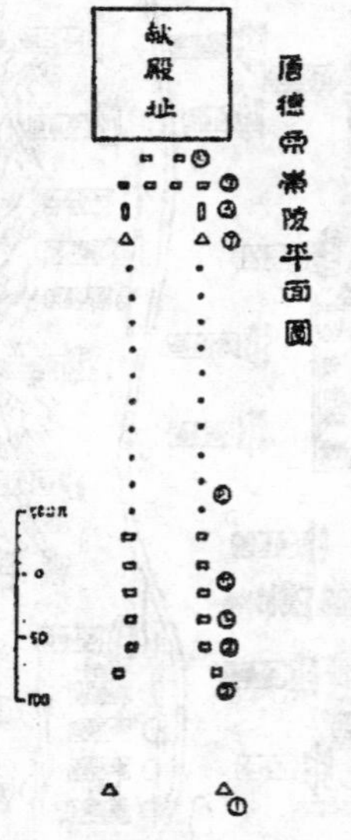
獻殿址
0
50
100
①門址
③石馬
⑤石馬三對
⑥石人十對
⑦門址
⑧獅子
⑨礎石
⑩石碑

注一　唐昭陵因山爲墳，建獻殿于山上，嗣被火爇，乃移山下，後復舊基，還宮於山巔，見新唐書韋彤傳及文獻通考、冊府元龜，殆即下宮上宮之由來也。

注二　關野貞西遊雜記載建築雜誌第三十四輯三九七號，惟圖中誤神牆之南神門爲鵲臺，而以神門置諸乳臺之外，實與前引宋會要康陵條南神門外列象生之紀載不符，本文雖引用其圖，但於名物簽注未便以訛傳訛，特爲更正如上。

注三　本社彙刊第三卷第四期劉敦楨先生大壯室筆記，及足立喜六長安史蹟考第五章。

注四　長安志圖卷中昭陵圖說。

注五　三輔皇圖卷五，後漢書卷二明帝紀注及新唐書卷十四禮樂志。

乙　永思陵平面

永思陵建於孝宗淳熙十四年公元一一八七冬至翌年春季落成，上距建炎南渡，蓋閱時六十載矣。

前乎此者，有哲宗昭慈皇后孟氏崩於紹興元年公元一一三一其時金人南侵，高宗方避地越州今浙江紹興宋室危亡，不可終日，乃權殯於會稽上亭鄉注六，是爲南宋欑宮之始。十二年，金人歸徽宗與顯肅后之柩，葬於昭慈西北，稱永祐陵，而高宗懿節后之柩，亦同時南歸，欑於昭慈之西。二十九年，徽宗顯仁皇后崩，復祔於永祐之西注七。此數者規制爲永思陵淵源所自，自無疑義，惟今日文獻無徵，蔑由案證，僅知舊下宮分前後殿，至顯仁乃更築前殿，合而爲三注八，及四隅以內禁地回環，不啻二十里也注七。

迨淳熙末年，復有永思陵之建。陵之規模及間架尺寸，與彩畫瓦飾材料，見於思陵錄所載修奉使司交割勘驗文件者，異常詳密附錄，足讅是文確出自將作匠官之手，惜上下宮距離，與各建築之方位，略而未言，不無遺憾。然察原文順序，以上宮爲首，下宮次之，而上宮又首述主要門

36153

殿，然後漸及附屬建築，似其敘述層次，係由內推及於外，惟下宮次序，則稍爲凌亂，不悉與此原則吻合耳。茲參酌北宋及明清實例，自下宮起，由外至內，推測其平面配置如次：

【壹】下宮

(一)外籬門：　下宮外部，周以竹籬，有籬寨之稱，故宮之南端，應以外籬門爲起點。　又籬寨東西二面，復有竹籬門各一座，殆其旁門也。

(二)欞星門：　欞星門之名，明清二代陵寢猶沿用之，惟清匠間稱爲龍鳳門耳。　其位置宜在外籬門之內。

(三)圍牆：　原文『周迴白灰圍牆長一百三丈六尺，上用杙笆椽』，極似籬門之內，復有圍牆一重，其中始爲殿門及前後殿也。

(四)殿門：　下宮前後殿之正門也。　面闊三間，左右復施挾屋各一間。

(五)前殿：　前殿爲下宮之主要建築，位於殿門之北，面闊三間。

(六)後殿：　在前殿之北，面闊三間，左右挾屋各一間。

(七)東西廊：　東西廊各十八間，疑自殿門起，折而北趨至後殿左右，與東西挾屋銜接，而包前殿於中央。　此項推測，苟非誣妄，則其配置方法，與是書所載臨安慈福宮極相類似，足徵南宋陵寢之下宮，採用普通宮殿之平面，與唐以來廊院制度無以異也。

如上所述，下宮之構成，係以前後殿與殿門廻廊爲主體，其外周以圍牆一重，再外復以竹籬繞之。

至於前文所載之火窰子，疑即明淸之燎爐（俗云焚帛爐）位於殿門之內，前殿之前，惟永思陵火窰子僅一座，未諳建於門內東側抑西側，則無由懸擬矣。 又以明淸之例推之，換衣廳殆即淸之具服殿，應位於外籬門內神道之東側；神廚庫屋則當分列於殿門外東西兩側（注九），而神遊亭奉使房棹楔門廟子鋪屋等，俱應建於外籬門與殿門之間，惜原文簡略過甚，無術求其配列之狀也。 又過道門四處，疑屬於前述白灰圍牆。

【貳】上宮

（一）外籬門 與下宮同。

（二）鵲臺及紅灰牆 外籬內有紅灰牆，周廻六十三丈五尺，壘砌鵲臺二堵。 以北宋諸陵推之，鵲臺之位置應在陵之南面，而紅灰牆殆與鵲臺聯屬，與北宋神牆同性質者也。

（三）殿門 面闊三間，無東西挾屋，惟各間面闊較下宮殿門稍大耳。

（四）火窰子 疑在殿門內。

（五）獻殿及龜頭 殿面闊三間，爲上宮之主體，其

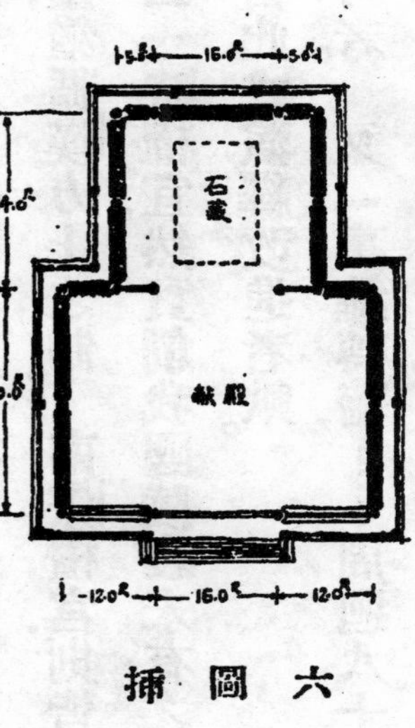

上宮獻殿龜頭平面想像圖

挿圖六

後附龜頭三間，設皇堂石藏子置梓宮於內。殿外繞以磚砌之堵，施勾欄十七間，正面設踏道。按北宋諸陵皆於玄宮之上壘土爲陵臺，猶循漢方上之制。南宋欑宮則皆權厝於上宮正殿之後，爲龜頭屋覆之（插圖六），雖云一時權宜，然實創我國陵寢未有之局也。意者明清二代寶頂之前建方城明樓，卽自此式演繹改進者歟。

此外南北櫺星門二座，與土地廟巡鋪屋之位置俱無可考。又『裏籬磚牆……周迴八十七丈』是否位於外籬與紅灰牆之間，抑自殿門起包獻殿龜頭於內，亦屬不明。

綜觀南宋諸欑宮之配置，異於鞏縣諸陵者，約可有五端：

（一）諸陵玄宮附於上宮獻殿之後，以龜頭覆之，無陵臺，實符『欑宮』之義。

（二）無神牆及四出門。

（三）無象生。

（四）無乳臺。

（五）下宮門殿及東西廊之配置，與普通宮殿無異。

注六 宋史卷一百二十三禮志：『哲宗昭慈聖獻皇后孟氏紹興元年四月崩，遺詔……擇近地權殯，俟息兵歸葬園陵，梓取周身，勿拘舊制，以爲他日奉遷之便。六月殯於會稽上亭鄉，欑宮方百步』。又王明清揮塵前錄：

『紹興元年遭昭慈皇后之喪，朝論欲建山陵，曾公卷謂帝后陵寢今存伊洛，不日復中原，即歸祔矣，宜以攢宮爲名，僉以爲當。』

注七　宋李心傳建炎以來朝野雜記甲集卷二『昭慈攢宮方百步……永佑陵在昭慈攢宮西北五十步，用地二百二十畝。……顯仁皇后攢宮在顯肅攢宮之西十九步，二攢宮舊未有禁地，顯仁既葬，始立四隅，以二十里爲禁域，凡民居坵墓皆遷之。』

注八　清畢沅續資治通鑑卷一三三『紹興二十九年十一月丙午，顯仁攢宮掩攢宮在永祐陵之西，去顯肅攢宮十九步，舊下宮分前後殿，至是更築前殿，以奉徽宗。……』

注九　本刊第四卷第二期劉敦楨先生明長陵。又第五卷第三期易縣清西陵。

三　皇堂石藏子

我國歷代陵寢今日尙未全數發掘，殊難爲系統之論述，然就已知者言之，近歲河南北部發見之周代壙墓四面皆闢隧道，與漢舊儀所載之漢陵設四通羨門容大車六馬者注十竟能一致。此外秦漢以來陵寢見於載籍者，其玄宮爲室非一注十一，羨門亦非一重注十二，然北宋諸陵之皇堂，則除隧道羨門外注十三，其玄宮平面，宋史禮志僅記其方廣尺度，有無複室無從徵考。至其玄宮之結構，據程頤代富弼上神宗疏，謂仁宗永昭陵，以巨木架石爲之，屋壙中又爲鐵罩，洎厚陵英宗陵始爲石藏。　演繁露亦謂英廟皇堂，神宗慮木久遠必朽，朽必壓，故專令卷石爲槨，起自地上。蓋自唐開元纂修禮書，以國恤一章爲豫凶事，刪而去之，宋代遇事捃摭，墜殘茫無所据，注十四故北宋初期之玄宮，竟不知卷石爲券，而以木梁覆其頂部，如近歲發掘之洛陽周末韓君墓，及樂浪漢墓，殊出人意料外也。

南宋欑宮原係權厝性質，不設隧道羨門，以爲異日遷葬之便，故其玄室祗爲長方形之石室一間，外周石壁一重而已。　其後因江浙地卑土濕，復增外壁一重，二壁之間，以膠土打築，見宋會要永思陵條：

十二月十八日，欑宮修奉司言：『欑宮石藏，利害至重，二浙土薄地卑，易爲見水，若不措置，深恐未便，謹別彩畫石藏子圖一本，兼照得離廂壁石藏外五尺，別置石壁一重，中間用膠土打築，與石藏一平，雖工力倍增，恐可禦濕，』從之。

所謂『別置石壁一重』者，殆卽修奉使司文件所舉之擗土石也。　惟察其文意，此外壁似創於永思陵，而爲永祐陵諸欑宮所未有也。

石壁之中，據思陵錄淳熙十五年三月戊午記事，先置外槨，次納梓宮於內，覆以天盤囊網，然後加盖柏木枋，仍與北宋仁宗諸陵，初無二致，惟因厝埋室內，無風雨摧殘之故，枋上之土，竟不盈尺。其文如次：

皇堂初開穴南北長三丈七尺六寸，東西闊三丈二尺，深九尺。所用高七尺一寸，闊五尺五寸。納梓宮於中，覆以天盤囊網，乃用青石為壓欄，次鋪承重柏木枋二十餘條，次鋪白氈二重，次鋪竹簽。然後用青石條掩攢訖，上用香土二寸，客土六寸。然後以方磚砌地，其實土不及尺耳。

上文中之天盤囊網，又見於宋會要所載孝宗詔書：

皇堂內槨令有司用沙板隨宜修製，俟將來掩皇堂時，先下槨底板，俟進梓宮於槨底板上定正訖，然後下槨身，次將天盤囊網於槨上安設。

以意度之，殆與仁宗永昭陵之鐵罩同性質之物，惟是陵鐵罩加於木架之上，而天盤囊網則在柏木枋下，仍不符合，因此存疑，未能決定。茲依修奉文件所述之結構，逐項申述如次：

(一)底版石　卽石藏之基礎插圖七，殆因石藏重量較輕之故，祇用石一重，厚八寸，其下亦無柏木椿。

(二)攦土石壁　卽石藏之外壁，高五尺，厚二尺插圖七，用以防止潮濕者。

(三)膠土　塡築於攦土石壁之內，石廂壁之外，闊四尺四寸插圖七，如淸陵之背後土，惟其配合成分不明。

36159

(四)石廂壁

即石藏本身之石壁，高九尺，以二尺闊之石二重砌之，計厚四尺，插圖七，據下述蓋條石知北宋已有此制，殆即清式之平水金剛牆也。 在平面上，壁內之石室南北長一丈六尺二寸，東西闊一丈零六寸，納外椁及梓宮於內。

(五)壓欄石

亦謂之子口石，寬一尺九寸五分，砌於石廂壁之上，而自壁面收進八寸，以便擱置柏木枋插圖七。石厚八寸，恰與柏木枋之厚相等。

(六)柏木枋白氈竹篾

柏木枋厚八寸，長一丈二尺二寸，排列方向取東西向，故其兩端

宋高宗永思陵石藏圖

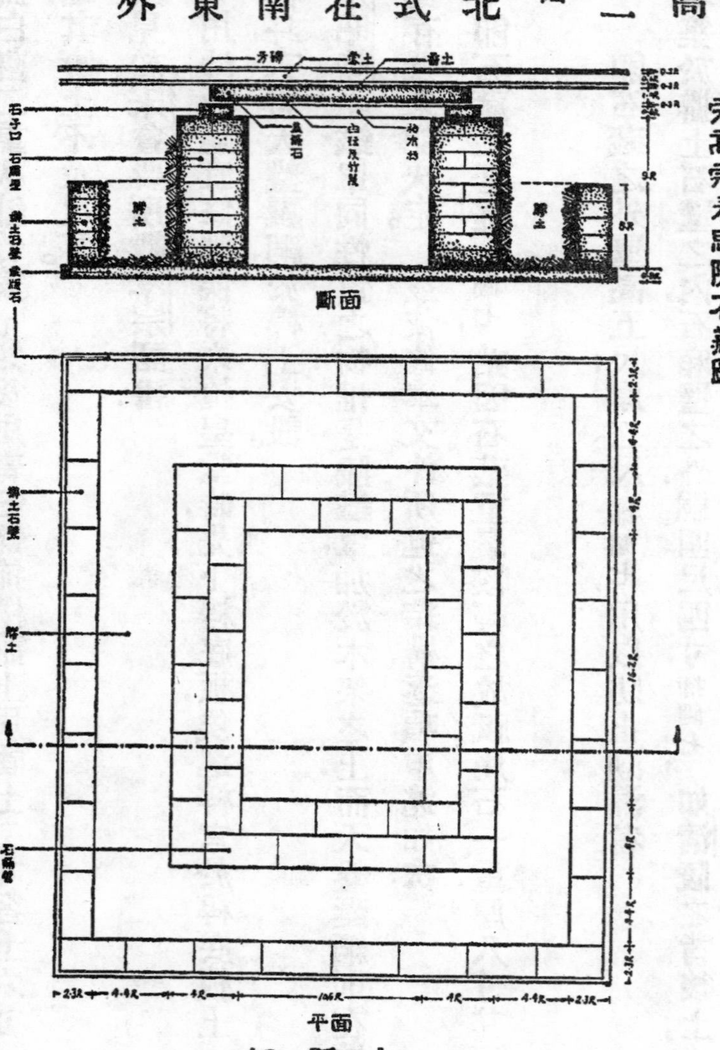

插圖七

擱於石廂壁上者尙各有八寸。其上鋪氈條二重，再鋪竹篾，共厚二寸（插圖七）。考儀禮既夕禮：

折橫覆之抗木橫三縮二加抗席三加茵用疏布緇翦有幅亦縮二橫三。

鄭氏注云：「折方鑿連木爲之蓋如床而縮者三橫者五無簀窆事畢加之壙上以承抗席。」又云：「抗禦也所以禦止土者其橫與縮各足掩壙。」「席所以禦濕。」「茵所以藉棺。」賈氏疏各足掩壙之文曰：「以其壙口大小容棺而已今抗木亦足掩壙口也。」今按永思陵之柏木枋施於石藏之上適足掩壙口然則卽儀禮所稱之抗木而白氈竹篾則爲席之遺制也。

（七）蓋條石　置於白氈竹篾之上，各闊二尺，厚一尺，長一丈五尺，以石藏之闊度推之，排列方向殆取東西向也（插圖七）。按程頤代富弼上神宗疏云：

永昭陵（仁宗陵）以巨木架石爲之屋，……壙中又爲鐵罩，重且萬斤，以木爲骨，大止數寸，……厚陵（英宗陵）始爲石藏，……今也，……奉太皇太后合祔昭陵，因得撤去鐵罩，用厚陵石藏之制。

又演繁露曰：

英廟皇堂壘石爲壁，積材木於上，以卷石覆之，神宗以材木有時而朽，則卷石必墜於梓宮，不便，更令就地爲石槨。……總管張若水恐穿地墜陷四壁，乃請於平地壘石爲槨，……仍於其上布方木及蓋條石。

據此可知北宋皇堂之結構，先於英宗永厚陵者，僅一重石壁，架木枋，覆鐵帳，帳上再鋪方木，蓋卷石，故石有隨時墜陷之可能。自英宗永厚陵，始撤去鐵帳，於壁內就平地發券為石槨，壁高於槨，故仍於壁上架方木，覆蓋石。然則永思陵石藏之廂壁柏木枋蓋條石諸制，仍襲北宋舊法，惟不發券，廣狹亦不同，是其異點耳。

（八）香土客土　即古複土之意，惟因處於室內之故，其厚實不及尺插圖七。

（九）方磚　敷於客土之上，即殿內墁地之磚也插圖七。

（十）鐵鼓卯及灌鉛錫　鐵鼓卯即今之鋦子，嵌於石縫之間，供聯絡之用。其施工法，先鑿石如鼓卯狀，塡鼓卯其內，灌以鉛液，以期穩固，其法並見營造法式卷三注十五，惟唐時似已有此法注十六，至清代營陵，以油石灰代之注十七，古法浸失傳矣。

綜合上述，足證南宋欑宮石藏，雖規模狹陋，而其結構法仍大體遵守北宋舊規也。

注十　後漢書禮儀志注引漢舊儀：『方中占地一頃，……其設四通羨門，容大車六馬，皆藏之內』。

注十一　帝王世紀『漢獻帝禪陵不起墳，深五丈，前堂方一丈八尺，後堂方一丈五尺，角廣六尺』。

又見本刊第三卷四期劉敦楨先生大壯室筆記。

五代史溫韜傳：『韜爲節度使，在鎭七年，唐陵在境者悉發掘之，取其所藏金寶，而昭陵最固，韜從埏道下見宮室制度宏麗，不異人間，中為正寢，東西廂列石床。』

注十二　史記秦始皇本紀『已藏閉中羨下外羨門盡閉工匠藏者無復出。』

文獻通考：『昭陵因九嵕峰鑿山南面深七十五尺為元宮……後有五重石門。』

注十三　演繁露：『英廟山陵，……梓宮入降隧道，升石槨西首，……閡石門出築合隧道。』

注十四　惠士奇禮說：『熙寧初判太常寺章衡建言自唐開元纂修禮書，以國恤一章為豫凶事刪而去之，故不幸遇事，則掇拾墜殘，茫無所据。』

注十五　營造法式卷三卷輦水窗：『……如騎河者每段用熟鐵鼓卯二枚，仍以錫灌。』

注十六　通典，『神龍元年十二月，將合葬則天皇后於乾陵，給事中嚴善思上表曰……開乾陵元宮，其門以石塞閉，其石縫鑄鐵以固其中。』

注十七　本刊第五卷第三期劉敦楨先生易縣清西陵。

四　附錄

甲

聖神武文憲孝皇帝永思陵攢宮修奉使司據都壕寨官符思永申據修奉監修申契勘依奉聖旨指揮修奉永思陵攢宮今據諸作合干人都壕寨于慶等狀申開具造到上下宮殿宇門廊間架安卓等下項並於三月十二日一切畢工伏乞移文所屬交割施行候指揮右所據申到在前伏乞備申修奉使司取候指揮交割施行申候指揮本司尋牒都壕寨官吏更切子細契勘如

今來所具到數目別無差漏即一面交割施行去後續據監修官入內內侍省內侍殿頭楊榮顯等申並已交割付永思陵攢宮司及守到本宮交割訖公文入案申乞照會

一上宮

殿一座三間六椽入深三丈心間闊一丈六尺兩次間各闊一丈二尺幷龜頭一座三間入深二丈四尺心間闊一丈六尺兩次間各闊五尺並四鋪下昂柱頭骨朶子月梁栿絞單栱屛風柱五寸二分五釐材徹脊明圓椽順板內龜頭連簷四椽月梁栿五寸二分五釐材圓椽厦板兩轉出角四入角飛子白板下簷平柱高一丈二尺柱置在內頭頂並係丹粉赤白裝造法紅油造柱木周廻避風簷共一百二十扇並勾欄子一十七間並係碧紅刷油造及陛內出線小絞子共三十八扇係朱紅漆造黃紗糊飾安釘鍮石葉段事件頭頂鋪釘竹笆瓪板瓦結瓦行壠幷安鴟吻周廻山斜額道壁子並紅灰泥飾方磚鋪砌地面中城磚壘砌增頭高三尺幷砌周廻散水面南墁地白石壓欄石碇踏道角石角柱幷引手勾欄子望柱覆蓮柱頭獅子

龜頭皇堂石藏子一座裏明南北長一丈六尺二寸東西闊一丈六寸白石箱壁二重共厚四尺擗土石一重厚一尺深九尺上用青石壓欄一重厚八寸鋪承重柏木枋子二十二條上鋪白氈二重安砌蓋條青石十條高一尺打築鋪砌磚土共厚一尺通深一丈二尺箱壁石用鐵古字並鉛錫澆灌

殿門一座三間四椽入深二丈心間闊一丈六尺兩次間各闊一丈二尺四鋪下昂絞栔頭柱頭骨朶子分心柱四寸五分材月梁栿徹脊明圓椽順板飛子白板直廢造下簷平柱高一丈二尺柱置在內頭頂丹粉赤白裝造碧紅油造柱木硬門三合額頰地栿門關鐵鵞臺桶子黑油浮漚釘葉段門鈸頭頂鋪釘竹笆瓪板瓦結瓦行壠安鴟吻周廻山斜額道壁落紅灰泥飾土坯壘砌兩山牆紅灰泥飾中城磚鋪砌地面壘砌增頭高二尺五寸並砌散水白石壓欄石碇幷前後踏道及安砌面南白石墁地

火窯子一座作二三疊澁腰花坐頭頂顯柱頭斗口跳骨朶子中城磚幷條磚飛放簷槽小瓪板瓦結瓦行壠幷三壁捲摮門子

磚窗裏用鐵索幷丹粉赤白裝造

殿前中城磚六攢壘砌水綱四座幷設坐水大桶二隻提水桶一十隻幷洒子

櫺星門南北共二座柱頭上各安閥閱幷各安門二扇肘葉門鈸桶子全幷石門砧及礬紅油造柱木門戶

外籬門一座安卓門二扇並礬紅刷油造柱木幷門及兩壁札縛打立實竹籬二十餘丈並立籬健石

紅灰牆周廻長六十三丈五尺止用杙笆椽鋪釘竹笆甋板瓦結瓦行壠礬紅刷造杙笆椽紅灰泥飾園牆下脚用銀錠磚壘砌

隔減幷中城磚壘砌鵲臺二堵

裏籬磚牆係中城磚繞簷壘砌周廻長八十七丈止用甋板瓦結瓦行壠

東壁隔截磚牆係中城磚繞簷壘砌長四十丈

土地廟一座幷龜頭一間頭頂幷係丹粉赤白裝造礬紅油造柱木等白灰泥飾壁落並仰塈中城磚砌地面並階頭中板瓦結瓦行壠並面南西壁壘砌火窨子一座土地神像共七尊黑漆供床一張

巡鋪屋牆裏外共四間並白灰泥飾壁落中板瓦結瓦行礬紅刷油造柱木立榯地栿並周廻簷槽並磚砌水缸四座

條磚砂堦東西路道闊四丈長四十尺

一下宮

殿門一座三間四椽入深二丈各間闊一丈四尺重斗口跳身內單栱方直栿徹脊明圓椽順板飛子白板分心柱直廢造下簷平柱高一丈四尺柱𥥛在內頭頂丹粉赤白裝造法紅油造柱木並軟硬門二合及頰額地栿門關等並黃油浮漚釘及門鈸肘葉鴟蔓桶子頭頂鋪釘竹笆甋板瓦結瓦行壠並鴟吻及周廻額道山斜壁子並紅灰造作幷土坯壘砌兩山牆紅灰泥飾中城磚鋪砌地面並堦頭高二尺並砌散水及安砌白石壓欄石碇並前後踏道

火窰子一座下作二三疊澁腰花坐頭頂顯柱頭斗口跳背枈子中城磚並條磚飛放簷槽小瓪板瓦結瓦行壠三壁捲桊門子磚窗裏用鐵索及用丹粉赤白裝造

前後殿二座各三間六椽入深三丈各間闊一丈四尺四鋪捲頭脛內絞單栱攀間心間前栿項柱兩山棷欞柱徹脊明五寸二分五䉼材圓椽順板飛子白板柱頭背枈子直廢造下簷平柱高一丈一尺柱櫍在內頭頂並係丹粉赤白裝造法紅油造柱木並板壁二十四扇朱紅漆造出線小絞隔子四十扇黃紗糊飾安釘鍮石葉段事件並礬紅油造避風簽八十扇並勾欄子八間頭頂鋪釘竹笆瓪板瓦結瓦行壠並安鴟吻方磚砌地面中城磚壘砌堦頭高二尺五寸並打花側砌天井子甬路並兩壁路道及包砌水綱四座白石壓欄石碇並踏道二座引手勾欄子望柱覆蓮柱頭獅子

殿門東西兩挾各一間四椽入深二丈各間闊一丈六尺單斗直替方額混栿方椽硬簷下簷柱高八尺五寸柱置在內頭頂丹粉赤白裝造礬紅油造柱木黑油杈子二間頭頂鋪釘竹笆白灰仰塈中板瓦結瓦週迴壁落白灰泥飾並土坯壘砌坯牆用白灰泥飾中城磚鋪砌地面並堦高一尺五寸白石壓欄石碇

東西兩廊一十八間四椽入深一丈六尺各間闊一丈一尺下簷單斗直替方額混栿方椽硬簷造頭頂丹粉赤白裝造礬紅油造柱木中城磚鋪砌地面並砌堦頭高一尺五寸頭頂鋪釘竹笆白灰仰塈中板瓦結瓦白石壓欄石碇東西兩下簷並係土牆三十六間白灰泥飾

後殿東西兩挾各一間六椽入深三丈各間闊一丈六尺方額混栿方椽硬簷造頭頂並係丹粉赤白裝造礬紅油造柱木中城磚鋪砌地面土坯壘砌坯牆白灰泥飾頭頂鋪釘竹笆白灰仰塈白石壓欄石碇及中城磚砌堦頭高一尺五寸並案卓朱紅隔子八扇黃紗糊造鍮石葉段事件

櫺星門一座柱頭上安閥閱並安卓門二扇並係礬紅刷油造及釘肘葉門鈸鷀臺桶子並石門砧

外籬門一坐安卓門二扇並朁紅刷油造及安白石門砧

綽楔門一座安卓門二扇並朁紅油造

櫺星門裏中城磚包砌水綱四座

神厨五間四椽入深二丈各間闊一丈一尺單斗直替方額混枓方椽硬鶯心間安釘平暗椽板一間頭頂丹粉赤白裝造朁紅油造柱木直櫺窗白灰泥飾壁落中板瓦結瓦並壘砌鍋竈五事爐二隻白石壓欄石碇

神厨過廊三間並奉使房二間及香火房二間頭頂並丹粉赤白裝造朁紅油造柱木黑油直櫺窗頭頂鋪釘竹笆仰塈中板瓦結瓦行壠白灰泥飾周廻壁落中城磚砌地面白石壓欄石碇內香火房壘砌火窯子一座

潛火屋並庫屋四間頭頂鶯槽丹粉赤白裝造中板瓦結瓦行壠白灰泥飾壁落朁紅油造柱木門戶黑油直櫺窗中城磚壘砌階頭

換衣廳三間頭頂中板瓦結瓦鋪釘竹笆白灰仰塈並周廻壁落朁紅油柱木黑油直櫺窗槅子丹粉赤白裝造頭頂中城磚鋪砌地面並壘砌階頭白石壓欄石碇前後夾道

鋪屋圍牆裏外五間頭頂中板瓦結瓦白灰壁落朁紅刷造周廻鶯槽及朁紅油造柱木立精地栿中城磚壘砌階頭磚砌水綱五座

廟子一座並龜頭頂中板瓦結瓦行壠頭頂丹粉赤白裝造朁紅油造柱木白灰塈壁落中城磚砌地面幷階頭及踏道土地神像共七尊黑漆供床一張

神遊亭一座頭頂甋瓦結瓦行壠三面坐嵌勾欄子周廻擗簾杆挂箔並朁紅油造頭頂丹粉赤白裝飾方磚砌地面中城磚壘砌階頭並踏道一座及安白石基臺一副幷面南壘砌花臺一座長一丈八尺闊一丈五尺上安白石壓欄係白石望柱上擿黑

油方木檑子十五丈

過道門四門頭頂中板瓦結瓦白灰仰塈幷壁落丹粉赤白裝造碧紅油柱木

周廻白灰圍牆長一百三丈六尺上用杦笆椽中板瓦結瓦行壠碧紅刷造杦笆椽白灰泥飾

一上下宮東壁札縛打立實竹籬七十餘丈西壁展套夾籬一百餘丈

一上下宮諸處白石板安砌路道長一百八十餘丈

一上下宮東西兩壁各打實竹籬長二十九丈六尺幷竹籬門二座

右件如前謹具申尙書省伏乞照會謹狀

淳熙十五年三月日履正大夫昭慶軍承宣使入內內侍省副都知攢宮修奉鈐轄霍汝弼降授右武大夫榮州刺史殿前副指揮使攢宮修奉都轄郭棣

乙

聖神武文憲孝皇帝永思陵攢宮修奉司承按行使司牒勘會本司於今月十九日將帶太史局判局剋擇官詣攢宮按視得聖神武文憲孝皇帝攢宮塋城神穴並神園四正並依得元按標劄地段除已奏聞外請照會施行本司尋牒都壕寨官照應故例施行去後今據都壕寨官符思永申本司尋牒監修官施行去後據回申據都壕寨于慶等狀巳將神穴心榰土末起折訖又用底板石鋪砌了當今來所修永思陵皇堂四壁箱壁石各係二重共闊四尺膠土各闊四尺四寸掛十石一重係各厚一尺通共元開南北長三丈七尺六寸東西闊三丈二尺用石板安砌打築圓備其皇堂裏明深九尺長一丈六尺二寸闊一丈六寸椁長一丈二尺二寸高七尺一寸闊五尺五寸將來四壁若下神煞幷椁底及進梓宮次進椁身並安設天盤竅綱委得並無妨礙本

司保明是實申乞照會緣又據都壕寨官符思永申據監修官申尋勒合干人楊椿等開具皇堂丈尺並石段柏木枋等數目下項申乞照會

一皇堂開通長三丈七尺六寸通闊三丈二尺深九尺係裹明用撚土石五層周廻用一百六十段雙石頭各長四尺闊二尺厚一尺壘砌

一底板石三十段內六段各長一丈二尺闊三尺二寸二十四段各長四尺闊二尺五寸厚八寸

一石藏裹明長一丈六尺二寸闊一丈六寸深九尺係九層雙石頭各長四尺闊二尺厚一尺用三百二十四段壘砌並神穴心口已鋪砌了當用過石一段

一青石子口一十四段石藏上脣欄使用各闊一尺九寸五分厚八寸長短不等

一青石蓋條用一十條各長一丈五尺闊二尺厚一尺

一承重柏木枋二十二條闊狹不等折合闊一丈六尺二寸長一丈二尺二寸各厚八寸青石蓋條承重柏木枋並已安範閃試了當

一氈條鋪兩重長一丈六尺闊一丈二尺用八六白氈四領四六白氈八領兩重共約厚二寸

一掩攢訖皇堂上用香土二寸於香土上用客土六寸鋪襯訖用方磚鋪砌地面

右謹具申尚書省伏乞照會謹狀

淳熙十五年三月日具位如前

哲匠錄補遺目錄

營建類

漢 蕭何

後漢 馬憲

晉 桓溫 謝萬 婁翼

北魏 賈三德 綦母懷文

北齊 崔士順

隋 楊素 任力 慧達 閻毗

唐 梁孝仁 柳佺 楊務廉 毛順 王鉷 崔損

五代 張全義 智暉 趙忠義

宋 向拱 韓重贇 焦繼勳 王仁珪 李仁祚 丁謂 劉承規 劉文通 鄧守恩

林特 靑州卒 李虞卿 田諒 王令圓 劉拱 李良祐 喬達 李宏

智日 唐仲友 道詢

哲匠錄補遺

紫江朱啟鈐桂辛輯本
新寧劉敦楨士能校補

營建類

漢

蕭何

蕭何，沛豐人。楚漢之際，仕漢高祖為丞相，留守關中，營宗廟社稷。又疏龍首山，制未央前殿，及東闕，北闕，武庫，太倉，天祿，麒麟，石渠等閣，以壯麗稱。

史記卷五十三蕭相國世家　蕭相國何者沛豐人也……沛公為漢王以何為丞相……漢二年漢王與諸侯擊楚何守關中侍太子治櫟陽為法令約束立宗廟社稷宮室縣邑（并見漢書卷三十九本傳）

前書卷八高祖本紀　八年……蕭丞相營作未央宮立東闕北闕前殿武庫太倉高祖還見宮闕壯甚怒謂蕭何曰天下

匈匈苦戰數歲成敗未可知是何治宮室過度也蕭何曰天下方未定故可因遂就宮室且夫天子以四海爲家非壯麗無以重威且無令後世有以加也高祖乃說

漢書卷一下高帝紀　五年……後九月徙諸侯子關中治長樂宮　七年……二月至長安蕭何治未央宮立東闕北闕前殿武庫太倉上見其壯麗甚怒謂何曰天下匈匈勞苦數歲成敗未可知是何治宮室過度也何曰天下方未定故可因以就宮室且夫天子以四海爲家非令壯麗亡以重威且亡令後世有以加也上說自櫟陽徙都長安

三輔黃圖卷二漢宮　未央宮　漢書曰高祖七年蕭何造未央宮立東闕北闕前殿武庫太倉……未央宮周回二十八里前殿東西五十丈深十五丈高三十五丈營未央宮因龍首山以制前殿

前書卷六　石渠閣蕭何造其下礱石爲渠以導水若今御溝因爲閣名所藏入關所得秦之圖籍……天祿閣藏典籍之所漢宮殿疏云天祿麒麟閣蕭何造以藏秘書處賢才也……麒麟閣廟記云麒麟閣蕭何造……武庫在未央宮蕭何造以藏兵器　太倉蕭何造在長安城外東南有百二十楹

西京雜記第一　漢高帝七年蕭相國營未央宮因龍首山製前殿建北闕未央宮周廻二十二里九十五步五尺街道周廻七十里臺殿四十三其三十二在外其十一在後宮池十三山六池一山一亦在後宮門闥凡九十五

古今圖書集成職方典第五百十卷西安府部彙考二十古蹟考一　漢書未央殿雖南向而尙書奏事謁見皆詣北闕公車司馬亦在焉是則以北闕爲正門而又有東門東闕至於西南兩面無門闕矣蓋蕭何初立宮以厭勝之術理宜然乎長樂宮本秦興樂宮也在舊長安城東高皇帝居櫟陽七年長樂宮成徙居之周廻二十里前殿東西四十九丈七尺兩疏中三十五丈深十二丈……　未央宮在舊長安城西南隅漢高祖七年蕭何造未央宮立東闕北闕前殿武庫太倉周廻二十八里前殿東西五十丈深十五丈高三十五丈……關中記未央宮周旋三十三里街道十七里宮殿及臺皆疏龍首

山土以作之殿基出長安城上宮東有鴛鴦殿

後漢

馬憲

馬憲，魏郡清淵人。順帝陽嘉中爲中謁者，監營洛陽陽渠石橋，盡要妙之巧。

水經注卷十六穀水　又東過河南縣北東南入于洛（注）穀水又東屈南逕建春門石橋下……橋首建兩石柱橋之右柱銘云陽嘉四年乙酉壬申詔書以城下漕渠東通河濟南引江淮方貢委輸所由而至使中謁者魏郡清淵馬憲監作石橋梁柱敦敕工匠盡要妙之巧攢立重石累高周距橋工路博流通萬里云云

洛陽伽藍記卷二　穀水周圍繞城至建春門外東入陽渠石橋橋有四柱在道南銘曰漢陽嘉四年將作大匠馬憲造……

晉

桓溫

桓溫，字元子，譙國龍亢人。明帝時，爲安西將軍，滅西蜀李氏；尋北征苻健姚襄，進南郡公大司馬，假節鉞。嘗營建康，因江左地促故爲紆餘委曲若不可測。迨鎮南州，街衢平直，一反其制。其治江陵，屑城丹閣，尤爲壯觀。

晉書卷九十八本傳　桓溫字元子宣城太守彝之子也……選尚南康長公主拜駙馬都尉襲爵萬寧男除琅邪太守累

遷徐州刺史……都督荆梁四州諸軍事安西將軍……永和二年率衆西伐……勢降……還江陵進位征西大將軍……升平中改封南郡公……又加侍中大司馬都督中外諸軍事假黄鉞……太和四年又上疏悉衆北伐……又以温領平北將軍

世説新語卷上之上言語第二　宣武移鎮南州制街衢平直人謂王東亭曰丞相初營建康無所因承而制置紆曲方此爲劣東亭曰此丞相乃所以爲巧江左地促不如中國若使阡陌條暢則一覽而盡故紆餘委曲若不可測　又桓征西治江陵城甚麗會賓僚出江津望之云若能目此城者有賞顧長康時爲客在坐目曰遥望層城丹樓如霞桓即賞以二婢

謝　萬

謝萬，字萬石，孝武時尚書，時營太極殿，萬與大匠毛安之共董其役。工成，進爵關内侯。

晋書卷七十九謝安傳　萬字萬石才器儁秀……弱冠辟司徒掾遷右西屬不就簡文帝作相聞其名召爲撫軍從事中郎……再遷豫州刺史領淮南太守監司豫冀并四州軍事……卒時年四十二

世説新語卷中之上方正第五引徐廣晋紀　孝武寧康二年尚書令王彪之等啓改作新宫太元三年二月内外軍六千人始營築至七月而成太極殿高八丈長二十七丈廣十丈尚書謝萬監視賜爵關内侯大匠毛安之關中侯

曇　翼

釋曇翼，俗姓姚，幼事道安爲師，以律行著稱。冉閔之亂，隨安南適襄陽，主荆州長沙寺。嘗伐木君山，營門廡廊院約萬間。又構大殿十三間，通梁五十餘尺，欒櫨重疊，爲一時京冠云。

高僧傳初集卷五晋荆州長沙寺釋曇翼　釋曇翼姓姚羌人也或云冀州人年十六出家事安公爲師少以律行見稱……

36175

…翼嘗隨安在檀溪寺晉長沙太守滕含之於江陵捨宅爲寺告安求一僧爲總領安謂翼曰荆楚士庶始欲師宗成其化者非爾而誰翼遂杖錫南征締構寺宇即長沙寺是也後互賊越逸侵掠漢南江陵闔境避難上明翼又於彼立寺羣寇既蕩復還江陵修復長沙寺……後入巴陵君山伐木山海經所謂洞庭山也……年八十二而終

法苑珠林卷五十二伽藍篇第三十六感應緣總述中邊化跡降靈記　昔符堅伐晉荆州北岸並沒屬秦時桓仲爲荆牧邀翼法師度江造東寺安長沙寺僧西寺安四層寺僧符堅殁後北岸諸地還屬晉家長沙四層諸僧各還本寺西東二寺因舊廣立自晉宋齊梁陳氏僧徒常數百人陳末隋初有名者三千五百人淨人數千大殿一十三間惟兩行柱通梁長五十五尺欒櫨重疊國中京冠即彌天釋道安使弟子翼法師之所造也自晉至唐曾無虧損殿前四鐵鑊各受十餘斛以種蓮華……寺房五重並皆七架別院大小今有十所般舟方等二院莊嚴最勝夏別常有千人四周廊廡咸一萬間寺開三門兩重七間兩廈殿宇橫設並不重安約准地數取其久故所以殿宇至今三百年餘無有損敗東川大寺唯此爲高映耀川原實稱壯觀也

北魏

賈三德

賈三德，魏正始末爲左核令治斜谷道。道自晉室南播，廢棄近二百年。三德平夷正曲減高就卑，情解意會巧思機發。所構閣廣四丈道廣六丈自迴萬至谷口長三百餘里連輈並轡，民咸稱便。

魏書卷八世宗紀　正始四年九月甲子開斜谷舊道

陝西通志卷九十　魏王遠石門銘序　此門蓋漢永平中所穿經數百載世代綿廻戎夷遞作乍開乍閉通塞不恒自晉氏南遷斯路廢矣其崖岸崩淪澗閣湮圮南北各數十里車馬不通者久之攀蘿捫葛然後可至皇魏正始元年漢中獻地褒斜始開至於門北一里西上鑿山爲道峭阻盤迂九折無以加徑路窒礙行者苦之梁秦初附實仗才賢朝難其人褎簡良收三年詔假節龍驤將軍梁秦二州刺史泰山羊公建旟蟠嵯撫境綏遐蓋有叔子之風焉以天險難升轉輸難阻表求自迴萬以東開創道路釋負擔之勞就方軌之逸詔遣左校令賈三德領徒萬人將帥百人共成其事三德巧思機發情解意會雖元凱之梁河德衡之損蹄未足以偶其奇起正始四年十一月十日訖永平二年正月畢工閣廣四丈路廣六丈皆塡谿棧壑砰險梁危自廻萬至谷口三百餘里連輈併轡而進往哲所不工前賢所輟思莫不踈而通焉王生履之可無臨深之歎葛氏若存幸息木牛之勞於是蓄產爐鐵之利紈錦罽毲之饒充牣川內四民富實百姓息肩壯矣自非思埒班爾籌等張蔡忠公忘私何能成其事哉

綦母懷文

綦母懷文，不知何許人。性機巧。元魏末，董修洛陽永寧寺，凡營繕宮室，造作器械，莫不關預。後仕北齊，創宿鐵刀，互見攻守具類。

高僧傳二集卷三十三魏洛京永寧寺天竺僧勒那漫提傳　信州刺史綦母懷文巧思多知天情博藝每國家營宮室器械無所不關利益公私一時之最又勅令修理永寧寺

北齊

崔士順

崔士順，博陵人。武成帝時，爲黃門侍郎，太府卿，營仙都苑；封土象五嶽，分流爲四瀆四海，匯爲大池，建樓觀堂殿其中。其北嶽飛鸞殿，北海密知堂，奇巧機妙，見者驚爲自古罕有云。

北史卷三十二崔昂傳　子士順位太府卿

元納新河朔訪古記卷中　高齊武成間增飾華林苑若神仙所居改曰仙都苑苑中封土爲嶽皆隔水相望分流爲四瀆因爲四海匯爲大池曰大海海中置龍舟六艘其行舟處可廿五里又爲殿十二間于海中五嶽各有樓觀堂殿四海中亦有宮殿洲浦其最知名者則北岳之飛鸞殿北海之密作堂也飛鸞殿十六間以青石爲基珉石爲礎鐫刻蓮花內垂五色珠簾緣以麒麟錦楹柱皆金龍蟠繞以七寶飾之柱上懸鏡又用孔雀翡翠山雞白鷺毛當鏡作七寶金鳳高一尺七寸口銜金鈴光彩奪目人不能久視也密作堂周回廿四架以大船浮之以水爲激輪堂爲三層下層刻木人七彈箏琵琶箜篌胡鼓銅鈸拍板弄盤等衣以錦繡進退俯仰莫不中節中層刻木僧七人一僧置香奩立東南角一僧置香爐立東北角五僧左轉行道至香奩所以手拈香至香爐所其僧授香爐于行道僧僧以香置爐中遂至佛前作禮禮畢整衣而行周而復始與人無異上層作佛堂旁列菩薩衛士帳上作飛仙右轉又刻紫雲左轉往來交錯終日不絕皆黃門侍郎博陵崔士順所製奇巧機妙自古罕有其苑中樓觀山池臺殿自周平齊之後皆廢毀矣今其基址詢之故老猶能記其萬一余以記載可考者錄叙如右（并見顧炎武歷代宅京記卷十二）

隋

楊素

楊素，字處道，弘農華陰人。開皇間，事文帝爲信州總管，造大艦五層，高百餘尺，左右前後置六拍竿，容戰士八百人。後監營仁壽宮，以綺麗見稱。獻皇后崩，山陵制度，多出於素。煬帝大業初，復與宇文愷、楊達營建東京。

隋書卷四十八本傳　楊素字處道弘農華陰人也……開皇四年拜御史大夫……上方圖江表先是素數進取陳之計未幾拜信州總管……素居永安造大艦名曰五牙上起樓五層高百餘尺左右前後置六拍竿並高五十尺容戰士八百人旗幟加於上次曰黃龍置兵百人……尋令素監營仁壽宮素遂夷山堙谷督役嚴急作者多死……及宮成上令高熲前視奏稱頗傷綺麗大損人丁高祖不悅素憂懼計無所出即於北門啟獨孤皇后曰帝王法有離宮別館今天下太平造此一宮何足損費后以此理諭上上意乃解於是賜錢百萬錦絹三千段……及獻皇后崩山陵製度多出於素上善之……大業元年遷尚書令……尋拜太子太師餘官如故……明年拜司徒改封楚公……其年卒官

隋書卷三煬帝紀　大業元年春三月丁未詔尚書令楊素納言楊達將作大匠宇文愷營建東京

住力

釋住力，俗姓褚，河南陽翟人。幼出家，器宇凝峻，聲聞緇俗。陳宣帝嘗竭泉貝，營建康秦皇寺，勅力董理百工。及陳亡，徙居江都長樂寺。隋開皇末，煬帝開府江都，力建五重塔，以營繕功，簡爲寺主。嗣伐木豫章，構高閣夾樓，及僧房廊廡齋厨倉庫，制置華絕，力異神工。

高僧傳二集卷三十九唐楊州長樂寺釋住力傳　釋住力姓褚氏河南陽翟人避地吳郡之錢塘縣……甫及八歲出家學道器宇凝峻虛懷接悟聲第之高有聞緇俗陳中宗宣帝於京城之左造秦皇寺宏壯之極罄竭泉府迺敕專監百工故得揆測指撝面勢嚴淨至德二年又敕爲寺主值江表淪亡僧徒乖散乃負錫遊方訪求勝地行至江都乃於長樂寺而止

心焉隋開皇十三年建塔五層金盤景輝巍然挺秀遠近式瞻至十七年煬帝晉蕃又臨江海以力爲寺任繕造之功故也初梁武得優塡王像神瑞難紀在丹陽之龍光寺及陳國云亡道場焚毀力乃奉接尊儀及王謐所得定光像者並延長樂身心供養而殿宇褊狹未盡莊嚴遂宣導四部王公黎庶共修高閣並夾二樓寺衆大小三百餘僧咸同喜捨畢願締構力乃勵率同侶二百餘僧共往豫章刋山伐木人力既壯規模所指妙盡物情即年成立制置華絕力異神工宏壯高顯挺冠區宇大業四年又起四周僧房廊廡齋廚倉庫備足……大業十年自竭身資以栴檀香木模寫瑞像幷二菩薩不久尋成同安閣內至十四年隋室喪亂道俗流亡骸若委朽充諸衢市誓以身命守護殿閣……武德六年江表賊帥輔公祏負阻繕兵潛圖反叛凡百寺觀撤送江南力乃致書再請願在閣前燒身以留寺宇……便以香湯沐浴跏趺面西引火自焚卒於炭聚時年八十即武德六年十月八日也

慧達

釋慧達，襄陽人。自幼出家，篤好福業，凡所涖止，每以補緝殘廢爲務。隋陳之際，嘗修金陵諸寺三百餘所，又所經鄱陽豫章諸郡，造禪宇靈塔，其數非一。仁壽中，建揚州白塔寺七層木浮圖。又爲廬山西林寺造重閣七間，欒櫨重疊，光耀山勢。

高僧傳二集卷三十九隋天台山瀑布寺釋慧達傳　釋慧達姓王家於襄陽幼年在道繕修成務或登山臨水或邑落遊行但睹形勝之所皆厝心寺宇或補緝殘廢爲釋門之所宅也後居天台之瀑布寺修禪繁業……金陵諸寺數過七百年月逾邁朽壞略盡達課勸修補三百餘所皆塋飾華敞有移恒度仁壽年中於揚州白塔寺建七層木浮圖材石既充付後營立乃泝江西上至鄱陽豫章諸郡觀檢功德願與衆生同此福緣故其所至封邑見有坊寺禪宇靈塔神儀無問金木土

石並即率化成造其數非一晚爲沙門慧雲邀請遂止廬嶽造西林寺重閣七間欒櫨重疊光輝山勢……晚往長沙鑄鐵造像……又爲西林閣成尊容猶缺復沿江投造修建充滿故舉閣圓備並達之功大業六年七月晦日舊疾忽增……奄爾長逝年八十七矣

閻毗

閻毗，榆林盛樂人。工草隸，善畫，以技藝事隋太子勇，勇廢，配爲奴。煬帝即位，修軍器，以毗巧捷，詔典其事。又參議輦輅車輿，及董築長城。洎帝征遼東，自洛口開渠至涿郡，并營臨朔宮，咸毗之力。子立德仕唐爲名匠，能世其業。

隋書卷六十八本傳　閻毗榆林盛樂人也……儀貌矜嚴頗好經史受漢書於蕭該略通大旨能篆書工草隸尤善畫爲當時之妙周武帝見而悅之命尚清都公主宣帝即位拜儀同三司授千牛左右高祖授禪以技藝侍東宮數以琱麗之物取悅於皇太子由是甚見親待每稱之於上尋拜車騎宿衛東宮……俄兼太子宗衛率長史尋加上儀同太子服翫之物多毗所爲及太子廢毗坐杖一百與妻子俱配爲官奴婢後二歲放免爲民煬帝嗣位盛修軍器以毗性巧諳練舊事詔典其職尋授朝請郎毗立議輦輅車輿多所增損語在輿服志擢拜起部郎……長城之役毗總其事及帝有事恒岳詔毗營立壇場尋轉殿內丞……以母憂去職未朞起令視事將興遼東之役自洛口開渠達於涿郡以通運漕毗督其役明年兼領右翊衛長史營建臨朔宮……尋拜朝請大夫遷殿內少監又領將作少監事後復從帝征遼東……還從至高陽暴卒時年五十帝甚悼惜之贈殿內監（并見北史卷六十一閻慶傳）

洛陽古今談　閻毗初坐媚事太子勇皆沒官爲奴婢煬帝即位多所營造聞其有巧思召之使典其事以毗爲朝奉郎其

重工藝人材也如此

唐

梁孝仁

梁孝仁，高宗時司農少卿，董營大明宮。

長安志卷六宮室四　東內大明宮在禁苑之東南南接京城之北面西接宮城之東北隅南北五里東西三里貞觀八年置爲永安宮明年改曰大明宮以備太上皇淸暑百官獻貲財以助役龍朔三年大加興造號曰蓬萊宮咸亨元年改曰含元宮尋復大明宮(注)初高宗命司農少卿梁孝仁制造此宮北據高原南望爽塏每天晴日朗南望終南山如指掌京城坊市街陌俯視如在檻內蓋其高爽也

柳佺

柳佺，武后時任將作少監造三陽宮。

唐張鷟龍筋鳳髓判　將作監少匠柳佺掌造三陽宮臺觀壯麗三月而成

楊務廉

楊務廉，河東人。中宗時將作少匠，爲長寧公主營第東西二京，崇樓萯觀，一時絕勝，浚池築山，勢若自然，以功擢將作大匠。

舊唐書卷九十一袁恕己傳　將作少匠楊務廉素以工巧見用中興初恕己恐其更啓遊娛侈靡之端言於中宗曰務廉

致位九卿積有歲年苦言嘉謀無足可紀每宮室營構必務其侈若不斥之何以廣昭聖德由是左授務廉陵州刺史

新書唐卷八十三諸公主傳中宗八女　長寧公主韋庶人所生下嫁楊愼交造第東都使楊務廉營總第成府財幾竭乃擢務廉將作大匠又取西京高士廉第左金吾衛故營合爲宅右屬都城左頫大道作三重樓以憑觀築山浚池帝及后數臨幸置酒賦詩又幷坊西隙地廣鞠場東都廢永昌縣主匃其治爲府以地瀕洛築鄣之崇臺蜚觀相聯屬無慮費二十萬魏王泰故第東西盡一坊瀦沼三百畝泰薨以與民至是主匃得之亭閣華詭埒西京……東都第成不及居韋氏敗……乃請以東都第爲景雲祠而西京鬻第評木石直爲錢二十億萬

兩京記　崇仁坊西南隅長寧公主宅既承恩盛加雕飾朱樓綺閣一時絕勝又有山池別院山谷虧蔽勢若自然

山西通志卷一百五十八藝術錄上　楊務廉河東人官將作大匠甚有巧思嘗於沁州市內刻木作僧手執一椀自能行乞椀中錢滿關鍵忽發自然作聲云布施市人競觀欲其作聲施者日盈數千矣

毛　順

毛順，不知何許人，執匠東都。玄宗時嘗元夜陳燈上陽宮，順綺綵爲燈樓二十間，高二百五十尺，以巧思稱。

嘉慶洛陽縣志卷十三引拾遺記　元宗在東都遇正月望夜移仗上陽宮大陳燈影設庭燎自禁至於殿庭皆設蠟炬連屬不絕時有東都匠毛順巧思結創繒綵爲燈樓二十間高二百五十尺懸珠玉金銀微風一至鏘然成韻

王　鉷

王鉷，太原祁人。天寶中御史大夫，嘗造自雨亭，疏泉激霤，飛流四注，炎夏處之，凜若深秋。

新唐書卷一百三十四本傳　王鉷……初爲鄠尉遷監察御史擢累戸部郎中數按獄深文玄宗以爲才……以戸部侍郎仍御史中丞加檢察內作閑廐使苑內營田五坊宮苑等使……御史大夫兼京兆尹……十一載四月……鉷賜死……
……有司籍第舍數日不能徧至以寶鈿爲井榦引泉激霤號自雨亭

唐語林卷五　武后巳後王侯妃主京城第宅日加崇麗天寶中御史大夫王鉷有罪賜死縣官簿錄鉷太平坊宅數日不能徧宅內有自雨亭子檐上飛流四注當夏處之凜若高秋又有寶鈿井欄不知其價他物稱是

崔損

崔損，字至無，博陵人。德宗貞元間，任八陵修奉使，董修諸陵。

舊唐書卷一百三十六本傳　崔損字至無博陵人……大曆末進士……貞元十一年遷右諫議大夫……十二年以本官同中書門下平章事……十四年秋轉門下侍郎平章事是歲以昭陵舊宮爲野火所焚所司請修奉昭陵舊宮在山上置來歲久曾經野火燒爇摧毀略盡其宮尋移在瑤臺寺左側……議者多云舊宮旣焚宜移就山下上意不欲遷移只於山上重造命損爲八陵修奉使於是獻昭乾定泰五陵造屋五百七十間橋陵一百四十間元陵三十間唯建陵仍舊但修葺而巳……

舊唐書卷十三德宗紀　貞元十四年……夏四月乙丑以左諫議大夫平章事崔損爲修奉八陵使先是昭陵寢殿爲火所焚至是獻昭乾定泰五陵各造屋三百八十間橋元建三陵據闕補造

五代

張全義

張全義，字國維，濮州臨濮人。唐末巢儒之亂，洛陽殘破，戶不滿百，全義爲河南尹，築南北二城，綏撫流亡，躬勸耕殖。洎昭帝東遷，繕理宮闕府廨倉庫，五代因之，遂以爲都。

新五代史卷四十五本傳　張全義字國維濮州臨濮人……爲河南尹……是時河南遭巢儒兵火之後城邑殘破戶不滿百全義披荆棘勸耕殖躬載酒食勞民畎畝之間築南北二城以居之數年人物完盛民甚賴之及梁太祖刼唐昭宗東遷繕理宮闕府廨倉庫皆全義之力也……全義事梁……封魏王……及梁亡……莊宗幸洛陽……改封齊王……卒年七十五

洛陽古今談　五代洛陽都城仍因唐昭宗遷洛陽時朱全忠使張全義修葺之宮城他無新創

智暉

釋智暉，姓高氏，咸秦人。梁乾化間，自江表還止洛州中灘，界南北岸鑿戶爲浴院，造輪汲水，神速奇巧，於是洛城緇伍道流五日一浴，集者咸二三千人。

高僧傳三集卷二十八後唐洛陽中灘浴院智暉傳　釋智暉姓高氏咸秦人也……梁乾化四年自江表來於帝京顧諸梵宮無所不備唯溫室洗雪塵垢事有闕焉居於洛州鑿戶爲室界南北岸葺數畝之宮示以標牓召其樂福業者占之未朞漸構欲閏皆周浴具僧坊奐然有序由是洛城緇伍道流至者如歸來者無阻每以合朔後五日一開洗滌曾無間然一歲則七十有餘會矣一浴則遠近都集三二千僧矣……加復運思奇巧造輪汲水神速無比復構應眞浴室西廡中十六形像并覩自在堂彌年完備

趙忠義

趙忠義，長安人；擅圖繪，仕孟蜀爲翰林待詔。後主嘗令繪玉泉寺圖，作地架一座，垂棍疊栱，匠氏較之，無差黍絫。

圖畫見聞誌二 趙元德長安人天復中入蜀雜工佛道鬼神山水屋木……趙忠義元德之子事孟蜀爲翰林待詔雖從父訓宛若生知蜀後主嘗令畫關將軍起玉泉寺圖作地架一座垂棍疊栱向背無失蜀主命匠氏較之無一差者其精妙如此嘗與高道興黃筌輩同畫成都寺壁甚多

宋

向拱

向拱，字星民，懷州河內人。太祖建隆二年爲河南尹，修天津橋，甃巨石爲脚，高數丈，銳前疏水勢；復創鐵鼓，以固石縫。

宋史卷九十四河渠四 洛水貫西京多暴漲漂壞橋梁建隆二年留守向拱重修天津橋成甃巨石爲脚高數丈銳其前以疏水勢石縱縫以鐵鼓絡之其制甚固四月具圖來上降詔褒美

宋史卷二百五十五本傳 向拱字星民懷州河內人……少倜儻……以策干漢祖漢祖不納客於周祖門下……周祖即位授宮苑使廣順中遷皇城使……顯德二年世宗親征淮南以拱權東京留守……恭帝即位加檢校太師河南尹西京留守宋初加兼侍中……乾德初從郊祀畢封譙國公拱尹河南十餘年專治園林第舍……太平興國初進封秦國公……雍熙三年卒年七十五

韓重贇

韓重贇，磁州武安人。太祖建隆三年，築皇城東北隅，令有司繪洛陽宮殿，按圖修之，重贇董其役。乾德間，又督澶州河工。

宋史卷二百五十本傳　韓重贇磁州武安人少以武勇隸周太祖麾下……建隆二年改殿前都指揮使領義成軍節度三年發京畿丁壯數千築皇城東北隅且令有司繪洛陽宮殿按圖修之命重贇董其役乾德三年秋河決澶州命重贇督丁壯數十萬塞之……五年二月出爲彰德軍節度開寶……七年卒

玉海　建隆三年正月甲戌發開封浚儀民數千廣皇城之東北隅命義成節度韓重贇董役

焦繼勳　王仁珪　李仁祚

焦繼勳，字成績，許州長社人，以幹力受知太祖。開寶間，與王仁珪、李仁祚修治洛陽宮。

宋史卷二百六十一本傳　焦繼勳字成績許州長社人少讀書有大志……宋初召爲右金吾衛上將軍改右武衛上將軍乾德三年權知延州四年判右街仗杜審瓊卒命繼勳代之時向拱爲西京留守多飲燕不省府事羣盜白日入都市劫財拱被酒不出捕逐太祖選繼勳代之月餘京城肅然太祖將幸洛遣莊宅使王仁珪內供奉官李仁祚部修洛陽宮命繼勳董其役車駕還嘉其幹力召見褒賞以爲彰德軍節度仍知留府事仁珪領義州刺史仁祚爲八作副使繼勳以太平興國三年卒年七十八

玉海　開寶八年十月十九日將議巡幸遣王仁珪李仁祚焦繼勳同修洛陽宮室

丁謂

丁謂，字謂之，蘇州長洲人。性機敏，有智略，登淳化進士甲科，累遷樞密直學士。眞宗大中祥符二年，命謂建玉清昭應宮於南薰門外，諸天殿外二十八宿亦各一殿。又造七賢閣，令畫師劉文通移寫道士呂拙鬱羅蕭臺，加飛閣其上，既成，天下目爲壯觀。初有司料功須二十五年，謂乃日役三四萬人，採宇內奇材異石，以夜繼晝，每繪一壁給二燭，七年冬成二千六百餘楹。其廊廡壁龕，多聚古今名畫，藻栱欒櫨，胥以金飾，每朝曦初上，碧瓦凌空，翠彩照射，莫可名似。後營會靈觀，景靈宮，復總其事。七年夏大內火，謂任修葺使，慮取土過遠，乃掘通衢爲巨塹，引汴水，便輸運，事畢，實以工餘瓦礫灰壤，一舉而三役悉濟，省工費鉅萬云。

宋史卷二百八十三本傳　丁謂字謂之後更字公言蘇州長洲人……淳化三年登進士甲科……累遷尚書工部員外郎……大中祥符初……議即宮城乾地營玉清昭應宮……以謂爲修玉清昭應宮使……建會靈觀謂復總領之遷尚書禮部侍郎進戶部參知政事建安軍鑄玉皇像爲迎奉使朝謁太清宮爲奉祀經度制置使判亳州……還判禮儀院又爲修景靈宮使……大內火爲修葺使歷工刑兵三部尚書……天禧……三年以吏部尚書復參知政事……兼本官爲樞密使……同中書門下平章事……乾興元年封晉國公……明道中授秘書監致仕居光州卒……謂機敏有智謀……

……眞宗朝營造宮觀奏祥異之事多謂與王欽若發之初議營昭應宮料功須二十五年謂令以夜繼晝每繪一壁給二燭七年乃成

宋東京考卷十三　玉清昭應宮在南薰門外官路西大中祥符元年議營是宮安置天書有司料工須十五年乃就修宮使丁謂令以夜繼晝每繪一壁給二燭故七年而成凡二千六百二十楹制度宏麗……天聖七年六月丁未夜大雷雨宮內火起至曉宮室幾盡

聖朝名畫評卷三　大中祥符初上將營玉清昭應宮敕文通先立小樣圖……丁朱崖命移寫道士呂拙鬱羅蕭臺仍加飛閣於上以待風雨畫畢下匠氏爲準謂之七賢閣者是也天下目爲壯觀

宋東京考卷十三引宋稗類鈔　眞宗建玉清宮……其宏大瓌麗不可名似遠而望之但見碧瓦凌空聳耀京國每曦光上浮翠彩照射則不可正視其中諸天殿外二十八宿亦各一殿櫃桷杞梓搜窮山谷璇題金榜不能殫紀朱碧藻繡工色巧絕甍栱欒楹全以金飾入見驚恍褫魄迷其方向所費鉅億萬雖用金之數亦不能會計天下珍樹怪石內府奇寶異物充牣襞積窮極侈大餘材始及景靈會靈二宮觀然亦足冠古今之壯麗矣議者以爲玉清之盛開闢以來未之有也阿房建章固虛語爾

宋劉延世孫公談圃卷中　玉清昭應宮丁晉公領其使監造土木之工極天下之巧繪畫無不用黃金四方古名畫皆取置壁龕廡下以其餘材建五岳觀世猶謂之木天則玉清之宏壯可知……丁之董役也晝夜不息每畫一栱燃蠟炬一枝

容齋三筆卷十一宮室土木　……大中祥符間姦佞之臣罔眞宗以符瑞大興土木之役以爲道宮玉清昭應之建丁謂爲修宮使凡役工日至三四萬所用有秦隴岐同之松嵐石汾陰之柏潭衡道永鼎吉之梌柟櫧溫台衢吉之櫧永澧處之槻樟潭柳明越之杉鄭淄之青石衡州之碧石萊州之白石絳州之斑石吳越之奇石洛水之石卵宜聖庫之銀朱桂州之丹砂河南之赭土衢州之朱土梓信之石青石綠磁相之黛秦階之雌黃廣州之藤黃孟澤之槐華虢州之鉛丹信州之土黃河南之胡粉衡州之白堊鄆州之蚌粉兗澤之墨歸歙之漆萊蕪興國之鐵其木石皆遣所在官部兵民入山谷伐取又於京師置局化銅爲鍮冶金薄鍛鐵以給用凡東西三百一十步南北百四十三步地多黑土疏惡於京東北取良土易之自三尺至一丈有六等起二年四月至七年十一月宮成總二千六百一十區不及二十年天火一夕焚爇但存一殿

夢溪筆談卷二十四雜誌一　溫州雁蕩山天下奇秀然自古圖牒未嘗有言者祥符中因造玉清宮伐山取材方有人見

之

宋東京考卷十三引晁氏客語　造玉淸昭應宮牒州郡供木丁晉公自作文云不得將皮補曲削凸見心

宋東京考卷十三引王氏畫苑　大中祥符中玉淸昭應宮成召張昉畫三淸殿天女奏音樂像昉不假朽畫奮筆立就高皆丈餘

宋東京考卷十三引遯齋閒覽　祥符中治昭應宮用李廷珪墨爲染飾今人間所有皆其時餘物耳

宋東京考卷十三　會靈觀在南薰門外東北普濟水門西北大中祥符五年創建內設延眞獻殿祝禧齋殿西則崇元殿以奉靈寶天尊二夾殿則奉牛茅小茅眞君東西列五嶽聖帝五殿左右二夾殿則奉五嶽之輔副佐命之山羅浮括蒼霍山抱犢少室武當等十山眞君初名五嶽觀觀成賜名會靈觀觀南有奉靈園觀東有凝祥池中有崇禧殿觀西壖有小池中亦建崇禧殿奉扶桑大帝暘谷神王洞淵龍王等神繢眞明麗臨水二殿

宋東京考卷十三引國朝會要　大中祥符八年五月詔會靈觀池以凝祥爲名園以奉靈爲名觀以奉五嶽帝

宋史卷一百九禮志　景靈宮剏於大中祥符五年聖祖降臨爲宮以奉之

宋東京考卷十二引揮麈錄　乾德六年即都城之南安陵之舊域建奉先資福院爲慶基殿以奉宣祖藝祖則太平興國之開先太宗則啟聖之永隆至大中祥符中建景靈宮天興殿以奉聖祖

宋史卷八眞宗紀　大中祥符……八年……四月壬申榮王元儼宮火延及殿閣內庫癸酉……命丁謂爲大內修葺使

宋史卷六十三五行志　大中祥符……八年……四月壬申夜榮王元儼宮火自三鼓北風甚癸酉亭午乃止延燔左承天祥符門內藏庫朝天殿乾元門崇文院秘閣天書法物內香藏庫

宋沈括補筆談卷二　祥符中禁火時丁晉公主營復宮室患取土遠公乃令鑿通衢取土不日皆成巨塹乃決汴水入塹

中引諸道竹木排筏及舩運雜材盡自塹中入至宮門事畢卻以斥棄瓦礫灰壤實於塹中復爲街衢一舉而三役濟計省費以億萬計

劉承規

劉承規，字大方，楚州山陽人。太宗時，歷仕內外，沈毅狥公，以精力聞。咸平中，邊境未靖，議修天雄軍城壘，命承規乘傳規畫。尋遷宮苑使、皇城使，諸司局署，多所創制。眞宗崇瑞，命飾宮觀，承規每參其役。玉淸昭應宮興，命爲副使，佐丁謂，工作少不中程，雖金碧已具，毀而更造，故精麗爲當時之冠。

宋史卷四百六十六宦者本傳　劉承規字大方楚州山陽人……咸平三年遷北作坊使時邊境未寧議脩天雄軍城壘命承規乘傳經畫又命提舉內東崇政殿等諸門遷宮苑使……景德二年……置官提舉京師諸司庫務以承規領之所創局署多所規制改皇城使……大中祥符初議封泰山以掌發運使遷昭宣使長州防禦使會修玉淸昭應宮以承規爲副使祀汾陰復命督運議者以自京至河中由陸則山險具舟則湍悍承規決議水運凡百供應悉安流而達……五年以疾求致仕脩宮使丁謂言承規領宮職藉其督轄望勿許所請第優賜告詔特置景福殿使名以寵之……七月卒年六十四……承規事三朝以精力聞樂較簿領孜孜無倦……性沈毅狥公深所倚信尤好伺察人多畏之上崇瑞命修祠祀飾宮觀承規悉預聞作玉淸昭應宮尤爲精麗屋室有少不中程雖金碧已具必毀而更造有司不敢計所費二聖殿塑配饗功臣特詔塑其像太宗之側

劉文通

劉文通，汴人。長繪事，尤精樓閣木屋，仕爲畫院藝學。眞宗將營玉清昭應宮，敕文通先立小樣，下匠氏爲準，然後成葺。

聖朝名畫評卷三 劉文通京師人善畫樓臺屋木眞宗時入圖畫院爲藝學大中祥符初上將營玉清昭應宮敕文通先立小樣圖然後成葺

鄧守恩 林 特

鄧守恩，并州人。少以黃門侍太宗，涖事幹敏彊果。大中祥符間，預修玉清昭應宮，會靈觀。七年修眞遊殿景靈宮。八年修大內。天禧間又掌建祥源觀天章閣。時有林特者，劍州順昌人，穎悟絕倫，亦參玉清昭應宮景靈宮太極觀諸工。

宋史卷四百六十六宦者本傳 鄧守恩并州人十歲以黃門事太宗……大中祥符初……預監修玉清昭應宮會靈觀七年又兼修眞遊殿景靈宮累遷入內高品供奉官宮成遷內殿承制八年預修大內改西京作坊副使九年營造皆畢授東染院使充會靈觀都監天禧二年掌軍頭引見司又修祥源觀成遷崇儀使三年授入內押班河決滑州命爲修河鈐轄郊祀召爲行宮使改如京使復還本任四年春河復故道遷文思院使歸朝加領昭州刺史是秋掌皇城國信二司……會建天章閣命領其事又勾當資善堂兼太子左右春坊司守恩長七尺餘狀貌甚偉涖事幹敏以彊果稱于時五年卒年四十八

宋史卷二百八十三王欽若傳 林特字士奇祖揆仕閩爲南劍州順昌令因家順昌特少穎悟十歲謁江南李景……授蘭臺校書郎江南平僞官皆入見……太宗以爲長葛尉改遂州錄事參軍代還命中書引對授大理寺丞……封泰山祀

汾陰皆爲行在三司副使以右諫議大夫權三司使修玉清昭應宮副使將祀太清宮遣特儲供具爲行在三司使禮成進給事中爲修景靈宮副使兼修兗州景靈宮太極觀昭應宮成遷尚書工部侍郎眞拜三司使樞密使……卒贈尚書左僕射太后遣中使祀奠特精緻喜使職据案終日不倦

青州卒

仁宗明道間，青州洋水橋屢爲水壞，時夏竦守青州，得牢城廢卒，有智思，壘石兩岸，以大木數十相貫，架爲飛橋，無柱，五十餘年不壞。慶歷中，陳希亮守宿州，以汴橋常毁，乃傚其法，於是自開封至泗州，皆爲飛橋焉。

澠水燕談錄卷八事誌　青州城西南皆山中貫洋水限爲二城先時跨水植柱爲橋每至六七月間山水暴漲水與柱鬬率常壞橋州以爲患明道中夏英公守靑思有以捍之會得牢城廢卒有智思壘巨石固其岸取大木數十相貫架爲飛橋無柱至今五十餘年橋不壞慶曆中陳希亮守宿以汴橋壞率常損官舟害人乃命法青州所作飛橋至今汾汴皆飛橋爲往來之利俗曰虹橋

宋史卷二百九十八陳希亮傳　陳希亮字公弼其先京兆人……爲宿州州跨汴爲橋水與橋爭常壞舟希亮始作飛橋無柱以便往來詔賜縑以褒之仍下其法自畿邑至於泗州皆爲飛橋

李虞卿　田諒　王令圖　劉拱　李良祐　喬達

李虞卿至和間，爲利州路轉運使主客郎中，慨蜀道靑泥嶺高峻險阻，乃率僚屬王令圖、劉拱、李良祐、喬達等，度遠近險易，開白水路，自鳳州河池至長舉。未成，虞卿遷調東川，田諒繼之，計建閣道二千三百餘間，郵亭營屋綱院三百八十餘間，減舊路三十三里。

圖書集成方輿彙編職方典卷五六四宋雷簡夫新開白水路記　至和二年冬利州路轉運使主客郎中李虞卿以蜀道靑泥嶺舊路高峻請開白水路自鳳州河池驛至長舉驛五十里有半以便公私之行且上未報即預畫材費以待其可明年春迺興州巡轄馬遞鋪殿直喬達領橋閣幷郵兵五百餘人因山伐木積於路處遂籍其人用訖是役又請知興州軍州事虞部員外劉拱總護督作一切仰給悉令爲長命簽署興州判官廳公事太子中舍李良祐權知長舉縣事順政縣令商應稱度遠近按事險易同督斯衆知鳳州河池縣事殿中丞王令圖首建路議路去縣地且十五餘里部屬陝西即移文令圖通幹其事至秋七月始可其奏然八月行者已走斯路矣十二月諸工告畢作閣道二千三百九間郵亭營屋綱院三百八十三間減舊路三十三里廢靑泥一驛除郵兵驛馬一百五十六人騎歲省驛稟鋪糧五千石畜草一萬圍放執事役夫百十餘人路未成會李遷東川路轉運使工部郎中集賢較理田諒至審其績狀可成故喜猶已去事益不懈於是斯役實肇於李而遂成於田也嘉祐二年三月田以狀上且曰虞卿以至和二年仲春興是役仲夏移去其經營建樹之狀本與令圖同臣雖承之在臣何力願朝廷旌虞卿令圖之勞用勸來者又拱之總役應用良祐應之按視修創達之採造監領皆有著效亦已陞擢至軍中什長而下並望賜與以慰遠心朝廷議依其請

李宏　智日

李宏侯官人。性倜儻好施。熙寧間，與僧日智築莆田木蘭陂，深三丈五尺，闊二十五丈，布石柱三十二間，間各二柱，鎔銅固址，互相鈎鎖，置閘其中。又開渠百餘條，導陂之流，設陡門涵洞，以時啟閉。計漑南洋田萬餘頃，歲輸軍儲三萬餘斛。迄今八百餘年，民賴其利。

續刻木蘭陂集誌記卷之七引宏治八閩通志　木蘭陂在府城西南惟新里木蘭山下溪源自永春仙遊西南下合澗壑之水三百有六十會流東注於海宋治平初長樂錢氏女始議堰陂於將軍巖前據溪上流陂成輒壞既而同邑林從世復來相溪下流改築於上杭溫泉山口將成潮勢衝激亦壞熙寧八年侯官李長者宏實應詔募而來始相地於今址會有馮仙智日者授以規摹率衆錢七萬餘緡壘石創陂三十二間間各樹石樹二而置閘其中以時縱閉陂深二丈五尺闊三十五丈即陂之右疏渠導水障東流而南注者三十餘里爲大溝七小溝無數溉南洋上中下三段民田上段惟新南匿胡公三里爲水泄九塘四溝圳八水辨斗門一中段莆田南匿國淸三里爲水泄一溝四林墩洋城斗門二下段莆田連江興福三里爲水泄二溝四合之凡溉田萬餘頃歲輸軍儲三萬七千斛

乾隆福建通志卷四十九孝義傳　李宏侯官人熙寧八年莆田木蘭陂屢築輒壞宏應詔挾貲七萬緡入莆求地脈定基於木蘭山下溪廣水漫兩山夾持之中壘石成陂布石柱三十二處疏渠導水溉南洋田萬餘頃歲輸軍儲三萬七千斛廢塘爲田令民耕種得穀二千六百五十餘石工成封惠濟侯卒莆人立廟以祀

光緒補刻莆田縣志卷二十七　李宏唐宗室裔侯官人世雄於財宏性好施人稱爲長者初永春仙遊二縣水合趨於莆入海言水利者謂橫而堰之可溉田數萬畝治平間長樂錢氏女及進士林從世所築俱壞熙寧八年宏應詔來莆有僧智日者爲相地於木蘭山下宏乃出錢七萬餘緡爲之陂迨成乃開溝大小百餘條以導陂之流作陡門以啟閉諸溝之水設涵泄以疏通陡門之所不及者復築塘爲田由是南洋之田萬有餘頃皆賴以灌溉民立廟於陂上春秋祀焉景定三年詔封惠濟侯

木蘭陂集卷之五宋林大鼐撰李長者創木蘭陂本傳　李宏福州侯官人也裔自有唐世雄於財平生倜儻有大志……聞莆田壺公洋三面瀕海潮汐往來潟滷瀰天雖有塘六所瀦積淺涸不足以備旱暵……宋治平元年錢四娘者自長樂

邑來捐金九援大如斗於溪上流將軍巖前堰溪爲陂開渠鼓角山西南行其陂甫成載酒引臬以落之酒正酣守者報溪流漲陂敗即時赴水而死繼有同鄉進士林從世號十萬復來相溪下流於上杭溫泉水口築陂欲成潮勢攻擣而不之禦最後宏應詔募而至按二人遺跡皆非地脉逆水性安得成功時有僧馮智日者散性混俗惟宏事之甚謹乃引至其地密稟神算謀於木蘭山前施功……乃傾家得緡錢數百萬命工伐石依列竹成基擺布石柱三十二間以石鑊條派治互相鈎鎖屹立如山二時怒濤不能吞囓至此而回截斷奔流開渠導水轉摺而南三十餘里大溝七條小溝無數派立四處抵海斗門利澤所覃沛然有餘

木蘭陂集卷二祀典 本縣維新里木蘭山下原未有陂水源自永春德化僊遊三縣計三百六十澗壑合瀉于海雖有湖塘六所瀦水淺涸不足以備旱暵田地盡爲斥鹵人民困於流移……宋熙寧八年侯官縣李長者宏承詔募而至按二人遺跡皆非地脉乃相度於木蘭山下遂傾家貲七萬餘緡命工伐石布石柱三十二間於溪底橫石之上犬牙相入鎔銅固址互相鈎鎖壘石成陂深三丈五尺闊二十五丈有奇爲開板屹立如山浪不能嚙上障諸溪之水而下截海潮使溪海各循其道疏鑿大溝七條深三丈廣一十丈各四十里許小溝不計其數灌溉南北二洋田十萬有餘頃又設抵海斗門四所木涵二十九所石涵一所以備蓄洩遂廢五塘爲田以給貧民耕種自是水旱不能爲災斥鹵變爲沃壤民食賴之以足國賦賴之以供後宏卒於連江里莆民追念建立昇仙廟祀之

木蘭陂集卷一 長者諱宏福州侯官人生宋慶歷二年壬午三月十七日熙寧八年應詔創木蘭陂元豐六年癸亥五月二十五日卒四十二歲葬興福里東山瀆頭石巖下景定三年誥封惠濟侯

唐仲友

唐仲友，淳熙間守臨海縣，建中津浮橋。 初度地勢高下，量深淺，以寸擬丈，創爲木樣，置水池中，以篛節水，效潮漲落，酌省其制。然後築二堤，甃巨石，貫堅木，建級道二亭。其間爲橋二十五節，節各二舟，舟置一碇；旁翼以欄，更夾以鐵鎖竹纜，繫以石囷石師子石浮圖；而橋兩端復爲筏樓及版，使隨潮低昂，與堤岸相續焉。

康熙臨海縣志卷二建置志津梁　中津橋在興善門外宋淳熙八年郡守唐仲友建長八十六丈廣一丈六尺節二十有五籍舟五十

雍正浙江通志卷三十七　中津橋在臨海縣南一里修十六丈廣一丈六尺宋淳熙八年守唐仲友建

唐仲友修中津橋記　郡介括倉天台間城臨三津其中最要道招舟待濟寒暑尤病仲友以淳熙庚子來守自念承乏收養大利可作迺分官吏庀工徒度高下量廣深立程度以寸擬丈創木樣置水池中節水以篛效潮進退觀者開諭然後賦役始於四月丙辰成於九月乙亥築兩隄於皇華亭之東甃以巨石貫以堅木藏護以蓄楗中爲級道兩亭爲卻月形三其層以殺水勢南隄上流爲夾水岸以受水衝隄間百有五尋爲橋二十有五節旁翼以闌載以五十舟舟置一碇橋不及岸十五尋爲六栰維以柱二十囷以楗筏隨潮與橋岸低昂續以版四鍛鐵爲四鎖以固橋紐竹爲纜凡四十有二其四以維舟其八以挾橋其四以爲水備其二十有六以繫筏繫鎖以石囷四繫纜以石獅子十有二石浮圖二纜以當道者置木爲架遷飛仙亭於南岸遷州之廢亭於北岸以爲龍王神之祠爲僧舍及守橋巡邏之室二十有一間凡橋闌舟栰竹纜之須用錢九百八十萬既成因其地名曰中津

道詢

釋道詢，惠安人，俗姓王。寶祐間，募建泉州鳳嶼盤光橋，爲石梁百六十間，長四百餘丈，廣一丈六尺，與洛陽橋遙接而宏闊過之。論者每以蔡襄與詢創因相承，然詢貴賤異等，無所憑藉，成就尤爲不易。後又造靑龍獺窟彌壽等橋大小二百餘所。景炎元年賜號靈應大師，歿於白沙寺。

同治泉州府志卷十橋渡晉江縣：鳳嶼盤光橋　在三十八都即烏嶼橋（方輿紀要）舊有石路潮至不可行宋寳祐間僧道詢募建石橋百六十間長四百餘丈廣一丈六尺（閩書）是橋與洛陽橋海中相望如二虹然

明陳懋仁泉南雜志卷上　盤光橋自洛陽橋東接鳳嶼嶼在江中央上多腴田稠民居舊有石路潮落路出行者病之宋寳祐中僧道詢募貲作石橋長四百餘丈廣一丈六尺比蔡端明所造洛陽橋長多四十餘尺闊多一尺世知洛陽而不知盤光者蓋以人重也雖然貴賤異等若道詢一行脚耳無籍勢位而功力過之則其名胡可泯泯且洛陽橋尙有百五十三字之記此獨無之意當時道詢不欲居其功以垂後名耶抑本有記而歲遠湮廢也

同治泉州府志卷六十五方外　道詢惠安人俗姓王……長有靈異……朗悟內典精勤戒行寳祐中修造靑龍獺窟等橋共二百餘所……景炎元年賜號靈應大師歿于白沙寺

圖書集成方輿彙編職方典福建泉州府部關梁考惠安縣　獺窟嶼橋在二十五都大海中獺窟嶼之北宋開禧間僧道詢待津於此有道人與語作橋詢以風波辟道人云汝若作念何橋不成道詢遂率徒成之潮至橋沒潮退可渡至今稱便

靑龍橋在縣東三十四都峯崎山下宋寳祐間僧道詢建凡縣中諸水若菱溪驛坂龍津之會於峯崎港者皆出橋下北流至輞川入海

同治泉州府志卷十橋渡南安縣　彌壽橋在二十二都英溪白葉渡宋端平間僧道詢建長六十餘丈元大德初僧法助重修

又惠安縣　獺窟嶼橋在獺窟嶼之北（名勝志）宋開禧間僧道詢待津於此有異道人與語作橋道詢以風波爲辟道

人云汝若作是念何橋不可成道詢遂率其徒操舟運石成橋七百七十間南北跨兩岸潮至橋沒潮退可渡免墊溺之患至今便之

金

盧彥倫

盧彥倫，臨潢人。天會二年，知新城事，時城邑初建，彥倫經畫民居公宇，皆有法度。天眷初，行少府監，兼都水使者，充提點京城大內所。天德三年，董營燕京宮室。

金史卷四熙宗紀　天眷元年四月丁卯命少府監盧彥倫營建宮室

金史卷七十五本傳　盧彥倫臨潢人遼天慶初蕭貞一留守上京置爲吏以材幹稱……天會二年知新城事城邑初建彥倫爲經畫民居公宇皆有法改靜江軍節度留後知咸州烟火事未幾遷靜江軍節度使天眷初行少府監兼都水使者充提點京城大內所改利涉軍節度使未閱月還復爲提點大內所彥倫性機巧……歲餘遷侍衛親軍馬步軍都指揮使爲宋國歲元使改禮部尚書加特進封郇國公天德二年出爲大名尹明年詔彥倫營造燕京宮室以疾卒年六十九

張僅言

張僅言，平州義豐人，幼侍世宗藩邸。洎即位，除內藏庫副使，累遷少府監。大定六年，提舉大內工役，護作太寧宮。十七年，典領昭德皇后山陵。僅言治事嚴謹，工心計，凡宮室營造，悉皆主之。

金史卷一百三十三叛臣張覺傳　張覺亦書作㲉平州義豐人也……子僅言僅言幼名元奴宗望攻下平山僅言在襁

絲間里人劉承宣得之養於家其鄰韓夫人甚愛之年數歲因隨韓夫人得見貞懿皇后留之潛邸稍長侍世宗讀書遂使僅言主家事細檢部曲一府憚之……世宗即位除內藏庫副使……轉少府監丞仍主內藏僅言能心計世宗倚任之凡宮室營造府庫出納行幸頓舍皆委之……六年提舉修內役事……尋兼祇應司遷少府監提控宮籍監祇應司如故護作太寧宮引宮左流泉溉田歲獲稻萬斛十七年復提點內藏典領昭德皇后山陵遷勸農使領諸職如故……僅言始得疾猶扶杖視事疾亟詔太醫診視近侍問訊相屬及卒上深惜之

裒錢而

裒錢而，金明昌間趙人。嘗建趙縣城西門外永通橋，視隋李春所造安濟橋差小，而石工之製華麗尤精。

元納新河朔訪古記　趙縣城西門外平棘縣境有永通橋俗謂之小石橋方之南橋差小而石工之製華麗尤精清波二水合流橋下此則金明昌間趙人裒錢而建也建橋碑文中憲大夫致仕王革撰橋左復有小碣刻橋之圖金儒題咏并刻於下

元

劉秉忠

劉秉忠，邢州人。少博學，多材藝，精天文律曆，居恒鬱鬱，乃棄吏為僧，釋名子聰。後游雲中，謁世祖潛邸，留參帷幄。憲宗時，命建開平城於恒州龍岡，經營宮室，後遂因以為上都。世祖登極，董營大都，建宗廟宮室，及定官制朝儀章服，咸賴其力。

元史卷一百五十七本傳　劉秉忠字仲晦初名侃因從釋氏又名子聰拜官後始更今名其先瑞州人也世仕遼爲官族曾大父仕金爲邢州節度副使因家焉……秉忠生而風骨秀異志氣英爽不羈……十七爲邢臺節度使府令史以養其親居常鬱鬱不樂一日投筆嘆曰……丈夫不過於世當隱居以求志耳即棄去隱武安山中久之天寧虛照禪師遣徒招致爲僧……後游雲中留居南堂寺世祖在潛邸海雲禪師被召過雲中聞其博學多材藝邀與俱行既入見應對稱旨屢承顧問秉忠於書無所不讀尤邃於易及邵氏經世書至於天文地理律曆三式六壬遁甲之屬無不精通……世祖大愛之海雲南還秉忠遂留藩邸……癸丑從世祖征大理明年征雲南……己未從伐宋……中統元年世祖即位……秉忠采祖宗舊典參以古制之宜於今者條列以聞於是下詔建元紀歲立中書省……文物粲然一新……至元元年……拜光祿大夫位太保參預中書省事……初帝命秉忠相地於桓州東灤水北建城郭於龍岡三年而畢名曰開平繼升爲上都而以燕爲中都四年又命秉忠築中都城始建宗廟宮室八年奏建國號曰大元而以中都爲大都他如頒章服舉朝儀給俸祿定官制皆自秉忠發之爲一代成憲十一年……八月秉忠無疾端坐而卒年五十九帝聞驚悼……贈太傅封趙國公謚文貞

元史卷四世祖紀　……丙辰春三月命僧子聰卜地于桓州東灤水北城開平府經營宮室

日下舊聞考卷三十八引析津志　世皇建都之時問於劉太保秉忠定大內方向秉忠以麗正門外第三橋南一樹爲向以對上制可

張　柔　張弘略

張柔，字德剛，易州定興人。太祖末，鎮保州，後移亳州，皆承兵火之餘，繕城郭，津梁，畫市井，定民居，置官廨學校治績粲然。世祖至元三年命判行工部，城大都，而以子弘略爲築宮城總管佐之。五年，柔先卒。十三年城成，授弘略中奉大夫。

元史卷一百四十七本傳　張柔字德剛易州定興人世力農柔少慷慨尙氣節善騎射……中都經略使苗道潤承制授柔定興令累遷靑州防禦使道潤表其才加昭毅大將軍遙領永寧軍節度使兼雄州管內觀察使權元帥左都監行元帥府事……丁亥移鎭保州保自兵火之餘荒廢者十五年盜出沒其間柔爲之畫市井定民居置官廨引泉入城疏溝渠以瀉卑濕通商惠工遂致殷富遷廟學於城東南增其舊制……甲寅移鎭亳州環亳皆水非舟楫不達柔甃城壁爲橋梁屬汴堤以通商賈之利復建孔子廟設校官弟子員……中統……二年以僉實錄獻諸朝且請致仕封安肅公命第八子弘略襲職至元三年加榮祿大夫判行工部事城大都四年進封蔡國公五年六月卒年七十九

弘略字仲傑柔第八子也有謀略通經史善騎射……至元三年城大都佐其父爲築宮城總管八年授朝列大夫同行工部事兼領宿衛親軍儀鸞等局十三年城成賜內帑金釦瑇瑁卮授中奉大夫淮東道宣慰使

楊瓊

楊瓊，曲陽縣西陽平村人。幼業石，每出新意，人莫能及。中統初元，世祖聞其名，召至都，瓊持所鐫獅一鼎一觀獻，世祖曰此絕藝也，命管領燕南諸路石匠。中統至元間營兩都宮殿城郭，累遷領大都等處山場石局總管。至元九年督造朝閣大殿。十三年建周橋，時以圖進者，世祖多不愜意，獨允瓊議；命督造之。十四年任少府少監。翌年卒，贈宏農郡伯。平生所爲兩都察罕腦兒宮殿，涼亭，石洞門，石浴室，北嶽神尖鼎爐，山西三淸神像，獨樹山涿州等寺宇，精巧工麗，不可殫畢，然精力亦瘁於是焉。

光緒曲陽縣志卷十三金石錄下贈宏農伯判大都留守司兼少府監楊瓊神道碑銘　公姓楊氏諱瓊世居保定路之曲陽縣……生而魁頴修幹幼年與其叔榮同藝玢豳文磷每自出新意天巧層出人莫能及焉名聞世祖皇帝詔公等來都時中統初元也所經城市獨不與羣輩戲日取二玉石斲一獅一鼎成持以覲獻帝曰此絕藝也丞相段公葉孫不花傳旨命公管領燕南諸路石匠自中統二年至至元丁卯建兩都宮殿及城郭諸營造於是三遷領大都等處山場石局總管時西京有邱總管者聯事上賜銀符一莫擇所授二相語曰若號為楊氏者東列為王氏者西列羣趨而東乃以符授以此見衆工之所心服者公也歲壬申建朝閣大殿等於近畿撥戶五千為役較之前此可免官錢五十萬緡……從公請也甲戌叢玉泉山剖黑玉石中得壽龜焉因以奏獻是年冬錫金符此其為瑞何必良相張顯哉一日侍段相二公宴立標的命衆射公挽强引滿一舉而中信乎公之所長不局於石工也乙亥拜璽書採玉石提舉以白玉石盆貢上願其美脅喜賜鈔為定百明年丙子架週橋或繪以圖進多不可上意獨允公議因命督之時段貞尚書疾董八奉御代主營造等事段語董曰是橋當責成於楊勿撓之訖工上悅賜黃金滿衿上尊二以酒為母壽盡以金置地於齊化門之外泊房山縣之北皆沃壤宜農圃為畝千餘其為子孫久遠計類此迹其平生工力如兩都中外及涿郡等寺察罕腦兒宮殿涼亭石洞門石浴堂北嶽神尖鼎爐山西三清神像獨樹山等廟宇難以件數雖錫賚數數然精力亦瘁於此丁亥除武略將軍判大都留守司兼少府少監明年戊子積疴不痊劬悴滋甚䛐適扈從之野馬川日心痛形瘵諸執政詰其故曰思親耳亟遣其歸侍公曰吾忍死遲子來汝其以忠讜報國家越一日而逝……公平生嗜欲之心泊如食不兼味服必純素所賜金繡之衣過大會嘉醮則服之餘不敢褻也都人至今稱為楊佛子

王浩

王浩，曲陽閻家疃人。至元初，大都營繕方興，浩本石工，由侍衛軍改隸少府監石局，以藝業精妙，遷採石局提控轉提領。十二年卒，兄道襲其職。後道年老辭職，卒，子祐等繼之。

光緒曲陽縣志工藝傳第七　王道弟浩居曲陽之閻家疃其先以戶籍戍軍改侍衛軍道㓜嫻吏業為曲陽諸軍奧魯案牘官浩本石工時京城營繕方興改隸少府監石局遂除軍籍浩以藝業精妙充採石局提控轉提領至元十二年卒官有司復以道充石局提控改提領屢賜金帛寶鈔以年老辭職卒子祐等皆襲其職

張顯祖

張顯祖，泰定初為吳江判官，重建長橋，易木柱為石竇六十有二，每竇固以鐵鋦八，仍布椮枋水底，築址以防傾圮。

乾隆江蘇府志卷四十六名宦五　張顯祖泰定元年為吳江州判官重建長橋撤去木柱為石竇六十二每竇用鐵鋦八條長十三尺重四斤仍布椮枋於水底築址以防傾圮

乾隆江南通志卷百十三引姑蘇志　張顯祖泰定初為吳江判官重建長橋以石易木為竇六十有二每竇用鐵鋦八條仍布椮枋於水底築址以防傾圮遂為永利

36204

書評

泉州雙塔

艾克戴密微合著　哈佛大學出版社出版

The Twin Pagodas of Zayton, by Gustav Ecke and Paul Demieville, Harvard University Press, 1935.

石建『亭塔』之結構研究　第一章泉州雙塔

艾克著　輔仁大學華裔學誌第一卷第二期

Structural Features of the Stone-built T'ing-pagoda: Chapter I, Ch'uan-chou, by Gustav Ecke, Monumenta Serica, Vol. I, Fasc.2, 1935. Henri Vetch, Peiping.

福建的石工是名聞海內的，近年來首都的新工程中有許多便特別用福建工人做。至於歷代遺物，如福州厦門各地的石橋，都是著名的艱鉅工程。然而福建石工技術上的成就，殆自宋代已然。福建境內許多石塔便足爲證。

艾克先生前幾年南遊漳泉一帶，對於石造建築頗爲注意。福淸兩石塔及泉州印度式雕刻兩文，曾經譯載本刊。最近又有泉州雙塔及石造『亭塔』之結構研究兩文發表，均以泉州開元寺南宋雙石塔爲主題。

泉州雙塔爲單行本，艾克與戴密微合著。此書主要題材在開元寺雙塔上許多造像之研究。艾克著緒論，略述泉州當宋元時代在海外交通上所佔的地位。次述雙塔的建築形式；次述塔上石刻的時代及作風。在最後的一點，著者對於塔上不甚高明的雕刻給與過分的恭維，是我們所不敢贊同的。

戴密微的偶像學將兩塔上各八十面的浮雕像每位離『是誰』的指出，並且將東塔塔座上八面三十九幅的佛蹟圖浮雕各個加以詳釋。戴氏在結論裏認為塔座上這些靑石的故事圖刻與上面八十幅花剛石的造像是不宜相提並論的。他說這些畫刻表示出作者對於佛敎經典有相當的認識，其圖案大概是出自對於佛典熟悉的畫家之手。至於塔身各層各面的造像，愈上則去佛典愈遠，其中有許多竟似完全由雕刻人杜撰出來。但是大多數像則均屬南宋至今中國造像中所普通常見的。在塔史方面戴氏敍述頗清楚，而在泉州僧人之長於營造一點上，特別注意也是很有趣之點。

書附圖版多幅，將開元寺及雙塔的環境，各面造像，塔座上佛蹟圖均一一用珂羅版影印。並附錄線圖數張。

×　×　×　×　×　×

關於開元寺雙塔建築上的研究，艾克另為文在輔仁大學華裔學誌問世，題為石建『亭塔』結構之研究。其第一章為泉州。在緒言裏著者說第二章將為河北涿州良鄉一帶的幾座磚塔，第三章為山東長清靈巖寺辟支塔及河北房山雲居寺塔；第四章為福州無垢淨光塔及河南開封祐國寺鐵塔。今已出版者惟第一章。

在命題裏『亭塔』t'ing-pagoda 這名稱未免突如其來。著者雖說明因其似層層「亭子」纍起故稱但「塔」字本身給人的印象便如是，所以這種名稱實在有仔細斟酌的必要。

在略述兩塔年代之後，著者首先提出日本「天竺樣」的問題。據我所知道，所謂「天竺樣」者乃日僧重源入宋求道，所得，再加以獨創的新意識而成的新式樣（據岸田日出刀日本建築史）。其最主要遺物為奈良東大寺南大門；其最主要的特徵為華栱多跳自柱身伸出，（營造法式所謂丁頭栱）各跳間多偸心，只用少數羅漢枋將左右縱相固濟。艾克先生對於這點是認識很清楚的。這種自柱身伸出做法遺物有蘇州宋玄妙觀後內柱；淸浦頤浩寺內柱；及北平無數的牌樓；其偸心遺例，遼宋建築上所在皆有。但關於是雙塔，艾克先生所說節譯如左：

『……因爲結構上及美觀上的雙重理由每間內四鋪作遂移近到一起；而且因有厚牆在下承托，所以內兩柱便省略不用，同時角柱亦不向上直達承托屋檁，但至轉角鋪作下而止。在它們雄大的柱頭(chapiters)之下，這些柱子間用賬出的連絡枋子相牽引。因爲內兩柱省略不用，這枋子便似在承托內鋪作的樣子了……在東塔上，角柱只承托角栱，每間靠邊的兩鋪作是獨立的，以求與居中的鋪作一致……』

這一段話，照宋代術語說，僅是

角柱上施櫨斗及轉角鋪作；柱頭間施闌額。補間鋪作兩朶，施於闌額之上。東塔上轉角鋪作櫨斗口內只出角栱，其兩側正華栱則另用附角斗承托。

這在宋代是一種極通常的做法，是毫無足怪的。艾克先生(一)將補間鋪作認作『因有厚牆在下承托，所以內兩柱便省略不用……枋子便似在承托內鋪作的樣子……』(二)將轉角鋪作的附角斗一縫認爲使『每間靠邊的兩鋪作獨立，以求與居中的鋪作一致』而將這種宋代極通常的斗栱分配法曲解爲『天竺樣』之變形，未免太過勉强了。

泉州雙塔最惹人注目處，固然在那碩大疎朗的偸心華栱，但其碩大疎朗，實因材料使然，並不因此而可稱作天竺樣。其補間鋪作，艾克先生所認爲 4 inner bracket 者，在我看來只是補間鋪作兩朶。宋代磚塔中用這種華栱出兩跳者，比比皆是，如山東長淸縣靈巖寺辟支塔及歷城縣神通寺朗公塔，均屬此數，惟因材料關係，磚斗栱比石斗栱小得多，補間鋪作多得多，而其做法却完全一致，並非泉州雙塔所獨有。惟有塔內用丁頭栱兩跳自壁角伸出以承乳栿，庶幾與天竺樣較近。除非我對於日本天竺樣及宋式斗栱的認識不淸，在泉州塔與奈良東大寺南大門間，實在找不出特殊牽連的線索來。

艾克先生認爲泉州雙石塔是模仿木構的，但木構的塔必有平座及斗栱，而雙石塔無之，著者是否應將此點特別伸述，以引起讀者注意？

雖然此外還有數小點我們覺得有斟酌餘地外這篇大致可表現著者對於中國建築之認識較許多自以為中國建築專家者深切得多，是難能可貴的。

本文用英文屬稿其中除去中國特有的術語外許多通常的術語也有用好像很古雅的名辭的，在建築研究時用慣英美通用術語的人讀時不甚順口。

在插圖方面艾克先生的繪圖人可謂盡工整之能事，值得欽佩；但是有幾點小處，宜稍注意的，如刹上鍊條每環似嫌肥大；不免有 out of scale 之憾且鍊條完全是一直線，如弓弦般緊張其力似可使翁角掀起而有餘，恐怕與實情頗有出入。能外人研究中國建築而能在結構上有深切瞭解實在不多見，所以像艾克博士這樣的努力是很難得而值得鼓勵的。（思成）

英華華英合解建築辭典

杜彥耿編譯　上海市建築協會出版　定價拾元

現代的建築，已由原始人類直覺的創造，進而為一種藝術與工程學的結合，在普通性上漸漸加上專門性了。在設計，施工乃至應用上現代建築已與其他工程並列為專門學術。可是在中國，建築學之「專門化」比較其他許多工程都遲，——建築師之受社會認識到如今還極少建築學之在大學內成為一系到如今全國只有兩處，然而其地位之日臻重要，却是不可否認的。

在專門術語之制定上，建築學亦較其他自然科學及工程落後。術語之制定，本來是一件很不容易的事。在我國科學界中，如地質學，物理化學等，雖有悠久的歷史，特出的成績，且學者輩出，聚多數專家於一堂，經過多年多次的研究和討論，有多少名詞還不能受學術界一般的滿意，在這一點上，我們可以看出這種工作之難和學術界對於這種工作之慎重。

在術語辭典的刊行上——據商務印書館出版目錄——雖物理，天文，動物，植物，地質，礦物，醫學等等自然科學辭典已有刊行者，但是工程辭典則尚未有。然而在這點上，建築學却較其他工程皆敏捷，杜彥耿先生的英華華英合解建築辭典已於近三年來在建築月刊內陸續發表，今年六月且集印爲單行本問世了。這在我國工程界——不惟是建築界——是個創舉，是值得慶賀的。

本書計四百四十面，其中英華之部二百六十餘面，其餘一百七十餘面爲華英之部。英華之部又分爲上編與下編。

在自序中，杜先生說編譯此書的起源，爲廿一年冬上海市建築協會所發起組織的建築學術討論會，當時推定莊俊，董大酉，楊錫鏐，杜彥耿四先生爲統一名詞起草委員會起草委員，各人有起草的範圍，並規定每二星期開會一次。旋因各人忙於業務，不能如期開會，所以杜先生就單獨進行他所應做的一分草擬，依英文字母排列之名辭，並自廿二年一月建築月刊第一卷第三號開始刊登。杜先生這種辦事認眞，工作敏捷的精神，是令人不能不欽佩的。

現在全書已出版了，對於上海的建築業，無疑的是一部重大的貢獻，在業務之執行及工程之實施上，無疑的與人以極大的方便，由實用上說來，大體是一本成功的編譯，已爲京滬建築界所共曉，用不着累贅的介紹了。

但是由講理論的書生眼光看來，這部書還有多少可以詳加商討之點，現在臚列在後面，請教於杜先生：

一、英華之部分爲上下兩編，就內容看來，全部可以合爲一編，順字母次序排列；在序文中杜先生並未說明分爲上下兩編的原故，只說『惟因增訂下編』，所以無將全書分爲上下編之必要。若是因爲是『增訂』的，則在印單行本以前，按字毋次序重新排列付印，似較妥善。

二、重要的遺漏很多，茲就粗略瀏覽一遍後，所見的數端列後：

第5面　有 Alto-relieve，故第19面應加 Bas-relieve，這兩個相對的名稱是有此必有彼的。

第20面　Bay 譯作『壯』，而其一個更重要的譯意——『間』或『檔』即二柱之間之義——却漏下了。

第29面　Caisson 在工程上雖有許多重要的義意，但在建築學上（Architecturally）乃是『天花方格』之義，不可遺漏。

第35面　應加 Cloistered Vault 一條，那是中世紀及文藝復興建築中兩圓筒穹窿相交的做法，至爲重要，在第178面穹窿圖中(6)『穹圓圖』即是。其他各種 Vault 如 Groined Vault, Barrel Vault 等等皆應加入。

第37面　應加 Composite Order.

第38面　之 Cork 譯作龍頭，其實也是軟木，且爲做地板常用的一種材料。

第38面　有 Curtain 及 Curtain box，似不應遺下 Curtain wall。

第43面　Delivery room 輸送室，其更通用的意義有出納室及分娩室，都不宜遺漏。

第43面　Depot 貨棧，儲料場，也是車站的意思。

第47面　應加 Double hung Window 一項，那是窗子中極重要的一種。

第64面　Frigidarium 冷藏室，在建築史中爲羅馬浴堂中的冷浴部分，更爲重要。

第70面　既有 Greek cross 則第89面應有 Latin cross。

第186面　應加 Wash 一項，『反水』的做坡是古今中外建築上一律都有的。

第194面 Wing，翼謂爲翼形裝飾；其實 Wing 有個更重要的意義，就是『建築物之一翼』，是指全部局面中之某一大部分而言。

第308面 尺 Rule 更重要的義意是 Foot。

三、義意含糊者：

第3面 Acanthus 反葉乃形似 Acanthus 葉之裝飾，無論何處均可用，不一定『襯依柯蘭新式花帽或平頂線脚等處』。自希臘羅馬以至今日自建築物以至婦女首飾上都有用 Acanthus 爲裝飾的。

第7面 Angle 方角角度。 方角的義意太狹，似應簡稱『角』。

第7面 Angel 聖經中譯稱『天使』，『天神』二字不一定給人以同樣的概念。

第19面 Bath 浴在普通的譯意上是對的，但在建築的義意上乃浴室之義。

第30面 Capital乃柱頭之義，『花帽頭』祇其中之一種。

第33面 Cemetery墓坟應作墓地坟地；Grave 或 Tomb 纔是墓或坟。

第33面 Centering壳子板乃是發券用的壳子板，與普通的壳子板應有區別。

第44面 Dipteral Dipteros 雙楹廊屋楹者柱也；而 Dipteral 乃兩週柱之義，非兩柱或雙柱之義。

第59面 First floor及其他地板層數，在歐洲以我們所謂第一層爲 Ground floor，第二層爲 First floor，杜先生所用即此。但在美國則以第一層爲 First Floor，與中國說法相同。 這種易於混亂的名辭，不如以中外相同的定爲標準，似較妥當。

第63面　Fountain 噴水應作『噴泉』

第70面　Greek cross 希臘十字而未註明何爲希臘十字。Greek cross 是指四支同長的十字形而言；而杜先生所遺漏的 Latin cross 拉丁十字乃指一支特長的十字形而言。

第96面　Mausoleum 紀念堂並以廣州中山紀念堂照片爲插圖。按 Mausoleum 原義是 Caria 王 Mausolus 之墓，後世用爲紀念堂之通稱，猶之 Museum 原爲美神 Muse 之座位之義後世用作美術院博物院之通稱。

第111面　Palladian 建築中最特殊的 Palladian motif 未曾指出，頗覺美中不足。

第119面　Pilaster 半柱半墩子，小註中雖說的很清楚，但譯名似以扁柱或扁墩子爲較合。

第139面　Sculptor 彫鐫家，Sculpture 彫石藝，不如乾脆譯作『彫刻家』及『彫刻』之爲愈，因爲這是已經公認通用的名詞。

第170面　Transom 中管檔應作腰頭窗，Transom bar 纔是中管檔。

第316面　建築 Building 次頁建築學 Architecture 前者應作 Architecture 後者 The Study of Architecture 似較妥。

第322面　戲院 Cinema, Odeon, Theatre 第一個是電影院，第二個是音樂院，只是第三個便好了。

第358面　準確 Accurately 但其名詞 Accuracy，形容詞 Accurate 似應並舉以求面面兼顧。

第368面　現代建築 Modern architecture 應作 Contemporary Architecture 近代建築纔是 Modern architecture 呢。

四、釋譯錯誤者：

第3面　Accouplement of columns 雙柱應作『柱之并立』或『柱之并立法』。

第6面　Amphitheatre 門技場應作圓形劇場；希臘的劇場原來是半圓形的，所以圓形的稱爲『兩合劇場』——例如兩棲動物稱Amphibian Animal——其用途不限於鬭技而已。

第16面 Bakery 食物莊，應作麵包點心店。 Grocery 纔是『售牛肉麪包等一切食料菜蔬酒類之商店』。

第31面 Casement 玻璃窗，應作『有鉸鏈向內或向外開之玻璃窗』。

第51面 Edifice 殿堂，應改作『大建築物』。

第66面 Garland 雕花，應作『花環花圈或花冠』，以鮮花相綴亦可稱 Garland，但若非圈形或環形相綴者，不論是雕的或眞的都不能用此名。

第95面 Mansard roof 欄圍屋頂，原小註『係法國建築師所發明屋面四周簷口圍以欄牆，屋面之坡度極平，俗稱法國屋面』。按此式屋頂由兩個不同之坡度合成，下坡峻而上坡緩，爲法國建築師 Mansard 所創，故名。 通常所見均無圍墻。附圖所用似屬英國文藝復興式住宅屋頂及窗。

第101面 Nave 大殿，附圖所示地位不錯，但似應稱『禮拜堂中部』或用中國現成的術語稱之爲『禮拜堂之內槽』都比較準確。

第102面 Neo-classic architecture 新經典式建築， Classic 固然是經典，但在造形美術上用作形容詞時，乃『古典』之義，應作『新古典式建築』。

第119面 Perpendicular architecture 垂直式建築是對的，立體式建築是錯的，若用後一譯名，便是 Cubist architecture 了。

第126面 Pylon 門口，原註『埃及建築紀念堂之門道』；按 Pylon 之最大特徵爲門口兩旁高大之石砌部分，似應作『埃及之闕門』，較爲妥實。

第130面 Reinforcement 鋼筋，應作『增强的力量或材料』，鋼筋是水泥裏的 Reinforcement，蔴刀是白灰裏的Reinforcement

而旋刀却不是鋼筋。

第154面　Statuary 雕刻家，應作雕像家。但 Statuary 一個更通用的意義是雕像術。

第176面　Tympanum 鼓圈，第258面作門頭圓心，第一譯意『鼓圈』及其小註，顯然是極不明瞭 Tympanum 是甚麽的註釋。第二譯意按附圖所示是對的。但爲求譯名包括一切應含的義意不如用商務印書館綜合英漢大辭典所釋：（a）山形墻之凹面（通常爲三角形），（b）拱與楣間之部分。

第176面　Unit heater 電動風力傳熱器應作『單位傳熱器』以免將來有不用『電動風力』的單位傳熱器到了上海時爲難。

第210面　Araeosystyle 互間柱式應作『兩柱中線距離爲三個半柱徑之排列法』。

第280面　前廊 Narthex 應作 Front Porch 或 Front Portico，Narthex 乃初期基督教式教堂之前廊，不是個普通的名稱，亦不可用於他式建築上。

第284面　原有，Existing 應作 Original。Existing 乃現有或現存之義。原有的東西現在不一定都是 Existing 的。

第331面　文學院 Athenaeum 應作 College of Arts 或 College of Liberal Arts。按 Athenaeum 原義是智慧之女神 Athena 的廟，後遂爲文藝社或讀書室之通稱，譯作『文學院』固未嘗不可。但今日中國所謂文學院者大多是指某大學文學院而言，若譯作 Athenaeum 却是絕對的不合。

第336面　晨餐室 Morning room 應作 Breakast room。Morning room 通常的義意乃是『午前之起居室』

第344面　業主 Landlord 應作 Owner。Landlord 乃地主或房東之義。

五、譯名前後不一致者：

即以Order一名為例，第109面Order型式，第46面Doric Order 陶立克式，第81面Ionic order 伊諾尼式表型，第175面Tus-can Order 德斯金典式，而德斯金在109面而又作德斯根。至於Five orders中尚有Corinthian Order及Composite Order 雖在109面圖中有柯蘭新式及混合式，而未列專條，至於38面 Corinthian 柯蘭新式建築大概就權當Corinthian Order了吧。

第24面 Boundary界 Boundary gate圍墻門，Boundary Wall圍墻，後二者似應改作界門界墻，不惟求其一致，且為求其較準確。

六、譯名用別字或不雅馴者：

第5面 Alto-relieve 高肉彫，第6面 Amphiprostyle 兩向拜式，皆用日本名詞，尤其後者為不妥當，應改作「前後廊式」。

第11面 Arch 法圈及其他「法圈」，恐都是「發券」之俗寫；這也許是上海已經標準化的寫法，但似仍以改正為是。

第43面 Dentel Dentil 排鬚，這也許是上海通用的通用名稱，但顧名思義，似應改作齒形飾或椽頭形飾。

第39面 瓦輪鐵及他處所用「瓦輪」皆應改作「瓦隴」。

第85面 King post 正同柱，宜作正童柱。

第232面 狐尾筍應作榫，如同條倒杓榫。

七、插圖不合適者

第73面 手鋸圖，第162面電燈開關圖，第127面採石機圖等等都是不必須的圖，尤其是如採石機圖與建築學既無直接關係，又不能表示其動作，而且由圖看來，大概是個極舊的型式，實在無插印之必要。

第77面、戧圖，戧字誤作『槍』。

第110面　花飾圖，不足爲代表。

第25面　牛腿圖與橋圖之大小，第173面三脚架與凱旋門之大小，未免有顚倒之感。

第165面　Tee乃印度塔頂之刹，而圖的塔頂乃中國或日本塔頂之刹，然而中國的刹却不是印度的Tee。

第73面　Hammer鐵鎚有圖，而Hammer beam槌梁無圖，却是知道鐵鎚是甚麼樣子的人很多，知道槌梁是什麼樣子的人很少。

上舉諸例，只是匆促間瀏覽一遍所見，我很希望我可指摘的只在此數。在上海南京一帶建築事業發達的地方，這一類辭典之印行，實在是當今之急務，在這一點上，其他工程界一定也有同感。他們的術語久不能制定，久不出版，也許有其他的理由，但是愼重其事，無疑的是其主因，在這一點上，他們這美德是值得效法的。

至於定價方面，恐將使一般的建築學生及繪圖員等感到困難。這種工具用書的價格，似應訂在最低水平爲是。

思成

本社紀事

(一)測繪北平清宮苑

二十五年四月，社員梁思成率助理邵力工等測繪宮城角樓四處及南海新華門。　五月，社員林徽因率助理劉致平研究生麥儼曾等測繪北海靜心齋建築。

(二)調查河南省古建築

二十五年五月中旬，社員劉敦楨率研究生陳明達趙法參赴河南調查，凡歷新鄉修武博愛沁陽濟源汜水洛陽孟津偃師登封鞏十一縣，歸途經鄭州開封，於七月初旬返平。　所測量攝影之木建築，屬於北宋者有濟源縣濟瀆廟寢殿，登封縣少林寺初祖庵；屬於金代者有濟源縣荊梁觀大殿，修武縣二郎廟正殿；屬於元代者有濟源縣濟瀆廟拜殿及玉海臨水亭，登封縣會善寺大殿，博愛縣城內觀音閣與月山寺觀音閣，共計九處。　測量之磚石建築有登封縣漢太室少室啟母三闕及同縣北魏嵩嶽寺塔，唐法王寺塔，永泰寺二唐塔，劉碑寺唐塔，偃師縣唐太子宏陵，濟源縣宋延慶寺塔，修武縣宋勝果寺塔，密縣宋法海寺塔，洛陽縣金白馬寺塔，沁陽縣金大雲寺塔，登封縣永泰寺金千佛閣，同縣元郭守敬所築測量臺十六處。　又調查少林會善法王三寺唐宋以來墓塔三百餘座，擇其式樣結構足以代表各時代特徵者，自唐靜藏禪師塔以下，詳細測量攝影共三十餘處。　石窟雕刻則調查鞏縣北魏石窟寺，并與社員梁思成林徽因踏查洛陽龍門石窟。　梁林二君於由洛赴濟，及劉君等由鞏返平途中，先後在開封停留，調查宋代繁塔鐵塔及龍亭等處建築。　其餘歷代碑碣經幢，與明清二代之佛寺牌樓橋梁民居各項資料，所獲亦甚豐富，擬於彙刊及古建築調查報告專刊內分別發表。

(三)調查山東省古建築

二十五年五月下旬社員梁思成林徽因與劉敦楨會於洛陽，共同踏查龍門石窟之後，即轉赴濟南，會同研究生麥儼曾調查山東古建築計經歷城章邱臨淄益都濰長清泰安滋陽鄒滕等十縣。曾經攝影調查者，計有歷城縣神通寺東魏四門塔，唐朗公塔及元明墓塔三十餘座，千佛殿初唐摩崖造像，湧泉庵台基章邱縣常道觀元代大殿文廟金代大成殿，白雲觀清靜觀元代正殿，永興寺正殿臨淄縣興國寺遺址，北魏石佛像及宋舍利塔殘石；益都縣文廟濰縣文廟及石佛寺明代大殿長清縣靈巖寺宋代(明重修)千佛殿辟支塔及五花殿遺址，唐代法定塔及惠崇塔，並宋元明累代墓塔一百四十餘座，泰安縣岱廟門及泰山上道觀數處；滋陽縣興隆寺宋代磚塔，鑑應廟明代大殿，泗水橋；鄒縣法興寺宋塔，亞聖廟滕縣龍泉寺明塔與國寺遺址。此外民居園林橋梁牌樓等建築物之經攝影者亦甚多。

(四)中國建築設計參考圖集第四五六集出版

社員梁思成劉致平主編之中國建築設計參考圖集陸續出版者，計斗栱二集琉璃一集。編竣付印者有柱礎，槅扇，雀替三集。

(五)建築大事年表

社員單士元主編之明代建築大事年表已印就，刻正編製索引，年內出版。

（六）增編元大都宮苑圖考

本社編著之元大都宮苑圖考久已絕版，刻由研究生王璧文重新校比，幷蒐集新近發現之資料，補訂原文，業已付印。

（七）參加修理北平古建築

本年度本社仍繼續擔任北平市文物整理實施事務處技術顧問。又本年春季，本社應蒙藏委員會邀請，參加北平雍和宮修理工程。

（八）計畫修理趙縣大石橋

二十四年十月，中央古物保管委員會根據社員梁思成君計畫，匯欵三千元，委託本社修理河北薊縣獨樂寺觀音閣。本社爲澈底修葺起見，幷緘商北平市文物整理委員會加撥三萬元，俾能根本修治，嗣因時局變遷，未獲實現，現擬將此欵移爲修理河北趙縣大石橋之用。

（九）參加上海市中國建築展覽會

二十五年四月，上海市博物館舉行中國建築展覽會，本社出品有獨樂寺觀音閣，及歷代斗栱模型十餘座，古建築像片三百餘幅，實測圖六十餘張，幷由社員梁思成君出席講演我國歷代木建築之變遷。

（十）修改青島湛山寺塔圖案

二十五年九月，青島市工務局致函社員梁思成君，並附寄湛山寺擬建佛塔圖案，請求批評；當經梁君指導劉致平君另行設計，製成草圖詳圖，寄青備用。

(十一)請求中華教育文化基金董事會繼續補助本社經費

致中華教育文化基金董事會函

敬啟者：敝社在過去七年中受　貴會補助，對於國內古建築之調查，及圖籍編製，業經分期報告在案。邇來社中工作，更爲有效之進展，如實物調查已自晉冀二省推及江南，社會服務自北平一隅展至全國，而圖籍編製方針，除整理舊籍外，並求切合實用，俾能供給國內外研究中國建築者設計參考之助。惟敝社經費向分(甲)(乙)二項，其中(乙)項調查研究費一萬五千元由鄙人逐年自籌外，所有(甲)項經常費及專任研究員薪俸，概於　貴會補助費內支給。去歲以來，雖又受管理中英庚款董事會每年補助出版費一萬元，劃歸(丙)項開支，然(甲)項經費實爲敝社存在之根基，苟使一旦無着，則調查出版二項主要工作勢必戛然中止，同時國內建築界與青年學子究心斯學者，亦必頓感參考材料中絕之痛苦。同人等深感使命之重，與研究工作之須賡續進行，將伯之呼，實不容已。爲此請求　貴會自下年度起，繼續補助敝社經費三年，每年以二萬元爲度。竊念敝社爲國內研究中國建築唯一之機關，歷年成就，既賴　貴會扶掖於前，對於此次之請求，倘希予以協助。如荷　惠准，不僅敝社九仞之功無虧一簣，即中國建築界之前途，亦拜賜無涯矣。臨穎無任禱企。此致

中華教育文化基金董事會

中國營造學社社長朱啟鈐　中華民國廿五年二月三日

中華教育文化基金董事會復函

逕啟者：查本屆　貴社向敝會繼續聲請補助一案，經第十二次董事年會議決，以敝會爲財力所限，對於請求之款，未能

36220

全數通過，當決議補助國幣壹萬五千元，以為研究中國建築學之用，自二十五年七月起至二十六年六月止，期限壹年等因，相應函達，並檢付空白預算書兩份寄上，即希 查收，按照通過補助數額，逐項填寫，將來 敝會須憑此項預算審核撥款，務請於七月一日以前寄送到會，是所盼荷。 此致

中國營造學社

中華教育文化基金董事會啓 二十五年五月一日

(十二)請求管理中英庚款董事會繼續補助本社編製圖籍費及調查費

致管理中英庚款董事會函

敬啟者：去歲六月蒙 貴會議決補助 敝社編製圖籍費國幣貳萬圓，分兩年撥付。 十月底，初期補助費撥到後，自十一月始，敝社即按照預定計劃進行工作，至今已一年零一個月。 原擬定計劃工作三種，除(一)工程做法則例補圖，尚在繼續修正，須至兩年終了時方克出版外；其餘兩種中(二)建築設計參考圖集已編就十集，已付印者六集，已出版者二集；(三)古建築調查報告第一集塔已付梓，第二集元代建築，及第三集正定古建築正在陸續編纂中。 以上工作預計二十五年十月以前，(一)之全部，(二)預定之八集，(三)預定之四集，可以全部出版。 上三項中除(一)項外，(二)(三)兩項依 敝社現有及將來收集之資料，尚可源源編纂，以供建築家，考古家，美術家研究之需。竊 敝社經費除受 貴會補助上述「編製圖籍費」外，其研究人員及職員薪給大半出自中華教育文化基金董事會補助費項下，而旅行調查費及彙刊出版費則由 敝社另行籌募。 年來國內經濟凋敝，籌款奇艱。 今 貴會補助行將滿限，用敢懇求 貴會除繼續補助 敝社編製圖籍費外，並加調查費，每年共計壹萬捌千肆百圓，暫以三年為限。 預計工作，印刷項下除原有(二)(三)兩項仍舊繼續編製外，另將 敝社彙刊印刷費亦求補助半數，俾得繼續刊行。 調查工作擬分兩組，每組四人或五人，春秋各出發一次，每次期限約兩個月至三個月。 調查範圍：第一年在冀晉魯豫，次及陝

甘蜀，第三年長江一帶；如有餘暇，並可達南部諸省。每次每組費用貳千圓。

按敝社以往調查工作，以限於經費，祇及冀晉兩省，至於西北及南方諸省，雖有志而未逮，不免有偏於一隅之憾。今爲求其範圍普及全國起見，故特請求貴會補助。至於敝社彙刊編纂費，對於上項工作研究人員職員薪金，及敝社平時工作費，經常費等等，皆在中華教育文化基金董事會補助費及敝社自募捐款項下支付。爲繼續此項調查工作，並求公諸社會，計上列預算，已爲最低限度，實屬極刻苦辦法。

貴會對於敝社工作，素荷關懷，而於文化之宣揚，鼓舞不遺餘力。所請補助每年國幣壹萬捌千肆百圓，爲數本屬無多，但當此經濟凋敝之際，籌募實感艱難，行將見工作有停輟之勢；如蒙允予繼續補助，暫以三年爲限，俾鑽研不至中綴，則豈惟敝社之所引領翹望，抑我國建築界亦將拜受其賜也。此致

管理中英庚欵董事會。

中國營造學社社長朱啟鈐啟

管理中英庚欵董事會復函

管理中英庚欵董事會公函第一九三二號

查貴社前請繼續補助編製圖籍費及調查費每年壹萬捌千肆百圓，以三年爲限一案，業經本會教育委員會彙案審查，建議第三十九次董事會議議決，補助伍萬肆千圓，自二十五年度起分三年撥給，每年一萬八千元，指定專充編製圖籍費之用。相應錄案函達，即請查照。惟上述補助費，較原請數額計相差每年四百圓，因係零數，不易支配，故擬即請貴社自行籌措，並希示知籌措情形，俾資查考爲荷。此致

中國營造學社

董事長朱家驊　中華民國二十五年七月十五日

本社自二十五年一月起至八月底止受贈及交換各界圖籍臚列於左敬表謝悃

天津工商學院 工商學誌第八卷第一期一冊
之江大學文理學院 之江期刊第一・五期二冊
之江學報第一期一冊
震旦大學理工學院 理工雜誌第二卷第三・四期二冊
燕京大學 燕京學報第十八期・十九期二冊
燕大圖書館館報第八十四至九十二期八冊
日本期刊三十八種東方學論文篇目附引得一冊
國立清華大學 清華學報第十一卷第一至三期三冊
嶺南大學 嶺南學報第一卷至第四卷全十六冊
國立北京大學 國學季刊第四卷第四期第五卷一至三期四冊
北大圖書館概況一冊
北大圖書館方志目一冊
北大圖書館善本書目一冊
廣東省立勷勤大學 勷勤大學季刊第一卷第二期一冊
勷勤大學旬刊第一卷十六至二十期五冊
廣東國民大學 民鐘季刊第一卷三・四期二冊
國立交通大學 交大季刊第十八至二十期三冊
交大唐山工程學院 交大唐院周刊第一二三至一三六期七冊
國立杭州藝術專科學校 亞波羅第十五・十六期二冊
中法大學 中法大學月刊第三卷至第八卷全卷第九卷第一期三十一冊
安徽大學 安徽大學月刊第一卷一至八期第二卷一・二期十冊
浙江湘湖鄉村師範學校 鋤聲第一卷九・十期一冊
中法國立工學院 中法國立工學院刊一冊
國立中央大學圖書館 國立中央大學圖書館書目四冊
國立中山大學圖書館 西文圖書分類目錄一冊
國立中央研究院 慶祝蔡元培先生六十五歲論文集下冊一冊
國立北平研究院 史學集刊第一期二冊
國立北平圖書館 圖書季刊中文本五冊英文本八冊

江蘇省立國學圖書館 江蘇省立國學圖書館館刊第三年至七年五冊
浙江省立圖書館 文瀾學報第二卷第一期一冊
圖書展望第一卷七至十期四冊
咸淳臨安志二十四冊
乾道臨安志一冊
岳廟志略四冊
文廟通考二冊
浙西水利備考四冊
武林梵志三冊
武林第宅考一冊
靈隱寺志三冊
夢粱錄四冊
苕溪藝人徵略二冊
浙江省立圖書館中日文書總目第一輯二冊
安徽省立圖書館 學風第六卷一至五期五冊
國立中央圖書館籌備處 學觚第一卷二至五期四冊
國立中央圖書館歲期刊目錄第二輯一冊
北平市立第一普通圖書館 圖書總目八冊
松坡圖書館 松坡圖書館概況一冊
國際聯盟世界文化合作院 國際文化合作報告一冊
民衆藝術及工人娛樂一冊
中國博物館協會 高特談話一冊
會報第三至五期三冊
故宮博物院 文獻叢編二十九至三十二輯四冊
清內務府造辦處輿圖房圖目初編一冊
內閣大庫現存清代漢文黃冊目錄一冊
整理檔案規程一冊
河北博物院 河北博物院畫刊第一〇三至一一九期各二份
元大都路總治碑拓片一份
畿輔先哲祠崇祀先哲牌位一冊

中央古物保管委員會
中山文化教育館
山西省立民衆教育館
上海市國術館
中國科學社
河北省工程師協會
禹貢學會
考古學社
浙江大學土木工程學會
中國地理學會
中國工程師學會
中國牛頓社
中國水利工程學會
上海市建築協會
中國建築師學會
工業安全協會
人文月刊社
道路月刊社
文化建設月刊社
中華教育職業社
民生周刊社
中國國際貿易協會
日本東京留東學報社
第四集團軍總政訓處
全國經濟委員會水利處

各國保管古物法規續編一冊
期刊索引第五卷第五期一冊
時事類編第四卷一至十五期十五冊
月刊第二卷七期至三卷三期六冊
國術聲第四卷第二期一冊
中國古俠劍法一冊
科學第十九卷十二期至二十卷第八期九冊
河北工程師月刊第三卷十・十一期二冊
禹貢第五卷第六・十至十二期四冊
考古學社社刊第一至四期四冊
土木工程第一卷第二期一冊
地理學報第一卷至三卷六冊
工程第十一卷第一・二・四期三冊
中國工業第五卷一至四期四冊
水利十卷二至六期十一卷一期六冊
建築月刊第三卷十一期至第四卷第五期六冊
聯樑算式一冊
華英英華合解建築辭彙一冊
中國建築第三卷三至五期三冊
工業安全第三卷二至六期第四卷第一期六冊
人文第七卷一至六期六冊
道路月刊第四十九卷第一期至五十一卷第一期七冊
文化建設第一卷七至十二期第二卷四至十一期十四冊
教育與職業第一七四至一七六期三冊
民生第二至三十三期三十二冊
貿易第六十四至七十四期八冊
留東學報第二卷第二・三期二冊
創進月刊第三卷第七・八期二冊
中國河工辭源一冊
水利工程設計手冊一冊

建設委員會設計處
華北水利委員會
黃河水利委員會
察哈爾省政府
江蘇省建設廳
浙江省建設廳
北平市社會局
國際貿易局
黃浦港土地登記處
北海公園委員會
中山公園委員會
齊如山先生
洪宗炳先生
冼玉清先生
楊廷寶先生
趙登甫先生
張文孚先生
龍非了先生
鄧宣宸先生
劉會九先生
劉雅齋先生
朱桂辛先生

建設第十八・十九期二冊
華北水利月刊第九卷一至六期三冊
黃河水利月刊第二卷全卷第三卷一・二・四・五期十六冊
河上語圖解一冊
察哈爾通志十二冊
江蘇建設月刊第三卷二至八期七冊
浙江省建設月刊第七卷一・三至六期五冊
時代教育季刊第一卷第一期一冊
國際貿易導報第八卷一至六期六冊
黃浦港土地登記特刊一冊
北海公園全圖一份
北海公園概要一份
中山公園概況一份
北平國劇學會圖書館書目一冊
北平國劇學會陳列館目錄一冊
洪文襄公年譜一冊
梁廷枏著述錄要一冊
粵東印譜考一冊
談瓷別錄一冊
開封鄭州古建築照片三十三張
四川橋梁及佛像照片八張
光緒間修濬奏稿及說帖七件
河南古建築照片四張
河南昇仙觀昇仙太子碑文拓片三幅
東嶽廟圖拓片一張
藝林月刊遊山專號第六卷一冊
文獻叢編第三十一・三十二輯二冊
髹飾錄四冊
鑛冶第二十四至二十八期三冊
北京繁昌記一冊
北平圖書館館刊第七卷三至六期三冊
北平研究院院務彙報第七卷一至三期三冊

梁思成先生 Ostasiatische Zeitschrift 三冊
Chinesche Baukeramik 一冊
崇陵工程做法三十四冊
崇陵妃園寢工程做法八冊
崇陵工程簡明做法冊一冊
崇陵妃園寢簡明冊一冊
崇陵妃園寢丈尺清冊二冊
風水圍墻做法清冊二冊
涿州遼代堡壘遺蹟照片一張
涿州永樂村東禪寺經幢照片一張
房山雲居寺山頂單層塔照片一張
西山磨石口明塼亭照片一張
清塼亭照片一張

艾克先生 泉州開元寺志一冊

Stübel 先生 粵邊建築照片十五張

東京文理科大學大塚史學會 史潮第六卷第二期一冊

廣島文理學院史學研究會 史學研究第七卷三期八卷一期二冊

東方文化學院東京研究所 東方學報第六編一冊

東方文化學院京都研究所 東方學報第六編一冊
新增漢籍目錄一冊
殷墟出土白色土器の研究一冊
泛禁の考古學的考察一冊
周髀算經の研究一冊
支那山水畫史一冊附圖一函
漢以前古鏡の研究一冊

建築學會 建築雜誌第五十輯六〇八至六一五號八冊
建築雜誌論文集一・二集二冊
建築學會五十年略史一冊
建築術語集一冊
建築雜誌第一輯至四十九輯總目錄一冊

早稻田大學理工學部建築科 早稻田建築學報六至九號四冊

日本支那學社 支那學第八卷第二・三期二冊

考古學研究會 考古學論叢第一・二號二冊

國際建築學會 國際建築第十二卷二至八號七冊

美術研究所 美術研究第五年第一至三號三冊

滿洲技術協會 滿洲技術協會誌第八十二至八十九號八冊

滿洲建築協會 滿洲建築雜誌第十六卷一至三・五至八號七冊

日本建築士會 日本建築士第十八卷第一・三至六號第十九卷一・二號七冊

日本東亞經濟調查局 東亞第九卷第五至八號四冊

東京帝大史學會 史學雜誌第四十七卷六至八號四冊

翰林書房 ミネルヴァ昭和十一年二月號至七月號六冊

東京帝大文學部 滿鮮歷史地理研究報告第十・十一・十三・十四號四冊

東洋文庫 東洋文庫地方志目錄一冊

大連圖書館 和漢書分類目錄第六編二冊

日本東京府 東京府史蹟保存物調查報告書五冊

奧村伊九郎先生 瓜茄第二・三號二冊

田邊泰先生 川越東照宮建築考一冊
上野東照宮建築考一冊
江戶幕府作事方の研究三冊
禪宗の寺院建築一冊
羣馬世良田東照宮建築考一冊
崇源院靈牌所造營私考一冊
江戶聖堂及學問所建築考一冊

小杉一雄先生 漢代の山岳文ミ風景モチーフ起源の問題一冊

莫斯科中央建築圖書館 建築樂一九三六年一至七月號七冊
建築上之木材(論文索引)一冊

The Association of Chines and American Engineers. Journal. Vol. 17. Nos. 1-4

The American Oriental Society. Journal Vol. 56. No. 1

l'Institut Belge des Hautes Etudes Chinoises. Melanges Chinois et bouddhiques. Vol. 1934-1935

Royal Institute of British Architectes. Journal of R.I.B.A. No. 16.

中國營造學社發售古建築照片及圖版啟事

本社近年來蒐集古建築照片數千餘張，承國內外各學術機關迭次函索，以廣流傳，茲經理事會議決；凡在本社彙刊及不定期刊物中業經發表之照片圖版，得收價代印。如欲訂購此項照片圖版者，請賜函本社事務室接洽為荷。

簡章

(一)凡託本社代印照片及圖版，均甚歡迎，但以在本社刊物中業經發表者為限。

(二)凡發表著作，引用本社照片圖版時，須預先徵求本社同意，翻印時並須註明引用本社刊物之名稱。

(三)凡各學術機關託印照片及圖版，須來函指定書名及某卷某期某號圖版，並須按照定價將欵匯下，方能代辦。

(四)照片一律用黑色磁面印曬，如須特種紙面者，祈預先聲明。

(五)凡外埠託印照片，總價在貳圓以內者，酌收郵費貳角，貳圓以上免收，惟歐美各國照郵章加入。

(六)照片及鋅版圖價格如後；

放大照片

四吋每張	三角
五吋每張	四角
六吋每張	五角
八吋每張	一元
十二吋每張	二元

曬印照片

六乘六公分每張	一角
六乘九公分每張	一角五分
九乘十二公分每張	二角

鋅版圖（一六〇磅道林紙印）

八開紙每張	三角
十六開紙每張	二角

本社社員 以入社先後為序

朱啟鈐 陶湘 孟錫珏 周貽春 袁同禮 華南圭
葉恭綽 陳垣 徐世章 郭葆昌 任鳳苞 瞿宣穎
張文孚 陶洙 劉南策 馬衡 梁思成 何遂
吳延清 宋麟徵 關祖章 葉公超 劉嗣春 金開藩
唐在復 馬世杰 張萬祿 林行規 溫德 瞿孟生
孫壯 裘善元 吳其昌 趙深 林徽因 陳植
李慶芳 江紹杰 艾克 柏爾斯曼 彭濟羣 汪申
盧樹森 劉敦楨 瞿祖豫 梁啟雄 謝國楨 周作民
錢永銘 徐新六 葉揆初 翁初白 許寶駿 胡玉縉
張學良 莊俊 張學銘 胡筆江 黎重光 吳泰勳
錢馨如 任鴻雋 章元善 李四光 李濟 李書華
林志可 單士元 夏昌世 趙世暹 關頌聲 楊廷寶
鮑鼎 邵力工 劉儒林 劉致平 馬輝堂 徐敬直
宋華卿 趙雪訪 陸根泉 張毅 朱家驊 杭立武
孫洪芬

理事會

朱啟鈐 周貽春 葉恭綽 朱家驊 李書華 徐新六
杭立武 孫洪芬 葉揆初 錢永銘 張文孚 關頌聲
趙深 袁同禮 李濟 裘善元 林行規

職員

社長 朱啟鈐
法式主任 梁思成 助理 邵力工 劉致平
文獻主任 劉敦楨 編纂 瞿宣穎
研究生 莫宗江 陳仲篪 麥儼曾 陳明達 王璧文
趙法參
會計 朱湘筠 庶務兼收掌 喬家鐸

中國營造學社彙刊 第六卷 第三期

定價壹圓 郵費 國內日本朝鮮八分 香港澳門歐美六角

中華民國二十五年九月出版

編輯發行者 中國營造學社 北平中山公園內 電話南局二五三六號

印刷者 京城印書局 北平和平門內北新華街 電話南局三五七〇號

製版者 華昌製版局 前外李鐵拐斜街路北 電話南局二六二三號

寄售處
北平天津南京西安濟南永興紙行
北平琉璃廠來薰閣
北平琉璃廠商務印書館
南京成賢街鍾山書局
上海福州路二七一號作者書社
北平北京飯店法文圖書館
北平隆福寺街修綆堂文奎堂
天津北馬路直隸書局

BULLETIN OF THE SOCIETY FOR RESEARCH IN CHINESE ARCHITECTURE

Volume VI, Number 3.

September, 1936.

Published by the Society at Chung-shan Kung-yuan, Peiping. China.

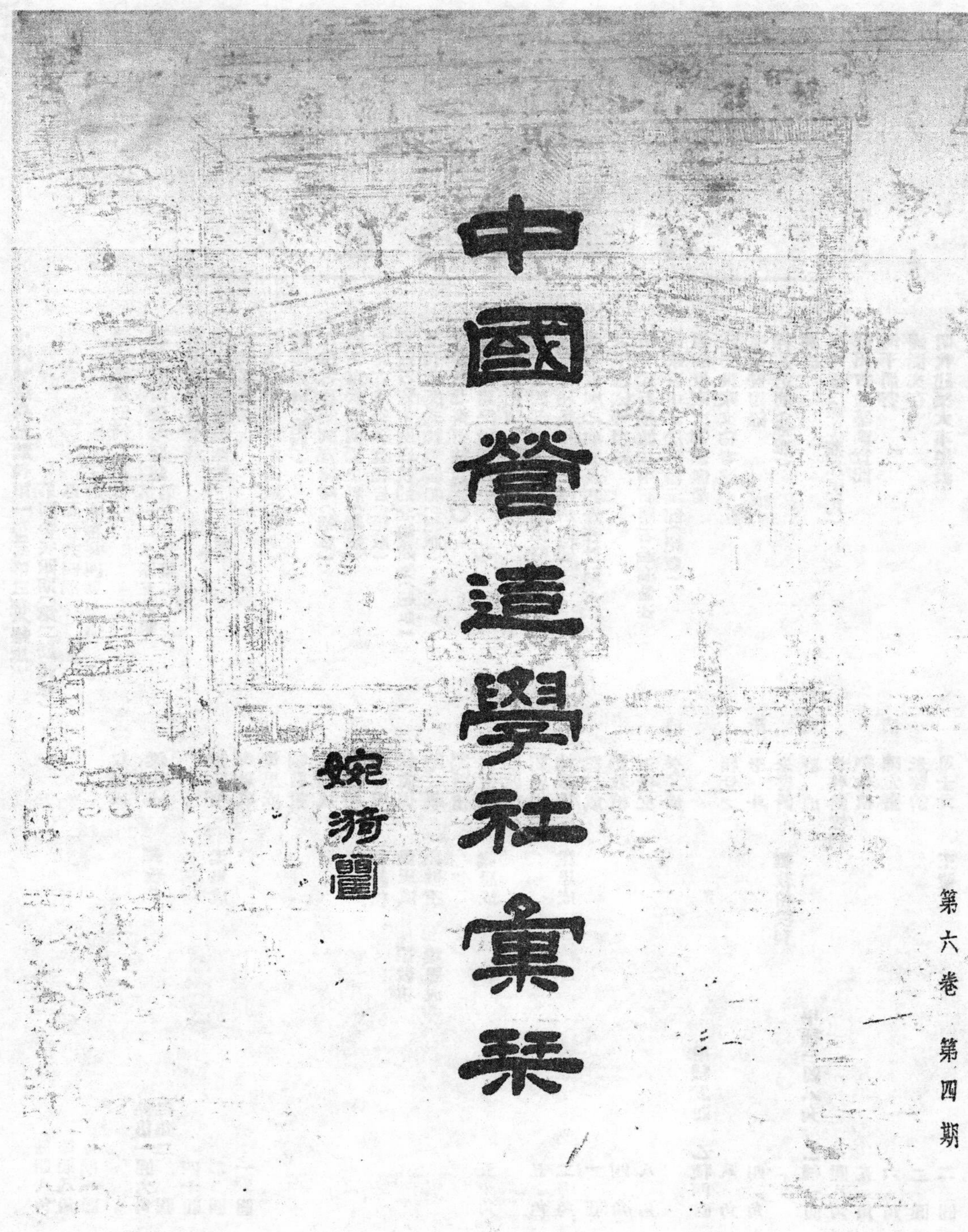
中國營造學社彙栞
婉漪題
第六卷 第四期

本社出版圖籍

中國營造學社彙刊第一卷至第三卷(絕版)
　第四卷共四期(第二期絕版)　每期八角
　第五卷共四期　每期八角
　第六卷共四期　每期一圓

清式營造則例(絕版)　梁思成

建築設計參考圖集第一二三四五六集　梁思成　劉致平　每集一圓六角
　第七八九集　每集二圓

文淵閣藏書全景　四十圓

清文淵閣實測圖說　劉敦楨　梁思成　二圓

營造算例　梁思成　一圓

寶坻廣濟寺三大士殿(絕版)　梁思成

牌樓算例(絕版)　劉敦楨

正定古建築調查紀略(絕版)　梁思成

同治重修圓明園史料(絕版)　劉敦楨

大同古建築調查報告(絕版)　梁思成　劉敦楨

雲岡石窟中所表現的北魏建築(絕版)　林徽因　梁思成　劉敦楨

漢代建築式樣與裝飾(絕版)　鮑鼎　劉敦楨　梁思成

定興縣北齊石柱(絕版)　劉敦楨

晉汾古建築預查紀略　林徽因　梁思成　五角

易縣清西陵(絕版)　劉敦楨

河北省西部古建築調查紀略　劉敦楨　五角

天寧寺建築年代之鑑別問題　林徽因　梁思成　二角

曲阜孔廟之建築及其修葺計劃　梁思成　一圓

北平護國寺殘蹟　劉敦楨　四角

清官式石橋做法附石閘石涵洞做法　王璧文　八角

一家言中之居室器玩部(絕版)　清　李漁

岐陽世家文物圖像冊　甲種五圓　乙種四圓

岐陽世家文物考述　瞿兌之　八角

工段營造錄　清　李斗　四角

梓人遺制(絕版)　朱啟鈐　劉敦楨校刊

園冶　明　計成　甲種一圓八角　乙種一圓

三几圖(蝶几燕几匡几)　朱啟鈐校刊　一圓八角

蘇州古建築調查記　劉敦楨　五角

河干問答　清　陳定齋　六角

蠖園文存　朱啟鈐　二圓

明代建築大事年表　單士元　王璧文　二圓

中國營造學社彙刊第六卷第四期目錄

唐宋塔之初步分析

鮑鼎

一 前言

塔之一物，雖非我國所固有，然在我國建築中却佔很重要的位置。我國木建築遺物，上推至隋唐時代，多已蕩毀無存，但遠在六朝時代的塔，今日還可見到。我們不但在塔的建築上可以看出我國磚石建築的演變，而且由其細部結構與裝飾手法等，兼可考求當時木建築之概略。

塔的傳入中國，當然是隨佛教同來的。在漢以前的中國建築中，祗有樓，有臺，有閣，而無塔。塔的名稱是佛教傳入中國後才有的。其意義係建以藏佛舍利之用，故我們往往見到舍利塔一類的名稱。塔的梵名爲窣堵婆(Stupa)，又名塔婆(Topes)；後者日本語言中常用之，在我國文字裏還有譯作浮圖的。舍利最初指的佛骨，後來乃泛指一切佛的遺物遺跡，而遺物中更有髮爪齒牙之別。總之塔之原義是與墳墓有同等性質的，不過因佛敎的關係，兼含一種宗敎性信仰禮拜的意味。

佛敎之傳入我國，遠在漢代，當時是否卽有佛塔一類的建築，尚屬疑問。雒陽伽藍記有「明帝崩，起祗園於陵上，自此以後，百姓塚上或作浮圖焉」的記載注一。則似漢時已有佛塔。然漢塔今已無存，卽欲於文獻中考求其式樣亦不可能。南北朝時代去漢未遠，今日所見佛塔之最古者，均以南北朝時代爲限，已見上述。以此上類推，則漢塔式樣想亦不能出此範疇。

現所見南北朝時代的塔，當首推各石窟中的塔柱與浮雕塔，及北魏時代的嵩山嵩嶽寺塔，以及北齊時代的山東歷城縣神通寺四門塔，爲數寥寥無幾。自南北朝降至唐宋時代，塔之留存乃日多，其式樣與構造亦頗富變化，爲中國各時代佛塔精華之所萃。然則自南北朝時代以來，其式樣演變的經過是否有一定的線索可尋？其各時代的特徵何在？對於中國建築中大木結構的反映又如何？

東西人士對於中國佛塔之調查與研究頗不乏人，日人關野常盤合著的支那佛敎史蹟一書，收羅佛塔至爲豐富，而德人鮑希曼敎授所著之佛塔，尤見精彩注二。然均皇皇大著，未便初閱，且對於佛塔均祗作個別的記述，未嘗作斷代的分析，於初學尤爲不便。因不自揣譾陋，將我國佛塔精華所萃唐宋時代之式樣，試作初步之分析。遼金雖非正統，在歷史上爲同一時代，其

圖版壹

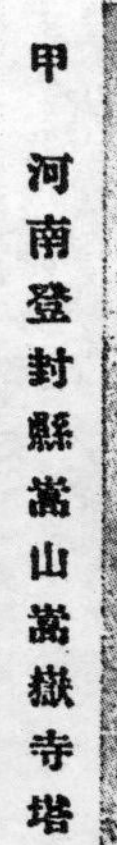

甲　河南登封縣嵩山嵩嶽寺塔

乙　山東歷城縣神通寺四門塔

丙　日本奈良法隆寺五重塔

丁　陝西西安慈恩寺大雁塔

戊　陝西西安興教寺玄奘塔

己　浙江杭州煙霞洞石塔

圖版貳

甲　陝西西安薦福寺小雁塔

乙　陝西西安香積寺塔

丙　河南登封縣嵩山法王寺塔

丁　河南登封縣嵩山永泰寺塔

戊　河北房山縣雲居寺北塞唐石塔

己　河北房山縣雲居寺北塔東南隅小塔

圖版叁

甲 洛陽河洛圖書館藏孫八娘墓塔

乙 河南鄭州開元寺塔

丙 河北房山縣雲居寺靜琬法師塔

丁 河北房山縣雲居寺遼密藏石經塔

戊 江蘇江寧縣棲霞寺舍利塔

己 棲霞寺舍利塔詳部

庚 山東歷城縣九塔寺磚塔

辛 河南登封縣嵩山會善寺淨藏禪師塔

圖版肆

甲 河北淶水縣水北村唐石塔

乙 河北房山縣雲居寺小西天中臺唐石塔

丙 山東歷城縣神通寺朗公塔

丁 河北定縣開元寺料敵塔東南面

戊 開元寺料敵塔西北面

己 山東鄒縣重興寺塔

庚 河南武安縣常樂寺塔

圖版伍

甲 山東長清縣靈巖寺辟支塔

乙 山東兗州興隆寺塔

丙 河南開封祐國寺塔

丁 河南洛陽縣白馬寺塔

戊 河南開封相國寺繁塔

己 南京牛首山崇教寺辟支塔

圖版陸

甲　湖北黃梅縣高塔寺塔

乙　浙江天台國淸寺塔

丙　江蘇吳縣羅漢院雙塔

丁　河北正定縣天寧寺木塔

戊　江蘇吳縣報恩寺塔

圖版柒

甲 江蘇吳縣虎丘雲巖寺塔

乙 江蘇吳縣瑞光寺塔

丙 南京牛首山普覺寺塔

丁 江蘇松江縣興聖教寺塔

戊 浙江杭州六和塔

己 浙江杭州雷峯塔

圖版捌

甲 浙江杭州保俶塔

乙 福建福清縣水南塔

丙 福建泉州開元寺雙石塔（其一）

丁 開元寺雙石塔（其二）

戊 浙江杭州閘口白塔

己 浙江杭州靈隱寺宋石塔

庚 河南武安縣靈泉寺宋石塔

圖版玖

甲 河南密縣法海寺塔

乙 山東濟寧縣鐵塔寺鐵塔

丙 江蘇鎮江縣甘露寺鐵塔

丁 湖北荆州玉泉寺鐵塔

戊 山西應縣佛宮寺木塔

己 河北涿縣雲居寺塔

圖版拾

甲　河北易縣白塔院千佛塔

乙　河北涿縣智度寺塔

丙　河北易縣淨覺寺塔

丁　河北涿縣普壽寺塔

戊　河北易縣雙塔庵東塔

己　河北淶水縣西岡塔

圖版拾壹

甲 北平天寧寺塔

乙 河北易縣槊塔院塔

丙 河北正定臨濟寺清塔

丁 河北房山縣雲居寺南塔

戊 河北房山縣雲居寺北塔

己 河北薊縣觀音寺白塔

圖版拾貳

甲　河北順德天寧寺塔

乙　河北易縣雙塔庵西塔

丙　廣州光孝寺塔

丁　河北正定縣廣惠寺華塔

戊　河南安陽縣靈泉寺唐玄林禪師塔

己　河北房山縣雲居寺淨琬塔西北小塔

庚　河南武安縣靈泉寺靈裕法師塔

辛　山東長清縣靈巖寺海會塔

圖版拾叁

甲　遼寧遼上京城址南塔

乙　遼寧白塔子白塔

丙　熱河大名城大塔

丁　熱河朝陽鳳凰山大塔

戊　熱河大名城小塔

圖版拾肆

甲　熱河錦州塔子山磚塔

乙　遼寧鐵嶺龍首山磚塔

丙　遼寧遼陽白塔

丁　遼寧北鎮崇興寺東塔

戊　遼寧北鎮崇興寺西塔

佛塔式樣頗爲特殊，宜合併討論。南北朝所留佛塔無多，於我國佛塔之源流所關至巨，因並及之。至元明清以後的佛塔，居於次要地位，以後當再爲文討論之。

本文雖爲初步之分析，然以範圍牽涉較廣，凡所論斷，不免疏略疵謬，是所望於識者之指正。

二 塔之分類

唐宋遼金之塔存留至今，總計當在百數以上，驟觀之似覺妍媸各殊，式樣甚多，欲加整理，茫無頭緒。以往外人方面曾就建塔材料之不同，加以類別，如磚塔石塔鐵塔之類。但同屬磚塔，仍不免具種種不同之式樣，雖加分類，仍難望求得一些線索。茲特就各塔外觀形式之不同，及多層與單層之別，分爲三大類，然後逐時代尋求其式樣演變之跡，於研究上似較便利。其分類方法如次：

第一類型　亦可稱爲樓閣型。其最早式樣，可上溯至南北朝時代各石窟之塔柱與浮雕之多層塔插圖二甲乙。此種塔實爲中國固有樓閣之變形注三。雒陽伽藍記所載之永寧寺浮圖注四，即爲此式。此塔雖早經燬滅，但日本與此同時代之奈良法隆寺五重塔圖版壹丙，現尚完好，可資參證。此類塔之特徵，在各層面闊與高度，由下至上逐層均等縮小，每層必闢門窗，可以登臨眺覽，其外形輪廓恒作直線之角錐形。在構造上，最初本以木造爲原則，但亦有用磚或他種材料仿造者；南北朝時代各石窟中浮雕的多層塔插圖一乙，卽已有磚造之暗示。唐時此類木塔已無存在，僅可於敦煌壁畫上見之，但以磚仿造者，則有西安慈恩寺大雁塔圖版壹丁及興敎寺玄奘塔圖版壹戊等。遼時則有應縣之佛宮寺木塔圖版玖戊，涿縣之雲居寺磚塔圖版玖己等。宋時則有開封之祐國寺鐵塔圖版伍丙，吳縣之雙塔院雙塔圖版陸丙等。且宋時不獨以磚仿造，更多有用鐵用石者，如荆州玉泉寺鐵塔圖版玖丁，杭州閘口白塔圖版捌戊等。

第二類型，亦可稱爲磚塔型，其最早式樣，可上溯至北魏時代之嵩山嵩嶽寺塔圖版壹甲。此類型之特徵，卽初層特高，以上各層卽驟變低矮，同時面闊亦相當縮小，但不若高度減低之甚。全部輪廓，初期者成梭形，有顯著之Entasis，後期者漸變爲强勁之直線形輪廓，塔身上下幾至

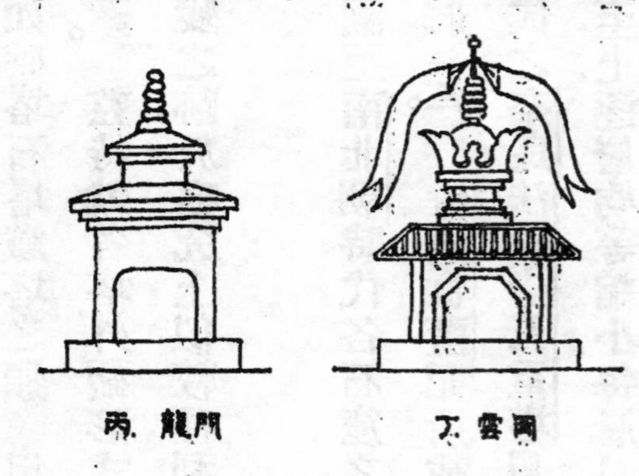

插圖一　南北朝石窟浮雕塔

同大。此種類型在外形上，與中國固有之樓閣式樣漸遠，塔身自第二層以上因極低矮，但初期者仍闢門窗以供登臨，後期者不但門窗等於虛設，漸至層簷密接，根本不設門窗。在構造上，最先以磚造，繼用石造，無用木者。唐時如西安薦福寺小雁塔圖版貳甲，嵩山法王寺塔圖版貳丙，永泰寺塔圖版貳丁，五代時南唐之棲霞寺塔圖版叁戊等；遼時如易縣淨覺寺塔圖版拾丙，涿縣普壽寺塔圖版拾丁等；金時如洛陽白馬寺塔圖版伍丁，正定臨濟寺清塔圖版拾壹丙等。至宋時此類之塔至少現所發見者僅有武安靈泉寺九層石塔圖版捌庚，密縣法海寺塔圖版玖甲，此類塔爲遼金時代佛塔式樣之典型，故日人方面通稱之爲遼金塔，除上述諸例外，今河北及遼寧一帶所在多是。

第三類型　亦可稱爲石塔型，蓋最先均以石造，後漸用磚，惟無用木者。大都爲方形之單層塔，其最早式樣可上溯至南北朝時代各石窟浮雕的單層塔插圖一丙丁，及北齊時代之歷城神通寺四門塔圖版叁乙。其平面後漸有變爲八角形者，如唐時嵩山會善寺淨藏禪師塔圖版叁辛。此類塔大多作爲各寺院住持之墓塔，故在使用上不若以上二類之重要。

三　細部之分析

（甲）平面及層數　第一類型塔的平面，最先概爲方形，如唐西安大雁塔等。宋遼時代幾盡變作八邊形，方形者居極少數，如松江之興聖教寺塔圖版柒丁。間有作六邊形者，如宋時天台山國淸寺塔圖版陸乙及開封相國寺繁塔圖版伍戊。至於塔之層數，則最低者爲三層，如南北朝石窟所見及易縣白塔院千佛塔圖版拾甲注五。最高者爲十三層，如開封祐國寺鐵塔圖版伍丙，荆州玉泉寺鐵塔等。然一般多僅七層或九層。蓋第一類型諸塔每層均有相當高度以備登臨，層數加多則塔身增高過甚在當時建塔技術尙不敢過於冒險故第一類型諸塔迄無達十五層者即十三層者亦居極少數。參看本節附表

第二類型塔的平面，如北魏嵩山嵩嶽寺塔爲十二角形，爲海內唯一孤例下洎唐初，概作四方形，如西安小雁塔圖版貳甲，嵩山永泰寺塔圖版貳丁等。唐末已有作八角形者如鄭縣開元寺塔圖版叁乙。南唐五代的棲霞山舍利塔亦已變爲八角形圖版伍丁。遼金時代似已一律易爲八角形，惟金大定二十五年改建之洛陽白馬寺塔則仍爲方形圖版陸乙猶存唐制。至於第二類型塔的層數，則北魏嵩嶽寺塔爲十五層，唐西安小雁塔原亦十五層現存十三層，餘者自三層至十三層不等。遼金塔中十三層者頗多，蓋不似第一類型諸塔自第二層以上各層均極低矮故層數雖加多實際並不甚高注六。

第三類型塔的平面初爲方形，如北齊山東神通寺四門塔，漸亦有變作八角形者，如唐淨藏禪師塔。其層數本以單層爲限，但如唐神通寺朗公塔及上述之唐淨藏禪師塔等等，日本關野

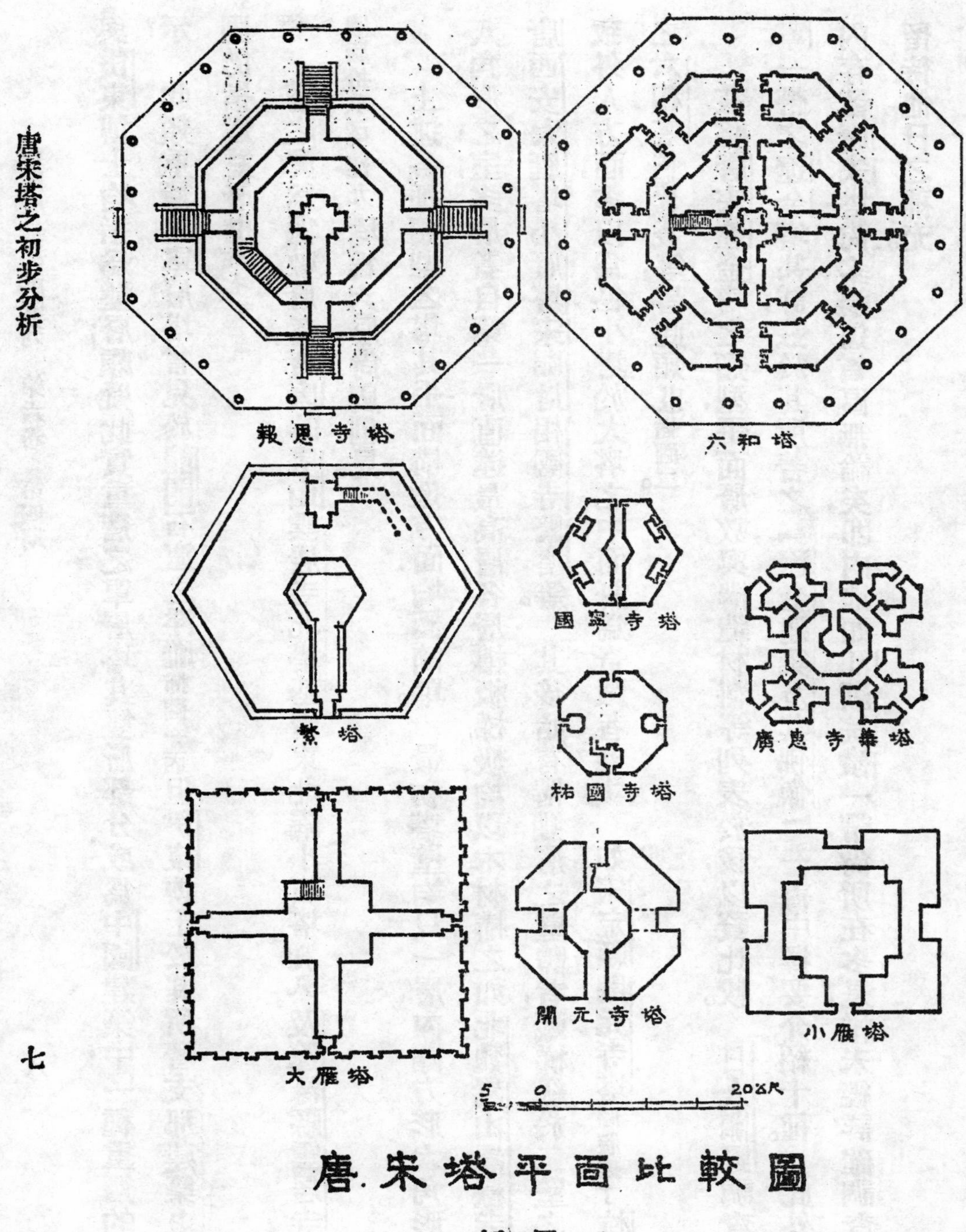

唐宋塔平面比較圖

插圖二

與伊東博士均指爲雙層；頗疑此實重簷之單層塔，其雙層部分，或爲中國建築中一種重簷的表示？此類重簷之單層塔曾見於龍門石窟之浮雕插圖一丙，但伊東博士於其所著支那建築史中，固仍指爲雙層也注七。

塔之眞爲偶數層者，有唐時房山雲居寺北塔基台東北隅小石塔注八，及遼涿縣雲居寺塔，圖版拾玖己，注九，均爲六層，尚屬創見。

上述各種類型之塔，其平面構造方面，均極簡單。最初塔壁均只一層，內闢方形六角形或八角形之室，多層者自第一層直達最高層各層樓板梯級，均以木材構之，如北魏嵩山嵩嶽寺塔，唐西安大雁塔小雁塔，宋開封相國寺繁塔等。其後始有構雙層之壁體者，藏梯級於二壁之間，致外人方面多以爲包小塔於大塔之中而誤爲奇蹟者注十。如宋定縣開元寺塔圖版肆丁，杭州之六和塔圖版柒戊等，皆此類也插圖二。

茲將唐宋遼金塔之類型，平面層數，與構造材料等列表於後，以資比較。日人關野調查遼寧一帶之遼金塔甚詳，茲於其所著之『遼金建築及其佛像』一書中擇要介紹十種。此外國內存留唐宋塔尚多，邊遠省區無論矣，即內地如江浙皖贛一帶，尚所在多是，惟未經詳確調查，當留待他日之補充。

塔名	所在地	年代	公元	類型	平面	層數	建築材料	圖版
慈恩寺大雁塔	陝西西安	唐永徽三年	六五二	第一類	方	7	磚	圖版壹丁
興教寺玄奘塔	陝西西安	唐總章二年	六六九	第一類	方	5	磚	圖版壹戊
烟霞洞內石塔	浙江杭州	唐末五代		第一類	八角	7	石	圖版壹己
薦福寺小雁塔	陝西西安	唐文明元年	六八四	第二類	方	原15層 現存13層	磚	圖版貳甲
香積寺塔	陝西西安	唐永隆二年	六八一	第一類	方	原13層 現存10層	磚	圖版貳乙
法王寺塔	河南嵩山	唐		第二類	方	15	磚	圖版貳丙
永泰寺塔	河南嵩山	唐		第二類	方	11	磚	圖版貳丁
永泰寺塔	河南嵩山	唐		第二類	方	7	磚	圖版貳丁
開元寺塔	河南鄭縣	唐		第一類	八角	13	磚	圖版叁乙
琛八娘墓塔	河南洛陽 河洛圖	唐長安二年	七〇二	第二類	方	7	石	圖版叁甲
雲居寺北台唐塔	河北房山	唐開元廿八年	七四〇	第二類	方	9	石	圖版貳戊
雲居寺北塔基台東北隅小塔	河北房山	唐開元十年	七二二	第二類	方	6	石	
仝上東南隅小塔	河北房山	唐太極元年	七一一	第二類	方	7	石	圖版貳己
仝上西南隅小塔	河北房山	唐開元十五年	七二七	第二類	方	7	石	
仝上西北隅小塔	河北房山	唐景雲二年	七一一	第二類	方	7	石	
棲霞寺舍利塔	江蘇江寧	南唐五代		第二類	八角	5	石	圖版叁戊

靈泉寺玄林禪師塔	河南安陽	唐天寶八年	七四九	第三類	方	單層重簷	磚	圖版拾貳戊
少林寺法玩禪師塔	河南嵩山	唐貞元七年	七七一	第三類	方	單層重簷	磚	
會善寺淨藏禪師塔	河南嵩山	唐		第三類	八角	單層重簷	磚	圖版叁辛
九塔寺磚塔	山東歷城	唐(?)		第三類	八角	1	磚	圖版叁庚
水北村唐石塔	河北淶水	唐先天元年	七一二	第三類	方	1	石	圖版肆甲
雲居寺小西天 中台小石塔	河北房山	唐		第三類	方	1	石	圖版肆乙
雲居寺淨琬法師塔 西北小塔	河北房山	唐		第三類	方	單層重簷	石	圖版拾貳己
靈巖寺慧崇禪師塔	山東長清	唐		第三類	方	單層重簷	石	
神通寺朗公塔	山東歷城	唐		第三類	方	單層重簷	石	圖版肆丙
天寧寺木塔	河北正定	宋		第二類	八	7	磚	圖版陸丁
開元寺料敵塔	河北定縣	宋咸平四年	一〇〇一	第二類	八角	11	磚	圖版肆丁戊
常樂寺塔	河南武安	宋		第二類	八角	9	磚	圖版肆庚
重興寺塔	山東鄒縣	宋		第二類	八角	9	磚	圖版肆己
靈巖寺辟支塔	山東長清	宋		第二類	八角	9	磚	圖版伍甲
興隆寺塔	山東兗州	宋嘉祐八年	一〇六三	第一類	八角	原十三層 現存七層	磚	圖版伍乙
崇教寺辟支塔	江蘇江寧	宋皇祐二年	一〇五〇	第一類	四角	5	磚	圖版伍己
相國寺繁塔	河南開封	宋太平興國二年	九七七	第一類	六角	原九層 現存三層	磚	圖版伍戊

祐國寺鐵塔	河南開封	宋慶曆元年	一〇四一	第一類	八角	13	琉璃磚	圖版伍丙
高塔寺塔	湖北黃梅	宋		第一類	八角	13	磚	圖版陸甲
國清寺塔	浙江天台	宋		第一類	六角	9	磚	圖版陸乙
雙塔院雙塔	江蘇吳縣	宋太平興國七年	九八二	第一類	八角	7	磚	圖版陸丙
報恩寺塔	江蘇吳縣	宋		第一類	八角	9	磚	圖版陸戊
瑞光寺塔	江蘇吳縣	宋		第一類	八角	7	磚	圖版柒乙
雲巖寺塔	江蘇吳縣	宋		第一類	八角	7	磚	圖版柒甲
興聖教寺塔	江蘇松江	宋		第一類	四角	9	磚	圖版柒丁
六和塔	浙江杭州	宋紹興二十六年	一一五六	第一類	八角	原七層現假十三層	磚	圖版柒戊
雷峰塔	浙江杭州	宋(民十四全部崩壞)		第一類	八角	7	磚	圖版柒己
保俶塔	浙江杭州	宋		第一類	八角	原九層現七層	磚	圖版捌甲
普覺寺塔	江蘇南京	宋		第一類	八角	7	磚	圖版柒丙
開元寺雙石塔	福建泉州	宋		第一類	八角	5	石	圖版捌丙
水南塔	福建福清	宋		第一類	八角	7	石	圖版捌乙
法海寺塔	河南密縣	宋咸平四年	一〇〇一	第二類	四角	9	石	圖版玖甲
靈隱寺宋石塔	浙江杭州	宋		第一類	八角	9	石	圖版捌己
閘口白塔	浙江杭州	宋		第一類	八角	9	石	圖版捌戊

靈泉寺九層石塔	河南武安	宋		第二類	四角	9	石	圖版捌庚
玉泉寺鐵塔	湖北荊州	宋嘉祐六年	一〇六一	第一類	八角	13	鐵	圖版玖丁
鐵塔寺鐵塔	山東濟寧	宋崇寧四年	一一〇五	第一類	八角	9	鐵	圖版玖乙
甘露寺鐵塔	江蘇鎮江	宋		第一類	八角	原十三層現存二層	鐵	圖版玖丙
靈巖寺海會塔	山東長清	宋宣和五年	一一二三	第三類	四角	1	石	
靈泉寺靈裕法師塔	河南武安	宋紹聖元年	一〇九四	第三類	四角	單層重簷	磚	圖版拾貳庚
佛宮寺塔	山西應縣	遼清寧二年	一〇五六	第一類	八角	5	木	圖版玖戊
雲居寺塔	河北涿縣	遼大安八年	一〇九〇	第一類	八角	6	磚	圖版玖己
智度寺塔	河北涿縣	遼		第一類	八角	5	磚	圖版拾乙
白塔院千佛塔	河北易縣	宋(?)		第一類	八角	3	磚	圖版拾甲
淨覺寺塔	河北易縣	遼		第二類	八角	13	磚	圖版拾丙
普壽寺塔	河北涿縣	遼太康六年	一〇七九	第二類	八角	7	磚	圖版拾丁
雙塔庵東塔	河北易縣	金(?)		第二類	八角	13	磚	圖版拾戊
雙塔庵西塔	河北易縣	金(?)		第二類	八角	3	磚	圖版拾貳乙
聖塔院塔	河北易縣	金(?)		第二類	八角	13	磚	圖版拾壹乙
西岡塔	河北淶水	金(?)		第二類	八角	13	磚	圖版拾己
雲居寺南塔	河北房山	遼天慶七年	一一一七	第二類	八角	11	磚	圖版拾壹丁

雲居寺北塔	河北房山	遼(?)		第二類	八角	3	磚	圖版拾壹戊
天寧寺塔	河北北平	遼		第二類	八角	13	磚	圖版拾壹甲
廣惠寺華塔	河北正定	金(?)		第三類	八角	1	磚	圖版拾貳丁
雲居寺靜琬法師塔	河北房山	遼(?)		第二類	八角	3	石	圖版叁丙
雲居寺遼密藏石經塔	河北房山	遼		第二類	八角	7	石	圖版叁丁
觀音寺白塔	河北薊縣	金(?)		第二類	八角	3	磚	圖版拾壹己
白馬寺塔	河南洛陽	金大定十五年	一一七五	第二類	四角	13	磚	圖版伍丁
臨濟寺清塔	河北正定	金大定廿五年	一一八五	第二類	八角	9	磚	圖版拾壹丙
會善寺威公山王塔	河南嵩山	金大定廿五年	一一八五	第三類	四角	單層重簷	磚	
遼上京城址南塔	遼寧	遼		第二類	八角	7	磚	圖版拾叁甲
白塔子白塔	遼寧			第二類	八角	7	磚	圖版拾叁乙
大名城大塔	熱河			第一類	八角	13	磚	圖版拾叁丙
大名城小塔	熱河			第二類	八角	13	磚	圖版拾叁戊
鳳凰山大塔	熱河朝陽			第二類	四角	13	磚	圖版拾叁丁
塔子山磚塔	熱河錦州			第二類	八角	13	磚	圖版拾肆甲
崇興寺東塔	遼寧北鎮			第二類	八角	13	磚	圖版拾肆丁
崇興寺西塔	遼寧北鎮			第二類	八角	13	磚	圖版拾肆戊

遼陽白塔	遼寧遼陽	第二類	八角	13	磚	圖版拾肆丙
龍首山磚塔	遼寧鐵嶺	第二類	八角	9	磚	圖版拾肆乙

（乙）基臺　為全部塔身以下的礎台部分。南北朝石窟浮雕塔下面的基臺多為一層扁平的臺階挿圖一甲，丙，丁，實例則有日本法隆寺五重塔的基臺，為扁平的階基兩層圖版壹丙與漢兩城山畫像石所見者相似注十一，不過後者僅有階基一層。這種階基，到了唐宋遼金，往往將他整個嵌入須彌座或平座部分，為一種裝飾作用；其間柱之間更加上壼門牙子及飛仙獸類的雕刻，弄到我們幾乎看不出他在漢代的原來面目。

唐塔的基臺有將扁平的階基增為三層的，特別是石塔方面，如房山雲居寺諸唐塔，看上去頗有希臘神殿下面的 Stylobate 風味。唐末歷城朗公塔圖版肆丙，於每層階基之下，嵌入須彌座式的基座，全部結構重疊裝飾逾量，反失去先前那種簡潔的美意。

宋遼金塔的基臺，如應縣佛宮寺塔及正定臨濟寺清塔等，尚能守漢唐遺意，不過因為磚造的關係，已無復那種間柱和階條石的表現。

（丙）基座　為塔身最下的部分，往往與上述的基臺混作一起，這是亟應當分清楚的。

南北朝石窟浮雕第一類型塔，木塔均無基座，惟磚塔則已有須彌座式的基座挿圖一乙。日本法隆寺五重塔與唐第一類型諸磚塔，仍無基座。至宋遼金時代第一類型塔身下部的基座，似已

36260

成一時的風尚，不論磚塔石塔鐵塔都有設基座的傾向，如吳縣報恩寺塔，杭州靈隱寺宋石塔，鎭江甘露寺鐵塔等。此或係受第二類型的塔於塔身下設須彌座的影響，亦未可知。

至於第三類型的塔，則北魏嵩嶽寺塔已有設基座的傾向，不過基座部分與第一層塔身完全一致，僅以疊澁磚簷以示區隔。但唐時如西安小雁塔，嵩山永泰寺塔及雲居寺多層小石塔等，仍均無基座。至五代時棲霞寺舍利塔，則已具顯明之須彌座形式（圖版叁己）其須彌座部分，間柱比例粗巨，不失石質固有的權衡，上雕力士或蟠龍，更足以表示充分力量，用意至善。須彌座下置覆蓮一層，再下則爲地栿，下接階基。須彌座上則施挑出甚深之平簷一層，以示區隔，再上則爲蓮座，刻蓮瓣兩層，上承初層塔身。全體結構簡潔，而各個部分均負有相當使命，彼此區隔分明，交代清楚，不失爲中國建築中最佳之有機 Organic 結構。與棲霞寺塔基座同形式的，有雲居寺遼密藏石經塔（圖版叁丁）及雲居寺靜琬法師塔（圖版叁丙）。前者與棲霞寺塔同型，後者則具重疊之須彌座式基座兩層，但塔身初層下無蓮座。日人關野指此爲唐塔，就基座形式言之，頗疑其爲遼塔？

此種須彌座式基座，爲遼金塔式樣轉變之一大關鍵，後此至成爲遼金塔中不可缺少的特徵之一。同時結構方面亦漸趨繁複，於須彌座上嵌入漢式的階基，其上置斗栱平座與勾欄，再上始爲蓮座，階基中設間柱壺門，雕飾繁褥。從前簡潔合理的有機結構，至是已變爲複雜纖弱而裝飾化。這種標準的遼金第二類型塔的基座，便在遼第一類型的涿縣雲居寺塔，亦可看到圖版玖己，更足見其勢力影響的普遍。

第三類型塔的基座，除前述唐歷城朗公塔具須彌座式的基座三層外，唐歷城九塔寺磚塔基座與北魏嵩嶽寺塔一致。此外第三類型塔，多僅具基臺而無基座。

（丁）柱額　柱額為木建築中的主要結構，故凡屬第一類型的塔，不論磚造石造，都有柱額的表現。如唐代第一類型諸塔，均於磚壁面上隱出柱額；其柱子或為方形，如西安大雁塔圖版壹丁，香積寺塔圖版貳乙，或為八角形，如玄奘塔圖版壹戊。至於額枋，則僅有闌額無普拍方。宋初諸塔猶多與此相合，如吳縣雙塔院雙塔與報恩寺塔，各隅均設八角柱，上施闌額。遼應縣佛宮寺塔始見普拍方。宋代磚石塔中，以角隅隱出圓柱者較多，如吳縣瑞光寺塔及雲巖寺塔，杭州閘口白塔及經艾克博士調查之泉州開元寺雙石塔等。磚石塔中圓柱的出現，或較角柱稍晚，此蓋因磚石材料製作的關係；因在磚石材料方面，圓柱較角柱難於製成，特別是磚，一方面需要一種特加燒製的磚。

至關於第二與第三類型的塔，柱額出現最早的，要算北魏的嵩嶽寺塔，為八角形的倚柱，柱頭施蓮瓣一層，與南北朝天龍山響堂山石窟所見相同。但唐第二類型塔多不設柱額，僅第三類型之淨藏禪師塔，於角隅設八角柱，惟柱頭蓮瓣已歸淘汰。五代的棲霞寺舍利塔，亦於角隅置八角柱，施甚深之闌額，而無普拍方。　至遼金諸塔，多易八角柱爲圓柱，柱上施闌額及普拍方；但普壽寺塔仍爲八角柱。　又遼金塔多於角隅設塔柱，如淶水縣西岡塔圖版拾己，易縣雙塔庵東塔圖版拾戊，聖塔院塔圖版拾壹乙，熱河大名城大塔圖版拾叁丙等。　此種手法，元人猶沿用之，如元延祐六年一三一九之順德天寧寺塔圖版拾貳甲。　據此則其出現或較圓柱爲更晚？

（戊）斗栱

斗栱在木建築中的地位，較柱額更爲重要，故凡第一類型的塔，不論磚石，都有斗栱的表現。　他的式樣與結構的繁簡，可看作各該時代木建築式樣的反映。　唐大雁塔香積寺塔的柱頭上，僅用斗而無栱，玄奘塔才用簡單的一斗三升。　淨藏禪師塔始於補間用人字栱，至唐末朗公塔則用雙抄偸心華栱。　終唐之世，塔上所表現的斗栱結構，均非常簡單，這我們祇能看作磚石建築模倣的不徹底所致。　我們若看大雁塔西面楣石佛殿雕刻上的斗栱結構，便可推想到唐時木建築的斗栱樣式，決不如是簡單。

宋遼金時代塔上斗栱的結構，日趨複雜，同時磚石塔上的斗栱，亦能作更進一步徹底的模倣。　即素來不用斗栱的第二類型諸塔，至遼時亦開始使用斗栱。　最初僅於第一層上用斗栱，如淨覺寺塔。　金人重修的白馬寺塔，也受到同樣的傳染。　至於其他的遼金塔，則華化程度日深，多有每層均施繁複的斗栱結構。

宋遼金塔上斗栱的細部結構以及其式樣的演變，非此種簡短的分析所能概括，故詳細討論，此處祇好從略。　大體上，塔上斗栱的結構與各該時代現存之木建築遺物所表現者，尙能契合，但亦間有異乎尋常者，如鄚縣重興寺塔圖版肆己武安常樂寺塔圖版肆庚長淸靈巖寺辟支塔圖版伍甲等，其斗栱式樣與排列方法，完全與木建築上所表現者不同，顯然爲一種磚石建築上應有的權衡與排列法。　其式樣可以看作由唐末朗公塔的雙抄華栱，對木建築式樣再進一步的模倣。　與此類似者，尙有正定天寧寺木塔圖版陸丁開封相國寺繁塔祐國寺鐵塔圖版伍丙等。　由斗栱式樣與排列方法的演變上，可知此乃唐宋磚石塔完全進入木建築式樣以前的一種過度形式，故自宋以後，此類形式卽不復見。

又遼金塔上，幾乎個個可以看到斜栱的使用，實較木建築物上所見者爲普遍。　故斜栱的出現，或者先見於塔上，再推行到木建築物，如寺廟之類。　此問題在許多遼金塔的年代未經確定以前，固屬無法論斷，然其說實頗可信。

(己)塔簷。　最初第一類型塔簷，如南北朝石窟浮雕多層塔所表現的，每層均爲單簷，但日本法隆寺五重塔，最下層多一雨搭式的重簷。　遼時應縣佛宮寺木塔猶存此制。　宋代吳縣的雙塔，其下層簷部雖已毀壞，但初層特高，似當時亦有做成重簷的可能；宋天台山國淸寺塔下層重簷的痕跡，則更爲明顯。　但宋塔中亦多有爲單簷者，特別在石塔方面，如杭州靈隱寺宋石塔及福建泉州開元寺雙石塔等。

至於第二與第三類型的塔，其簷部最初均以叠澁磚向外砌出作爲瓦葺之簷的象徵，如北魏嵩嶽寺塔北齊四門塔唐第二類型的石塔與磚塔等。唐磚塔中更有將簷部叠澁磚砌成菱角牙子者，如西安小雁塔僅於簷部叠澁磚中間以菱角牙子兩重。惟唐磚塔中尙無於此等簷部蓋瓦之例，此或爲宋遼以後通行的手法？ 至唐石塔方面刻爲瓦楞之例，首見於長安二年七○二之孫八娘墓塔圖版叁甲惟簷端尙係平直，且亦無椽子瓦當的表示此或因爲墓塔而非正式塔的原故。 唐單層石塔如水北村及雲居寺中台小石塔簷部亦均作瓦葺的表示，施方椽兩層，無翼角斜椽。 五代時棲霞寺塔簷的翼角，始有比較顯著的反翹。 此後遼金時代諸塔，如淨覺寺塔簷部仍用叠澁磚砌法，上蓋眞瓦，其他如雲居寺南塔臨濟寺淸塔等則華化程度日深，簷部率仿木造施磚製斗栱簷椽，繁複累贅，去原來磚造之原則日遠。

(庚)平座及欄干。 第一類型諸塔，如南北朝石窟浮雕所示，及唐代諸塔，概無平座。 日本法隆寺五重塔圖版壹丙將平座與勾欄放在下層的博脊上，並不伸出簷外，只可說是一種假平座，因下面沒有挑出的斗栱，事實上不能再行伸出。 吳縣雙塔泉州雙石塔均有與這類似的做法，前者於博脊上施簷牙磚數層，已能將平座微微挑出，但仍不用斗栱。 這些只可說是一種不徹底的木造模倣，事實上與南北朝時代相當的日本法隆寺金堂便已有眞正的斗栱平座。 遼應縣佛宮寺木塔之斗栱平座，卽與當時木建築物上所表現者完全一致。 此後斗栱平座的模倣更有進展，不獨磚塔卽石塔鐵塔等，對於平座下支出的斗栱，均有極淸晰的表示，如靈隱寺宋石塔鎭江鐵塔等。

第二類型諸塔，自南北朝至唐末五代，概無平座，遼金諸塔始於須彌座式之某座上用之，以後至成爲全塔雕飾集中地帶，而其他各層，則仍無平座，惟宋密縣法海寺塔的第三層，將平座平置腰簷上，略如日本法隆寺五重塔之式。全塔形式至爲特殊。

第三類型之塔，迄無見用平座者。

(辛)門窗：唐時第一類型諸塔，多爲半圓栱門，門側無窗。香積寺塔始於門兩側置壁面隱出直欞之假窗。至宋遼金時代，此種假窗的設置，遂成爲一種風尙，其例甚多，不勝枚舉。蓋磚石建築之高層建築，若開眞窗，空虛部位太多，不免危及整個結構。同樣，對於塔上門的設置，唐塔每於每面中央闢門，致空虛部位集中於一垂線，往往全塔自各層門中心線裂開，如大雁塔小雁塔香積寺塔等均所不免。宋塔中始有逐層轉移門窗之方位者。開封祐國寺塔雖於每層東西南北四面闢窗，然僅一爲眞窗，餘均假窗，於窗內設佛龕，而眞窗位置則逐層轉移。注十二。此外塔上門窗位置逐層轉移之例，則有荆州玉泉寺鐵塔，鎭江甘露寺鐵塔，吳縣雙塔院雙塔，南京牛首山普覺寺塔，泉州雙石塔等等，良如劉敦楨先生所言「不但外觀參差錯落，富於變化，且令壁體重量之分布較爲平均，足徵創建當時極費匠心」。

宋塔中亦有開眞窗之例，如吳縣報恩寺塔，於每層栱門兩側闢長方形小窗各一，與其謂窗，無寧謂爲小洞。眞正相當大小之長方形窗可於艾克博士介紹之泉州開元寺雙石塔見之，其門窗位置亦逐層轉移。與吳縣雙塔的手法一致。

壺門之制，似僅限於宋塔，遼金塔中無壺門形式的表現，頗爲奇特。宋塔上壺門之例甚多，如吳縣雙塔，杭州靈隱寺宋石塔，鎮江甘露寺鐵塔等。又開封祐國寺鐵塔之門，端用叠澁方法，收爲尖頂，如古圭門形式，鄞縣重興寺塔亦復如是，均屬創見。

第二與第三類型塔上門窗之例，首見於南北朝時代之嵩嶽寺塔，於半圓栱之門窗上，均施印度栱，(四門塔僅於門上設半圓栱)。此種於圓券上施印度栱的手法，唐代諸塔猶多沿用，如各單層小石塔，神通寺朗公塔及房山雲居寺北塔基臺四隅之多層小石塔等。至遼金時代，此種印度栱卽漸歸淘汰，多於圓券上代以極狹之半圓形綫條。

塔上門的樣式，唐五代時均施門釘鋪首，如唐淨藏禪師塔，五代棲霞寺舍利塔。宋遼時，遼淨覺寺塔與靈隱寺宋石塔等猶存此制。過此則多雕成毬文花格，如遼普壽寺塔及金臨濟寺清塔等。至北平郊外天寧寺塔之門，已做成眞菱花格，或爲明清時代重修的結果。

第二類型北魏嵩嶽寺塔各層間雖極低矮，仍設門窗。唐時如小雁塔法王寺塔等，仍如此制。至於各多層小石塔，則以塔身比例過於細小，層簷間俱無門窗的表示。五代棲霞寺塔第一層以上各層雖未設門窗，然滿飾佛像，度其地位足以設相當之門窗而有餘。至遼金諸塔，則層簷堆砌，視昔更甚，同時斗栱密接，已無容納門窗之餘地。故遼金塔自第一層以上，無設門窗者。

（壬）剎與剎柱　剎是塔頂最上的部分。據南北朝石窟浮雕所示，均係一種磚石製作的形式，尚無金屬剎的表現。雒陽伽藍記所載永寧寺木塔剎高十丈，上有寶瓶，寶瓶下爲承露盤三十重等語，雖未明言剎製作之材料，以意度之，當係金屬剎。金屬製成剎之實例，可於日本法隆寺五重塔上見之，其最下爲階基式之剎座，上爲覆鉢及受花，再上爲相輪九重，再上爲水烟，極頂則冠以寶珠（圖版壹丙）。唐代塔剎概爲磚製或石製，無金屬者。宋磚塔上才開始見到金屬的剎。宋初式樣尚去日本法隆寺五重塔剎樣不遠，如吳縣雙塔（圖版陸丙）、松江興聖教寺塔、泉州雙石塔等。然剎之細部上亦復有些許差異，如雙塔塔剎，於相輪上施寶蓋，

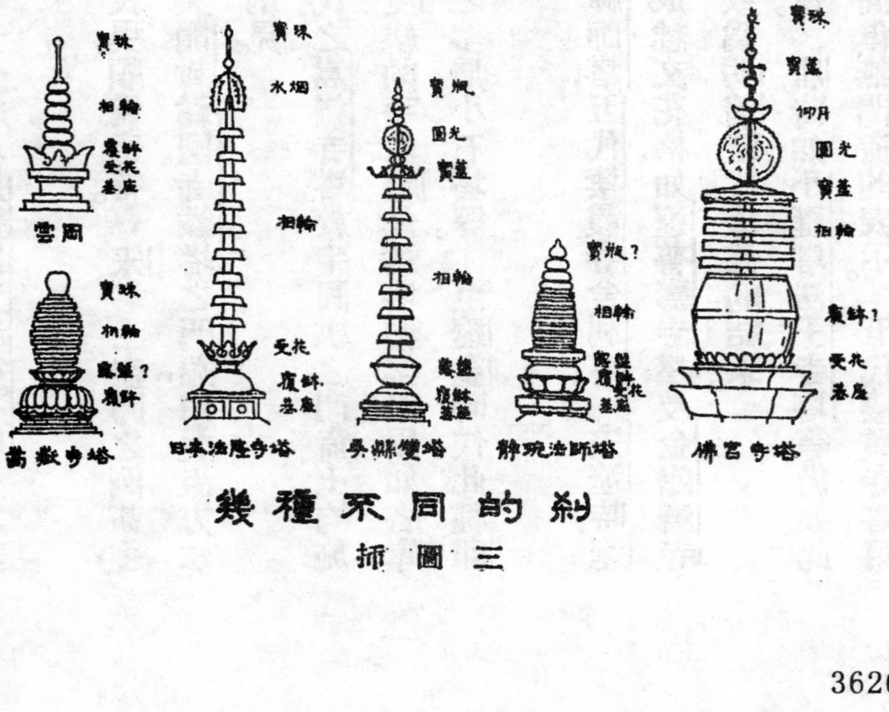

佛宮寺塔　靜琬法師塔　吳縣雙塔　日本法隆寺塔　嵩嶽寺塔　雲岡

插圖三　幾種不同的剎

水烟部分易爲圓光，刹巔則設寶瓶之類。寶瓶之制，見於上述永寧寺木塔，或爲中國木塔中固有的手法。此外如杭州保俶塔吳縣報恩寺塔等，刹的形制，尚能與此大體符合，惟相輪部分則作成梭形輪廓。遼應縣佛宮寺塔刹，其下部置蓮座兩重，上置鐵製之圓球，更於寶蓋上施仰月一類的裝飾，與宋刹制度相差頗遠（圖版玖戊，挿圖三）。

宋開封祐國寺塔刹作葫蘆形式，濟寧鐵塔寺鐵塔刹亦作此形，此外更見於元泰定四年之光孝寺塔（圖版拾貳丙，注十三），此種塔刹是否爲元人手法，抑宋時本有此種形制，現尚無法解決。但或以前者的成份比較佔多數。

至於第二與第三類型的塔刹，自南北朝以至唐末，均取一種磚石製作的形式。北齊神通寺四門塔刹，其受花部分忍冬草的雕飾，以及覆鉢相輪等的形式，均與各石窟浮雕塔刹所表現者一致。嵩嶽寺塔刹覆鉢上施覆蓮，相輪部分則作成梭形輪廓。唐時塔刹與上二種無多大出入，以比較近於第一種之成分爲多。遼金塔刹始起變化，其形式與前述遼應縣佛宮寺木塔刹之形式完全一致，足徵此爲遼金塔刹的標準式樣。至北平郊外遼天寧寺塔刹，無疑的爲後代之所改竄。

至於塔身內部的刹柱，即雒陽伽藍記所載永寧寺木塔之入地柱（注十四），爲木塔建築的主要骨幹。其實例見於日本法隆寺五重塔（圖版壹丙），以巨木自第一層塔底直達塔巔。但宋遼以來，刹柱之延長，似僅以最上兩層爲限，如吳縣雙塔及報恩寺塔等。

（癸）雕刻　唐代磚塔的外表均極樸素，然細部上亦時加雕飾，如大雁塔初層入口楣石上之佛殿與寶相華雕刻，小雁塔楣石上之寶相華與飛仙雕刻，香積寺塔之佛像與寶相華雕刻等，均頗有初唐時期流麗的韻味，於宗教色彩之外，兼含一種中國固有的情趣，頗爲一時所稱譽。至石塔方面，概於栱門兩旁雕佛像，塔內壁面亦多滿琢佛像，宗教色彩較爲濃厚。唐末朗公塔尤以雕飾豐富著稱，然已具晚唐衰頹氣息。五代棲霞寺塔之雕刻，著聲中外，無待細述。宋石塔鐵塔，猶有此類雕飾遺意，如杭州閘口白塔，鎭江甘露寺鐵塔等。至磚塔則大都外表樸素，然亦有施逾量之雕飾者，如開封相國寺繁塔，祐國寺鐵塔等，尤以後者之磚，皆特經燒製，頗費匠心。遼金塔之雕飾部分，以塔身基座部分之須彌座爲集中地帶，兼及其上之平座欄杆等，至遼寧一帶諸遼金塔，更於第一層塔身遍施佛像雕刻，宗教色彩更爲濃厚。

塔上雕飾文樣，如寶相華，伽陵頻伽，以及欄板花文等等，有在木建築遺物上不易見到者，詳細研究，可以知其式樣演變的痕跡，不獨富於興趣，而在中國建築中，此項工作實亦相當重要。

四　結論

從上面這個簡略的分析，可以看出我國的佛塔，上自南北朝，下至遼金，其式樣的演變，均有一定的綫索可尋。依着每一類型的模範系統分明，絲毫不紊。故塔數雖多，我們不難根據每一類型的範疇，每一時代的特徵，將其一一歸納到某一類型某一時代。但自唐宋以來，各塔每經後人的修繕改作，均不免有改頭換面之處，往往在塔的認識上會發生種種困難，當亦在所難免。我們所謂某時代的塔，並非指其一磚一石一木，均屬諸某時代，乃係指塔的細部，如上文所列舉者，具有某時代的特徵，此當爲周知之事實。由於以上的分析，有許多塔的年代發生疑問，或僅憑文獻記錄難以徵信者，根據分析的結果，對於該塔的確實年代，可以得到相當的解決與證實。如棲霞寺舍利塔，國人多有認爲隋仁壽年間物者，根據以上基座式樣的分析，可確知其不能早於五代南唐注十五。又如前同節所述雲居寺靜琬法師塔，日人方面所指爲唐代者，根據其基座之形式，亦可斷定爲遼代物無疑。

又宋第二類型塔中，如鄒縣重興寺塔，武安常樂寺塔，定縣開元寺塔，長清縣靈巖寺辟支塔等等，其塔身均具有顯著的窣堵婆式的輪廓，各層高度並不如其他第二類型塔之自第一層以上急遽減低，反之却如第一類型塔之各層同具相當高度，且闢門窗。同時其簷部與平座之處理，亦較普通一般宋塔不同，其斗栱式樣與排列方法，亦復特異。據此種種，可以斷定其爲唐宋塔中的第一類型與第二類型間的一種過渡樣式，其年代當較諸一般宋塔爲早。我很疑心此類塔在唐時或早已出現特別如鄒縣重興寺塔有不少唐塔的色彩，如簷部的菱角牙子等，在日人方面多認爲唐塔我們不能專憑角隅的圓柱指爲宋塔我相信以後或者可以發現更有力的證據。

同樣，遼金第二類型塔中也有一種式樣較爲特異的塔，如房山雲居寺北塔圖版拾壹戊，易縣雙塔庵西塔圖版拾貳乙薊縣觀音寺白塔圖版拾壹己，正定廣惠寺華塔等。這些塔異於一般遼金塔的特徵，便是那種塔頂上巨大的窣堵婆，頗有認爲元人手法的可能，我在上面塔剎的分析中並未加以論列。其中尤以觀音寺白塔及雙塔庵西塔與元延祐六年一三一九的順德天寧寺塔塔頂的式樣圖版拾貳甲注十六，完全一致，或爲元人修理改易的結果，或竟爲元塔，均未可知。

本文對於我國佛塔樣式起源的問題，並未加以詳細的討論，因此問題不免要牽涉到印度塔與建陀羅塔樣式的演變，其範圍非此種簡短的篇幅所能容納。但我們若僅就中國塔的形式來討論，也可以得到相當的結果。在上文塔的分類第一類型條下，曾說過凡第一類型的塔，完全是由中國固有樓閣演變出來的一種式樣，卽於中國多層樓閣頂上加一個印度式窣堵婆的剎。多數西洋學者如 O. Siren 等，均曾有過與這同樣的主張，故這種假說現已爲一般學術界所公認。我們旣認淸第一類型塔頂的印度窣堵婆式的剎，則第二類型塔，祇是在一個大的窣堵婆塔身上，再加一個小窣堵婆的剎，故一般人多指此類塔爲窣堵婆式。同樣，第三類型的塔，祇是在普通一層的佛龕上加一個窣堵婆的剎。 似此各類塔的來源實至清晰。

再就中國佛塔所佔的中外成份來說則第一類型塔的中國成份佔多數外來的成份不過佔極少數而第二與第三類型的塔最初幾全被外來的成份所佔有過後始漸漸中國化。 最有趣味的事實便是不論那一類型的塔，都是隨着時代的進展而加深他的中國化的。 無疑地第一類型塔的式樣，是比較合於漢民族的口味的所以宋代自中原南移以後，大江南北一帶幾盡屬這種樣式的塔屬於第二類型最佳式樣的棲霞寺塔近在咫尺而當時建塔未有以此爲藍本者。 遼金在當時爲外來民族故在塔樣的選擇上自然趨向富於異國情調第二類型的塔。 不過代易時移，遼金塔於不知不覺中混身上下，也加上了不少中國道地製作的材料進去如簷椽斗栱之類。 所以卽在塔樣的演變上，也可以看出中國文化在另一方面潛移默化的勢力。

末了，關於中國磚石建築演變的問題，我們不獨可以在唐宋塔中看出中國建築中磚石建築式樣的演變，並可得知當時磚石建築在技術方面所曾達到的程度。 在磚建築方面，唐代初期，有不少的磚塔，如大雁塔，小雁塔，法王寺塔，淨藏禪師塔等，在整個的權衡與細部的處理上，均不失爲磚建築中最佳之例。 同樣，石塔方面，如雲居寺之各多層唐石塔，遼密藏石經塔，靜琬法師塔，棲霞寺塔等，其細部權衡之適宜與構造之合理均屬有目共賞爲中國石建築中不可多得之佳構。 中國的磚石建築若照此進展，定可在整個的中國建築式樣上產生一種新的機軸。

可惜過此以後，各塔對於木建築的摸倣日深，遂致完全失去磚石建築應有的權衡與合理的機構，造成一種纖弱無力矯揉造作的惡果。宋代諸石塔，如靈隱寺宋石塔閘口白塔等，都免不了這類的弊病，即較佳如泉州雙石塔，看上去祗是一對石做的木塔模型。這雖說是中國文化方面潛移默化的勢力，但就建築學的立場，實在是中國建築中木建築式樣對磚石建築的惡影響。

本文論列各塔，除少數外，其中絕少經過精密的調查，或製成詳細的圖樣。故於分析上極感困難。除著者曾親見之諸塔，其餘祗得憑諸書本與照片。如有錯誤，甚望識者加以指正。又關於此類塔之精密調查，與圖樣繪製的工作，均非私人方面之能力與時間經濟所能做到，甚盼國內學術團體，羣起致力。

注一　見楊衒之雒陽伽藍記白馬寺條

注二　Boerchmann, E. -Die Baukunst und Religiose Kultur des Chinesen, Vol. III. Pagodas

注三　本刊四卷三四期　林徽音梁思成劉敦楨雲岡石窟中所表現的北魏建築與裝飾

注四　楊衒之雒陽伽藍記永寧寺條「永寧寺熙平元年靈太后胡氏所立也……中有九層浮圖一所架木爲之舉高九十丈有刹復高十丈……刹上有寶瓶容二十五石寶瓶下有承露盤三十重周匝皆

垂金鐸復有鐵鎖四道引剎向浮圖四角鎖上亦有金鐸鐸大小如一石甕子浮圖有九級角角皆懸金鐸合上下有一百二十鐸浮圖有四面面有三戶六窗戶皆朱漆扉上有五行金釘合五千四百枚復有金環鋪首……』

注五　本刊五卷四期　劉敦楨河北省西部古建築調查記略

注六　塔之高度經測量者甚少很難作一個詳確數字的比較

注七　見伊東忠太　支那建築史

注八　見關野常盤　支那佛教史蹟

注九　本刊五卷四期　劉敦楨河北省西部古建築調查記略

注十　見O.Siren, —A History of Early Chinese Art. —Architecture

注十一　本刊五卷二期　鮑鼎劉敦楨梁思成漢代建築式樣與裝飾

注十二　本刊六卷三期　楊廷寶汴鄭古建築遊覽記錄

注十三　世界美術集成卷十四伊東忠太所記光孝寺塔條

注十四　見前注四

注十五　日人鳥山喜一與瑞典人 O. Siren 根據塔上雕刻立論亦曾指認其屬諸五代南唐見鳥山喜一之論南京棲霞寺舍利塔浮雕及 O. Siren. —A History of Early Chinese Art.

汼十六　見日人關野　支那佛教史蹟

河南省北部古建築調查記目錄

孟津縣　漢光武帝原陵

偃師縣　唐太子宏陵

登封縣　漢太室祠石闕及石人　漢少室廟石闕　漢啟母廟石闕　中嶽廟　嵩陽書院　崇福宮　嵩嶽寺　法王寺　會善寺　永泰寺　少林寺　告成鎮周公廟　西劉碑村碑樓寺

密　縣　法海寺塔

36277

河南省北部古建築調查記

劉敦楨

緒言

最近一年內，箸者與本社研究生陳明達趙法參二君前後三次，調查河南省北部的古建築，其範圍包括黃河北岸的舊彰德衛輝懷慶三府，和南岸的澠池洛陽孟津偃師登封鞏密汜水鄭開封等縣。除去開封鄭縣二處的古建築業經楊廷寶先生介紹過一次，及洛陽等處石窟建築，將來另行發表以外，現在將其餘資料，依着每次旅行路線，分爲上中下三篇報告於後。但內容比較複雜，非本刊篇幅所能容納的，將來在專刊內再作詳細的紀述。

討論古代建築最易遇到的困難，便是『術語』的使用問題。宋以前者現在尚不明瞭，單說北宋術語見於李明仲營造法式中的，便與清代的欽定工程做法則例相差得甚遠。除此以外，同在清代，又因區域不同，每每發生很大的差別。本文爲叙述方便起見，凡明清二代建築均使用清官式術語，明以前者暫以營造法式爲標準，但遺物中有結構奇特爲清官式建築所無而須用宋式或其他適當名辭解釋的，亦不在少數，祈讀者注意。

圖版壹

甲 新鄉縣關帝廟大門

乙 修武縣文廟大成殿斗栱後尾

丙 文廟大成殿柱礎

丁 修武縣勝果寺塔

圖版貳

甲 修武縣東大街經幢

乙 修武縣東板橋二郎廟正殿

丙 二郎廟正殿詳部

丁 二郎廟正殿石香案

戊 二郎廟正殿樑架

圖版叁

甲 博愛縣明月山寶光寺山門

乙 寶光寺山門斗栱

丙 寶光寺大殿斗栱

丁 寶光寺大殿梁架

戊 寶光寺大殿槅扇

圖版肆

甲 博愛縣寶光寺觀音閣外觀

乙 寶光寺觀音閣內簷彩畫

丙 寶光寺觀音閣上層走廊

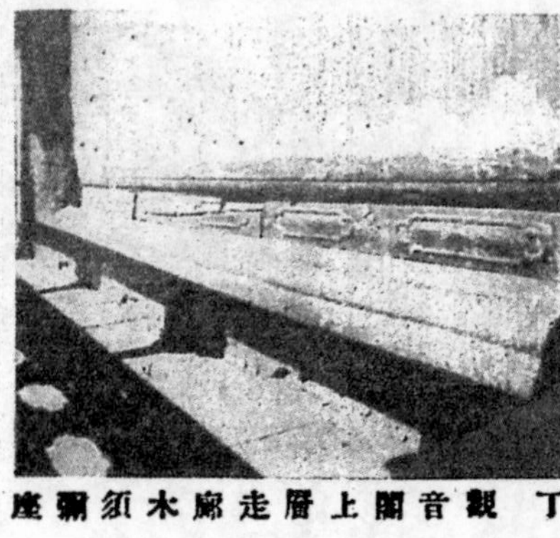

丁 觀音閣上層走廊木須彌座

圖版伍

甲　博愛縣民權鎮觀音閣外觀

乙　民權鎮觀音閣平座斗栱

丙　民權鎮觀音閣上層斗栱後尾

丁　民權鎮觀音閣上層梁架

戊　民權鎮觀音閣上層佛像及塑壁

36283

圖版陸

甲 沁陽縣東魏造象碑

乙 東魏造像碑背面影刻(其一)

丙 東魏造像碑背面影刻(其二)

36284

圖版柒

甲　日本奈良法隆寺廻廊

乙　沁陽縣天寧寺正殿

丙　天寧寺三聖塔

丁　三聖塔內部走道

戊　沁陽縣城隍廟牌樓全景

己　城隍廟牌樓側面詳部

圖版捌

甲 濟源縣王屋山陽臺宮山門

乙 陽臺宮大羅三境殿

丙 大羅三境殿內槽全景

丁 大羅三境殿內槽詳部

戊 大羅三境殿藻井

圖版玖

甲 濟源縣王屋山紫微宮三清殿全景

丙 三清殿藻井

乙 三清殿內槽全景

丁 三清殿榑間梁架

圖版拾

甲　濟源縣濟瀆廟清源洞府門

乙　濟瀆廟鐵獅

丙　濟瀆廟拜殿

丁　濟瀆廟淵德殿故基

戊　濟瀆北海廟圖誌碑之一部

圖版拾壹

甲 濟源縣濟瀆廟寢宮

乙 濟瀆廟寢宮外簷斗栱

丙 濟瀆廟龍亭

丁 濟瀆廟龍亭勾欄詳部

36289

36290

圖版拾貳

甲 濟源縣奉先觀大殿全景

乙 奉先觀大殿正面外簷斗栱

丙 奉先觀大殿梁架

丁 奉先觀唐太上老君石像碑

圖版拾叁

甲　濟源縣延慶寺舍利塔外觀

乙　延慶寺舍利塔內部

丙　濟源縣㴩春橋全景

丁　㴩春橋詳部

36291

圖版拾肆

甲 汜水縣等慈寺大殿石礎（其一）

乙 等慈寺大殿石礎（其二）

丙 等慈寺大殿石礎（其三）

丁 洛陽縣白馬寺釋迦舍利塔

戊 洛陽縣金墉城北齊碑

圖版拾伍

甲 洛陽縣周公廟定鼎堂山面斗栱後尾

乙 孟津縣漢原陵石獸

丙 偃師縣唐太子陵全景

丁 唐太子陵翁仲

戊 唐太子陵石獅

36293

圖版拾陸

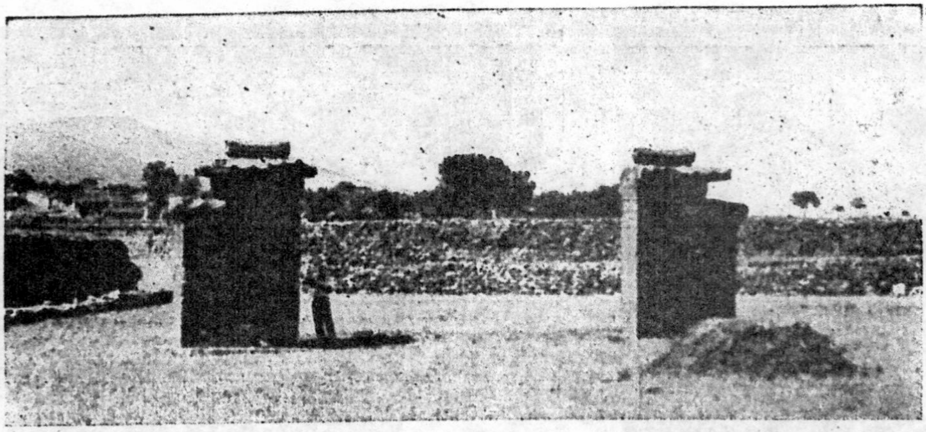
甲 登封縣太室石闕全景

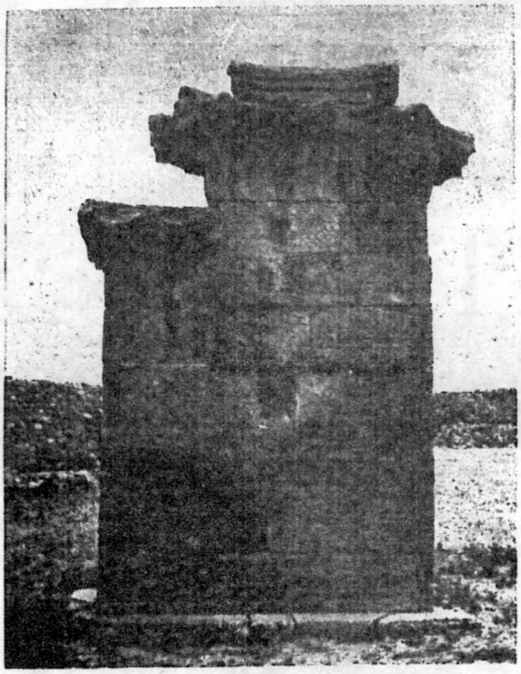
乙 太室石闕西闕

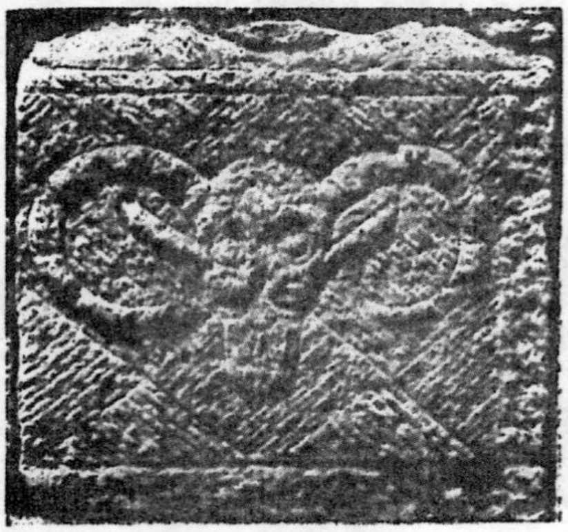
丙 太室石闕彫刻

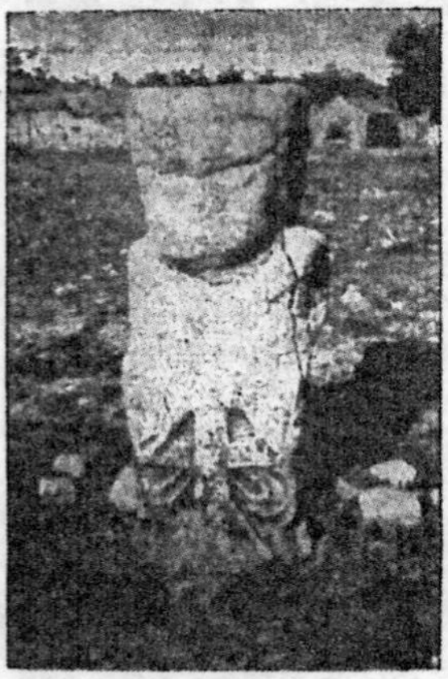
丁 太室祠石人

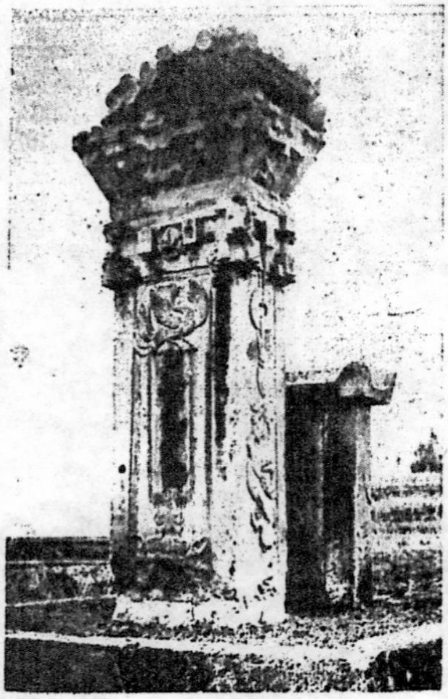
戊 渠縣沈府君闕

圖版拾柒

甲 登封縣少室石闕全景

乙 少室石闕西闕

丙 少室石闕彫刻

丁 登封縣啓母石闕全景

戊 啓母石闕東闕

己 啓母石闕彫刻

庚 登封縣中嶽廟天中閣

圖版拾捌

甲　登封縣中嶽廟鐵人（其一）

乙　中嶽廟鐵人（其二）

丙　中嶽廟大殿

丁　中嶽廟迴廊

戊　中嶽廟大殿柱礎

己　中嶽廟鐵獅

圖版拾玖

甲　登封縣嵩陽書院唐開元碑

丙　登封縣崇福宮宋泛觴亭遺址

乙　唐開元碑詳部

己　嵩嶽寺塔內室仰視

丁　登封縣嵩山嵩嶽寺塔

戊　嵩嶽寺塔詳部

圖版貳拾

甲 登封縣法王寺山門斗栱

乙 法王寺景暉舍利石函

丙 法王寺塔

丁 法王寺墓塔

戊 登封縣會善寺大殿

己 會善寺大殿柱礎

庚 會善寺藏經閣柱礎

圖版貳拾壹

甲　登封縣會善寺淨藏禪師塔

乙　淨藏禪師塔詳部

丙　會善寺琉璃戒壇石柱正面

丁　琉璃戒壇石柱背面

戊　琉璃戒壇石刻

己　會善寺藏北魏嵩陽寺碑

36299

圖版貳拾貳

甲 登封縣永泰寺塔（其一）

乙 永泰寺塔（其二）

丙 永泰寺千佛閣佛像磚

丁 永泰寺石燈臺

戊 登封縣少林寺天王殿柱礎

己 少林寺三寶殿故基

圖版貳拾叁

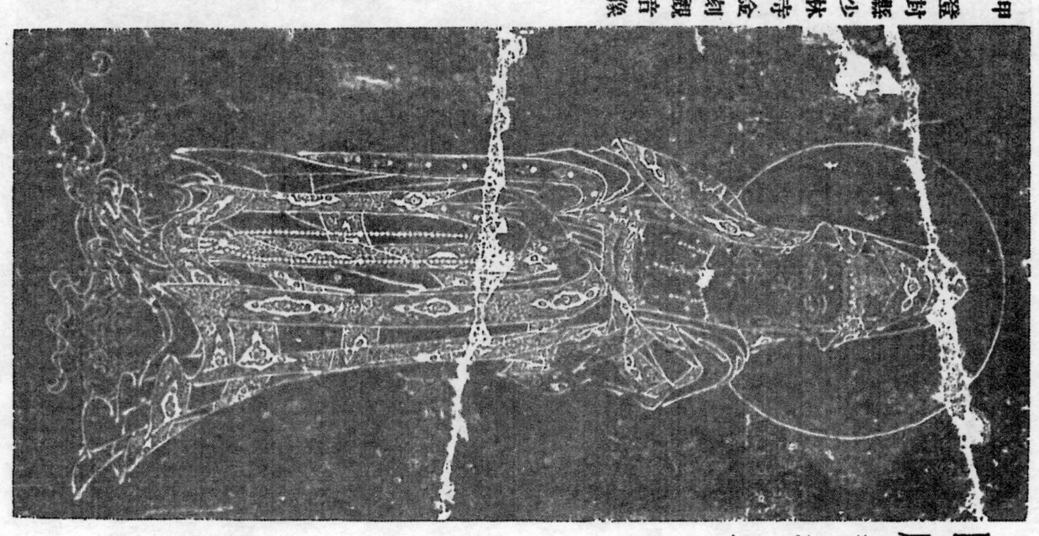

甲 登封縣少林寺金刻觀音像

乙 少林寺初祖菴

丙 初祖菴外簷斗栱

丁 初祖菴外簷斗栱後尾

圖版貳拾肆

甲 少林寺初祖庵梁架

乙 初祖庵石柱彫刻(其一)

丙 初祖庵石柱彫刻(其二)

丁 初祖庵牆下石護脚

戊 初祖庵須彌座

圖版貳拾伍

甲 登封縣少林寺無名塔

乙 少林寺同光禪師塔

丙 少林寺法玩禪師塔

丁 少林寺行鈞禪師塔

戊 少林寺普通禪師塔

己 少林寺西堂老師塔

庚 少林寺端禪師塔

圖版貳拾陸

甲　少林寺海公塔

乙　少林寺崇公禪師塔

丙　少林寺衍公長老窣堵波

丁　少林寺鑄公禪師塔

戊　少林寺悟公禪師塔

己　少林寺定公塔

庚　少林寺還元長老塔

圖版貳拾柒

甲 少林寺慶公塔

乙 少林寺資公塔

丙 少林寺古巖禪師塔

丁 少林寺月巖長老塔

戊 少林寺鳳林禪師塔

己 少林寺萬公和尚塔

庚 少林寺書公禪師塔

辛 少林寺坦然和尚塔

圖版貳拾捌

甲 少林寺同光禪師塔詳部

乙 少林寺行鈞禪師塔詳部

丙 少林寺法玩禪師塔詳部

丁 少林寺海公和尚塔詳部

戊 少林寺西堂老師塔詳部

己 少林寺聚公塔詳部

圖版貳拾玖

甲 少林寺崇公禪師塔詳部

乙 少林寺定公塔詳部

丙 少林寺鳳林禪師塔詳部

丁 少林寺端禪師塔詳部

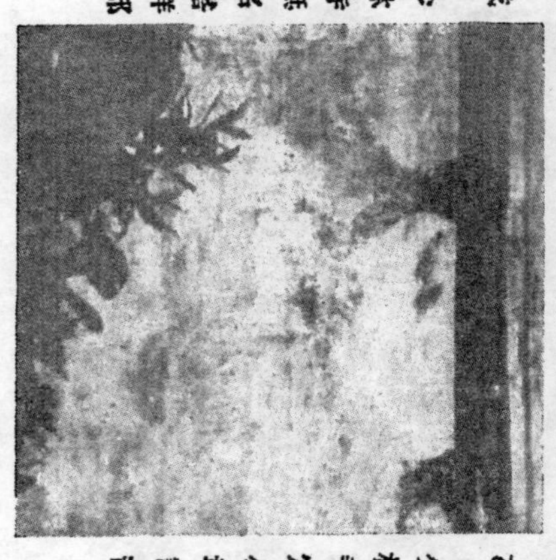

戊 少林寺無名塔詳部

己 少林寺資公塔詳部

圖版叁拾

甲　登封縣告成鎮周公廟測景臺

乙　告成鎮周公廟觀星臺全景

丙　周公廟觀星臺北面外觀

丁　周公廟觀星臺石圭俯視

圖版叁拾壹

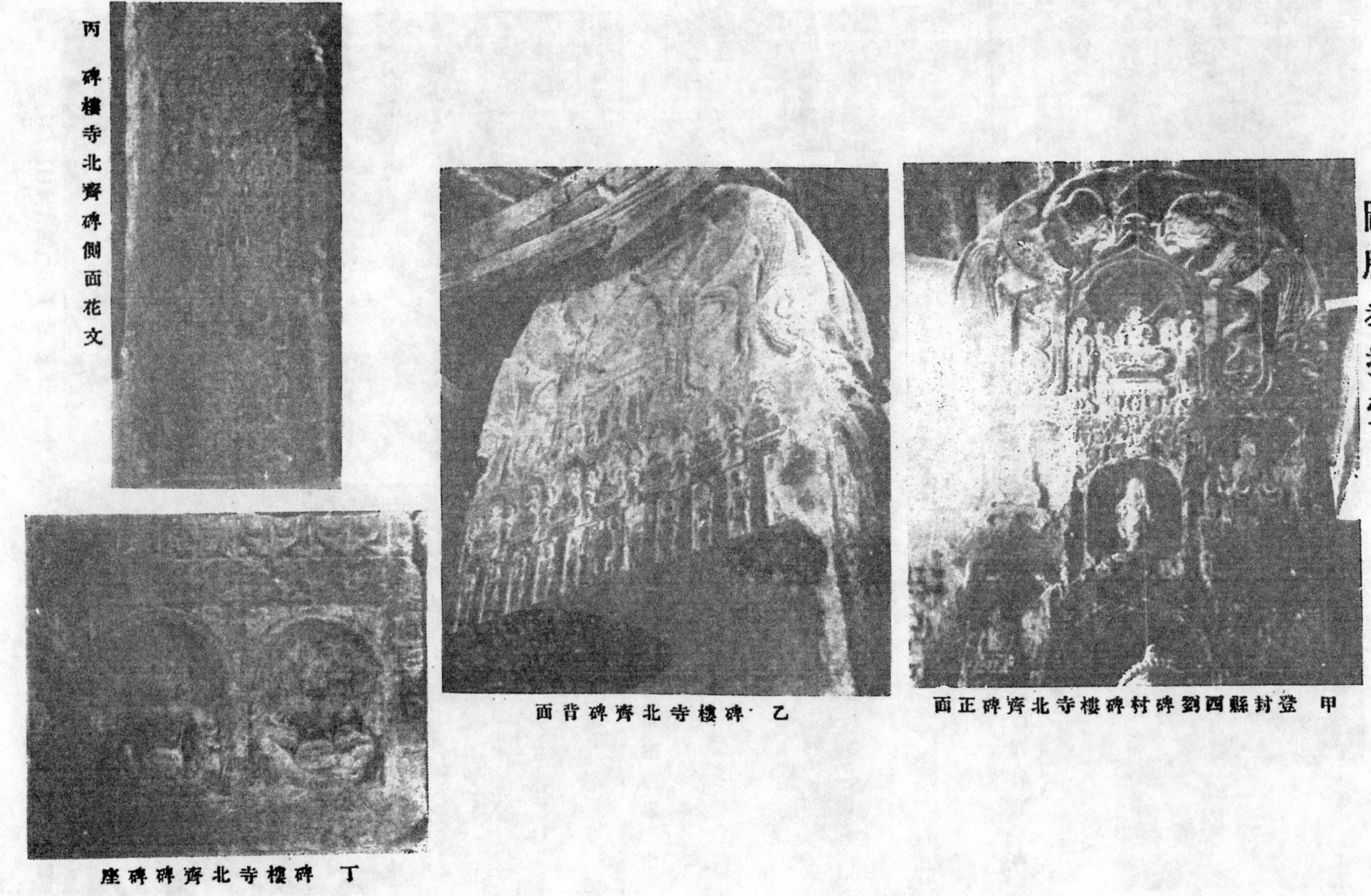

甲 登封縣西劉碑村碑樓寺北齊碑正面

乙 碑樓寺北齊碑背面

丙 碑樓寺北齊碑側面花文

丁 碑樓寺北齊碑碑座

圖版叁拾貳

甲　登封縣西劉碑村碑樓寺唐石塔

乙　密縣法海寺塔全景

丙　法海寺塔詳部（其一）

丁　法海寺塔詳部（其二）

上篇

紀行

第一次調查係民國二十五年五月十四日自北平出發至七月十一日回平往返約計兩月光景。我們先乘平漢鐵路至新鄉縣下車經過半日踏查知附郭一帶古建築異常缺乏次日旁午即乘道清鐵路往修武縣。道清線自新鄉以西沿着太行山脈一直奔向西南所經各處阡陌縱橫物產豐阜爲河南省比較富庶的區域。修武縣城位於車站東南一里多的地點城內街衢修潔樸素無華並在城垣內側開鑿廣闊的水池數處很有南方水鄉風趣。民居屋頂多數用板瓦擺列即北平匠工所謂的『仰瓦灰梗』做法但河北遼寧諸省僅抹灰泥的『一面坡』和『屯頂』屋面却不易發見同時屋脊用條磚竪砌表面鐫刻卷草紋也是此一帶的特有式樣。著者等出發以前震於百家巖崇明寺爲北齊以來有名的道場特意來此考察不料到修武以後始知此寺位於縣城東北七十里的天門山中數年前被土匪盤踞寺中建築大半淪爲刼灰乃變更計畫調查城內遺蹟和離城不遠的二郎廟，清真觀漢獻帝陵等等。

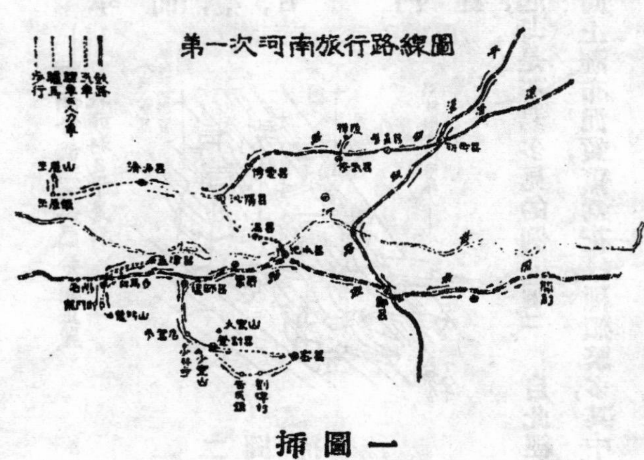

插圖一

在修武停留二天，再由道清線往西，經過產煤著名的焦作鎮，達到博愛縣。博愛縣城原爲唐代的太行縣治，宋以後併入河內縣，改稱清化鎮，至民國十七年復立爲縣。此處爲晉豫二省的交通要道，平日商賈輻輳，百貨雲集，與道口，朱仙二鎮，及豫南的周家口，同爲省內最著名的商埠。現在城內商業，雖還比較繁榮，但是此一帶的土地使用，已達到最高程度，而近年來人口增加，失業者日多一日，遂至成爲匪類淵藪。一行荷縣政府懇切指導，先調查城外西北一帶的建築。

在離城十里的泗澇村，發見關帝廟一所，門外有明中葉鑄造的鐵獅二尊，遙望門內結義殿，斗栱雄巨，簷柱粗矮，以爲最晚當是元代遺構，及至細讀碑文，乃知重建於民國五年，不禁啞然失笑。不過此殿外簷平身科，將螞蚱頭改爲下昂，向後挑起，却是不易多見的例（插圖二）。自此經許良鎮，至九道堰，沿途竹林甚多，所製筐籃棹椅，或盪花，或加油漆雕鏤，或在竹面上灑布泥質，薰爲花紋，種類繁多，其中也偶有雅潔可觀的。

九道堰位於縣城西北二十五里，就谷口地勢，分丹水爲東西二岸，置堰九處，導爲十九渠，灌田百有餘村，故有九道堰或九龍堰的名稱。各渠皆用亂石壘砌，清流四注，潺潺不絕，而附近一帶，背山面水，風景宜人。宋人癸辛雜識謂「河北懷孟諸州……得太行障其後，……山水清遠似江南」，可算得最確當的批語。自此沿山麓往東，穿過許多竹園和柿林，五里至圪墶坡，訪孫眞人府與老君廟。老君廟的三清殿，建於明萬曆十三年（公元一五八五），外簷斗栱，施有各種繁褥雕飾（插

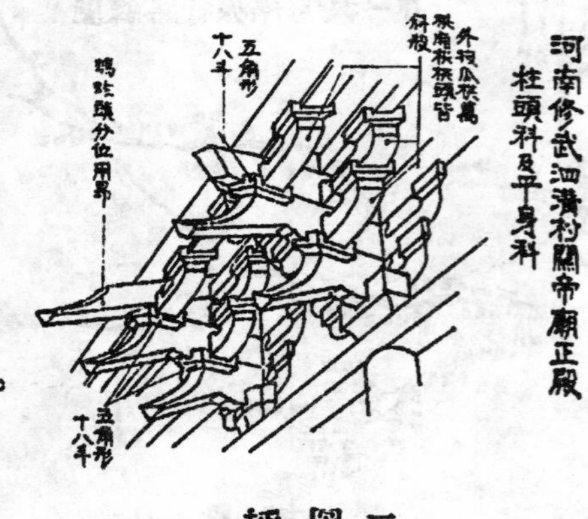

插圖二 河南修武泗澇村關帝廟正殿 柱頭科及平身科

插圖三 河南博愛圪墶坡老君廟三清殿 柱頭科及平身科

圖三，極似山西南部建築。　再東五里登明月山調查實光寺，傍晚回城。

次日上午考察城內觀音閣文廟興敎寺等處建築下午乘道清車至陳莊下車，渡過丹水，西南五里至沁陽縣。沁陽即漢晉的河內郡，明清二代改爲懷慶府，自此往南經孟津渡黃河，可到洛陽縣，故漢唐以來凡是奠都洛陽的，無不屯集重兵於此但是現在城內市面異常蕭條，視博愛縣瞠乎後矣。　著者等留此二天，承縣長荆壬林先生和秘書崔先生招待參觀教育局所藏東魏造像碑，及城內大雲寺文廟城隍廟等等。

從沁陽乘河南建設廳主辦的木炭汽車出西門，折向西南，凡七十里，抵濟源縣。　濟源位於河南省西北角上，爲省內面積最大的一縣，可是人口並不稠密。　縣城附近，原有濟瀆廟奉先觀延慶寺許多宋金元建築，但我們爲各種文獻紀載所聳動，決計捨近求遠，將笨重行李，悉數留在城內，向豫晉交界的王屋山出發。

出縣城西門，乘人力車西北行二十里，抵承留鎮，換乘騾馬，順着南北朝末期宇文泰和高歡爭戰的泰嶺山谷，繼續西進。　諸馬只備有馱載貨物用的木鞍，鞍身既寬，上面復施木梁二條，跨乘異常不便。　三十五里，過封門鎮，鎮中人烟寥落，舉目凄凉，惟東側留有比較完整的城垣一段，據說是淸同治間爲防禦捻匪而建造的。　自此西南下山，經劍河堡，折向西北，復攀登陡峻的山坡二處，二十里，抵王屋鎮。　其時恰値新麥初登，附近農民在此演劇酬神，幾無旅客插足的餘地，後來無意中遇到第二師別動隊某君，曾到過我的故鄉，攀談之下，承他介紹在某布店內借宿一宵。

次日侵晨自王屋鎮出發，北行八里，至陽臺宮。　宮據天壇山的南麓，面對八仙嶺，氣局宏闊，爲山中道觀之冠，但建築物卻都是明淸二代建造的。　自陽臺宮取道天壇山東側的山谷，經河口與時應宮，峽道深邃，頑石滿途，步行十分不便。　下午二時，達到王屋山中峯下的紫微宮，在此考察一小時，忽然山風蕭颯，凄然欲雨，仰望山巔，完全被白雲封蔽。聞此處至山頂還有二十里路程，半山上雖有明嘉靖年間創建的什方院一所，但規模異常狹小，乃決計放棄登山的願望。歸途細雨紛霏，回到王屋鎮，已是暮色蒼溟，咫尺不辨了。

次日黎明乘馬回濟源縣，山雨是愈下愈大，各人都只借得油布一張，被覆身上，不一會內外即已濕透。也許因失望之餘，或者氣溫陡然下降的緣故，大家都是縮鞍上默默的踏着歸程。幸虧下山比較省力，下午四時便抵縣城。

在濟源略事休息，着手調查附郭的古物，收穫之豐，又完全出乎意料以外。但一行自北平出發以來，轉眼已經旬日，離梁思成先生與著者等在洛陽聚會的日期，僅僅只餘下三天，因此將濟源縣應當測繪的建築物，留待回平時再來工作。

五月二十六日，從濟源搭長途汽車回到沁陽，原擬自此往南經孟縣渡河，逕奔洛陽，後來在車中與同行的王君談話，始知孟縣縣城離黃河渡口還有三十里，現在途中不大平靖，乃臨時變更計畫，自孟縣乘原車折東，經溫縣，至汜水縣的北岸渡河。自孟縣以東，大小村鎮，都築有雄厚的土城，不像普通鄉村景象。沿河一帶，因為南側的邙山山脈，都是黃土層高岡，以致河流北趨，泥沙泛濫，極目無涯。汽車停在離渡口約八里的地點，換乘牲口，達到河邊，已是下午兩點多鐘。此處河面僅寬二里左右，但水勢却十分湍急。在渡河的一小時內，船夫們無厭的需索，多少帶有一點威脅性，幸虧王君盡力將護，未受意外的損失。

汜水縣城位於渡口東南三里，即秦漢交爭的成臯，可是城垣已經大部分傾頹，市街民居零星散亂，也不像縣治所在地點。我們為交通方便起見，住在隴海鐵路車站附近。次日上午至城外東北，調查唐代有名的等慈寺。所經各處，凡是平闊的高岡上，都耕種麥田，岡下低窪處，被雨水冲刷，成為深窅的溝道，在平日也就是車馬通行的道路。當地人或依山岡，或就溝谷，開鑿無數縱穴，自遠處眺望，恰與蜂窠無異。提起穴居建築，大概河南省內最普通的幾種型體，除了先生已經在本刊五卷一期內介紹過，但是穴居的普遍情形和數量之多，若非身歷其境，恐怕不容易了解。它的原因當然不止一端，而最主要的，乃是社會經濟能力的貧弱，不得不因陋就簡使用此種半原始的居住方式。在短期內欲提高他們的生活程度使穴居習慣完全根除，不但是一件極難辦到的事，即就國防上說，與其消滅勿寧使其改良利用，也許更爲合理。

在建築結構上，河南省內的穴居大多數採用長方形平面，面闊與進深約變化於一比二至一比四之間（插圖四）。穴居外側，闢有面積較小的門窗，但其中也偶有數穴相連，位於內側的一室，全無日光侵入的可能。穴居的橫斷面採用一種近於拋物線形的穹窿（Vault）高度自二公尺半至三公尺半，寬自二公尺半至四公尺不等。普通從開掘後，經過一年或一年以上時間，將穹窿表面築實打光，加構窗門，即可居住，但也有少數富裕人家在穹窿底部再加構磚石發券，防備泥土崩陷。據當地人所述，凡黃土層具有垂直裂紋的，即不施磚石，亦無危險，但是實際上崩塌的穴居，却隨處可以發見。故對於穹窿的型類與直徑限度，以及上部土層厚薄和磚石水泥補强的方策等等，均應加以調查和試驗。

河南氾水民居

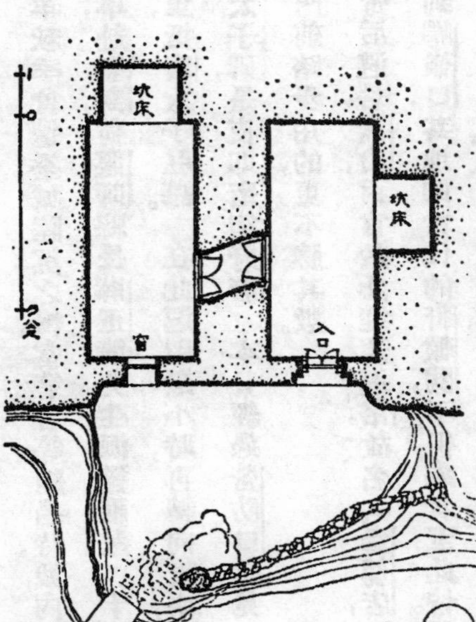

炕床
炕床
窗
入口
北

插圖四

在保健方面，穴居最大的缺陷，便是光線不足，而尤以位於深溝內，採取東西方向的，幾無接受陽光的機會。其次穴居上部的地面，既無洩水設備，而土層厚度又自三公尺至十餘公尺不等。在上部土層較薄的穴居，一受雨雪浸潤，很容易增加穴內的濕度。同時穴內溫度，因爲比較不受大氣影響，冬夏二季，不似普通建築物寒暖相差之甚，而穴內光線，却又極端微弱，是否有助長蚤類和其他微生物繁殖的危險，也是值得注意的。

是日下午自氾水搭隴海鐵路赴洛陽，沿途岡陵起伏，穿過隧道十餘處，至孝義以西，才漸漸走入平原。次經偃師和義井二站，鐵路直貫舊洛陽城的故基，東西土垣猶可依稀辨識。再西經白馬寺，抵洛陽東站下車，寓附近的大金臺旅館。次日梁思成林徽因二先生聯袂蒞洛，從二十八日起，一連四天，我們共同調查龍門石窟和關羽墓。六月一日，梁林二先生轉赴山東，我與陳趙二君調查洛陽城內外的建築及北邙山漢明帝章帝和帝諸陵與白馬寺金代建造的磚塔。其間並一度赴孟津縣，考察漢光武帝的原陵。

四日傍晚自洛陽赴偃師。偃師縣城在民國二十四年秋季曾遭全城陸沉之慘，當筆者等經過時，城內南半部還是餘潦未除，所有行政機關皆遷至車站附近。次晨僱轎車赴登封，荷偃師縣長薛正清先生派警護送。十里，過楊村，渡洛水；再五里至營防口，折向西南，登長坂，地勢漸高，凡五里，抵唐太子弘墓。在此逗留數小時，再轉向東南，與官道會合。十八里至府店鎮，訪鎮南昇仙觀唐武后所書的昇仙太子碑，是夜即留宿府店。本日經過營防口時，見路旁小廟牆壁全用漢代空腹壙磚修造，而砌入沿途民居牆內，或充門前踏步用的，更不勝其數。

次晨六時，自府店出發，十五里，過參駕店，據說從前唐帝后避暑嵩山，百官於此迎駕返洛，故名『參駕店』，現在却訛為『三家店』。自此攀登崎嶇盤曲的石道，凡七里，達到崿嶺口，其地即古代的軒轅關，不但乘者至此皆須下車步行，並須加僱牲口引曳車輛上山。登嶺南望，少室雄姿，赫然呈於目前。其東太室山如巨龍蟠伏，東西橫亘，幾達四十里，氣局尤為雄偉。下嶺東南過郭店，沿太室山南麓經邢家鋪，凡二十五里，抵登封縣城。荷縣長毛汝采先生厚意招待，寓民衆教育館內。

嵩山係太室少室二山的總名，雖以『中嶽』見稱，但高度却比王屋山還低。從前山上松栢蔥鬱，林木幽深，為北魏和唐代諸帝遁著的勝地，可是現在已成童山濯濯，亂石嶙峋，徒增旅人的喟嘆。登封縣城建於太室山的南麓而微偏東端，余等以此為中心，調查附近的漢太室啓母二闕，及中嶽廟崇福宮嵩陽書院，與嵩嶽法王會善盧巖四寺，前後凡七日，始大體蕆事。

十四日出登封東門，八里，過中嶽廟，再東經蘆店景行牛店等鎮，至密縣縣城，為程共七十里。是日天氣奇熱，終日盤據鞍上，疲困萬狀，幸公路新修未久，平整如砥，視在登封時，每日跨劣騾彳亍山徑中，又覺此愈於彼。密縣城建在平闊的高岡上，城內街道以石版鋪砌，較登封尤為整潔，惟古建築則僅存法海寺宋石塔一座。箸者等在此停留一天，十六日侵晨，復自密縣回到登封東南的告成鎮。為避免陽光起見，所走路線特取道陰邃的山溝中。十八里，經平陌鎮，又三十五里，抵西劉碑村，調查碑樓寺著名的北齊碑和唐塔宋幢等等。此廟現在亦無住持，門窗殘破，荆莽叢生，凡可移動的物品早已被人盜去。後來我們在東北角上一間小屋內發見十來個農民橫七直八倒在稻草上吸用毒品，相見之下，雙方都大吃一驚。恐怕民國十七年主張沒收廟產的人們，也萬不料毀滅文化史蹟以外，還產生此種意外流弊罷。

下午二時，自村西渡石淙河，西南行二里，訪唐武后三陽宮故址。宮毀於長安四年，遺址蕩然，已不能實指其處，然高岡之下，巉崖攢秀，高低錯落，純出自然，而河水自東注西，瀠洄巖下，幽冷若黛；最廣處曰車箱潭，二三小嶼，碁布綠波中，縱橫偃仰，曲盡妍態。自此往西，兩側石峯束水愈窄，聞雨後泉瀑奔騰，與巖石相擊，飛濺凌空，為景甚奇，惜余輩來時，適河水半涸，未逢其勝；且其地東西不過二百公尺，偪促如盆盎間物，頗為美中不足耳。其車箱潭北側，有武后久視元年所製石淙詩序，及諸臣侍從應制詩多首，南側刻張易之秋日宴石淙序，皆高不可讀，僅千仞壑三字較大，尚能辨識。時焦陽肆虐，熱不可耐，乃相率解衣浴河中。五時，離此西行，再八里，宿告成鎮。

告成鎮即漢代的陽城縣，相傳周公營東都時，即在此測日景求地中。唐武后封祀禮成，昇爲告成縣。五代周顯德間，廢縣爲鎮，併入登封。現在鎮外土垣還是方整平闊，規模很大。翌晨出鎮北門，約行二里路東有周公廟，大殿前石標柱題『周公測景臺』五字。殿後復有元代營建的磚臺一座，堦砌盤廻，形制奇偉，俗稱爲觀星臺。一行在此逗留半天，西北經五度紙坊，復與前日往密縣的公路會合，凡三十里，抵登封縣城。

十八日出登封西門，經邢家鋪和郟店，繞至少室山北側，二十五里抵少林寺。寺建於五乳峯下，凡是研究禪宗沿革的，無不知道它以往的光榮歷史。現在寺中主要建築雖於民國十七年被石友三焚毀，但如宋宣和七年建造的初祖庵，及唐宋金元以來無數住持的墓塔，仍然占據我國建築史中極重要的一頁。我們在此停留六天，收穫異常圓滿，其間幷抽出一天，調查太室山西麓的永泰寺，和邢家鋪西側的漢少室廟石闕。

廿四日下午自少林寺回到偃師，即搭隴海車往鞏縣。鞏縣縣城原靠近洛水的東岸，民國七年爲大水所淹，乃遷往東側岡上，二十年來居然又形成很大的市集。余等此行，原以調查縣西的北宋諸陵爲主要目標，不料其地與兵工廠鄰接，不許測繪，乃考查石佛寺北魏造像，於廿六夜趕往開封。在開封三天，荷龍非了先生嚮導，考察市內外古建築，並至河南博物館與古蹟研究會，參觀新鄭出土和淇縣濬縣等處新近發掘的殷周銅器。此外博物館藏品中與建築藝術有關的，亦有數種：(一)漢空腹壙塼三十餘塊，正面印有繁縟的幾何花文，但背面刲刻畫人物車馬禽獸等類的寫生畫，構圖描線簡單生動，與普通壙塼稍異。(二)洛陽出土的北魏末期石棺，表面鏤刻極纖細的龍鳳花文，與朝鮮大同江漢墓壁畫同一風調。(三)隋開皇二年石刻頂部所雕歇山式屋頂和鴟尾，較定興縣北齊石柱，更爲完整。

二十九日，自開封返鄭縣，調查城內開元寺塔及唐中和五年經幢。是夜著者由鄭逕返北平，陳趙二君則先一日由道清鐵路轉往濟源縣，補查濟瀆廟等處建築，至七月十一日始回到北平。

新鄉縣　關帝廟

關帝廟在縣城東門內，現在改爲新鄉縣教育局。正門面闊三間，單簷挑山造，但門前加構走廊一列，故正面如重簷建築（圖版壹甲）。兩側夾垣上施斗栱及夾山頂，兩端更翼以八字牆，使全體布局參差錯落，頗富變化。

廟內建築物，以大殿年代較古，但此殿僅東西五間，而明間面闊不過三公尺半，次梢諸間亦祇三公尺餘，故面積異常狹小。據新鄉縣志卷二十四：

正殿五楹……元至正間建。萬曆崇禎間次第重修。國朝康熙三年，知縣王克儉增修；四十七年邑人王旬公又修之。

可是殿的梁架現爲頂篷所遮，無法調查，不能證實它的結構是否屬於元代。單就出簷結構來說，其手法實異常龐雜。如額枋使用狹而高的斷面，平板枋比例未曾加厚，與一部分補間平身科使用眞昂及昂嘴卷殺形式，與此一帶的元代遺構雖大致類似，但是材栔比例十分單薄；坐斗式樣，除訛角斗以外，或在角上刻海棠曲綫，或在斗下承以蓮瓣，而昂上的交互斗採用五角形平面，與螞蚱頭刻作龍首形，廂栱改爲透空

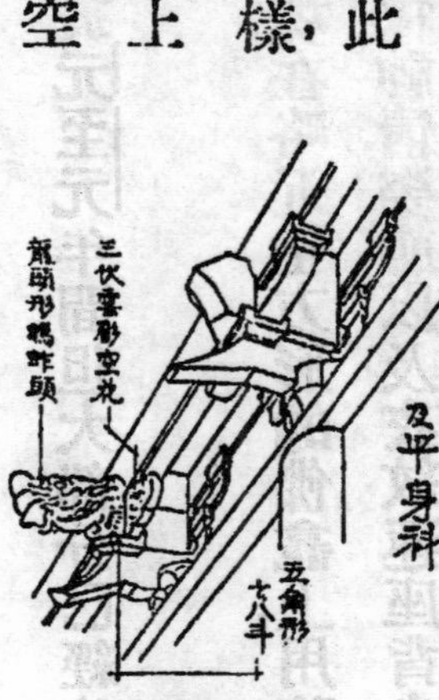

插圖五　河南新鄉關帝廟正殿柱頭科及平身科

三伏雲彫空花
龍頭形螞蚱頭
五角形十八斗

的花板插圖五，都是明或明以後的方法。它的年代，即使創建於元至元年間但大部分已經後代修改過多次了。

殿後垣內嵌砌東魏孝靜帝天平四年公元五三七造象石一塊，在略近正方形的佛龕上，用疏朗平淺的綫條描出當時通行的幃幕。龕內浮雕一佛二菩薩像，神情姿態以及衣紋蓮座背光等等，還是很道地的北魏末期作風。

修武縣 文廟

文廟位於縣城西北角上，現改爲修武縣敎育局內部建築，唯大成殿規模較巨。殿面闊五間，進深顯三間，單簷歇山造。結構上可注意的事項如次：

(一)簷柱下所用八角柱礎，在圭角上施覆蓮一層，上爲束腰，再上爲仰蓮，而束腰轉角處復飾以小柱，完全模仿須彌座的式樣圖版壹丙；全體比例也比較高聳。

(二)平板枋厚度增高，與額枋表面鏤刻華文，俱和山西南部建築接近。

(三)斗栱結構，每間僅用比例較大的平身科一攢。外側出跳七彩三昂，螞蚱頭改爲龍首。內側第一第二兩跳，俱如清式常狀，惟第三跳和螞蚱頭後尾，則插入垂蓮柱內圖版壹乙。各垂蓮柱之間，施額枋與平板枋，使與左右梁架連絡。平板枋上，再置一斗三升交蔴葉雲，如清式溜金科後尾上的花臺科托於下金枋之下。在結構上，內外兩側雖然都使用水平構材，但因後側垂蓮柱的關係，仍能利用下金桁所受荷重，使與外側的挑簷桁維持平衡狀態。

殿的沿革，據明周佑修武縣新開泮池記，知萬曆十九年邑宰邵烱曾

買地東西八步，南北二十八步，鑿池其中……修大成殿五間，東西廡各七間，禮門三間，櫺星門三間，明倫堂五間，……

其後清康熙乾隆二代，都只有重修記錄，足證此殿確是萬曆間所建。

文廟東側有三公祠一座，面闊三間，規模甚小。據三公祠堂記，此殿建於明正德十三年，可是額枋和平板枋伸出隅柱處，仍遵守遼宋初期垂直截割的方法。

修武縣　勝果寺塔

縣城西南隅有勝果寺，現充保安隊駐所。其西牆外，存八角形磚塔一座，每面寬三・一二公尺。塔門設於東面，內闢六角形小室，不與外廓一致，甚爲奇特。塔的背面另闢一門，施梯級，可達上層。

塔外觀共計九層。各層高度和直徑，自下而上，逐層減小，但最上一層顯經後人修改（圖版壹丁）。出簷結構，先在壁面上隱出普拍枋，其上施磚製的偷心華栱二跳，但七八兩層則減爲一

跳。橑簷枋至轉角處並未提高，其上施簷椽飛子各一列。飛子中有作圓形斷面的，恐係後人所加。自此以上，用反疊澁的磚層，向內收進，未施平坐。

圖書集成職方典謂『勝果寺……宋紹聖中建』，但未述及此塔的建造年代。可是它的平面配置和出簷結構，極與開封鐵塔繁塔接近，似以北宋建造的成份占據多數。

修武縣　東大街經幢

城內東大街南側，有八角形經幢一座，約高五公尺（圖版貳甲）。最下爲蓮座，上置須彌座二層，各層皆浮雕佛像。其上幢身分爲上中下三節。下節較高，表面鏤刻經文，覆以石簷。中節比較粗巨，上施蓋板，琢城郭及釋迦遊四門圖，與武安縣常樂寺宋乾德三年所造的經幢完全一致。上節直徑較小，亦覆以石簷。其上再加圓盤三層，互相重疊，如葫蘆形。

此幢因文字大半漫漶，建造年代無法追究，然它的形制很顯明地表示其爲北宋遺物。

修武縣　東板橋村二郎廟正殿

二郎廟在縣城北十里東板橋村，廟內僅有東西廡及獻殿正殿，規模異常狹陋。正殿緊接於獻殿之後，平面正方形，每面三間（插圖六），單簷歇山造（圖版貳乙）。

此殿正面明間用八角形石柱，上加月梁形狀的闌額；表面飾以雕空龍鳳，其兩端再承以雀替圖版貳丙。普拍枋稍厚，伸出隅柱處，垂直截去。

斗栱僅用四鋪作華栱一跳，結構十分簡單，但材高十六公分，寬十一公分，在同體積的小型建築物中，它的比例不能不算爲雄大。明間用補間鋪作一朵，內外各出一抄；跳頭上施令栱與替木。但柱頭鋪作在外側華栱跳頭上，以雀替代替令栱；華栱後尾則斫作楂頭，承托四椽栿或山面的丁栿。所有栱與楂頭的比例和卷殺，極似元代做法，不過替木與雀替則係近代換製的。

內部梁架，在明間柱頭鋪作上施四椽栿，承受山面柱頭鋪作上的丁栿。四椽栿的中點，再置駝峯角替，與山面補間鋪作上的丁栿相交。再上施平梁一層，及株儒柱叉手等等圖版貳戊。屋頂坡度平緩，兩山出際很大，因之博脊皆折入山內圖版貳乙。此種方式雖見於敦煌壁畫內，可是此一帶的清代建築，現在還依然使用，故不能據爲判斷年代的標準。

殿內中央有青石香案一具圖版貳丁，表面鏤雕極精美的牡丹華文，並有銘刻一段；

維那頭都進　大定廿年七月初六日記

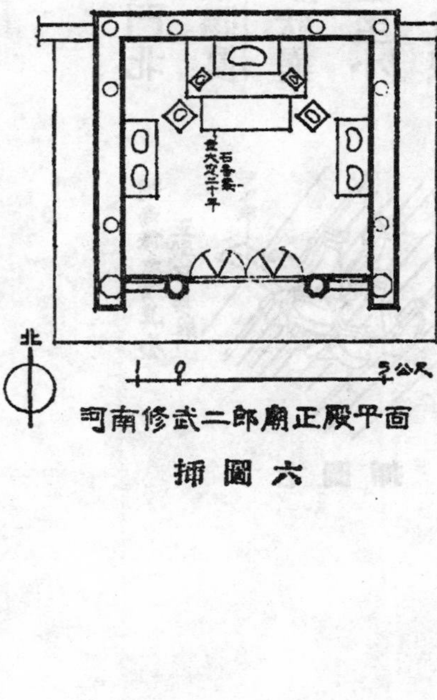

插圖六　河南修武二郎廟正殿平面

石匠天水郡人造作

田門村秦德

樂村陳德

此廟歷史縣志未曾著錄，除前述銘刻外，尙有清雍正十三年重建二郎廟碑記一通，可供參考。原文節錄如次；

二郎廟不知創始何年……傾頹幾盡，雍正癸丑歲本營善士傅廷桂動念重修……不數月殿宇巍峨，神像煥彩，而功已告竣矣。……

此項修理紀錄，證以現狀，尙可徵信，惟大殿一部分斗栱很像元代舊物，未曾改換者。

修武縣　漢獻帝禪陵

出縣城北門，東北行二十里至馬坊村眞清觀（俗稱海蟾宮）。觀門北向，俗傳海蟾子的洗丹潭久已枯涸。門前一碑刻金大定元年勅賜眞清觀牒，及長春子所書海蟾公入道歌。門內正殿三楹，螞蚱頭形狀異常奇特（插圖七），疑係明末清初間物。自此往北地勢漸高，十五里至小風村，晉初竹林七賢的棲所就在此附近。再向東北二里麥田中有塚

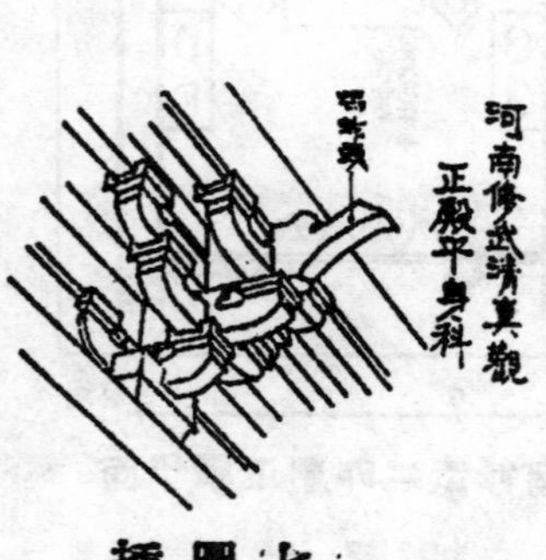

插圖七

隆然，卽是漢獻帝的禪陵。

陵南向微偏東南。其平面南北長六五．四公尺，東西寬五五公尺，東北角缺去一塊（揷圖八），無疑地原係正方形因農民墾植麥田，逐漸侵削成此形狀。墳高八．六九公尺，頂部略作圓形。也許因下部地宮毁壞的緣故，現在墳上發現直徑一尺左右的小洞多處，向下凹陷。墳前一碑，題「漢獻帝陵寢」五字，乃乾隆五十二年河北鎭總兵王普所立。

據後漢書卷九獻帝紀延康元年曹丕篡位，封帝爲山陽公。山陽卽今修武縣，獻帝所居濁鹿城就在禪陵東南，相去不遠。魏青龍二年帝崩，史謂葬以漢天子禮，並置園邑令丞，而注文引帝王紀稱

「陵高二丈，周回二百步」，

足證規模簡陋，與箸者等實測的結果大體符合。此外同書卷十六禮儀志注引古今注，又謂禪陵未曾起墳，其言如次：

獻帝禪陵，帝王世紀曰：「不起墳，深五丈，前堂方一丈八尺，後堂方一丈五尺，角廣六尺」。

此說是否可信，無法窮究，所載地宮尺寸也非發掘不能證明。

陵的東北角和東南角又各有一墳；前者約方三十公尺，後者方二十五公尺。據後漢書卷

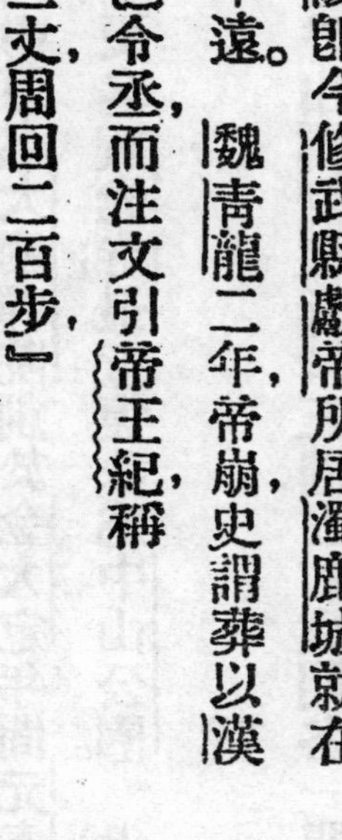

河南修武漢獻帝禪陵平面圖

0 10 50公尺

北

揷圖八

十一曹皇后紀：「魏景初元年薨合葬禪陵車服禮儀皆依漢制」，似與獻帝合葬於一塚之內，則此三墳殆爲妃嬪之屬無疑也。

博愛縣　明月山寶光寺

明月山在城北十五里其前丘谷環抱曲徑盤迴，上多翠柏頗與北平磨石口法海寺類似。寶光寺建於山阿中原名大明禪院，創於金大定年間；元泰定和明永樂迭加修治至景泰天順成化三朝，大事擴增更名寶光寺；最近復改爲中山公園。　但內部建築僅山門正殿和觀音閣三處年代較古。

·山門·　寺外山門即明金剛殿三間，左右夾門各一間均挑山造圖版叁甲。　據明景泰三年碑，此門似建於景泰初年。　外簷斗栱比例雄大各間補間鋪作亦僅一攢，惟廂栱兩端斫作斜面，乃年代稍晚的唯一表示圖版叁乙。　額枋彩畫無箍頭與藻頭，斗栱兩側繪卷草底面繪魚鱗紋，雖然年代很新，但都是北平官式建築所不易見到的圖版叁乙。

·正殿·　山門內有前殿即明天王殿三間，現改爲平民休息所。　再北正殿即明水陸殿五間，進深顯四間單簷歇山造。　外簷斗栱五彩重昂比例卷殺極與山門類似圖版叁丙，足證此殿亦明中葉所建，不過詳部結構如下文舉列的，卻又保存宋遼遺法較多。

(一)外簷第一層正心枋上置十八斗，承受第二層正心枋，乃遼金以後僅見的孤例。

(二)外簷斗栱後尾所出重翹，俱偷心。

(三)內部後金柱僅至內額下皮爲止，其上施斗栱，承載九架梁，與清官式慣用的落金柱適然異趣圖版叁丁。

(四)上金步施搭牽，亦元以後鮮見的方法。

此殿明間槅扇，以六搲菱花與正六角形相配合圖版叁戊，但次間槅扇，忽易六搲菱花爲六出毬文。簾架構圖在龜錦文內，配以如意頭四瓣，亦不落常套圖版叁戊。

觀音閣 大殿北面有後殿即明藏經殿，三間式樣結構和前殿大體一致。殿後依山建泊岸二重，其上觀音閣峻嶒孤聳，隱然爲全寺重心。閣平面正方形，每面三間，梯級設於東側走廊內，自此可達上層插圖九。惟此閣上層較高，故在上簷斗栱下，再加上覆簷一層，庇護周匝的走廊，而各層出簷高度復相差不大，致外觀極似三層建築物圖版肆甲。

此閣比例雄峻，簷下斗栱，每間僅用一攢，初見之下，極似元代遺構，然閣內所藏明成化七年勅賜寶光寺重修觀音聖閣碑，謂……天順二年秋，鄭王殿下請其寺爲祝聖壽之處，崇賜額

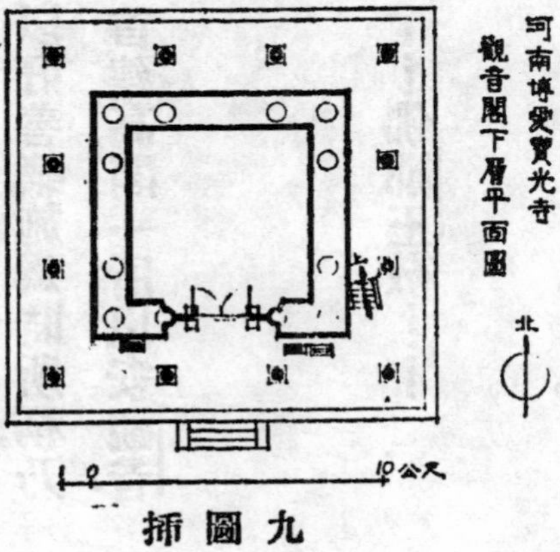

河南博愛寶光寺
觀音閣下層平面圖

北

0 10公尺

插圖九

改爲寶光寺。 時有住持僧曰繼安者，……聞內臣阮公吉素以好善樂施，爲時所稱，乃踵門告勸。 公慨然不吝，即捐金帛收米粮木石命工增修。 首建高閣一所以安觀音，規制軒昂簷楹突兀，……雖曰重修，其實與創始無異。……

知它實重建於明天順二年（公元一四五八）。 又閣頂脊檁底面題

大明成化伍年歲次己丑拾壹月廿壹日重修觀音大聖寶閣……佛鄭王敬……

上層門扇上復刻有很剛勁的飛白體題字：

嘉靖甲午子月朔河南參政莆田林豫副使雙江唐符僉事平定祁元洪同登符記。

上金桁底面，又有題記一段：

皆大清道光十年歲次庚壬秋八月癸巳重修觀音大聖寶閣三間自立木之后，永保合寺人口平安吉祥如意梓匠原蹈和謹誌。

重修以後的沿革也敍述得異常明白，可證確爲明構。 茲將結構上特徵，列舉如後；

(一)閣的上簷斗栱雖未測量，但上覆簷的斗口寬九·五公分，栱身高一八公分，與下簷走廊斗口寬十一公分，栱高十五公分，

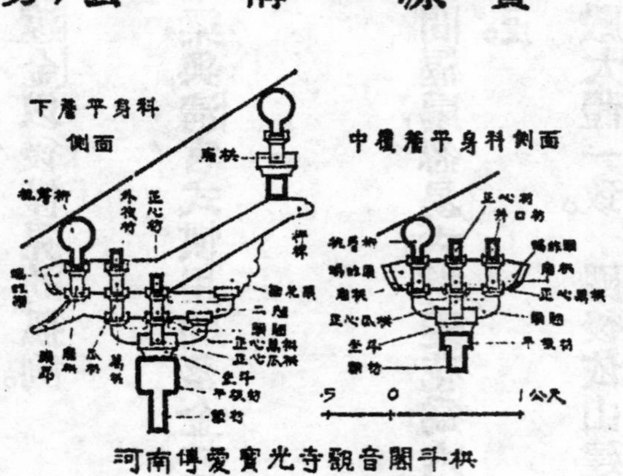

河南博愛寶光寺觀音閣斗栱

插圖十

適然不同。泥道栱和慢栱廂栱的比例，也是下簷細長，上覆簷粗短，可是平板枋的斷面，却是下簷較厚插圖十。凡此種種，均可證下簷走廊的年代，應比上覆簷稍晚。

（二）前述下簷走廊的斗栱，係清乾隆十五年高宗巡幸此寺所修補，抑道光十年所改換，現在因證據不足，尚不能遽下判斷，但如柱頭科的頭昂和角科的斜頭昂，斜由昂，均未加寬，平身科後尾及角科後尾，未曾計心，與角科斜三翹上再加碩大的雀替插圖十一，都能保存較舊的做法，不過枰桿結構，却不在此列。

（三）下簷老角梁後尾，擱於牆上，而將由戧直接置於梁背插圖十一，竟與宋營造法式所載的搭配方法大致符合。

（四）下簷內部柱頭科，用插栱二跳。

（五）下層內部大柁彩畫，在柁兩端與北平盒子相當的部分，滿繪錦文圖版肆乙。藻頭內所施旋子，作如意頭形狀，亦與北平智化寺萬佛閣明代彩畫異常類似。中央枋心描成包袱形，束以緞帶，顧名思義，較北平蘇畫的包袱，更與事理切合。又此項彩畫，在木材表面直接描繪白色和深紅色的華文，其間區以墨綫，使色彩配合鮮明而不過於傖俗。

（六）上層牆壁下，與西方建築 Skirting 相當的部分，施有木製的須彌座，權衡雄健，意匠新穎，乃古建築中不可多見的珍品圖版肆丙丁。

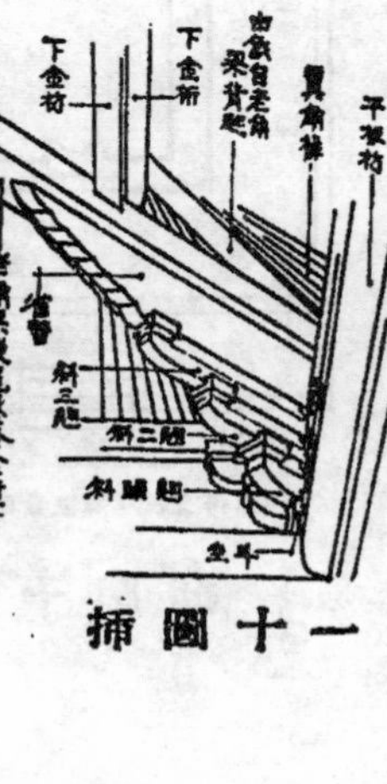

插圖十一 寶光寺觀音閣下簷角科後尾

博愛縣　民權鎭觀音閣

博愛縣城內有所謂觀音閣者，位於第六街轉角處，在地域上隸屬於第六區民權鎭管轄。

閣西向，上下二層，平面配置（插圖十二），雖與寶光寺觀音閣相似，但它的外觀，在下簷上增設平坐一層，而上簷和上覆簷又比較密接，很顯明地表示其為重層建築（圖版伍甲）。　其大木結構可注意的事項如次：

（一）下簷與上覆簷斗栱，用一斗二升交螞蚱頭，雖係宋代舊法，但依斗栱卷殺觀之，此部年代，顯然很晚。

（二）平坐和上簷斗栱，比例較大，殆為原來舊物，惟其年代，恐亦不能比明代更早。

（三）平坐斗栱用五彩重翹（圖版伍乙）。　正面明間平身科，在坐斗左右角上，各出遼金慣用的四十五度斜栱一縫。　角科另加附角科，但二翹前端斫作尖狀，跳頭上所施十八斗平面也作五角形。

（四）上簷斗栱出跳五彩重昂，但在正心縫上，則施栱三層。　角科結構，亦於坐斗兩側，另施附角斗，並於斗上加施平面四十五度的抹角栱，如遼代做法。　內側結構，除自附角斗背面各出

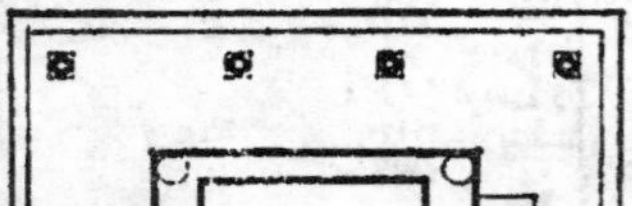

河南博愛民權鎭觀音閣下層平面

插圖十二

一翹，承托斜二昂後尾以外又在老角梁後尾下，加抹角梁一根圖版伍丙。

(五)上簷平身科後尾出二跳第二跳偸心。其上枰桿幾成水平形狀，前端刻作螞蚱頭或夔龍尾，承載平面八角形的花臺科圖版伍丁。此花臺科在前後二面恰托在金檁底下而在山面則又承載歇山梁架，構思靈巧，尙屬初見圖版伍丁。

(六)下層正面槅扇所用拐子平欞花心簡潔樸質，恰到好處。

(七)上層室內壁面飾以壁塑正面供觀音三尊圖版伍戊左右兩側列十八羅漢及二十四諸天像；又另有鐵羅漢數尊棄置案下，都似明代作品。

此閣建造年代在文獻上毫無線索可尋，現在僅有清康熙十六年，嘉慶二十四年及同治十三年重修碑記數通，知清代曾經數度修繕而已。依平坐和上簷斗栱的結構手法來推測，很有明代初期建造的可能。

沁陽縣　東魏造像碑

沁陽縣教育局內藏有東魏造像碑一通，約高二公尺弱。碑的正面在中央雕刻主要的佛龕一區，龕內佛像作施無畏手印，下裳披於蓮座上，褶文圖案完全取對稱方式；其餘蓮柱，尖栱和栱下端的龍飾，均是北魏中葉至北周北齊間常見的手法圖版陸甲。龕的四周，配列體積不同的佛像，人物與供養品多種姿態靈活，頗能補救對稱式構圖的缺陷。

碑兩側用陰刻的綫條，刻供養者五層，每層三尊，並附注姓名。

碑陰下部刻供養者二層。上層中有銘文一段，述建碑原由，末有『大魏武定元年歲次癸亥七月己酉朔廿七日乙卯建』銘刻一行。再上刻佛蹟圖三列，每列幅數自三幅至五幅不等。圖中所描人物服裝建築車馬山水叢樹等等和其他六朝石刻同一作風，而其中二幅且刻有當時的住宅建築。

其一題『三年少笑婆羅門婦時』及『此婆羅門婦即生恨心，要婆羅門乞好奴婢走去時』圖版陸乙。圖中有三人袖手立於井旁，另一人正在汲水。井作正方形，上加木框，旁立一柱，柱上施橫木，一端向下垂繩於井內，無疑地即古人所謂『桔槔』。此人之後有單簷四注的方形建築物一座，建於二層臺基上。兩側壁體在直欞窗下施蜀柱，而窗上復加橫枋，枋上施人字形栱，表示當時木構物的結構情狀，足證唐代木建築式樣見於西安大雁塔雕刻和嵩山會善寺淨藏禪師塔上的，仍是南北朝遺法。此建築物入口處有一人跪坐，當是婆羅門的妻子。

另一幅在門牆之後露出屋頂一座，似表示當時規模較大的住宅圖版陸丙。門僅一間，單簷四注，正脊兩端各施鴟尾。門的兩側構直欞窗，窗下橫枋二層，俱用蜀柱支撐。其旁綴以圍牆，較門稍低。圍牆以柱劃分數間，柱與柱之間亦施橫枋，枋下承以蜀柱，枋上或闢直欞窗，或在牆面上飾桃形裝飾，類似漢明器中所示之窗；其上再加闌額及人字形栱，支撐上部的瓦頂。此種具有木骨和直櫺窗的圍牆，無疑地，牆的內側必定兼具走廊，與日本法隆寺金堂四面的廻廊一樣圖版柒甲。但此石刻年代，較法隆寺早出六十餘年，在我國建築史中所處地位，更爲重要。

沁陽縣　天寧寺

天寧寺俗稱塔寺，在城內東南隅，始創於隋，稱長壽寺，後改光明寺，唐武后時易名大雲寺，自金以後始有天寧寺的名稱。寺的前部，僅存殘破不全的山門三間。門內一片荒涼，唯東側唐大定二年大雲寺皇帝聖祚之碑，以磚封砌，猶巍然峙於菜圃中。其北大雄寶殿，改爲中山俱樂部，殿後附屬建築數座，現亦劃爲警察駐所。再北三塔雄峙寺後，與大殿同在南北中綫上圖版柒乙，依伽藍配置的觀點來說，它還能保持北魏以來的方法，很足罕貴。

大雄寶殿　面闊五間，進深六架，屋頂單簷四注圖版柒乙，短促的正脊和挑出較長的出簷，大體還存宋式典型。據縣志與寺內現存碑碣，此寺重建於元泰定元年，後經明洪武十三年與清乾隆四十八年二次重修，但大殿的建造年代，却無確實紀錄可憑。以構造式樣衡之，其平板枋已經加寬，霸王拳的卷殺方式也不能比明代更早，而昂嘴形狀在背面者，雖仍如明代正規形式，可是正面者，其前端或雕三伏雲，或完全改爲龍頭挿圖十三四；故斷爲明建清修，似乎較爲合理。

此次旅行中所見新鄉修武博愛沁陽四縣的斗栱結構，凡是年代屬於明清二代的，固然一方面還保存北平不易見到的手法，但在另一方面又產生許多複雜纖巧的變體，完全出乎意料以外。

(一)斗栱比例雄大，布局疏朗。 補間平身科數目，大多數以二攢爲度，很少使用三攢或三攢以上的。

(二)柱頭科與角科出跳在二跳以上者，其頭翹、頭昂或斜頭翹與斜頭昂以上部分，俱未加寬。

(三)眞正的下昂極少。 最普通的將螞蚱頭後尾向上延長，起秤桿；或如修武縣文廟大成殿，在斗栱後尾加垂蓮柱與花臺科，使內外重量維持平衡狀態。

(四)昂的卷殺，在明代早期，昂背較直，多少還保留宋式挑竹昂的餘俤，但年代愈晚，此部的顱殺愈深，致昂背中段向下凹陷，而昂嘴向上翹起，甚至在此部飾以三伏雲或龍頭插圖三十三、三十四。

(五)螞蚱頭形狀有五種：(甲)大體與宋式接近，惟前端斜面向內凹入較深插圖二十四；(乙)雕刻龍頭插圖三五；(丙)做成昂的形狀插圖二；(丁)羊角形插圖七；(戊)麻葉雲插圖十三。

(六)廂栱兩端普通多截成斜面插圖二。 外拽瓜栱與外拽萬栱亦偶然採用此式，但數量

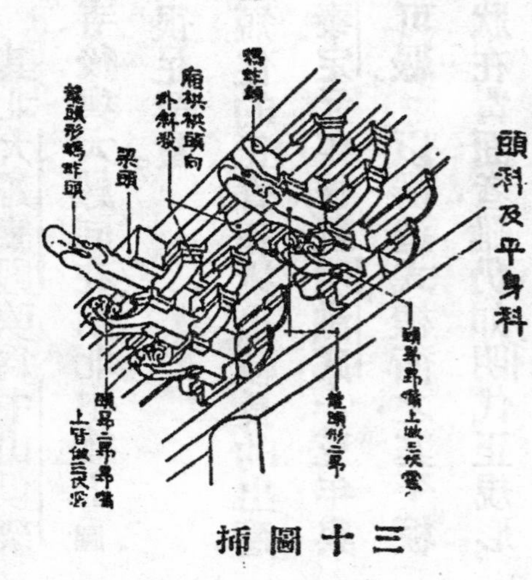

插圖三十

不多。

（七）廂栱的地位偶代以三伏雲 插圖三，或雕空的花版 插圖五。後者與蘇州一帶盛行的手法不期符會。

（八）明中葉以後翹昂上的十八斗平面多改爲五角形，而以尖端向外 插圖二三，五十三。爲適合此項十八斗起見翹的前端也偶然斫成尖形。

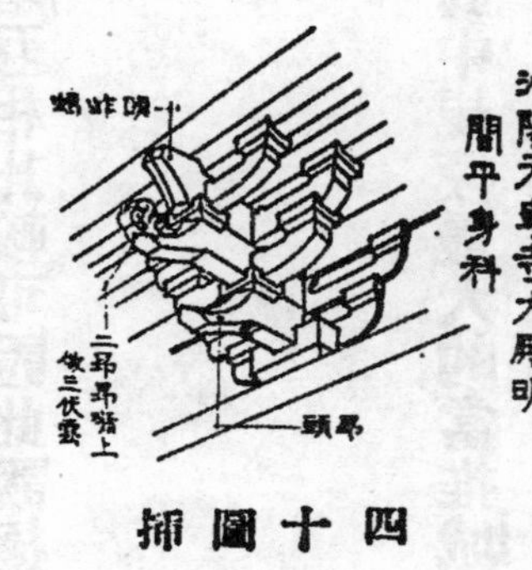

沁陽天寧寺大殿明間平身科

插圖十四

（九）少數之例，在正心瓜栱與萬栱之上再施栱一層。或墨守遼金疇範，在正心枋上置十八斗，承受上層的正心枋。

（十）斗栱後尾或計心或偸心極不一律。偸心的例以二跳最爲普通，但亦有展至三跳者。

（十一）走廊上所施簡單斗栱，還使用宋式一斗二升交蝎蚱頭。內部花臺科亦然。

上述各種斗栱結構的局部手法，凡是小巧複雜帶有頹廢意味的大都產生於明中葉以後，可是沁陽縣西鄰的博愛縣相距不出百里，竟有淸代建築還大體保持宋元做法。由此可知時間與空間對於建築式樣的演變具有同等的重要性。偏重任何一方都有失之毫釐謬以千里的危險。

三聖塔

塔平面正方形 插圖十五，入口設在南面，內構走道，隨塔身環轉。走道的兩側施須彌座，其上設佛龕多處，至頂覆以穹窿（圖版柒丁）。塔中央再闢方室，三間直達上部。從前室內曾架設樓板多層，但現已全部毀壞，

此塔外觀（圖版柒丙），在石造的臺座上安置塔身，上部砌出普拍枋，枋上施一斗三升交螞蚱頭；再上以菱角牙子與疊澀磚層合砌的出簷十三層，構成很美麗的砲彈形輪廓，故不論在式樣上或內室的結構上，都是北魏嵩嶽寺塔以來單層多簷式磚塔的嫡系。不過塔頂過於平坦，其上圓筒形狀的相輪表面凸起綫道五層，至頂再施砲彈式寶珠，俱未見於他處。

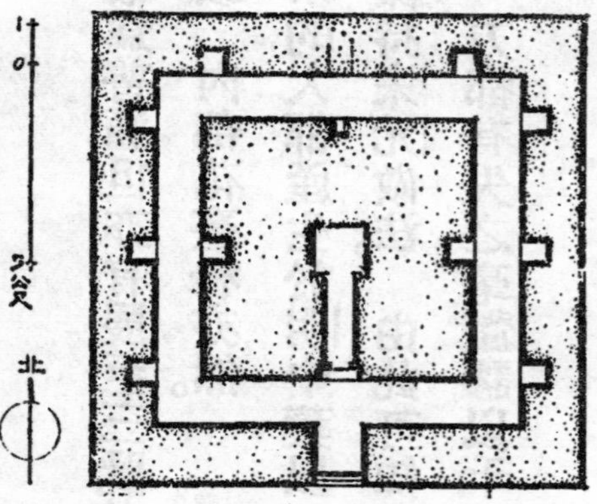

插圖十五 河南沁陽天寧寺三聖塔平面

據顧燮光河朔訪古新錄所載的樓嚴寺髑髏和尚銘及懷州天寧萬壽禪院剏建三聖塔記，知此塔實建於金大定十一年（公元一一七一）。如與下述的洛陽白馬寺塔互相比較，可證此說極為可靠。

沁陽縣 城隍廟牌樓

當地牌樓最喜歡在樓頂上施十字歇山脊，構成很複雜的外觀。其中規模最大的，當推城隍廟牌樓（圖版柒戊）。

城隍廟牌樓六柱三樓，在平面上其明間二柱特別加粗。左右二次間，各施二柱，使與明間之柱構成等邊三角形平面（插圖十六），並在柱下施以龍形的抱鼓石。柱與柱之間，施額枋數層，其表面和雀替，搭柱花版，高架柱等，均雕刻龍鳳或其他繁密的寫生華文（圖版柒己）。出簷結構，明間用網目形如意斗栱四跳，昂嘴亦雕成龍頭形狀（圖版柒己）。上部屋頂歇山造，但在垂脊部位，又各加十字歇山一座。

次間施普通斗栱三跳，跳頭上直接安置外拽枋，無瓜栱萬栱。屋頂施正脊三道，其方向適與下部額枋一致，可是山面簷端，雖然連接一氣，而正脊卻未隨勢周轉，故山面顯出歇山二座（圖版柒戊）。又屋頂在垂脊部位，亦飾以此例笨拙的十字歇山，外觀混亂，毫無美感可言。

明間高架柱兩側，有清康熙四十年，乾隆二十五年，四十九年，嘉慶十二年，道光十年，民國十三年重修題記六種，但無創建年代。以式樣判斷，恐至早不能超越明代中葉。

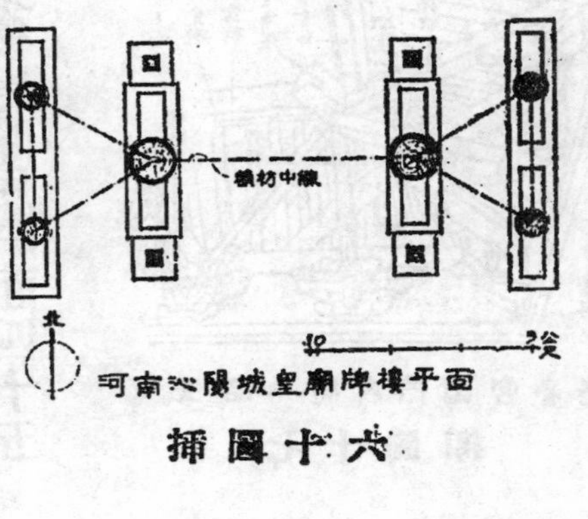

插圖十六 河南沁陽城隍廟牌樓平面

濟源縣　王屋山陽臺宮

王屋山在濟源縣西北九十里，據說因為丘陵環抱，阿谷洞邃，若王者之居，故從前道流尊為宇內三十六洞天之一。可是道教的全盛時期已成過去，山中道院現唯陽臺宮和紫微宮規模較巨，保存狀態也以此二處稍佳。

陽臺宮位於王屋山前面天壇山的南麓。唐司馬承禎嘗修眞於此；北宋末年，徽宗亦曾一度臨幸，故唐宋以來，即已噲炙人口。然自同治間捻匪蹂躪以後，明都穆所紀的唐開元壁畫固已無存；東側的白雲道院亦已蕩爲風雨；現在僅僅只有明代建造的山門與大羅三境殿年代稍舊。此外後部玉皇閣雖然規模雄闊，但建於清嘉慶年間，不足供歷史上的參考。

山門 面闊三間，單簷歇山，翼角反翹頗峻急（圖版捌甲），而明間額枋與內部梁架亦均使用月梁，似因地理關係，接受南方建築的影響。此外最特別的，此門老角梁後尾除用平面四十五度的抹角梁承托以外（插圖十七），復自正面與山面平身科後尾起枰桿撐於角梁後端之下；又自正面與山面柱頭科後尾，各出斜翹與斜枰桿撐於梁後端的兩側。此種結構手法雖未免過於謹愼瑣碎，但也可算爲一個特別的例證。

下金桁底面有清道光二十一年重修題記一段，但依結構做法來推測，疑爲明末或清初所建。

大羅三境殿 自山門經甬道與月臺至大羅三境殿。殿

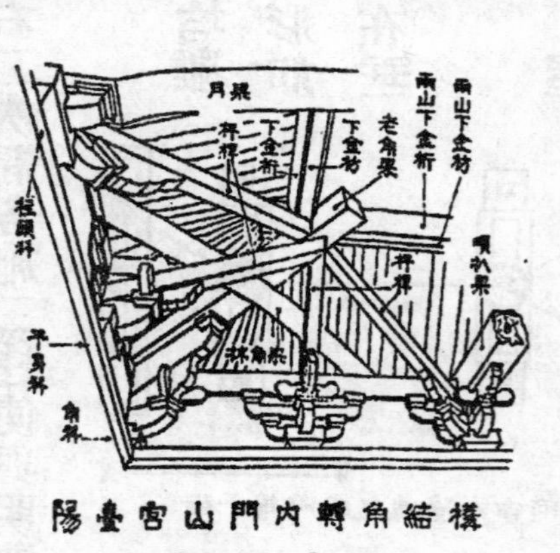

插圖十七 陽臺宮山門內轉角結構

又稱三清殿，單簷歇山，面闊五間，進深顯四間，面闊與進深約爲五與四的比例插圖十八。內外方形石柱所雕龍雲，很忠實地表示明代作風圖版捌丙，惟外簷柱礎不與柱身適合，所雕蓮瓣亦類宋元間物。

外簷結構除平板枋業已加厚以外，其斗栱比例圖版捌乙與栱昂卷殺方法大體與元建築接近，可是重修陽臺萬壽宮三清殿記述明正德十年公元一五一五重建此殿經過十分詳盡，當然不是元代遺構。

內部梁底所施雀替圖版捌丁，與吳縣元妙觀三清殿及曲陽縣北嶽廟德寧殿幾無二致，同時也就是營造法式卷五所述月梁下面的「兩頰」，足證北宋手法至明中葉還是流傳未替。內槽明次三間各安道像一尊，姿式手印以及須彌座背光等類雕飾，無一不模仿佛敎的欵式圖版捌丙。道像上所施藻井，先在內額和平板枋上置比例碩大的七彩三翹斗栱，構成正方形井口圖版捌戊。其上未施天花，卽直接安置較小的斗栱，與清官式建築稍異。再上收爲圓形平面，仍配列小斗栱，承載繪有龍雲的背版，惟左右次間的藻井，此部改爲八角形。

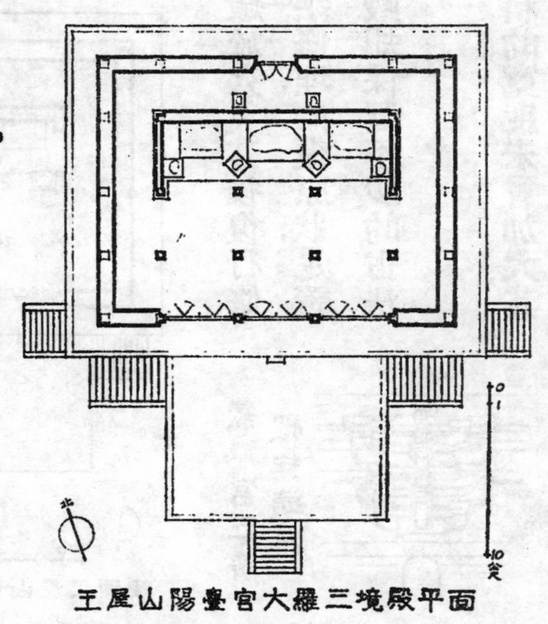

插圖十八

王屋山陽臺宮大羅三境殿平面

濟源縣　王屋山紫微宮

紫微宮位於王屋山中峯下，南距陽臺宮約十二里。宮外建有門樓，次天王殿三間，左右列神像八像，亦係仿傚佛寺施設。再北三清殿五間，單簷歇山造圖版玖甲。殿後山坡上，原有通明殿即玉皇殿一座，久已鞠爲茂草，所藏明道藏，亦成廣陵散矣。

三清殿平面外觀，極與陽臺宮正殿相似，惟規模稍小，柱身亦較低矮，故殿內道像藻井等等的區布情狀，反較前者更爲緊湊圖版玖乙。據現存各碑，元武宗至大三年所建的大殿，至清順治間燬於火災，其後復行修建，到乾隆五十四年殿頂後部，復受雷雨震撼，經二年修理始復原狀，足證此殿建於清初，是無可疑問的。不過在結構上，此殿卻保留不少的古法，值得注目。

(一)外簷結構，不但平板枋厚度與櫨頭科角科的寬度，未曾加大，其

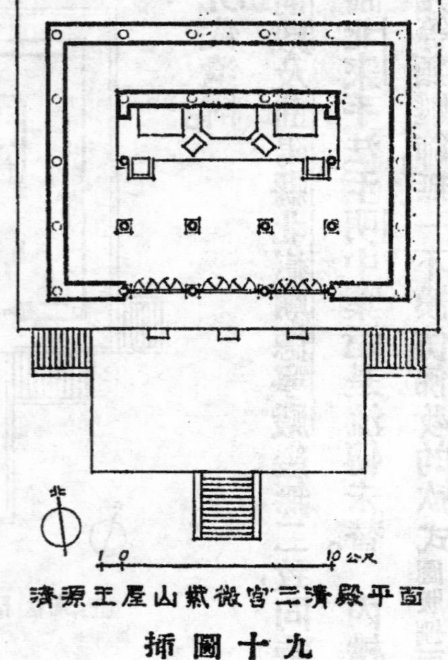

插圖十九　濟源王屋山紫微宮三清殿平面

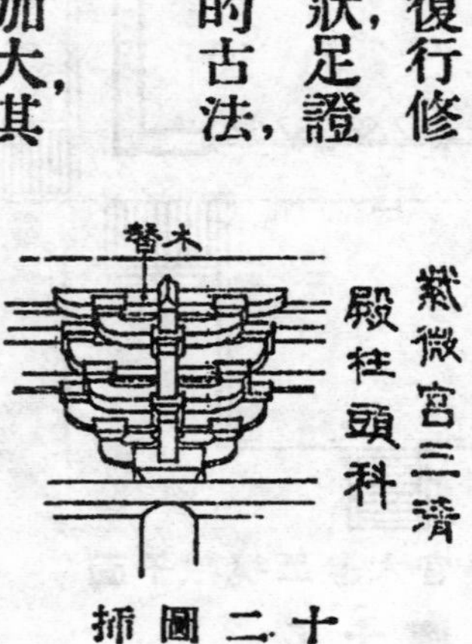

插圖二十　紫微宮三清殿柱頭科

廂栱上並施有替木一層。替木制度自金以後，差不多已經絕迹，不料竟發現於淸代建築中設非親見目覩幾令人不能置信插圖二十。

(二)山面補間平身科減爲一攢；背面補間竟全部省略，可是斗栱比例仍與正面一致，故建築物的外觀雄健古樸，不類淸代所構。

(三)此殿梢間梁架在柱頭鋪作後尾上者，僅在雙步梁上立瓜柱，支載下金桁圖版玖丁，但外槽此部則改爲駝峯，上施坐斗承受單步梁，使與下金桁相交插圖二十一。除此以外平身科後尾與內額上和此相對的平身科，又各起枰桿，撑於下金桁中點之下。此二枰桿內外對稱，構成人字形梁架插圖二十一，在原則上與河北省新城縣開福寺大殿梁架具有同樣意義。

(四)此殿內槽藻井大體與前述陽臺宮大羅三境殿類似，惟外槽者局部手法略有出入。即井口枋以內先施小斗栱；其上以支條劃去四角，形成不等邊八角形的平面。其內再以二正方形套成鬬八藻井。井內斗栱隨邊周轉至項，在背版上繪太極圖和八卦圖版玖丙。

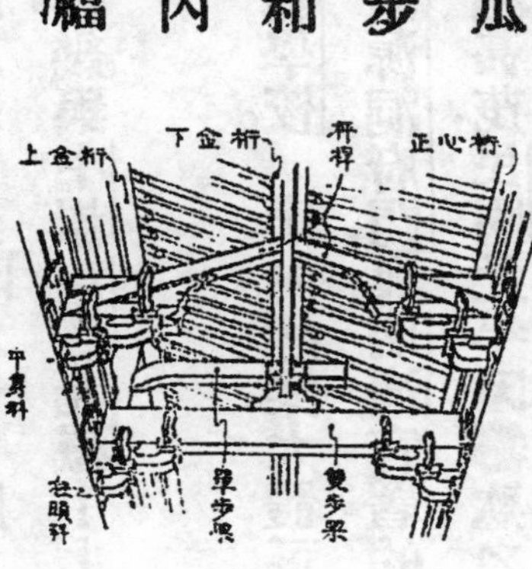

插圖二十一 紫微宮三清殿外檐梁架

濟源縣 濟瀆廟

我國古代崇祀山川神祇，『四瀆』是與『五嶽』並稱的，不過史記封禪書載

秦幷天下，令祠官所常奉天地名山大川……自殽以東，名山五，大川祠二，……自華以西，名山七，名川四。

數目不止四處，至漢武帝時，才正式有四瀆的名稱。所謂四瀆，卽江河淮濟四水，爾雅釋水篇謂爲『發源注海』，就是說它們都是獨流注海的大河，可是濟水下游早被黃河侵奪，流域狹小，够不上『瀆』的稱呼了。但是很意外的，此廟祀典，自從隋開皇二年建廟以來，直到清末未曾廢止；並且清康熙二十八年以前，北海祀典也附屬於此廟之內，故它的規模幾與中嶽東嶽北嶽……等廟並駕齊驅。

濟瀆廟位於縣城西北三里的清源鎭，現在改爲縣立鄉村師範學校。廟內建築大體可分爲四部分。中央部爲廟的主體，最外列東西二坊，坊門正北建有清源洞府門，與明清官署的配置方法同一情狀。門內甬道平闊，長百七十餘公尺，兩側原有古柏甚茂，民國元年因籌欵之故，竟被邑人全部斬伐。次清源門，門內碑碣，不幸於民國十七年被黨部埋入土中，唯明天順四年濟瀆北海廟圖誌碑，尙棄置西牆下，對於此廟沿革，給予箸者等不少的帮助。再次淵德門。門北拜殿三間。稍北井亭二，現僅存東側一座。其北淵德殿故址七間，左右夾屋各三間，而殿後復以主廊與寢宮聯連。又自淵德門起，構長方形廻廊，包淵德殿與寢宮於內（圖版拾戊），尙存唐代

廊院遺制，惟此部在同治年間，曾遭捻匪焚掠，現在只存拜殿和寢宮二處而已。寢宮之北，建臨淵門，左右翼以長垣區隔南北。其北部隸屬於北海神祠，雖與濟瀆廟毗連，實則自成一區。祠內有拜庭龍亭北海殿及東西二池，後者據說就是濟水的東西二源。而淵德殿左右廻廊之外又有南北方向的長垣二道，東爲御香殿，西爲天慶宮道院，亦各自成一區。據前述天順碑，廟內面積共占地五頃又三十餘畝，但現在南北進深僅五百一十餘公尺，東西最寬處亦僅二百公尺，當然不是全盛時情狀了。茲擇廟中重要遺蹟介紹於次。

清源洞府門　此門面闊三間單簷挑山如牌樓形狀圖版拾甲。門上斗栱九彩重翹重昂，比例雄渾，昂嘴與栱端卷殺，亦不像清代做法。據明天順四年濟瀆北海廟圖誌碑，此門原係單簷歇山建築，疑現狀乃明嘉靖二十七年至三十一年大規模重修時，將前後簷柱取消，留下中柱一排，成此形狀。但兩側夾屋二間，仍與是圖符合。

鐵獅　淵德門外有元成宗元貞元年公元一二九五匠人王麟試等鑄造的鐵獅一對，約高一公尺六十公分圖版拾乙上，軀微微拚起，面貌猙獰，姿態靈活，與正定府文廟二獅同爲當時最罕貴的代表作品。下部須彌座所飾花鳥，亦秀逸生動，十分可愛。

拜殿　此殿面濶三間，進深四架，面積比較不大圖版拾丙，但

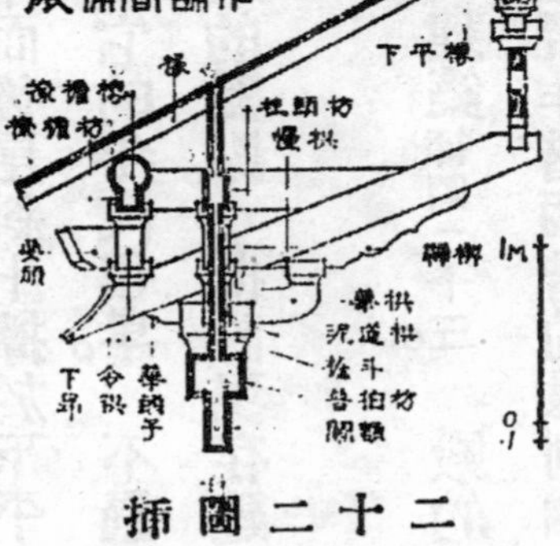

河南濟源濟瀆廟拜殿補間鋪作

插圖二十二

材梁雄巨，在此廟遺物中僅比寢宮略小。又昂嘴卷殺，近於宋式批竹昂，而後尾斜上，撐於下平槫之下（插圖二十二）。復自櫨斗後側出華栱一跳，托於挑斡下，手法簡潔，表示它的年代很早。不過上部梁架均經後代抽換，而且簷柱的比例加長，和普拍枋增厚，俱是重大的疑點。也許現存建築，在明清二代中曾經一度改建，而斗栱則係原來舊物。

淵德殿故基　淵德殿面闊七間，進深顯三間，為廟內規模最大的建築（插圖二十三）。殿的臺基，用磚甃疊砌頗高峻，至四隅加角柱；而臺正面復建有東西二階，即禮經阼階西階的遺制（圖版拾丁），現在除唐大雁塔雕刻以外，當以此殿的階基為國內唯一可珍的實證了。據文獻所示，此廟在宋金二代中，曾經開寶六年，延祐三年，和正大五年三次重修，而尤以開寶六年一次工程最巨，所以很疑心此東西二階乃宋初遺構。殿上柱礎位於牆內的，均係平石，惟四面露出者，另加覆盆。覆盆表面所刻卷草構圖精美，刀法圓活，極

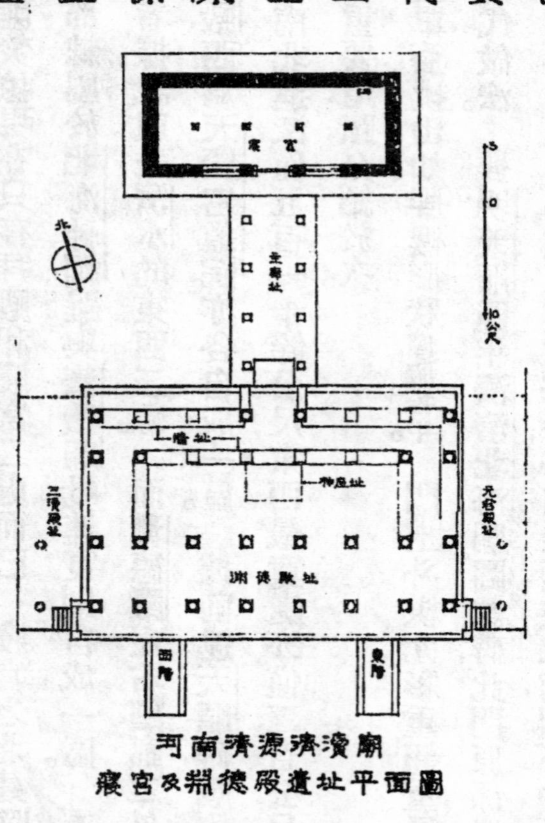

插圖二十三　河南濟源濟瀆廟寢宮及淵德殿遺址平面圖

似宋物。又殿上所鋪正方形地磚，現在還保存完好，並依磚上殘留痕跡，可辨出從前外牆與內槽牆壁神座等等的位置插圖二十三。

殿的東西兩側有挾屋故基各一座插圖二十三，東爲元君殿，西爲三瀆殿，面闊都是三間。二殿臺基都比正殿稍低，但據柱礎蓮瓣所示手法，無疑地係與正殿同時所建。

此三殿外觀見於明天順四年碑中的，中央淵德殿單簷四注，結構謹嚴，巍然爲全廟主體。兩側元君三瀆二殿，僅用單簷歇山，體制稍卑圖版拾戊。此種布局方法，頗與大同華嚴寺遼重熙七年薄伽教藏殿內部的壁藏類似。

寢宮 淵德殿之北，有寢宮一座，面闊五間，進深四架，單簷歇山造圖版拾壹甲。此殿簷柱比較粗矮，其上再加雄巨疎朗的斗栱，和坡度平緩的屋頂，無一不是宋代初期建築的特徵。除去一部分梁架被後人抽換以外，在箸者知道的河南省木構物中，要算它的年代爲最早。

外簷斗栱用五鋪作重抄：第一跳華栱偷心，第二跳施令栱，栱上再施替木承托橑簷枋圖版拾壹乙。橑簷枋與正心枋之間，在遮椽版下，以支條承托，亦與薊縣獨樂寺遼觀音閣符合。櫨斗左右，僅出泥道栱一層，與柱頭枋二層，而枋的表面隱出慢栱。補間鋪作後尾施偷心華栱

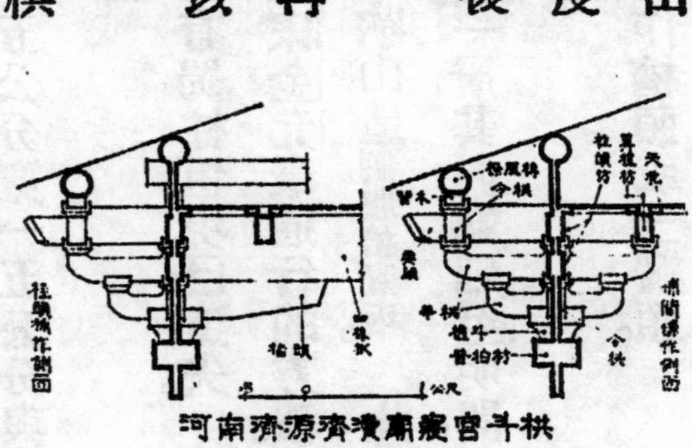

河南濟源濟瀆廟寢宮斗栱

插圖二十四

二跳，惟柱頭鋪作則改爲楷頭，托於四椽栿下（插圖二十四）。材高二四·五公分，寬一五公分，與本社已往調查的遼宋建築異常接近。

山面斗栱無補間鋪作，而在柱頭枋表面隱出泥道栱。其下本應有蜀柱，但現已遺失。

此殿與淵德殿之間，建主廊四間，構成工字形平面（插圖二十三），也是宋金元最通行的方法。

龍亭 北海祠過廳北面，有龍亭一座，北臨龍池，每面三間，單簷歇山造（圖版拾壹丙）。此亭簷柱與額枋比例粗巨，其上未施平板枋，並且在次間額枋下再加小枋一層，其內端延至明間斫成雀替形狀，與營造法式卷五闌額條；

檐額下綽幕方（綮方即枋），廣減檐額三分之一，出柱長至補間，相對作楷頭或三瓣頭。

完全符合。北平明清二代官式建築的殿門與牌樓，猶偶然採用此種方法。

上部斗栱三彩單昂，後尾斜上，壓於下金桁下（插圖二十五），可是昂身斜度過於平緩，而且昂嘴與螞蚱頭的卷殺和內部梁架垂蓮柱等等的形制及做法，均不似宋元式樣，頗疑此亭自額枋以上部分曾經明代修改。

亭的北側，施石勾欄三副。其結構在盆唇與地栿之間，雕有透空的萬字文，與營造法式卷三所載的單勾欄大體一致。石的表面，

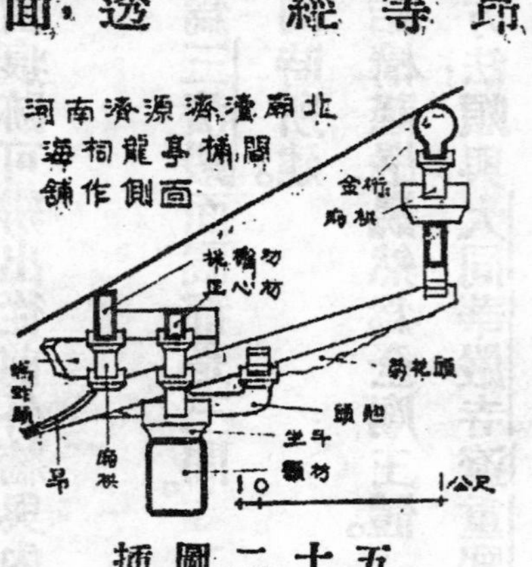

插圖二十五

鏤刻很工細的陰文花草。望柱作八角形，柱頭鐫仰覆蓮華及石人，均表示十足的宋式作風（圖版拾壹丁）。

濟源縣　奉仙觀

奉仙觀在縣城西北二里，創於唐垂拱元年，唐魯眞人及宋賀蘭棲眞曾先後居此，而尤以棲眞受知眞宗，最爲知名。觀中建築以大殿結構最爲奇特，其次唐太上老君石像碑亦爲道敎碑碣中別開生面的作品。

大殿　殿面闊五間，進深七架，單簷挑山造（圖版拾貳甲），但是前坡（即正脊以前部分）僅有三架，而後坡增至四架，故其後簷比前簷稍低。此種方法極似南方民居建築。

簷柱用比例粗巨的八角石柱，其上闌額斷面狹而且高，額上亦未施普拍枋（圖版拾貳乙）。正面斗栱五鋪作單抄單昂，當心間用補間鋪作二朵，次間梢間各一朵，材栔皆異常雄大（圖版拾貳乙）。惟背面略去補間斗栱，出跳亦減爲四鋪作單抄。

正面補間鋪作在華頭子上使用眞昂，結構程次，

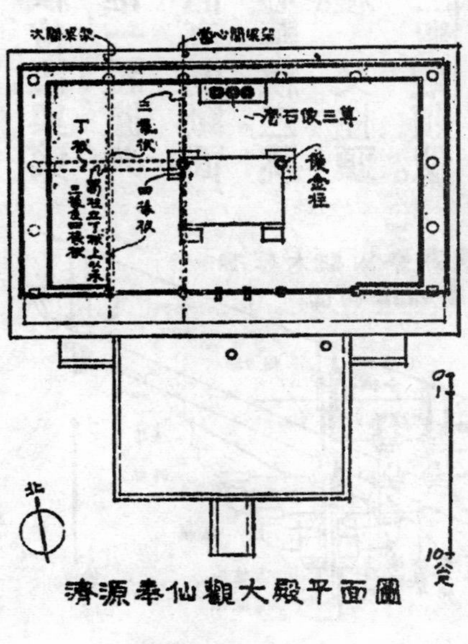

濟源奉仙觀大殿平面圖

插圖二十六

完全與宋宣和七年建造的少林寺初祖庵相同，僅令栱位置與第一跳的慢栱同一高度，乃其年代比北宋末期略晚的惟一證據（插圖二十七）。但是昂栱和耍頭的卷殺與橑簷枋採用狹而高的斷面；正心縫上施重栱素枋與令栱素枋，以及內側所施偷心華栱二跳，與上昂鞾楔和昂尾上的令栱耍頭等等，猶是宋式矩矱。 又柱頭鋪作後尾上所施雀替，亦與大同善化寺金初建造的三聖殿類似。根據以上各種結構上所示的特徵，頗疑此殿建於金代初期。

內部梁架在明間施碩大的後金柱二根，所有當心間南北方向的三椽栿四椽栿，皆插入柱內（插圖二十六）。 此二柱與山柱之間，復架東西方向的丁栿，上立蜀柱，承受次間梁栿（圖版拾貳丙），故屋頂重量大部分集中於此二柱二梁之上，手法豪放與乎運思奇特，尙屬初見。 當地人謂此殿梁柱用荊柿桑棗四木斲製，故俗稱爲荊梁觀。 但以常理揣度，此四種木材很難得到如此的尺寸，確否若是，尙待證明。 不過乾隆濟瀆縣志已有同樣的紀載，可知此種傳說已非一朝一夕了。

唐太上老君石像碑 碑在前殿後面，建於武后垂拱元年（公元六八五），李審幾撰，沮渠智烈書，葉氏語石譽爲文章宏贍，書筆遒美，爲唐代道家碑碣之冠。 碑身僅高二公尺有奇，權衡勻妥（圖版拾貳丁），似遠勝偃師縣武后御書諸碑。 碑首所雕蟠龍，遒勁異常。 最奇特的，卽背面題額處，

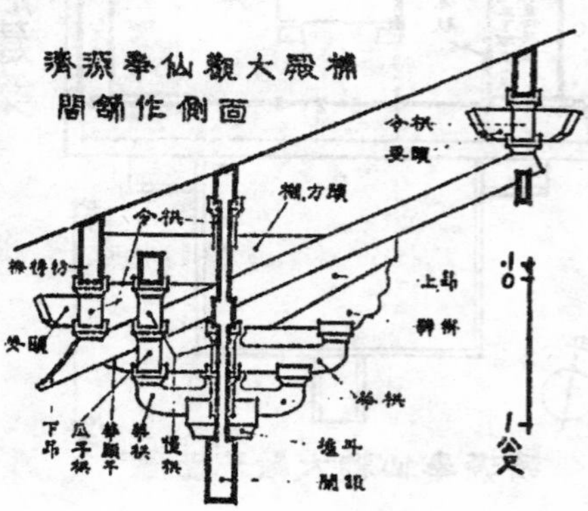

濟源奉仙觀大殿補間鋪作側面

插圖二十七

雕有道像三尊。其中央一尊盤膝坐蓮座上。兩側二像拱手侍立亦用蓮座承托。除未鐫刻背光以外，其餘各部幾乎一步一趨盲從佛教藝術的成法。

濟源縣　延慶寺舍利塔

縣城西北一帶有不少的噴泉，與濟南趵突泉類似，其中濟瀆廟西側二里的龍潭，據說從前潭水瑩澈，蟹目翻騰，爲當地噴泉中面積最大的一個，可是現在却已全部乾涸，墾爲麥田了。延慶寺卽位於龍潭故址的東北角上，自唐武后垂拱三年公元六八七創建以來，宋明諸代迭經修治，但現在寺內大殿和前殿俱已傾毀，唯西北角上有宋仁宗景祐三年公元一〇三六落成的舍利塔一座，保存比較完整。

塔磚造，外觀六角七層圖版拾叁甲，各層壁面上俱嵌砌佛像磚，除去疊澁式門栱以外，並無柱額斗栱等類的裝飾。出簷結構使用極簡單的疊澁磚層，其上亦無平坐。由出簷外緣構成的外輪綫，帶有很輕微的 Entasis，使全體形制單純古樸而不過於笨重，惟塔頂則經後代重修已非原來面目。

內部結構，自南面入口經過一段甬道，導至塔中央的內室。室的平面亦作六角形，內藏大宋河陽濟源縣龍潭延慶禪院新修舍利塔記一通，述此塔建造原由異常詳盡。塔的北面復設入口一處，自此折向西南，在外壁內構有梯級，可登至第二層（插圖二十八）。在原則上，此塔平面與北宋初年建造的開封繁塔，採用同一方法，不過梯級方向適相反對耳。

內部第二層以上，原都構有疊澁式磚層，承受各層木構的樓板，但現已全部淍落（圖版拾叁乙）。此種結構法，雖在北魏隋唐磚塔中最爲普遍，但到北宋中葉，便如鳳毛麟角，不可多覯。

此塔第七層係實心，不能登臨。外觀上所見到的門，實乃佛龕。這也許因爲塔身直徑愈往上愈收小，至最上二層，竟無安設梯級和內室的餘地了。

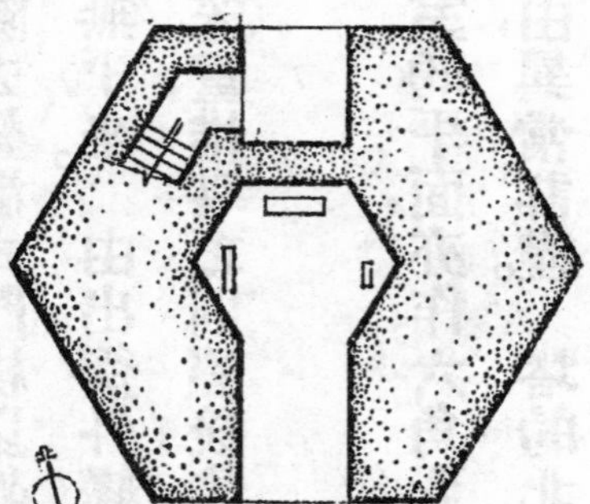

插圖二十八　河南濟源延慶寺塔平面圖

濟源縣　望春橋及其他

望春橋原名通濟橋，建於東門外湨水上。橋僅一孔，淨跨（Span）十四公尺餘，用較薄的並列券石二十一列，構成比較圓和的尖栱（Pointed arch）（圖版拾叁丙）。此大券兩旁又各闢圓洞一處，除能減少橋兩側的靜荷重以外，當山洪暴發時，又可助洪濤宣洩，使橋的兩塊，不受水力衝擊。橋塊兩側，在八字形雁翅上建立泊岸（圖版拾叁丁），則與清官式做法一致。

此橋創建於金大定十七年，金王藏器濟源縣創建石橋記謂渠渠嶽嶽，以雕以斲。屹爾巨鎮，矗如長虹。㰤兩竇以防怒洩。植危欄以固重險。……

與現狀雖然大體類似，然此橋自明萬曆十二年重修以後，清康熙五十八年邑紳段志熙復改爲鐵梁，鋪石其上。其後乾隆六十年易爲木橋不久亦燬。嘉慶九年知縣何荇芳重建一次；至十八年改爲石橋，仿舊制「㰤兩竇以防怒洩」就是現存的迎春橋。不過金明昌間，裒錢而建造的趙縣永通橋，據明王之翰重修永通橋記雖亦有「旁夾小竇者四」的紀載，但所謂「竇」乃一種小券，故此橋外觀，恐未必卽與金橋符合，然而在清代橋梁中，也可算得特別的證例了。

此外附郭古物，如東關外宋熙寧三年的司農寺碑；北街元至順三年鐵鐘；以及具有昂與斜栱的明縣文廟和關帝廟等等，因爲幅篇所限，祇得悉數割愛。

汜水縣　等慈寺

等慈寺在縣城東北二里，唐太宗爲秦王時，曾破竇建德於此，後來命於戰所起寺，以薦陣亡將士，顏師古撰文謂「此等可慈」，因曰等慈寺。寺中建築，現僅存門殿三重，規模狹小，而前部且已改爲禁煙所，惟山門西側的大唐皇帝等慈寺之碑，因書法精美，蜚聲海內，故保存最爲完好。後殿重建於明萬曆三十四年，面闊三間，單簷歇山造，現因無人管理，門窗洞啟，像設傾頹，慘不忍覩。此殿在建築方面並無値得注目的價値，但殿內柱礎數種，雕刻精美，却是無上雋品。礎石直徑大小不一，式樣花紋也各不相侔，顯然是萬曆重建時聚集舊物於一處的。

(一)東側前金柱柱礎圖版拾肆甲在下部平面圓形的「平」上雕琢比較平淺的卷草，可是大部分已埋入磚下，不易辨出。其上刻獅五軀，都僅露出頭部和前足，另有小獅三軀，跳躍其側，態勢靈活，栩栩如生。

(二)西側後金柱柱礎圖版拾肆乙，平面八角形，每面雕着介胄的力士一軀，以肩撐負礎上的橫枋，比例粗壯，神情滑稽，十分可愛。以上(一)(二)兩種式樣，均爲國內柱礎中最罕貴的孤例。

(三)東側簷柱柱礎圖版拾肆丙，平面圓形。「平」的表面滿刻卷草，但構圖比第(一)種稍爲繁密，刀法也比較圓潤。上部蓮瓣，極似遼宋晚期式樣。

此三種柱礎的年代很難斷定，大概以北宋遺製的可能性居多。此外另有北魏造象石二段，棄置殿內，殆自別處移置於此者。

洛陽縣　白馬寺釋迦舍利塔及其他

白馬寺在隴海鐵路白馬寺車站東北二里許，西距洛陽縣城約二十五里。它的沿革，自漢明帝永平末年創建以來，歷時一千九百餘載，可稱爲國內淵源最古的佛寺，可是寺址依舊而建築物屢經改造非原物矣。當著者調查此寺時，正值重修工程大部告成，雲甍畫棟，煥然聿新，只可惜局部雕飾，夾用江浙二省式樣，與原建築未能調和。

寺之規模自山門經觀音殿與大雄殿，皆有東西配殿，再北過禮佛殿，陟石級登淸涼臺，臺高六公尺餘，悉以磚甃疊造；上列東西配殿二座，中爲毘盧閣，面闊五間，重簷四注，規制甚爲宏麗，適住持不在，未能入觀，然依式樣觀察，至早亦不過明代建築。配殿內各奉佛像三尊，亦明人所製。

位於寺外東南的釋迦舍利塔，俗又稱齊雲塔，傳爲漢明帝所建浮圖故址。據塔前金大定十五年大金國重修河南府左街東白馬釋迦舍利塔記：北宋時其處稱東白馬寺，原有九層木塔一座，燬於靖康元年，至金大定間，依舊址營建磚塔一座，卽是現存的塔。其經過如次：

> ……自五代之後，粵有莊武李王，施淨財於寺東，又建精藍一區，號曰東白馬寺，幷造木浮圖九層，高五百餘尺。塔之東南隅，有舊碑云：功既落成，太祖覩王之樂善，賜以相輪：王之三子，又施宅房廊裏角龜頭等□百間。……又百五十餘年，至丙午歲之末，遭刼火一炬，……今五十載矣。……彥公大士自濁河之北，抵此覩是名刹，……迺鳩工食造甓，……因塔之舊基，剪除荒埋，重建磚浮圖一十三層，高一百六十尺。……

塔的平面，雖與沁陽大雲寺三聖塔採用同樣方式，但在平面上它的體積較小，故下部方臺內，無走道迴繞的餘地（插圖二十九）。塔的外觀，下爲八角形階座。次方臺，臺下飾以簡單的須彌座，其上復施須彌座一層，然後安置塔身。塔身上部，砌出普拍枋和一斗三升的斗栱，再上以菱角牙子與疊澁磚層，合構出簷十三層，完全和唐代的單層多簷式方塔一致（圖版拾肆丁）。在當時河南一帶，八角形磚塔流行已逾二百年，僅它與三聖塔仍然墨守舊法，眞可謂爲難能可貴，不過下部高峻的臺座，却是唐代此式塔所未有的。

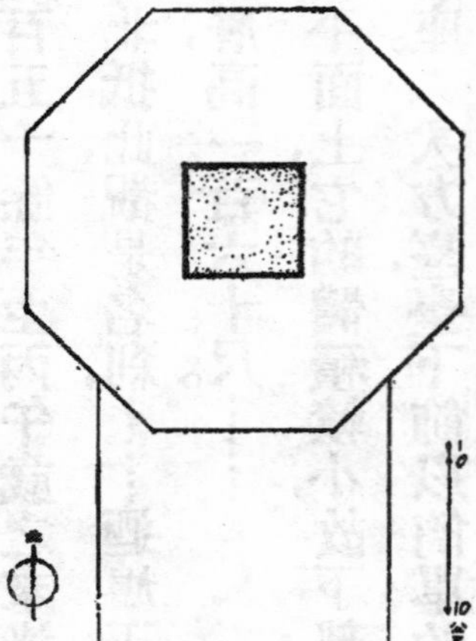

洛陽歷遭兵燹，古物蕩然，尤以木構物最爲貧乏，著者等在此調查數日，竟至毫無所獲，茲擇遺物中比較重要者，列舉如後。

（一）東漢陵寢，除光武帝原陵與獻帝禪陵外，均位於洛陽北面的邙山上。陵分東西二部，著者等僅調查東部四陵。自洛陽車站東北行二十五里，過平樂觀，再北登山約五里，至明帝顯節陵。其北爲章帝敬陵，再北和帝愼陵，相隔各二里許。桓帝宣陵則在邙山北麓的劉家井，距愼陵尚有五里。前三者均僅存荒土一坯，圓形平頂，別無長物，而愼陵玄宮殆已崩潰，致頂部向下凹陷甚深。以上諸陵地點，與乾隆縣志龔崧林實地考訂的悉皆符合，惟嘉慶一統志仍訛承帝王世紀與文獻通考諸書，謂位於洛陽的東南二方。

（二）金墉城的故址，在平樂觀東，其北側有北齊碑四通（圖版拾肆戊），雕刻手法，與登封碑樓寺

洛陽白馬寺釋迦舍利塔平面圖

插圖二十九

北齊天保八年公元五五九碑，如出一手，而全體構圖更富變化，乃齊碑中極罕見的珍品。

(三)城內河洛圖書館藏唐宋佛像陶俑墓誌及其他古物多種，內有北魏墓表殘石，鐫刻束竹紋及辮紋，與山東劉使君墓表符合。又唐孫八娘石浮圖一座，平面方形，塔身上覆以瓦葺式出簷七層本刊鮑鼎先生唐宋塔之初步分析圖版叁甲，足證單層多簷式塔在唐代已採用中國式出簷矣。

(四)天津橋俗稱洛陽橋，跨建洛水上，自隋大業創建以來，屢壞屢修，而尤以唐李昭德首創分水金剛牆及宋向拱嵌鐵錠於石縫間，最爲著名。現橋僅存一孔，孤立河中，栱的上端略作尖形，顯係明清通行式樣，而著者等在橋的南墩復發見碑首一塊，雜砌橋內，據所雕雲紋觀之，決爲明碑，可證此碩果僅存的一孔，亦經清代重修過。

(五)周公廟在縣城西門外，現在改爲中原民衆教育館，內藏唐墓誌數百通，極爲名貴。其前部有周公定鼎堂，建於明嘉靖四十七年，外簷斗栱單翹重昂，而山面竟使用眞昂，後尾壓於採步金枋下，承載歇山梁架圖版拾伍甲。當地木建築中，唯此一處比較重要。

孟津縣　漢光武帝原陵

自洛陽縣乘長途汽車，東北越邙山五十五里，過孟津縣，又十里至鐵謝鎮下車。其地離黃河僅一里有餘，而鎮西二里，即爲原陵所在地點。皇甫謐帝王世紀謂此陵在臨平亭南，側臨平今無可考，也許因黃河南徙，久已湮沒，故此陵位置逼近河岸如是其近。

陵的現狀，外面繚以正方形牆垣，正門南向，門外存石獸一軀，雖然大部分業已風化，猶可辨出眼部和耳部，與南陽宗資墓天祿辟邪二獸，大體類似，不過是否卽是漢代遺物，却難斷定（圖版拾伍乙）。門內圓塚隆起，上植翠柏數百株，比前述的顯節陵敬陵愼陵等差勝一籌。

陵西側的光武帝廟，僅存正殿一座，三間硬山造。其前碑碣甚多，但年代最古的亦僅宋開寶六年大宋新修後漢光武皇帝廟碑一通而已。再西有明嘉靖年間創建的道觀一區，牆壁間砌有漢空腹壙磚數塊，可是建築物本身，并無可紀述的價値。

偃師縣　唐太子宏陵

太子宏乃高宗第五子，顯慶元年立爲皇太子，上元二年（公元六七五）遇酖薨於合璧宮，謚孝敬皇帝，陵曰恭陵。史稱宏之死，乃武后所酖，故飾終之典，悉準天子之禮，以掩其迹。

陵在營防口西南高岡上，舊稱景山，隸屬緱氏縣，今歸偃師縣管轄。神道南端建望柱二（圖版拾伍丙），東西相距約五十公尺。柱之結構，下爲方臺二重，次蓮瓣，上施八角柱，柱項再飾仰覆蓮和寶珠二層。其北石馬二，前足兩側雕卷雲如翼狀，但東側者現已倒毀。其旁一碑仆臥地上，圭首無字，再北復有一碑，方座圓首，規制甚偉，卽高宗親自撰書的孝敬皇帝叡德記，惜現亦裂爲數段。石馬之北，翁仲六軀，分立兩側，其下承以方座，上飾仰覆蓮，石人即立於蓮瓣上，叉手柄劍，神情異常古樸（圖版拾伍丁）。再北石獅二，權衡比例，似較陝西諸唐陵者稍為笨拙。其北土堆二，疑即陵的南神門。自望柱至此約長三百公尺。

此陵周以方垣，東西相距幾達五百公尺，全體布局顯然抄襲西漢諸陵舊法，惟現在陵垣蕩然無存，唯依土堆的位置，辨出陵垣和神門，以外四隅復有角闕遺址（插圖三十）。東西北三門外，亦各有二獅，後足蹲坐，較南門外二尊姿勢略為靈活（圖版拾伍戊）。

陵之外觀，方形平頂，如方錐體而截去上部的尖頂（圖版拾伍丙），即漢人所謂「方上」之制。其底邊每面長一百四十四公尺，頂部每面長七十三公尺，高二十八公尺半，但其位置微偏西南，故不與四面神門中綫一致。陵垣東北隅，復有一方墳，每面廣五十餘公尺，疑為太子妃附葬於此者（插圖三十）。

此陵營建之初，董其事者乃蒲州刺史李仲寂，顧其時功費鉅億，百姓厭苦，相率逃亡，乃命司農卿韋機續成其事。機原名宏機，高宗時兼將作少府二職，當時宮苑營繕，悉出其手。新唐書

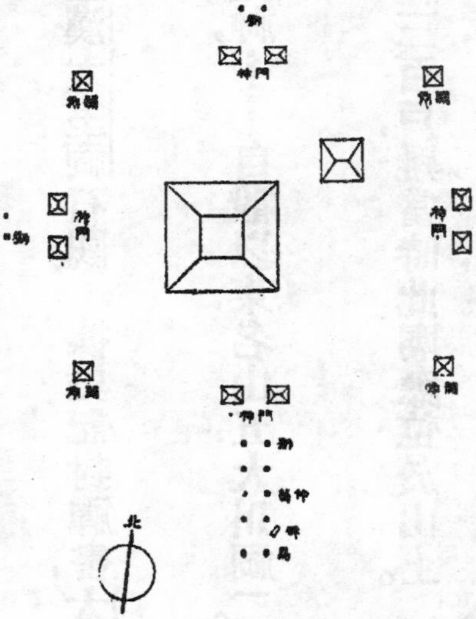

河南偃師唐太子宏恭陵平面圖

插圖三十

卷一百本傳謂：
——太子宏薨，詔蒲州刺史李仲寂治陵成，而玄堂阨不容終具。將更爲之，役者過期不遣，衆怨，夜燒營去，帝詔弘機嗣作。弘機令開隧左右爲四便房，樽制禮物，裁工程，不多改作，如期而辦。……

知此陵除玄宮以外，其羨道兩側，復增建便房四間，藏納殉葬物品。現在「方上」每面中央均向下凹陷很深，顯然表示內部玄宮業已崩塌。並且根據凹陷的情形，揣想此陵羨道必係四出式，如三輔皇圖所述漢陵「爲四通羨門，容大車六馬」一樣。

登封縣 漢太室祠石闕及石人

出登封城東門，八里抵中嶽廟，折南半里，即至漢太室祠石闕。據史記封禪書，太室祠的祀典，似始於秦：

秦并天下，令祠官所常奉天地名山大川鬼神，……自殽以東名山五，大川祠二。曰太室，太室，嵩高也。……

其後漢武帝元封元年登太室山，聞萬歲聲，命增祀三百戶，疑當時此廟應位於山上。縣志謂後漢安帝時，始移至現在中嶽廟南，證以少室啟母二闕，凡闕之所在，即是祠廟所在地點，似其說尙爲可信，故本文亦稱爲漢太室祠石闕。

現存漢代石闕多建於祠廟陵墓前，以石條疊砌，闕其中爲神道，故亦稱爲「神道闕」。它的始源，如向上追溯，則前漢未央宮已有東闕北闕，而說苑「立石闕東海上朐山界中，以爲秦東門」，和禮經中所述的「象魏」制度，年代比前漢尤早。不過漢代遺物見於祠廟墳墓前的，都是具體而微，規模較小，而且據漢書霍光傳「起三出闕，築神道」當時還視爲奢僭逾制，故很疑心此制的普及，必在前漢末葉以後。

此類石闕的形制，據現在已知資料，計有二種。第一種爲圓闕，見北魏盧元明所著嵩高記：

「孝武登遊五岳，尊祠靈星，移祠置岳南，作壇殿，立圓石闕。」

與三輔皇圖所紀建章宮北部的圓闕，似屬於同型類之內，可是此類石闕，現在幷無實物存在。第二類石闕採用長方形平面，即本文所述太室少室啟母三闕，和山東武氏闕，四川王稚子高頤馮煥闕等。　但後者內又有二種大同小異的外觀，即四川馮煥闕與沈府君闕趙氏闕，僅在類似碑碣形狀的長方形石墩上，加簡單屋頂一層（圖版拾陸戊）；而高頤闕與嵩山山東諸闕，則施屋頂二層，一高一低，高者居內，低者居外，形制稍爲複雜（圖版拾陸甲）。　同時山東河南四例，簷下未雕琢斗栱，也可看出當時手法，極不一律。

太室祠石闕建於後漢安帝元初五年（公元一一八），迄今一千八百餘年，爲嵩山三闕中年代最古的一個。它的外觀（圖版拾陸甲），當然爲少室啟母二闕所取法，而在平面上此三闕所取尺寸，復相差絕微，故即無年代銘刻，亦可斷定它們的建造年代相去不遠，不過東西二闕間的距離，和闕身的高度，却未能完全一致。茲將平面尺寸表列如次，以供參考。

		面闊	進深	東西二闕的距離
太室祠	東闕	二·一〇公尺	〇·六九公尺	六·七二公尺
	西闕	二·一二公尺	〇·七〇公尺	
少室廟	東闕	二·一三五公尺	〇·七〇公尺	七·八三公尺
	西闕	二·〇八公尺	〇·七〇公尺	
啟母廟	東闕	二·一二公尺	〇·七一公尺	七·〇〇公尺
	西闕	二·〇九公尺	〇·六九公尺	

在外觀上，此闕下部的基座，已强半埋於土中，僅露出極少的一部分。自臺座以上，闕身與闕頂共高三·一八公尺。闕身用石條八層壘砌，每層高度變化於三十七至四十三公分之間。石的長度，和石縫的分配，異常凌亂，似乎此事不爲當時匠工所注意。但石厚——即闕身的厚度——則自基至頂，悉皆相等，故闕身表面未曾收分。

闕頂上下二層，均使用極平坦的四注頂。各層翼角，雖略有殘缺，但在嵩山三闕中，仍以它保存最佳。下層闕頂，位於闕之外側，用一石斲製，直接安放於第六層石上，約占全闕面闊三分之一（圖版拾陸乙）。上層則以二石拼接，置於第八層石上。此石下削上廣，使其上緣向外挑出，而上層出簷自石面挑出的長度，復較下層增出三分之一。

闕頂結構，在簷下先施圓形椽子一層。角梁并未加大，同時在平面上，翼角亦未伸出。其上排列很疎朗的瓦隴。瓦當華文已剝落不能辨識。板瓦微微伸出，並無滴水，至翼角處略呈反翹形狀，但不十分顯著圖版拾陸乙。戧脊前端，刻瓦當三枚，互相重疊，而正脊兩端則增為六枚。正脊的正面與背面，鐫刻綫條，外端亦向上反翹圖版拾陸乙，與山東肥城縣孝堂山石室及近歲發現的漢明器一一符合。

闕上的雕飾，在第一層石上者自下數起，分為上下二列；下琢菱文，上為垂嶂文。其上各石，大半磨滅，但猶可辨出人物，羊首圖版拾陸丙，車馬，建築，饕餮，及菱文，環文，套環，列錢等類的幾何形文樣。此類題材，雖又見於少室啟母二闕，但幾何形文樣不及此闕數量之衆，而且非每隔一層雜以人物車馬，成為一種規律的狀態。

闕的題額，刻在西闕正面即南面第六層石上，可辨者有篆書「中嶽泰室陽城……」六字。銘文則在西闕的背面，前列銘辭，後續以官銜姓氏，亦强半漶漫，然景氏說嵩載銘文中有「元初五年四月陽城□長左馮翊萬年呂常始造作此石闕……」一語，可為此闕建於後漢中葉的確證。惟褚峻金石圖謂「闕陽銘而陰額」，核之實際，其位置恰相反對。

西闕正面第四層石上，有民國十一年武進莊某因修河南通志調查金石，至此剷除舊刻題名其上，覩之令人髮指。為保存古物計，希望當局應有罰一儆百的處置。

石闕北面半里許，有石人二尊，東西相對，自腹以下，埋於土中，就形制觀察，決是漢代遺物（圖版拾陸丁）。惟東側石人項上刻馬英二字，爲從前金石學者所未道及，不知是否後人的僞刻。

登封縣　漢少室廟石闕

出登封縣城西門十里至邢家鋪，再西二里，有二石闕對峙田間，即漢少室廟石闕（圖版拾柒甲）。其地位於少室山的東側，距山麓尚有數里，當時何以營廟於此？且闕的方向偏西南五十餘度，亦不可解。二闕中以西闕保存稍佳（圖版拾柒乙）；其東闕向南傾斜，上層闕頂，亦已殘缺一部。

此二闕的形制，完全與太室祠石闕符合，惟高度稍低，且兩闕間距離過大，致全體印象，遠不及前者的雄偉。但此闕表面浮雕的龍，犀，象，犬，蟾，兎，龜，魚，以及人物車馬角牴蹋鞠等等，不但題材範圍較爲廣汎，其姿勢形態，亦比太室闕更爲生動自然（圖版拾柒丙）。

少室廟的沿革，據漢書地理志潁川郡條：

崈高（武帝置以奉太室山，是爲中岳，有太室少室山廟。）

知前漢時業已成立。俗傳其神爲啟母塗山之妹，故唐楊炯碑，謂爲少姨廟，但闕上原有題額，僅稱少室，可證少姨之名，仍是後人附會。金興定間，其廟尚存，但明以後箸作，即無述及此廟者。

闕的題額，在西闕背面（即北面）第九層石上，篆書「少室神道之闕」。闕銘與題名則在西闕正面即南面及西面而東闕背面，亦有一部分題名，但俱已大部剝蝕，不可通讀。其建造年代，據諸書所載，僅有『三月三日郡陽城縣興治神道』數字可據，然題名中如『泉陵薛政，五官椽陰林，戶曹史夏效，西河圜陽馮寶，丞漢陽冀祕俊，廷椽趙穆，戶曹史張詩，將作椽嚴壽』諸人，又互見於漢啟母廟闕，而後者建於後漢安帝延光二年公元一二三，可知此闕亦應成於同時。又嚴壽在元初五年公元一一八營建的太室祠石闕，稱爲鄉三老，而此闕則稱將作椽。自元初五年至延光元年，僅僅相隔四年，也許同是一人。

登封縣　漢啟母廟石闕

嵩山萬歲峯的南麓，有所謂啟母石者。淮南子謂

禹治洪水，通轘轅山，化爲熊。先謂塗山氏曰：『欲餉，聞鼓乃來。』禹跳石，誤中鼓，塗山氏往見，慚而去。至嵩高山下，化爲石。方孕啟，禹曰：『歸我子。』石破北方而啟生。

然此石方廣不及三丈，實乃普通巖石墜自山巔，神話無稽，不足置辯，不過啟母石原應爲開母石，漢避景帝諱，乃易開爲啟。又據漢書武帝紀：

元封元年春正月，行幸緱氏，詔曰：『朕用事華山，至於中嶽，見夏后啟母石』……

及同書郊祀志

成帝……又罷……孝武……夏后啟母石……之屬。

知此廟創建於前漢武帝元封年間，至成帝卽位次年按卽建始元年，丞相匡衡及御史大夫張譚奏罷郡國祠廟數百所，此廟亦在其列。其後何時規復，雖難肌知，然據此闕的銘文，後漢安帝延光二年公元一二三，潁川郡太守朱寵等嘗爲啟母廟與治神道闕，則其時必又有廟矣。

啟母石在今登封縣城東北五里許，附近幷無祠廟遺蹟可認，惟石南山坡下相距三百公尺處，尙存朱寵所造的石闕二座圖版拾柒丁，戊。此闕神道中綫偏向西南二十三度。下層闕頂已全部凋落，在嵩山三闕中，以它的保存狀況爲最劣。

二闕高度，除去上層闕頂的正脊業已毀壞以外，自基座表面至正脊下皮僅高三·一七公尺。依此推測，其原來高度必較少室廟闕稍低。闕身以石條七層壘砌，表面雜刻人物，車馬，樹木圖版拾柒己，蹋鞠，鷺，魚，象和少數幾何形文樣。其中人物題材，係夏禹的故事。

題額和銘文刻在西闕的背面及東側，造闕者姓氏，則挿入銘文前，與太室祠石闕恰相顚倒。銘文分前後二段：前段末有「延光二年」四字；後段刻於其下，乃季度所作，俗稱爲季度銘。

登封縣　中嶽廟

沿革：中嶽廟原稱太室祠，始創於秦，至漢武帝元封間，大事增擴，前已述之矣。後漢時，廟在今太室石闕之北；元魏太延元年，徙廟於東南玉案嶺上，大安中復移往黃蓋峯下；至唐開元間，始遷至現處。其後宋乾德二年，大中祥符五年，二次重修，造殿宇碑亭八百五十間，壁畫四百七十所，爲此廟的全盛時期。降及金源，大定，正大，承安三朝復相繼興造，而承安間獨成廊屋七百餘間，具見金承安五年（公元一二〇〇）建立的大金承安重修中嶽廟圖。元末兵荒之餘，存者不過百餘間。明洪武二十二年與正統三年，又予修治。成化十八，十九兩年，修葺寢宮。嘉靖四十一年至四十三年，建前部天中閣。隆慶萬曆間，又建黃籙殿於廟後，以藏道籙。崇禎末流寇蹂躪，登封前後數次，此廟復遭殘毀，經邑人王貢募修十載，至清順治十年始告完成。康熙五十二年修理。乾隆十五年，高宗奉皇太后謁廟，建東側行宮。乾隆二十五年復修葺之。

廟制的變遷　此廟規模，金以前者，諸碑所載語焉不詳，惟前述大金承安重修中嶽廟圖碑（插圖三十一）內容較爲翔實。此碑位於峻極門的東山牆外，不但爲廟中重要文獻，且爲我國建築史中極罕貴的史料。此外清康熙間景日昣所撰的嵩嶽廟史，亦有中嶽廟營建圖一幅（插圖三十二），與廟中所藏乾隆木刻欽修嵩山中岳廟圖（插圖三十三），均可窺清代重修情形。根據以上三種資料，對於金以來此廟平面配置的變遷，略能窺其大概。

（甲）金代的中嶽廟

（一）廟的前部面臨通衢。其南側建有重簷方亭一座。北側樹綽楔。內爲正陽門三間，與宋平江圖碑中所示的靈星門同一形制。此門左右，又有東西偏門各一座。

(二)廟之本體作長方形。正面中央建下三門一座五間單簷；其左右綴以廊屋各六間；次為東西掖門各三間；廊屋各五間與兩側角樓相連。此二角樓與北側二角樓之間僅注有東西華門，然以北垣推之，其間亦應有牆垣。

我國祠廟使用角樓的紀錄，當以五代周顯德間所建的太廟為最早。舊五代史卷一百四十二禮志載：

顯德六年……國子司業兼太常博士聶崇義奏：……若是添修廟殿一間至兩間，並須移動諸神門及角樓……

其後金代重修的泰安東嶽廟及元大都的太廟，亦無不建有角樓。不過東嶽廟周圍築以高峻的外垣，如城郭形狀，而此廟南側則改為廊屋。

(三)下三門之北，東側建有火池。池東復有碑樓二座，但西側與此相對處，圖中僅繪碑樓一座。自此以北，又分為中東西三部分。中部乃廟之主體，以廊屋周帀作長方形，所占面積，亦較東西二部為大。東部僅建神廚及監廚廳。西部則為道院及使□位。

(四)中部分為前後二段。前段正中建中三門五間，左右廊屋各八間。門內井亭二座。再北為上中門五間，其左右又闢東西掖門，與前述下中門略同。中三門與上三門之間，東

插圖三十一

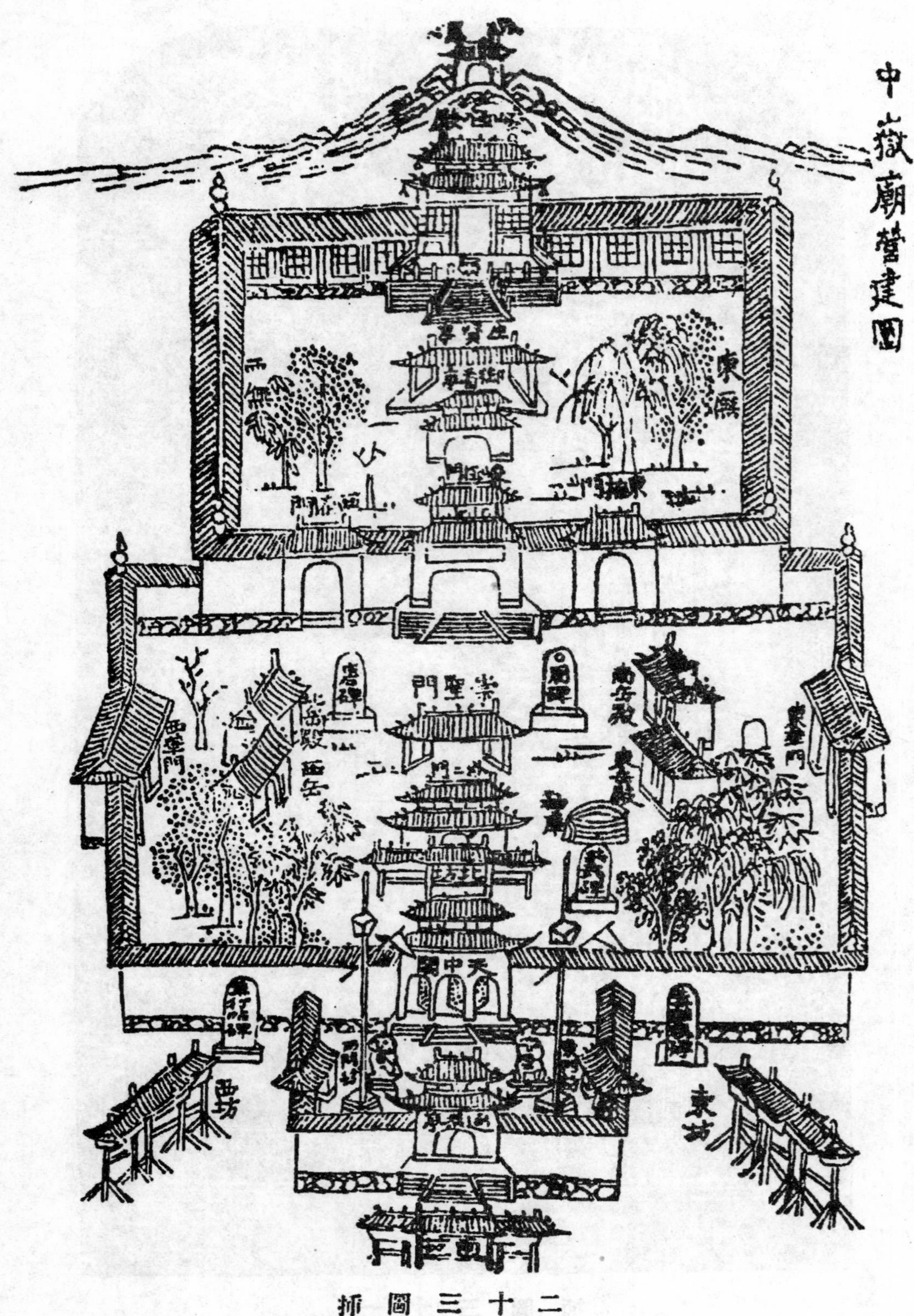

插圖三十二

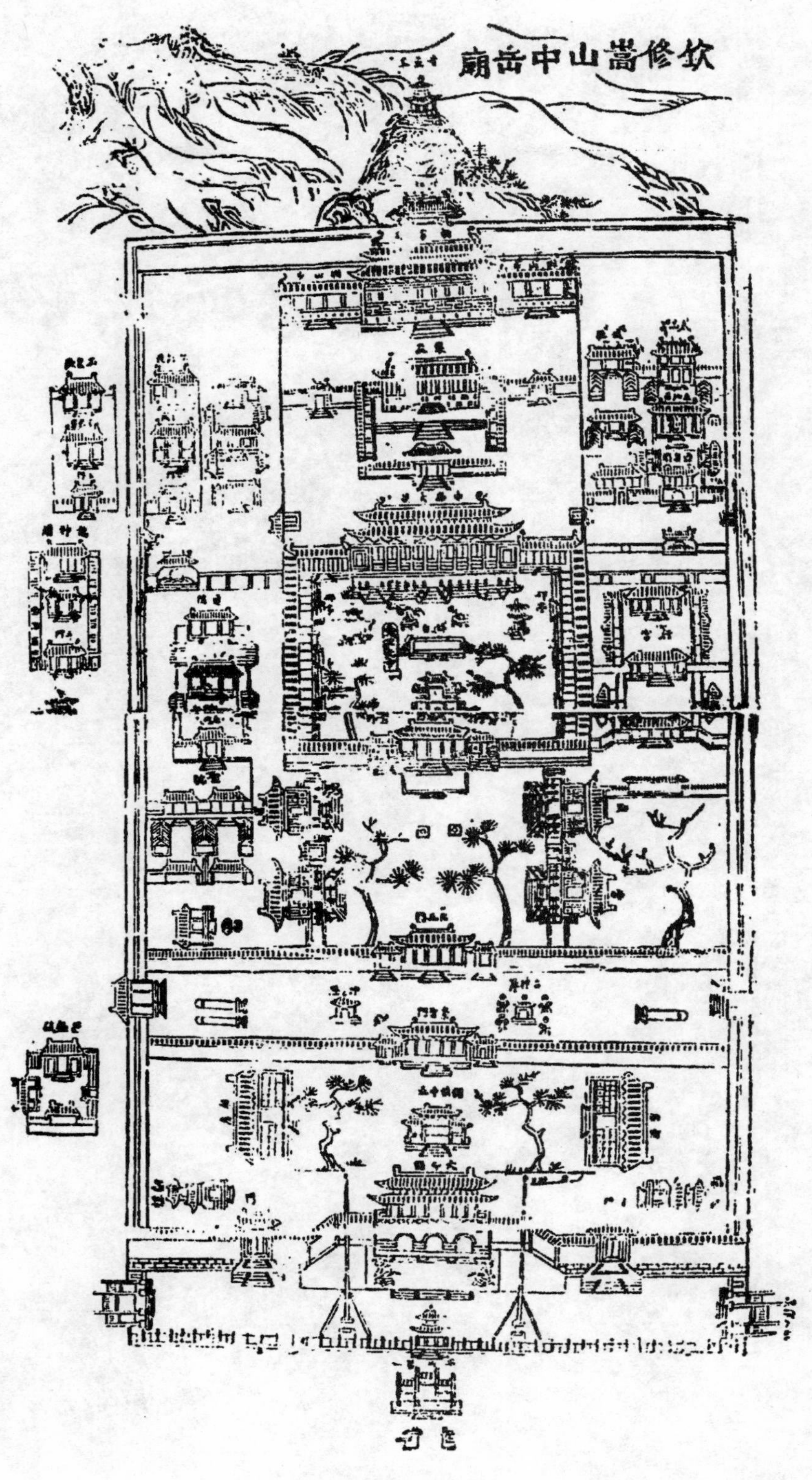

插圖三十三

廡建東嶽南嶽二殿，西廡配以北嶽西嶽二殿，完全取對稱形式，而諸殿之間又雜置土君殿二郎殿眞武殿等等。

後段自上三門以內中央有隆神之殿，庋藏歷代奉祀的祝版。殿北竹叢一區，左右旗桿各一。次爲路臺，輔以東西二亭。其北峻極殿九間重簷四注，前列東西二階，乃此廟的正殿。殿後以主廊與北側的寢殿相聯。而上三門至寢殿復周以長方形迴廊，並自東西廊構斜上之廊，使與峻極殿銜接插圖三十一。苟以此圖與元正大四年所刊孔氏祖庭廣記中所載的金闕里廟制圖插圖三十四比較，則後者的大成門殆與此廟上三門相當，而贊德之殿亦卽隆神之殿，杏壇卽路臺，大成殿與鄆國夫人之殿，卽此廟的峻極殿與寢宮，其餘迴廊和斜廊的配列方法亦皆一一符合。而闕里圖所示，核以書中紀載，乃金明昌二年至六年間大規模興造後的情狀，在時間上僅較承安五年早出五載，故二者之間能够切合如此。依據以上二圖再與前述濟瀆北海廟圖誌碑圖版拾戊對照，則宋金間我國祠廟的平面配置，不難得到一個具體概念。

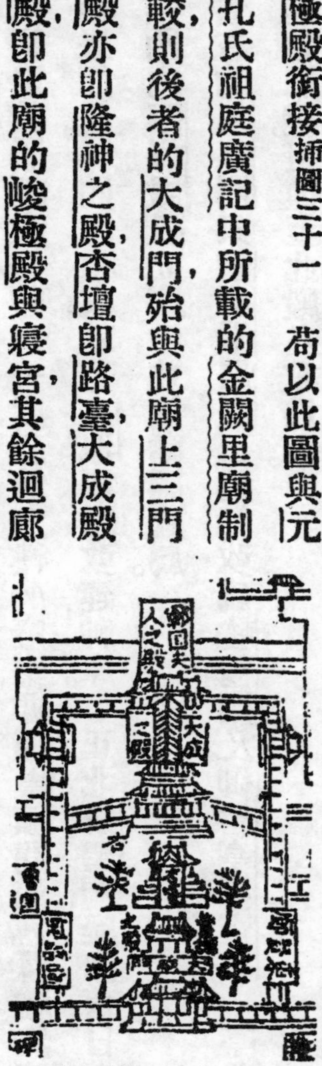

插圖三十四

（乙）清初的中嶽廟

（一）嵩嶽廟史所載清代初期的中嶽廟營建圖挿圖三十二，廟的前部，在東西南三面，各建牌樓一座。復於天中閣前繚以周垣，設東西門坊和南面的遙參亭。除遙參亭以外，乃當時官署祠廟通行的布局方法。

（二）天中閣創建於明嘉靖年間，圖中仍襲其制。其北建配天作鎭坊。再北爲外三門。

（三）外三門左右無廊屋與東西掖門，四角樓亦無一存在，這是金清二代相差最甚的一點，然此廟自元末兵燹以後，屢經改修，非止一度，恐怕角樓的廢棄，非僅崇禎間流寇蹂躪與清初王賁改建的結果而已。門內稍東，就舊火池地點改建神庫。正北崇聖門，疑即舊日中三門的地點。惟門內四嶽殿孤立庭中，並無廊廡聯屬。

（四）自此再北，舊有的內三門與隆神殿路臺三建築，改爲峻極門及御香亭生賢亭。亭北峻極殿雖仍以迴廊周繞，但僅至此殿左右爲止。

（五）寢殿未見圖中，據書中所紀，其周圍未施迴廊，唯以長廊與峻極殿後簷相接，也是極重要的變遷。

（六）玉皇殿在寢殿後，即明末增建的黃籙殿。

（丙）清中葉的中嶽廟

清乾隆重修工程挿圖三十三，大體根據清初規模而加以整理擴充，故其結果較金制相差更遠。其重要事項如次：

（一）天中閣前部的周垣及東西門坊，俱皆拆除，而於遙參亭左右，另建石柵欄與東西牌樓銜接。

（二）天中閣之北，增建鐘樓鼓樓各一座。又於鎮茲中土坊之北，加建東西朝房，俱爲此廟從來未有的制度。

（三）崇聖門與化三門兩側，建東西横牆，區隔南北。門北四嶽殿，改祀風雨雲雷諸神。

（四）自峻極門至中嶽大殿一段，大體踏襲清初舊制，但殿之結構，則改爲純粹北平官式做法。又改御香亭爲崧高峻極坊，生賢亭爲拜臺。

（五）寢殿前建垂花門，繚以牆垣，自成一區，亦非清初規制。

（六）後部玉皇殿改御書樓。

（七）大殿東側，建行宮一所，其北爲凝眞閣、三清殿等；大殿西側則劃爲道院。

現狀：出登封縣東門，順着登密公路五里過望朝嶺，再三里至天中街，中嶽廟即位於街之中段。其前名山第一坊與遙參亭，俱已摧毁。石柵欄現已殘缺一部。惟天中閣巍然矗立高臺上，規模宏壯，擬於宮闕（圖版拾柒庚），殆以故宮天安門爲藍本而建造者。此閣下部之臺約高三丈，闢穹窿三道，極似明嘉靖舊物，惟上部建築物面闊七間，重簷歇山，則係清式做法。

36373

閣北神道兩側古柏參天，但鐘鼓二樓已强半頹毀；鎭茲中土坊與東西朝房，亦全部倒塌。再北崇聖門五間及左右旁門，東西横牆現俱蕩然無存。

崇聖門東北，爲神庫故址。四隅有宋英宗治平元年公元一〇六四，忠武軍匠人董禬等鑄造的鐵人四軀，面皆西向，其高度較人體比例約增三分之一圖版拾捌甲乙。自造像方面來說，雖然算不得精美的作品，然較晉祠宋紹聖間所鑄金人，也許略勝一籌。像上銘文如次；

東南角鐵人 忠武軍匠人董禬□時因李誠秦士交……

西北角鐵人 □□主呂榮，忠武軍匠人董禬記，治平元年六月廿八日

諸像手中並無持物，但據金承安圖碑，其地原爲火池。說嵩卷四謂：『神庫蓋焚燎之所，舊覆鐵絡，四鐵人持紐維以繫絡』，似還比較可信。

鐵人東側，存宋碑金碑各一通，西側與此相對處，又有宋碑二通，俱極高偉，俗稱爲四狀元碑。其方位與金承安圖碑中所繪的碑亭大體符合。

再北化三門，面闊五間，單簷歇山造，現亦半毀，惟左右旁門與東西横牆，還保存完好。門北東西兩側原有風雷雲雨四殿，業已倒塌，僅臺基與石欄刻尙完整。有名的嵩高靈廟碑，位於東北角雷神殿之南，外部護以磚室。殿北復有天禧三年石幢一基。

次峻極門五間，結構式樣悉準化三門，而規模略大。門內奉李海二神，塑工極劣。門北崧

高崚極坊三間，民國後曾經修理，嚴整如新。其北拜臺，以石壘砌，平面作正方形。臺後兩側，建八角重簷碑亭各一座。再北有元武宗至大二年（公元一三〇九）洛州匠人宋宣所造的鐵獅二尊，除須彌座華文較爲秀逸外，其獅身比例，已與明清二代的異常接近（圖版拾捌己）。

"……王信王春王珠……特發誠心，謹施生鐵獅字貳隻，約重八百斤，置諸中嶽廟前……正大二年歲次乙酉上元日畢。匠人洛州安縣宋宣造。"

崚極門內原構有左右廊屋，現已崩塌，但自此折北，尚存東西廊各三十一間（圖版拾捌丁），至北端再折轉向內，與大殿會合。廟中建築，唯此廻廊尚存古法。

中嶽大殿（圖版拾捌丙）前設月臺，正面陛三出，東西陛一出。殿本身面闊九間，進深顯五間，重簷四注，視北平保和殿微小（插圖三十五）。內部諸柱，因實用關係，隨宜減去，不與外側簷柱一致，而內槽五間，復劃爲神龕，圍以長槅和牆壁，內庋神像，頗與曲陽北嶽廟相似。此殿結構雕飾，以及內部的和璽彩畫，均係清官式做法，頗疑乾隆重修時，特自北平派遣匠工至此。惟簷柱柱礎上，施覆盆，雕盤龍與寫生

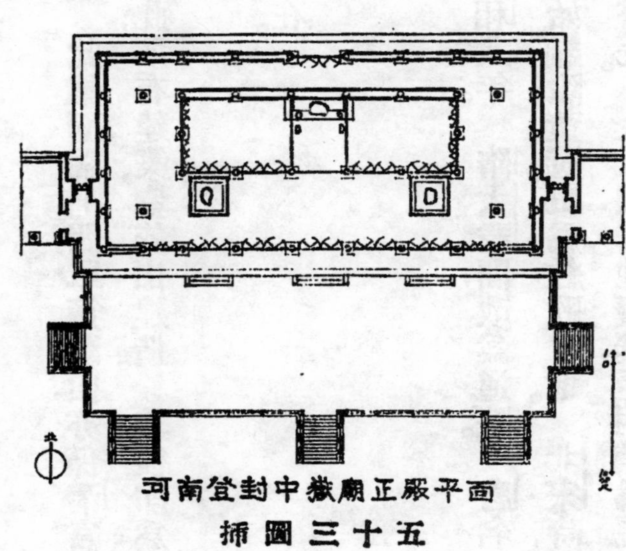

插圖三十五 河南登封中嶽廟正殿平面

36375

花，不類當時的作品圖版拾捌戊。

自大殿兩側的小門繞至殿後，經垂花門一重至寢殿。此殿面闊七間單簷歇山，亦係清官式做法。殿後有御書樓七間，兩側翼以平屋。自大殿至此，所有建築皆依山建造。其後卽爲黃蓋峯，半山上建有八角重簷攢尖亭一座。

大殿東側的行宮，俱已傾毁，惟宮後凝眞閣等，刻尚存在。

登封縣 嵩陽書院

嵩陽書院在縣城西北五里，原名嵩陽寺，創於北魏太和八年。隋大業間，改爲道院。唐名嵩陽觀。高宗永淳間，營奉天宮於其附近。至五代後周，始黜除黃冠，更爲絃歌之地。北宋時，初名太室書院，嗣易今稱，當時與白鹿睢陽嶽麓號爲四大書院。金元間，其地廢棄，至明稍爲規復，然流寇之亂，旋成灰燼。清康熙間陸續增建，清末因之改爲學校。民國後建國軍樊鍾秀駐此數載，致院中建築破敗不堪。內有漢武帝所封大將軍柏，虬幹五出，大者數抱，確非近代物。柏的南側，又有八角石柱，刻宋人題名甚衆。

書院外西南存唐開元三年徐浩所書大唐嵩陽觀紀聖德感應頌碑圖版拾玖甲，書家譽爲怒猊抉石，渴驥奔泉者是也。碑的下部，易龜趺爲方座，四周浮雕鬼類十軀，計南北各三尊，東西各二尊，外框略如壺門，而輪廓更爲複雜圖版拾玖乙。座之表面，以很平淺的陽文浮雕，刻出寶相華及獅子仙童等等構圖精麗，描綫飽滿，非盛唐作品，不能臻此。碑身兩側亦施同樣雕飾。上部碑額作矩形，題額兩側浮雕二龍向相，其側面刻麒麟各一。碑頂向外挑出，下緣雕成圓弧形，表面遍刻卷雲，而頂部更施寶珠，左右兩側，夾以二龍。此碑自基至頂，約高八公尺餘，形制奇特，爲唐碑中別開生面的傑作。清乾隆年間所建北平北海清漪園諸碑，卽完全模仿此碑的式樣。

登封縣　崇福宮

崇福宮在縣城北四里，卽漢萬歲觀故址。唐稱太乙觀。宋昇崇福宮，以爲眞宗祝釐之所，改舊太乙殿曰祈眞，又曰保祥；左右建元神本命二殿。保祥之後，又建眞宗御容殿，其東爲離宮殿閣千餘間，及奕棋樗蒲泛觴甘泉諸亭；說嵩卷二十謂舊時柱礎有徑大至八尺者，其侈麗蓋可想見。當時設提舉管勾諸官，以朝臣主之，如范仲淹司馬光等退休後，皆投閒於此。靖康之亂，燬於金人，其後略事規復，而元末復罹兵燹，僅存三清殿一所。明洪武時，置道會司於此，成化間稍稍修葺，然自此以後，文獻無徵，迄於最近，復遭回祿，唯餘山門及少數附屬建築，與西北角泛觴亭故址圖版拾玖丙而已。

泛觴亭卽營造法式的流盃亭，三輔皇圖載漢離宮有流渠觀，疑此制漢已有之，但現存實物，則以此亭爲最古。亭的臺基下爲磚砌須彌座，上覆石版一層，共高八十四公分。臺上東西廣三·九七公尺，南北長四·六〇公尺（插圖三十六），關野貞博士西遊雜信中所載之圖作正方形實誤。亭的渠道出入口皆設在北面中央，而入口位於西側，自此向內盤折至亭心，復由南東二面折回北方，似較法式卷二十九所載國字風字二圖略爲複雜。渠道寬十五公分，無法式所述的水項子及水斗子。其坡度據實測結果，入口深八公分，出口深八·五公分，差數極微，殊出意外。亭東北山坡上有龍王廟，卽宋甘泉亭故址，也許就是從前曲水的來源。

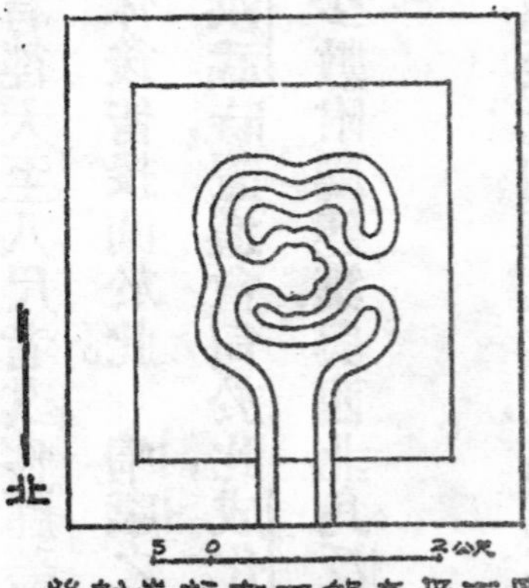

插圖三十六　登封崇福宮泛觴亭平面圖

登封縣　嵩嶽寺

嵩嶽寺俗稱大塔寺，位於縣城西北十里嵩山南麓。北魏永平間（公元五〇八—五一二），宣武帝命馮亮與河南尹甄琛等就山陵幽勝處營建離宮。孝明帝正光元年（公元五二〇）捨爲閒居寺，內有十五重磚塔及堂宇千餘間，僧衆七百餘人。隋仁壽元年改題嶽麓寺。唐高宗幸嵩山，武后以此爲行在，其時磚塔東面的七佛殿，卽北魏鳳陽殿，而寺北逍遙樓亦係北魏遺構。塔西有定光佛堂，北爲無量壽殿，武后所建，用以置鎭國金銅像者。中宗時，因魏八極殿故址建西方禪院。

復於寺南輔山上建靈臺其巔，又為大通禪師構十三級浮屠。而西嶺雙阜建鳳凰臺及粧臺，皆以武后得名。然此寺自唐以後，寂然無所表異。現在寺中碑碣，除清雍正乾隆咸豐諸碑以外，唯山門內有唐蕭和尚靈塔銘殘石，與門西圍牆內嵌有宋崇寧元年圖圖寺感應羅漢記殘石一方而已。

寺的現狀，山門外存經幢一基，幢身刻佛頂尊勝陁羅尼經，無年代銘刻。山門三間，極簡陋。門北卽為北魏磚塔。塔後側的堦基上，置二石獅，其西北又有方塔殘段，據華文觀之，疑都是唐物。再北為大雄寶殿與西側白衣菩薩殿，均三間南向。東垣外雜列關帝殿方丈雜屋等等，胥晚近所構。

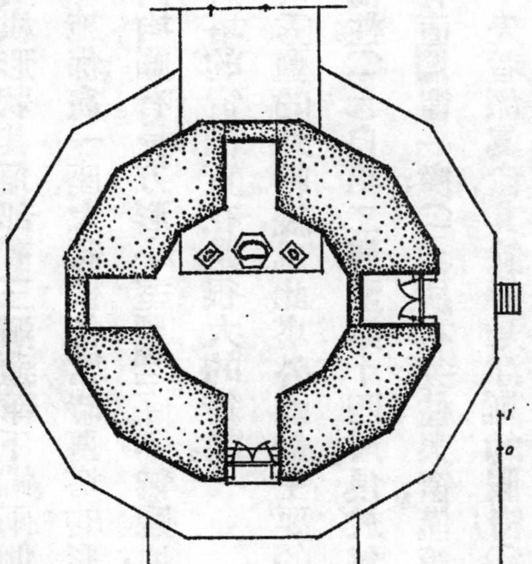

此塔平面作十二角形（插圖三十七）。外部臺基是否原來舊物，甚難斷定，但所用之磚，帶有十字交叉文樣，不似唐以後所製。塔身東西南北四面各設入口，導至塔心內室。此內室自下而上直達頂部，分為十層，並無塔心柱的結構（圖版拾玖己）。內室的平面第一層仍與外廓一致，但第二層以上，改為等邊八角形（插圖三十八）。復自外壁內側用疊澁磚層向內挑出，承托逐層收進的

登封嵩嶽寺塔第一層平面

插圖三十七

壁體與樓板。唐代同型類的磚塔雖然將塔身與內室都改爲正方形但在結構上仍然蹈襲此塔的成法。

此塔外觀圖版拾玖丁，在臺基上立有高聳的塔身。塔身分上下二部。下爲平坦壁體其上施疊澁簷一層。上部各隅各加倚柱一根其露出部分隨塔身輪廓作六角形。柱下礎石砌出「平」與「覆盆」形式惟柱頭所飾垂珠式裝飾顯非我國所有圖版拾玖戊。其東西南北四面門上冠以半圓形發券高三伏三券。券的表面砌出尖栱形狀其項部置三瓣蓮華下端兩側更飾以旋渦形裝飾俱係印度式樣。其餘八面各在壁外施佛龕一座大體模仿當時墓塔的形式惟下部臺座及所飾師子則非普通墓塔所有。各龕內均闢有長方形小室插圖三十八無疑地從前曾安設佛像於內。伊東關野藤島諸人著述皆指爲塔的窗洞實在是很大的錯誤。

塔身以上施疊澁簷十五層構成很輕快秀麗的外輪綫爲此塔外觀最主要的特徵。其扃部式樣與塔身不同處（一）各層轉角處無倚柱（二）自第二層至第十四層俱於每面中央施尖栱兩側配以直欞窗各一但最上層每面只有直欞窗一處（三）所有尖柱與窗僅第十五層的正東面和五七九十一十三等層位於正南面中央者係眞窗其餘皆是浮雕的假窗（四）疊澁式出

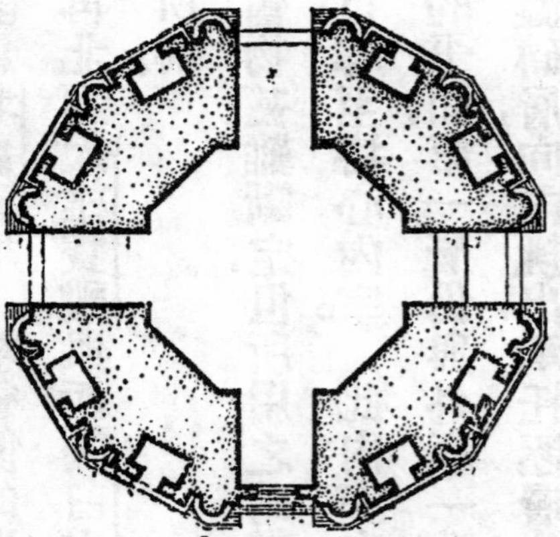

登封嵩嶽寺塔第二層平面

插圖三十八

簷，挑出較深，其上復以反疊澁磚層向內收進。

上部之刹，在極簡單的須彌座上置比例高聳的覆蓮一層。其上爲束腰。再上以仰蓮承托相輪七層。相輪的中部，微微向外凸出，略如魚肚形。最上施寶珠一枚。全體形範十分雄健，而局部比例，亦能恰到好處。

塔外部原皆塗有白堊，但大部分已經剝落，露出淺黃色的磚層，與背面沉靜陰邃的山色，十分和諧。

塔的建造年代，除前述結構上和式樣上各種特徵以外，唐李邕嵩嶽寺碑文謂嵩嶽寺者，後魏孝明帝之離宮也。正光元年牓閑居寺，廣大佛刹，殫極國財。……十五層塔者，後魏之所立也。發地四鋪而聳，陵空八相而圓。方丈十二，戶牖數百。與現狀大致符合，故斷爲正光元年公元五二〇所造，殆無疑問。同時在現在知道的範圍以內，當然要推此塔爲我國單層多簷式塔的鼻祖了。

登封縣　法王寺

法王寺在嵩山玉柱峯下，東南距嵩嶽寺約一里。縣志引傅梅嵩書，謂始創於漢明帝永平十四年，但確否無由案證。其後魏明帝青龍二年，改稱護國寺。晉惠帝永康元年，於寺左建法華寺。景氏說嵩謂北魏孝文帝亦嘗避暑於此。隋仁壽二年，增建舍利塔，因名舍利寺。唐貞觀三年勅補佛像，改功德寺。開元間稱御容寺。德宗大曆間，又改廣德法王寺。五代後唐寺，遭廢棄，析爲護國法華舍利功德御容五院，至宋仁宗慶曆以後，始有現在的名稱。

寺的現狀，最外金剛殿三間，業已倒毀，唯餘元元貞二年及延祐元年三年碑各一通。其北山門三間，單簷硬山造。外簷斗栱五彩單翹單昂，昂尾斜上，壓於下金桁下。正心縫上亦僅用瓜栱與正心枋一層，如宋式的單栱素枋（圖版貳拾甲）。據嘉靖十年重修法王寺記，知此門乃明弘治間僧祖恩所建。門的東西兩側，分列鐘鼓二樓，皆建於清康熙年間。次東西配殿各二座。正中大殿五間，單簷硬山脊枋下，牓書「清康熙五十年歲次辛卯二月……重建」等字。左右朶殿各一座。其東朶殿前，有石舍利函一具，棄置階沿上（圖版貳拾乙）。函長六一公分，寬四二公分，高二六公分，厚七公分，正面刻銘記一段，其餘三面，鏤刻很平淺的佛像卷草等等，惟函蓋則已遺失矣。其銘記如次：

大唐中岳閒居寺故大德寺主景暉舍利函

開元廿年歲次壬申七月辛丑朔十五日乙卯弟子比丘琰卿等記

自大殿後，登石級，復有清康熙間所建的地藏殿一座，面闊七間，單簷硬山造。正面西簷牆下，嵌砌大唐嵩嶽閑居寺故大德珪禪師塔記一方，完整如新。案元珪與景暉二人，都不屬於此

36382

寺，而元珪曾主嵩嶽會善二寺，在當時最爲知名，不知塔銘和舍利石函，何以流落此間。

寺後有塔院二區：一在北面山坡上，一在東山谷。前者有塔四座。其一爲單層多簷式磚塔，平面作正方形。塔內闢方室一間，直達頂部，內庋明洪武六年周藩所施白石佛像一尊。塔高四十公尺餘，下部塔身比較高瘦，其上施疊澁出簷十五層，具有極輕微的Entasis，秀麗玲瓏，遠出永泰寺二塔之上（圖版貳拾丙）。塔身內外現在雖未留下年代銘刻，然其形制，可決爲盛唐無疑。自此往東北，另有正方形單層單簷式墓塔三座。南側者（圖版貳拾丁），在疊澁簷上用反疊澁磚層，向內收進，上施小須彌座與山花蕉葉各一層。其上覆鉢亦爲磚構。但覆鉢上所施山華蕉葉，與蓮座蓮盤寶珠等等則皆石製。以少林寺法玩禪師塔推之，極似初唐遺物。其餘二塔，體積較小，下部並承以壼門式之座，疑皆建於唐中葉以後。

東山谷僅有單層單簷式墓塔二座。除下部須彌座以外，塔身兩側，並嵌有幾何形窗櫺。它們的年代，當然不能超出宋金二代以外。

登封縣　會善寺

會善寺位於縣城西北十二里，其前流泉環帶，樹木繁茂，爲嵩山諸剎中風景較佳的一個。其地原爲北魏孝文帝離宮，魏亡，易爲澄覺禪師精舍，至隋開皇間，始名會善寺。唐代寺中高僧輩出，如元𨳩、一行、淨藏等，皆一時大德，而一行所創的戒壇院，爲當時戒律中心，有琉璃戒壇之稱。五代時撤殿材運往開封，供建宮門，寺因之遂廢。宋開寶間，僧奉言重興大殿。明成化、清康熙諸朝，迭予修治。　高宗乾隆十五年，南幸嵩山，以爲行宮，今寺之後部，即當時所建。

寺的前部，三門比列，中爲山門三間，內庋明永樂七年周藩所施白石彌勒佛一尊。像前石盤刻龍雲，甚俊健，疑爲宋代經幢的殘段。　門內東西廊屋各三座。　正中月臺極宏敞。　東側立乾隆御製詩碑，以亭覆之。西側有康熙間所建八角經幢一基，刻多心經及佛像。其北大雄殿五間。自殿後陟石臺三層，正中爲藏經閣七間。閣內柱礎種類很多，所琢人物、獅首、蓮瓣、寫生華等等手法，極富變化，而位於下層者，其年代尤顯然最古（圖版貳拾庚）。　閣的左右院落，著布規模頗巨，但現已次第傾毀，唯大殿東側者保存較佳。

寺中重要遺蹟，有大雄殿和淨藏禪師塔、琉璃戒壇石柱、東魏嵩陽寺碑四種。

（大雄殿）　面闊五間，進深六架，單簷歇山造（圖版貳拾戊），除外簷中央三間使用木柱以外，其餘都是八角形石柱。　殿內配置，明間僅施後金柱二根，而次間復將後金柱略去，故此殿的梁

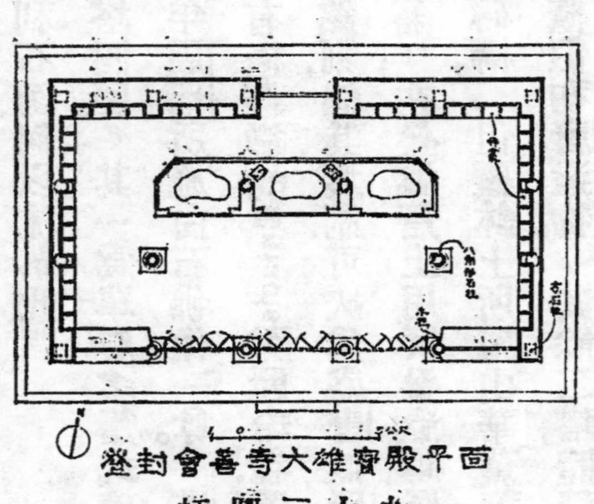

登封會善寺大雄寶殿平面

插圖三十九

架，俱未超過四架以上插圖三十九。又山牆與後簷牆的內側，排列無數小佛龕，亦屬初見。

此殿額枋斷面向外微微蹴出，尚如宋式舊型，惟平板枋則已增厚。外簷補間鋪作，各間只用一攢，材栔俱極雄巨，惟正面明次三間與背面明間竟無補間（圖版貳拾戊）。其結構程次，在櫨斗外側者施重昂二層，昂之斜度異常平緩，而其下緣復向上微呈反翹形狀插圖四十，與著者從前調查的吳縣元妙觀三清殿及梁思成先生調查的長清縣靈巖寺千佛殿、太原縣晉祠聖母廟獻殿等完全符合。跳頭上所施瓜子栱、慢栱、令栱等，都採用兩端斜殺的方式。斗栱後尾共計二跳，第一跳偷心，第二跳所施瓜子栱與雀替即耍頭後尾相交，而雀替前端斫成宋式「兩頰」形狀，托於丁栿下插圖四十一。

殿的建造年代，因廟內碑碣業已大部毀滅，未曾尋出確實的憑據，但在結構上，其上部梁架與石柱底下的圓形礎石圖版貳拾己，顯係清代所抽換，而斗栱式樣則以元代製作的可能性占據多數。

淨藏禪師塔 自山門往西，經過戒壇故址約行半里，即至淨藏禪師塔。此塔孤立山坡下，自基至頂約高九公尺半。平面作等邊八角形，塔門南向，內闢小室一間插圖四十二，為國內現

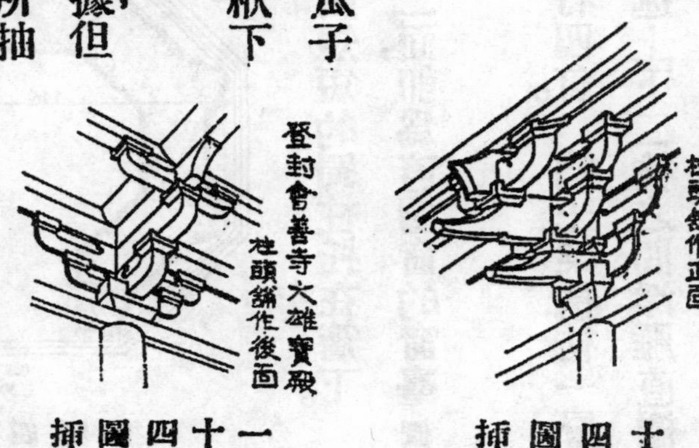

插圖四十 登封會善寺大雄寶殿柱頭鋪作正面

插圖四十一 登封會善寺大雄寶殿柱頭鋪作後面

存最古的八角塔。

塔的外觀（圖版貳拾壹甲）因下部已經崩毀，不能辨出塔身之下，原來是否有崇峻的臺基平坐欄干等等，如遼代磚塔的形狀。現在所知道的塔身下段砌出很低矮的須彌座一層，其束腰每面飾以壼門式裝飾。自此以上，在塔身各隅附以倚柱。柱的平面露出塔身外者作五角形。柱下並無柱礎。項部施櫨斗與斗栱。轉角處另有螞蚱頭向外挑出，與玄奘法師塔一致。

塔身正面闢圓券門，門上施闌額與櫨斗相交。額的中點僅隱出短短的蜀柱，托在簷下。門兩側下部又砌出橫枋一層，其下飾以間柱。此枋延至東南西南二面，即爲直欞窗的窗臺（圖版貳拾壹甲）。

塔的背面，嵌銘石一塊。東西二面則在門框內飾門釘八行，每行四釘。門上架橫枋一層，較櫨斗稍低，其上再置人字形栱（圖版貳拾壹乙）。其餘四隅面則在前述上下二枋之間浮雕直欞窗。除去正面的門栱以外，所有塔身上的雕飾，無一不模仿當時木建築的式樣。

塔身上施疊澀簷一層，惟簷以上部分破壞過甚，無法辨析，以形制推之，殆爲反疊澀的磚層。其上置須彌座與山華蕉葉各一層，平面仍爲八角形。自此以上，磚砌部分，復殘破異常，但以同

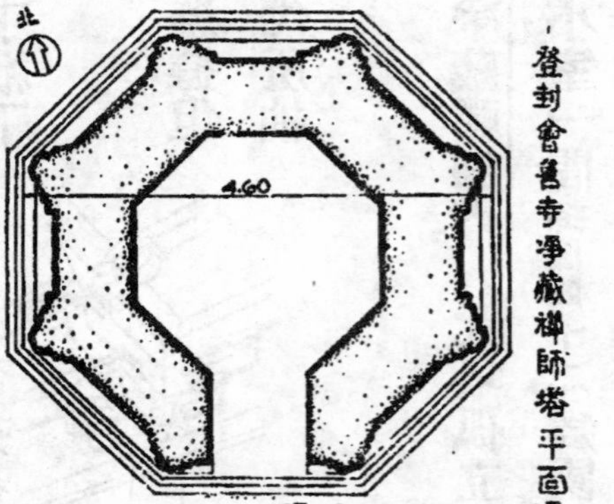

北
4.60
0.5m 0 1 2m

登封會善寺淨藏禪師塔平面

插圖四十二

時代其他遺物推之，殆爲覆鉢無疑。其上又施有平面圓形的須彌座與仰蓮各一層，中央壘砌小覆鉢，承載石製的蓮座蓮盤，與最上的寶珠火焰圖版貳拾壹甲。

案淨藏禪師幼師事慧安，嗣從六祖慧能遊，稱可粲信忍密傳第七祖，以天寶五年公元七四六沒於此寺。塔銘中雖未紀載建塔的確實年月，然至遲恐不出數年以外。

琉璃戒壇石柱　戒壇位於淨藏禪師塔的東面，乃唐一行所創。一行爲唐代著名的天文家，所著開元大衍曆，曾著錄舊唐書，一時高僧無出其右。據德宗貞元十一年公元七九五陸長源所撰的戒壇記，謂此壇四角鏤刻天王像，棟柱礎石各雕鬼神山水，異常精美，並以牖壇爲香材，琉璃爲寶地，所以著者很疑心琉璃戒壇之名，卽因此而起。說嵩又謂五代時，撤此寺殿材，運往開封，戒壇石檻亦遭其厄，惟所有梁柱因鏤形不經，得以保存，眞可謂爲不幸之幸。其後不知何時，忽自稱戒壇寺，但明萬曆間周夢暘嵩少遊記則謂寺已廢棄，僅存遺址，其言如次：

……又西爲戒壇寺。寺已廢，其基址不甚闊，而石人石礎石梁石級，皆曲盡工巧，與余所見大內中遼后梳粧臺恭無以異。……

自周氏至今又歷時三百餘年，戒壇遺物僅僅只留下石柱一根，據地點推之，似位於壇之南面者。此柱礎石平整無雕飾。其正面雕金剛一尊，右手仗劍，足踏二鬼，類手足及胸部皆裸露於外圖版貳拾壹丙。像的頭部現在雖已遺失，但權衡比例，確係盛唐作品，惟膚肉圓潤，不與同時代所雕的金剛符合頗令人難於索解。 像的背面刻作八角柱。 柱身兩側及背面留有梁枋榫眼數處，並鏤刻很工細的陰文卷草圖版貳拾壹丁。

柱的西南復有石獸一軀，背上踏有人足圖版貳拾壹戊，無疑地亦是戒壇舊物。

中嶽嵩陽寺碑 碑在戒壇東南外部庇以磚室。 碑身正面及上部題額處，均浮雕佛像圖版貳拾壹己，背面上部亦然，惟後者體積較大其下部復鐫刻銘文一段與前述沁陽東魏造像碑，及其他北齊碑，同一方式。 碑首所雕盤龍，無論在形範上或刀法上，俱爲隋唐二代的前身，而碑側圖案化的文樣，尤與唐碑接近。 案嵩陽寺原在今嵩陽書院附近，北魏太和八年裴衍等建千喜塔二十五層及七層塔二基，此碑刻於東魏天平二年公元五三五，即紀述當時營建的經過。 至唐高宗時因營奉天宮移於此寺，現碑陰尙有

大唐麟德元年歲次甲子九月丙午朔十五日庚申從嵩陽觀移來會善寺立。

可據。 又說嵩卷十四謂碑在佛殿東楹，淸康熙四十八年因重修殿宇乃遷至戒壇附近云。

東北角又有北齊武定七年會善寺碑一通，體積較小，雕飾技術亦較幼稚。

登封縣 永泰寺

自登封縣城經邢家鋪至廓店，爲程約二十里，自此折向東北，再三里至永泰寺。 其地位於

太室山的西麓俗稱大塔溝。據唐天寶十一年碑，北魏正光二年，孝明帝之妹祝髮爲尼，乃建此寺爲修眞之所，賜名明練寺。北周時寺被廢，至隋開皇間復加修飾。唐貞觀三年，以尼寺山居不便，移置偃師縣。神龍二年，僧道塋奏請修治，祀永泰公主於此，乃更名永泰寺。

寺西南向，外爲山門三間，門外唐開元石幢二，分立左右，但都只存幢身一段。門內有清康熙間所建大殿三間。次南北配殿。再次後殿三間。據寺中碑記，此寺自明洪武間尼圓敬重興以後，淸康熙三十七年至四十年尼道安道坤等復繼予修築。現在寺中田產於民國十七年全部沒收，僅一老尼年九十餘，携徒與徒孫各一，以力田自活，狀極可憫。

現在寺中重要遺物，僅有磚塔二基及千佛閣唐開元碑，石燈臺等等。

磚塔：寺東北山坡下存正方形單層多簷式磚塔二座。東側者（圖版貳拾貳甲），在塔身上，加疊澁簷十一層。上部剎頂已大半毀壞，僅餘一部分相輪。自基至頂，共高二十四公尺。塔內闢方室一間，直達上部，但壁面上並無挑出的疊澁磚層，似原來卽未構有樓板。西側者（圖版貳拾貳乙）塔身上覆疊澁簷七層，高十一公尺餘。剎頂結構，在方座與蓮瓣上安置相輪，與雲岡石窟的浮雕塔同一形式。

在形制上，此二塔極似唐代遺構，但均無年代銘刻。據唐天寶十一年釋靖彰永泰寺碑；……二古塔者昔明練之所起。大窣堵波者隋仁壽二載之所置。……東有兩支提者背寺主道瑩崇敬遺教門人之所造也……九級浮圖者比□眞一敬爲故寺主眞藏之所建也……

文中所述之塔有北魏明練寺二古塔，隋仁壽大窣堵波，及唐代的道瑩眞藏三塔。 現存二塔的式樣，當然不是北魏遺物，也不是眞藏的九級浮圖，但是否即爲道瑩的支提，尙須獲得確實證據，才能決定。

千佛閣 在寺北面土坡上，平面作長方形，正門南向。 內部壁面，雜砌佛像磚，每磚分爲六龕，龕內各雕佛像一尊（圖版貳拾貳丙），以少林寺墓塔所用之磚證之，疑爲金代遺構。 室內四隅，各設倚柱至頂，以疊澁磚層向內收合。 外側簷端結構，亦用疊澁式，但上部歇山頂，乃後人所加。

唐永泰寺碑 此碑在寺北菜圃中，下半部埋於土內。 其正面與側面，露出部分，用平淺的陽文雕刻佛像飛仙，手法異常豪健。 背面則鍋釋靖彰所撰碑文。

石燈座 寺西北關帝廟前，有八角形石燈一具，顯爲明以後所造，但蓮座下刻二龍糾結，靈活秀勁（圖版貳拾貳丁），當是北宋時物。

登封縣 少林寺

少林寺在五乳峰下，面對少室背面的旗鼓二山，閒靜幽邃，形勢絕佳。 寺的創立經過，具見魏書釋老志；

……太和……二十年……又有西域沙門名跋陁，有道業深爲高祖所敬信，詔於少室山陰立少林寺而居之，公給衣供……。

當時並於寺西建舍利塔，塔後造翻經臺譯十地諸經，歸然爲中州名刹。正光中，達摩北來，更於此奠立我國禪宗的基礎。北周建德間斷禁佛教，此寺被廢，至靜帝即位，追薦孝思，又立爲陟岵寺。隋文帝時，賜地百頃，恢復舊稱，然大業末年，旋爲山賊所焚，僅餘一塔。降及唐代，太宗益地四十頃，高宗武后玄宗等相繼施捨功德，復臻隆盛。惟宋金二代，因記錄殘毀，現在僅知道宋宣和間曾建初祖庵大殿，與金泰和六年建六祖殿，興定四年重修面壁庵數事而已。元初，僧福裕承煨燼之餘，興仆起廢，金碧一新，是爲此寺第三次的復興。其後明初創建緊那羅殿。正德六年重修輪藏閣，並建初祖殿玉皇殿甘露殿等等。嘉靖三十二年重修。萬歷十六年，慈聖太后撤伊府殿材，鑿山爲基，建毘盧閣於寺後。巡撫蔡汝楠又構廓然堂。清雍正十三年勅修毘盧閣。乾隆十七年，四十一年，道光九年，光緒十九年，及民國五年，相繼嚴飾。至十七年三月，石友三與樊鍾秀戰於登封，疑寺僧與樊交通，縱兵焚掠，遂舉元構的天王殿，鼓樓，及其北緊那羅殿，六祖殿，三寶殿，藏經閣，庫房，客堂，雜院等，悉付一炬。而達摩面壁石，北齊武平元年造象碑，及歷代詔書墨迹經典五千餘部，亦全部化爲烏有。

此寺在佛教史上，雖然爲禪宗的發源地，然六祖以後，傳燈錄所載的唐宋禪師，卓錫少林者，實在寥寥可數。至元世祖時，命曹洞宗裕福主持此寺，於是禪風重振，稱爲開山第一代祖師，同時會善法王嵩嶽等寺，亦皆隸於曹洞宗之下，故在嵩山一帶，不知有「天下臨濟」一語。

以「見性成佛，不立文字」的禪宗少林寺，在另一方面，又以外家拳術，蜚聲海內，不能不算爲一種奇蹟。然按唐裴漼少林寺碑，隋唐之際，此寺僧衆最初與山賊相抗，後來又有曇宗志操等十三人，率衆禽王世充之侄仁則，以獻太宗，賜爵大將軍，可知少林尙武的風習，其來由已非一朝一夕。元末至正間，寺僧又與紅巾賊抗戰。而明代持住墓塔中或稱「提點」，或題「都提點」，甚至大書特書「都提舉征戰有功某某」者，故相傳明時寺內曾有僧兵五百名云。

少林寺的本院，外建東西二石坊。坊的北面三門，比列中央山門，面闊三間，單簷歇山造。門內甬道兩側，碑碣林立。東側有唐元淳二年武后御製詩碑，及玄宗天寶十年碑各一通，螭首雕刻，均精麗可觀。

甬道北端，存天王殿故基三間，前部月臺平面作半圓形，極不常見。據殿內殘存石礎（圖版貳拾貳戊）與須彌座華文觀之，疑是元代遺構。殿北鐘鼓二樓，分據東西。鐘樓已久毀。其前豐碑矗立，刻唐秦王告少林寺主教，額書「太宗文皇帝御書」，乃玄宗所題。西側的鼓樓，猶存石柱和殘壁，可辨出原爲面闊三間，進深顯四間，內外各施牆壁一層。其外簷石柱所雕人物華文，確是元人作風。

鐘鼓樓之北，舊有東西配殿各一座。東爲緊那羅殿，建於明初，藏北齊武平元年造象碑於內。西側爲六祖殿，殿前簷八角石柱上，鐫銘文一段，知創於金泰和六年公元一二〇六。

許州偃城縣時曲村萬四郎並男管石柱一條，爲報四恩三有平安家眷。

臨潁縣東王曲化木植副會首張璉並妻劉氏施錢拾貫，充殿上用各報義母祖先及法界有情同成佛道。

泰和八年六月日起建。

正北三寶殿爲寺之正殿，據現存堦砌欄楯，知從前規模極爲雄巨圖版貳拾貳己。殿北又有東西廡各二座，東爲庫房，西爲客堂。其北藏經閣，舊藏歷代詔書經典及達摩面壁石於內。殿前立元碑一通，制作甚偉。自天王殿至此，堂殿三重，胥爲石友三所焚。

再北方丈五間，左右以廊屋環抱，自成一廓。自此陟石級，復有小殿三間，榜書大雄寶殿，蓋刼後正殿被燬，權移於此者。殿東面山牆外，嵌金大安元年觀音像一石圖版貳拾叁甲。正北石臺上，列東西配殿，中爲毘盧閣五間。縣志謂建於明嘉靖間，然結構式樣，已經清代改修，決非原物。內部壁面繪五百羅漢，俗傳吳道子手筆，並謂諸像面貌原爲墨圖，年久眉目鬚髮自行現露，直眞囈語。惟此閣爲舊日寺僧習技之所，內部地磚每隔二步，向下凹陷，縱橫成行，不像故意揑造的。

天王殿東側的雜院，亦爲石氏所焚，現唯元明碑記數通，孤立斷垣中。寺西甘露臺，即北魏翻經臺的故址，現亦唯存石基。此外尚有初祖庵，二祖庵，達摩洞，東塔院，西塔院等等，但僅初祖庵大殿與塔院較爲重要。

初祖庵大殿　初祖庵位於寺西北二里小阜上，周圍丘澗環抱，風景幽勝，惜現在庵門與左右廊廡，圍牆及後部千佛閣，張公祠等均已塌毀，僅存大殿與後部二亭，而後者西側一亭，稱達摩面壁庵，顯是清代所構。

大殿面闊三間，進深六架，平面略與正方形相近，插圖四十三。入口設於正面明間，左右次間闢直欞窗各一；惟背面之門係自小窗改建，非原來所有。內外諸柱，皆用石製八角柱。除內部前金柱的位置與山柱一致以外，其後金柱因佛座關係，向後推展約一步架，手法極爲靈活。

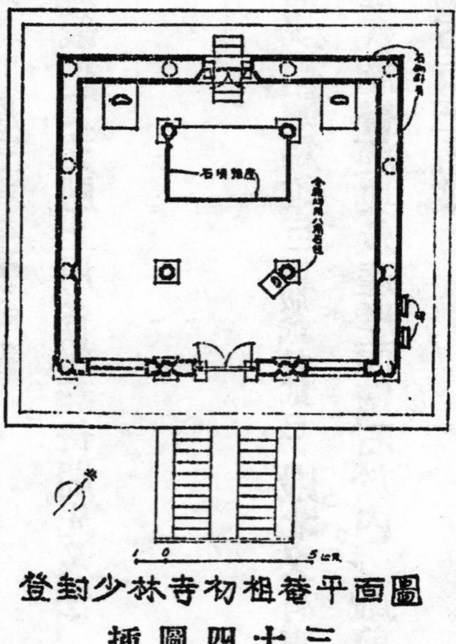

登封少林寺初祖庵平面圖

插圖四十三

在外觀上，圖版貳拾叁乙，此殿的臺基未施雕飾。其正面踏道，在東西二踏步之間，夾入較寬的垂帶石一列，異常特別，也許此種式樣，就是明清殿陛的前身？臺上簷柱，具有很顯著的升起。闌額前端，斫作踏頭形式，其上未施普拍枋。外簷斗栱五鋪作單抄單昂，圖版貳拾叁丁，材栔比例，雖不十分雄大，但在本社已往調查的古建築內，唯此殿斗栱結構，最與營造法式接近。不過屋頂簷椽，瓦飾和門窗等等，迭經修葺，已非舊物。

此殿的外簷斗栱，自關野貞博士介紹以後，凡是留心中國建築的幾乎盡人皆知，不過最重要的，却尚有二事。

(一)柱頭鋪作與轉角鋪作，俱用圓櫨斗，而補間鋪作則用訛角斗圖版貳拾叁丙。

(二)令栱的位置，比第一跳的慢栱稍低插圖四十四。

以上二項，恰與營造法式符合，而為本社已往調查的木構物所未見。

查此殿東側前金柱上有銘刻一段：

廣南東路韶州仁化縣潼陽鄉烏珠經塘村居士□佛男弟子劉善恭，僅施此柱一條，回向眞如實際無上佛果菩提，四恩摠報，三有齊資，願善恭同一切有情，早圓佛果，大宋宣和七年佛成道日焚香書。

知其建造年代，屬於北宋徽宗宣和七年公元一一二五，而李明仲營造法式成於元符三年公元一一〇〇，二者相較，僅僅只差二十五年，並且在地理上登封與開封相距甚近，所以能夠符合如此。

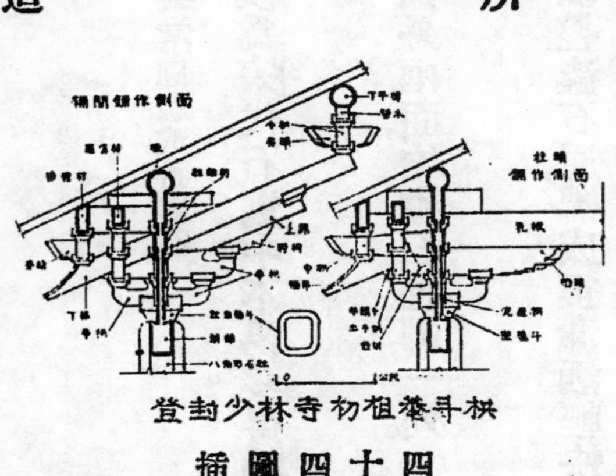

登封少林寺初祖菴斗栱

插圖四十四

明間梁架在南面簷柱與前金柱之間施乳栿與搭牽。前金柱以北部分施四椽栿，直達北側的簷柱上。其上再施三椽栿與平梁圖版貳拾肆甲，南端揷入前金柱上部的童柱內，亦屬創見。不過依木材解割形狀觀察，此殿梁架已經後人抽換過多次了。

關於雕飾方面此殿有四種極可珍貴的遺物；

(一)簷柱表面所雕卷草式荷渠內雜飾人物飛禽樂隊精美異常圖版貳拾肆乙。

(二)殿內金柱上，各浮雕神王一軀，上刻盤龍及飛仙健勁古樸，爲宋代石刻中不易多得的精品圖版貳拾肆丙。

(三)東西北三面壁體下部與西方建築Skirting相當的部分內外兩面均砌石護脚一列，石的表面鐫刻很秀逸的雲水，龍，魚，佛像，建築物等等圖版貳拾肆丁。

(四)明間佛座下的龜脚，爲現存宋代最罕貴的孤例。其上以疊澁石層構成很瀟洒輕快的外形。束腰部分鐫刻秀麗流暢的卷草文但四角所飾力神現已毀壞圖版貳拾肆戊。

墓塔：　此寺東塔院僅存墓塔二基其餘皆集中於西塔院內。除去雷同重複或時代過近不足供歷史參考者外，茲將式樣上或局部結構手法上比較特別的例，列舉如後。

塔名	平面	式樣	年代　（公元）	圖版
同光禪師塔	正方形	單層單簷式	唐代宗大曆六年（七七一）	貳拾伍乙

36396

法玩禪師塔	正方形	單層單簷式	唐德宗貞元七年(七九一)	貳拾伍丙
無名塔	正方形	單層多簷式	唐?	貳拾伍甲
行鈞禪師塔	正方形	單層單簷式	五代後唐莊宗同光四年(九二六)	貳拾伍丁
普通塔	正方形	單層多簷式	宋徽宗宣和三年(一一二一)	貳拾伍戊
西堂老師塔	正方形	單層多簷式	金海陵王正隆二年(一一五七)	貳拾伍己
端禪師塔	正方形	單層單簷式	金世宗大定八年(一一六八)	貳拾伍庚
海公塔	六角形	單層多簷式	金世宗大定十九年(一一七九)	貳拾陸甲
崇公禪師塔	正方形	多層式	金紹衛王大安元年(一二〇九)	貳拾陸乙
衍公長老窣堵波	圓形	窣堵波式	金宣宗貞祐三年(一二一五)	貳拾陸丙
鑄公禪師塔	圓形	窣堵波式	金哀宗正大元年(一二二四)	貳拾陸丁
悟公禪師塔	正方形	單層多簷式	金?	貳拾陸戊
定公塔	正方形	單層多簷式	元世祖至元二十四年(一二八七)	貳拾陸己
還元長老塔	八角形	經幢式	元武宗至大四年(一三一一)	貳拾陸庚
慶公塔	圓形	喇嘛塔式	元仁宗延祐五年(一三一八)	貳拾柒甲
古巖禪師塔	圓形	喇嘛塔式	元仁宗延祐五年(一三一八)	貳拾柒丙
資公塔	正方形	單層多簷式	元仁宗延祐五年(一三一八)	貳拾柒乙
聚公塔	正方形	單層多簷式	元泰定帝泰定三年(一三二六)	

鳳林禪師塔	六角形	單層多簷式	元順帝至正六年（一三四六）	貳拾柒戊
月巖長老塔	圓形	喇嘛塔式	元？	貳拾柒丁
萬公和尚塔	圓形	喇嘛塔式	明世宗嘉靖四十年（一五六一）	貳拾柒己
書公禪師塔	圓形	喇嘛塔式	明穆宗隆慶六年（一五七二）	貳拾柒庚
坦然和尚塔	圓形	喇嘛塔式	明神宗萬曆八年（一五八〇）	貳拾柒辛

前列墓塔中採用正方形平面的數量最多：不但唐與五代北宋如是，卽金元以後下迄明清，亦占據相當數目。六角形墓塔當以金大定十九年海公塔爲國內此式塔中年代最早的一個，但自此以後此種平面逐漸增加，至清代竟比方塔還多。圓形平面的大都限於窣堵波式或喇嘛式塔。在時間上前者僅見於金，後者見於元明，而清代則極少發見。八角形平面僅有元還元長老塔一處。

此寺墓塔的外觀，在唐與五代，採用單層單簷式的占據多數（圖版貳拾伍乙丙丁），至北宋以後，才漸漸爲單層多簷式所侵奪。不過宋元之間出簷數目，以二層或三層居多（圖版貳拾伍戊己，貳拾陸戊己貳拾柒乙），明清二代則五層以上者幾成爲極普通的式樣。眞正的多層塔極少（圖版貳拾陸乙）。

窣堵波式塔僅見於金代（圖版貳拾陸丙丁）。喇嘛式塔雖盛行於元明二代，但元代者塔身過於高聳（圖版貳拾柒甲），且往往琢成鐘的形式（圖版貳拾柒丙丁），至明以後，才有少數比較正確的形體出現（圖版貳拾柒己庚辛）。經幢式墓塔此寺只有一例（圖版貳拾陸庚）。

墓塔的局部式樣極富變化，決非本文篇幅所能容納，現在僅將基座，門，窗，斗栱四部分擇要介紹如後。

基座結構在唐代宗大歷六年建造的同光禪師塔，已雕有壼門式裝飾圖版貳拾捌甲，乃國內磚塔中最重要的證物。至五代行鈞禪師塔又在各壼門之間，加飾間柱圖版貳拾捌乙。北宋以後，此部的雕刻更爲繁褥圖版貳拾玖丁，所以著者很疑心遼宋木構式或單層多簷式磚石塔下部的臺基平座，欄干等等，係自此種簡單基座演繹發達的。

門的式樣大都模仿木建築的結構。最早的唐法玩禪師塔，除門砧，門釘，鋪首以外，兩側并雕刻金剛各一尊圖版貳拾捌丙。此式之門，在金元墓塔中，仍可發見，但可注意的：

（甲）門釘的數目，無論縱橫雙方，均極自由，無清代僅用奇數的習慣圖版貳拾捌丁，戊，己。

（乙）門攢的數目，在本社已往調查的遼宋遺物中，均爲二具，惟此寺金正隆二年西堂老師塔與元泰定三年聚公塔，增爲四具圖版貳拾捌戊，己，足證金代的門攢數目，已與明清相等。惟其時位於兩側者，雖作正方形，可是中央二具，或作菱形，或作圓形，未能劃一，也許是一種過渡時代的作風。

門扉式樣除前述雕有門釘者外，尙有模仿槅扇形式，或在槅扇之上，再加横披一層圖版貳拾玖甲，乙，丙。槅扇的數目，以二扇居多。其羣版和絛環版的華文，當以元順帝至正六年鳳林禪師塔圖版貳拾玖丙，比較與明代遺物接近。

墓塔兩側浮雕窗形的雖始於北宋但此寺遺物則以金代爲最早。窗欞式樣，大體可分爲直欞窗與幾何形華文二種圖版貳拾陸戊貳拾玖丁。

簷端斗栱有二種特別證物。

（甲）唐代無名塔的第一層疊澁簷下用土紅繪出額杜斗栱與人字形栱圖版貳拾玖戊，其中人字栱的形範完全與會善寺淨藏禪師塔符合。不過自唐以來歷時千有餘年，暴露風雨中的土紅刷飾決難維持如是悠久的壽命而五代以後此式斗栱久已絕跡又不似後人所能憑空揑造的。也許此塔修理時曾依照舊時留下的痕迹重新描繪，亦未可知。

（乙）元延祐五年公元一三一八資公塔的令栱兩端具有斜面圖版貳拾玖己，與現存河北省南部及山東河南山西諸省的木建築手法絲毫無異。依建築常例來說木構物的式樣反映到磚石二種材料時其式樣必早已普及。故此種卷殺方法產生在元中葉以前是無可疑問的。

登封縣　告成鎭周公廟

告成鎭在登封縣東南三十里，古稱陽城縣，隋書天文志載周公測晷景於陽城參考曆紀，卽是此處。周公廟在鎭北二里外爲大門三間。次戟門，皮明清碑碣多通。其北甬道西側，有雜

河南登封告成鎮觀星臺

中國營造學社測繪　民國廿五年六月實測　廿六年一月製圖

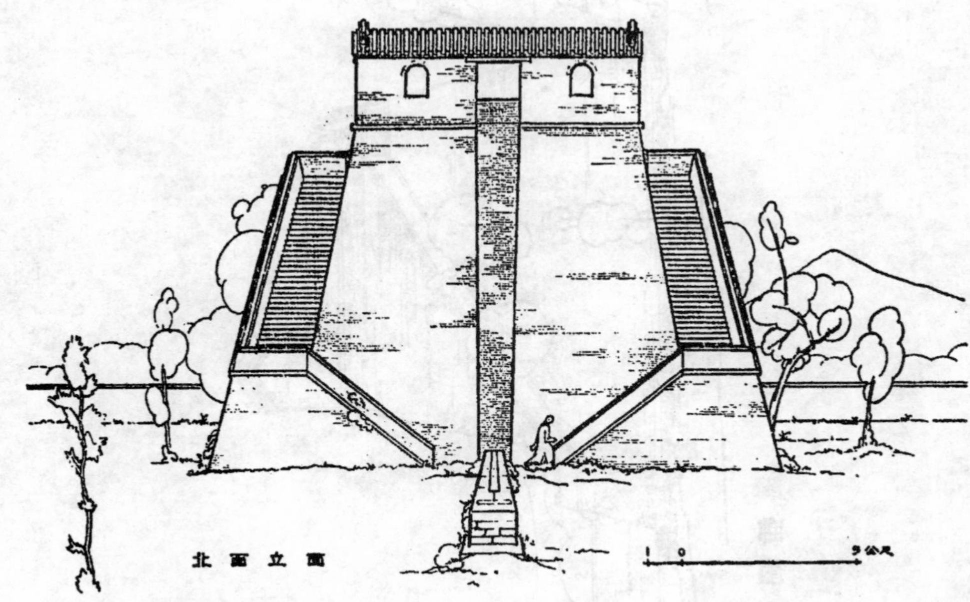

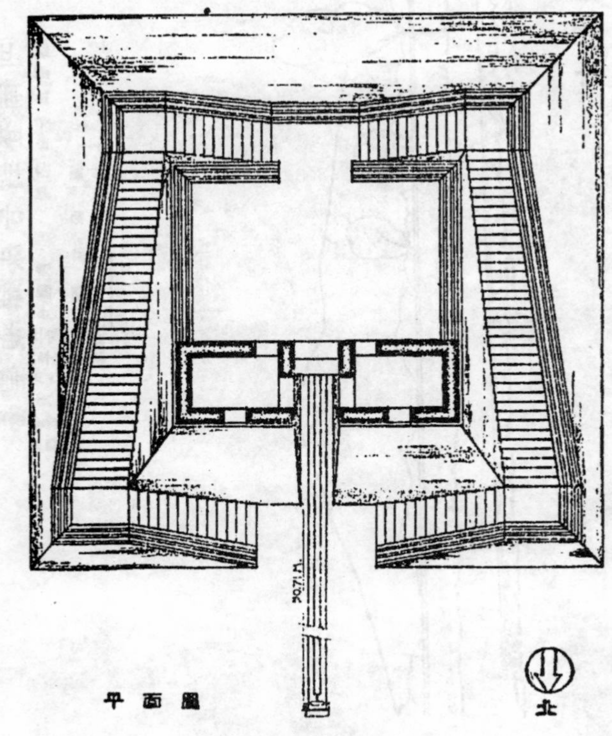

插圖四十五

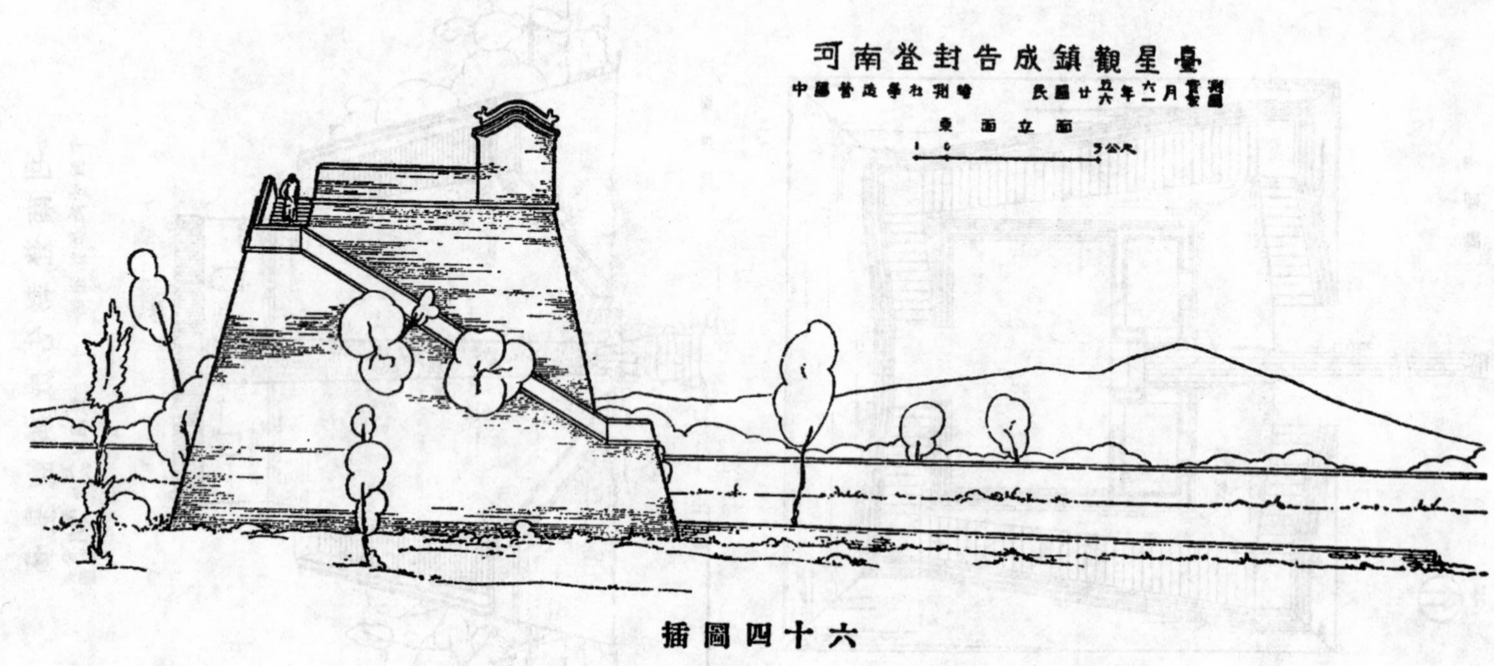

插圖四十六

屋三間。道中央有石臺一座，下廣上削，其上建立石柱，題「周公測景臺」五字圖版叁拾甲。其北大殿面闊亦僅三間，惟進深以兩捲相連，前爲拜庭，後奉周公像，較戟門稍爲崇大。

自大殿繞至廟後，復有磚臺一座，與大殿同位於南北中綫上圖版叁拾乙。臺高三丈餘，堦砌盤環，形制奇偉，鄉人稱爲觀星臺，然實即元史天文志所載的圭表。臺北石圭北指，其北復有盝斯殿圖版叁拾丁，式樣結構與大殿類似。

廟中木建築大都成於近代，因陋就簡，無足紀述，惟測景觀星二臺，關係我國天文沿革，極爲重要，而尤以後者結構雄奇，爲國內磚構物中極罕貴的遺物。

測景臺 此臺結構分上下二部圖版叁拾甲。下部石座以巨石二塊拼合，底部東西廣一・九公尺，南北深一・七公尺，非正方形。臺高一・九八公尺。上緣每面收成〇・八九公尺，約爲底闊二分之一。

石臺上，立石柱，廣〇・四五公尺，深〇・二一公尺，至頂冠以石蓋，較柱面挑出少許；四角復向上反翹，琢成歇山屋頂形狀。柱高一・九八公尺，與下部之座同一高度。

臺的結構，如上所述，異常簡單，然究其形制，實導源於我國古代的「土圭」制度。所謂「土圭」，乃周官大司徒用以求地中與推驗四時氣節的工具。「地中」的意義，周官釋之曰「日至之景，尺有五寸，謂之地中」。蓋謂夏至之日，設「土圭」，長尺有五寸，而於南端立八尺之表，其影適與『土圭』相等，求之國內，僅僅只有陽城一處，故定爲『地中』。依此類推，其餘各處亦得因日影長短，求經緯度與道里的遠近。漢儒張衡鄭玄等都深信此說，故鄭氏注周官曰『日景於地千里而差一寸。』然自隋劉焯首辨其謬，至唐開元十二年太史監南宮說自滑州白馬往南，經汴州許州至豫州上蔡武津，計其道里，測其夏至景長，證鄭氏所注毫不足據。故唐以後『土圭』的主要用途，僅依日景長短，推驗冬至與夏至而已。

陽城『地中』之說，自開元以後雖已破除，然當時固猶用爲測景的地點。現存測景臺，據新唐書地理志河南府陽城條『邑有測景臺，開元十一年詔太史監南宮說刻石表焉』，著者很疑心卽是當時所建。今以遺物證之，吳大徵權衡度量實驗考所載的開元尺，雖非絕對可信，然以之度前述高一·九八公尺，竟與八尺之表相近。可證唐代的『土圭』，仍用鄭玄所稱八尺的比例，而此臺自創建後，雖經後世修治，其高低尺度，還大體保存舊觀，無可疑問。

觀星臺 臺的平面配置，可別爲二部分：一卽臺之本體，一爲盤旋擁簇的踏道圖版叁拾乙。據實測結果，此臺連踏道在內，東西廣一六·八八公尺，南北深一六·七公尺，略與正方形相近插圖四十五。

臺的北面，設有踏道上口二處，東西相向，取對稱形式。自此折而向南，經臺的東西二面，轉至南側相會插圖四十五。在結構上，此踏道具有擁壁(Retaining wall)同樣的意義，而在外觀上，尤能助長臺的美觀圖版叁拾乙丙。

此臺壁體除去北側安設銅表的直漕以外，其餘各處皆具有比例尺較大的「收分」。按宋代城壁的「收分」見於李明仲營造法式中的，爲城高百分之二十五，而此臺南面之壁高一〇·四九公尺，上部收進二·六一公尺，約爲壁高百分之二四·八八。二者相較，相差極微，足窺此臺的建造年代離宋代不遠。又牆面所用之磚薄而且長，亦不類明以後物。

臺上面積，東西廣八·一六公尺，南北深七·八二公尺，亦與正方形相近插圖四十五。其南面及東西二面之一部，均繞以磚欄；惟北部依臺之外緣，加建捲棚式瓦屋三間。依磚之形狀尺寸觀之，瓦屋的年代顯然較晚。

上述瓦屋的明間，爲直漕寬度所制限，故其面闊反較左右次間稍窄插圖四十七。直漕之下，建有石圭。明王士性游梁記稱此石圭爲量天尺，并謂其上刻有周尺一百二十尺，但現存石圭長三〇·七一公尺，寬〇·五三公尺，表面敷砌石版三十五枚，并未鏤刻尺度，疑王氏所紀有誤，否則此石版必經後世掉換矣。又石圭原應保持絕對水平狀態，且與直漕中的銅表維持直角關係，但其一部現已破裂走動，并非原狀圖版叁拾丁。

臺的用途，求諸典籍，知仍由古代「土圭」所演進，不過它的規模較巨，設備亦較爲精密而已。案「土圭」之法，表高八尺，夏至之影僅長尺餘，欲求測度時獲得精密結果，殆不可能，故元郭守敬易爲四丈的長表。其制見元史天文志圭表條。

> 圭表以石爲之，長一百二十八尺，廣四尺五寸，厚一尺四寸，座高二尺六寸。南北兩端爲池，圓徑二尺五寸，深二寸……兩旁相去一寸爲永渠，深廣各一寸，與南北兩池相灌通以取平。表長五十尺，廣二尺四寸，厚減廣之半。植於圭之南端圭石座中。入地及座中一丈四尺。上高三十六尺。其端兩旁爲二龍，半身附表上擎橫梁。自梁心至表巔四尺。下屬圭面共爲四十尺。

所述石圭取平的方法，曾見隋書天文志梁天監中祖暅所製的銅表，至郭氏乃更擴而大之。今以元史與此臺相較，其石圭制度竟髣髴相類，而高平子先生算定的元尺，每尺等於〇·二三九公尺，以之除石圭之長三〇·七一公尺，得一百二十八尺四寸九分，亦能大體符合。惟元史孤立之表，此則易爲石圭，乃其相差最甚的一點。考現存臺上瓦屋與直漕南測的矮牆，顯係後人增修，與測景毫無關係。其自石圭表面至臺面的高度，計八·四三公尺，合元尺三十五尺二寸六分。無論當時於石圭南端，依附直漕樹立四十尺之長表，其表端景符，固可露出臺面以上，卽於臺的北緣直接裝置景符，使其與圭面的高度恰成四十尺，亦可與元史所載長表，收同等功效。

雖然，孤立之表，易爲直漕，其故又將安在？據箸者的推測，元史的長表，孤立圭端，易受撼動，恐不能永久與石圭維持直角的關係，故其爲此，殆爲事實上必然的要求。除此以外，余尤疑曾

受西域天文設備的暗示。(同書西域儀象條載:

魯哈麻亦木思塔餘漢言冬夏至晷影堂也。爲屋五間,屋下爲坎,深二丈二尺,脊開一罅,以直通日晷。隨罅立壁,附壁懸銅尺,長一丈六尺。壁仰畫天度,半規其尺,亦可往來。規運直望漏屋晷影,以定冬夏二至。)

前文所述的晷影堂懸銅尺於壁上,以測晷影,實與此臺的直漕同一功用,所異者,一掘地爲坎,一建於地上面耳。

此臺自建造以後,據石圭西側的銘刻,明嘉靖二十一年曾予一度修理,其文如次:

大明嘉靖二十一年孟冬重修。監工義官□□醫生□□老人劉和□□。

案明史天文志載洪武十八年設觀象臺於南京雞鳴山;正統三年,始取木樣,另於北京鑄渾天儀與簡儀。(正德間,漏刻博士朱裕請於陽城考察舊立土圭,以合日晷,事未果行,至嘉靖七年,始立四丈木表於北京。)然則前述修理紀錄,也許與此事不無關係?所可異者,明清諸碑俱稱此臺爲觀星臺,而景日昣潘耒諸人箸作,并謂直漕之上原有懸壺滴漏,承以水道,視其所至,以定時分,尤屬揣度之辭,去創作原意相差不可以道里計也。

登封縣 西劉碑村碑樓寺

自登封縣城東南經告成鎮，沿石淙河東行十里至西劉碑村。村的東北角上有碑樓寺，內藏北齊天保八年公元五五七造象碑一通，說嵩謂『碑上置樓奉佛像』，所以稱爲碑樓寺。寺中遺物，除北齊碑以外，還有唐開元十年公元七二二建造的石塔和宋崇寧元年公元一一〇二石幢一基，可以推測此寺在唐宋二代規模定然不小。不過據明嘉靖五年及清雍正乾隆諸碑，自明以後，此寺已逐漸趨向沒落的塗徑，至去歲著者等調查時，僅留下殘破不堪的山門三間，正殿三間，和附屬雜屋數棟而已。

北齊碑　此碑現藏於北面正殿內，自基座至頂，約高四公尺。下部基座平面作長方形，每面雕刻佛龕，其上飾蓮瓣一層，然後安置碑身。所有佛龕皆左右銜接，如連續的發券（Arcade）而護法諸像，踞坐龕內，兩足分張，也不是常見的姿勢。龕內外所鐫蓮花文樣圖版叁拾壹丁，與北響堂山石刻極相類似。

碑身正面圖版叁拾壹甲，刻佛龕三行，而以位於中央的一龕面積較大。龕上飾以幃幕及枝柯交紐的樹。龕內佛像面貌現已毀壞。上部螭首姿態雄勁，堪稱絕作，而平淺的刀法，尤爲當時石刻的特徵。題額處亦雕佛像一龕。

背面在螭首下，雕佛像二列，其下刻銘文一段圖版叁拾壹乙。

碑側所雕螭龍與雲氣文圖版叁拾壹丙，顯然秉承漢式的衣鉢，惟構圖描綫，均不及樂浪漢漆器的秀逸。

唐開元石塔　此塔位於山門內西側圖版叁拾貳甲。下部須彌座，僅用極簡單的疊澁和平坦的束腰合構而成。須彌座上施俯蓮，安置塔身。正面雕出門栱和左右金剛。門內小室作梯形平面插圖四十七上，上部覆以發券式天頂，極爲罕見。其上再施疊澁式出簷五層。各層出簷上，在塔身每面中央，鐫刻佛龕一區。雖然全體形範，爲當時極通行的單層多簷式塔，但局部手法所表示的特徵，却相當重要，而且塔身上刻有「開元十年九月廿三日」銘記一行，其年代也異常確實。

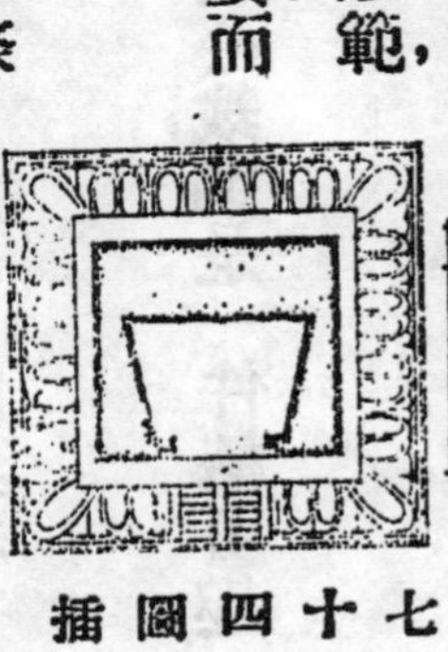

插圖四十七

(一)此塔須彌座上正對門栱處，雕刻踏道二列，其間揷入垂帶石一條插圖四十七，很像合併古代的東西二塔於一處。其後宋宣和七年建造的少林寺初祖庵大殿，並將此垂帶石加寬插圖四十三，除去表面未曾施有雕刻以外，幾與明清二代的殿陛並無差別。也許殿陛的起原，即由此演變而成。

(二)各層出簷下部仍然使用疊澁石層向外挑出，但其外緣已微微向上反翹，並在斷面上做出向下凹陷的反曲綫圖版叁拾貳甲，足證唐代中葉此式塔的出簷結構，已經開始接受我國木建築的影響了。

密縣 法海寺塔

法海寺在密縣城內西大街之北，自北宋咸平間創建以來，爲當地著名的佛寺，可是寺中建築，除尚存單層多簷式石塔一座及後部少數堂殿外，其餘都已變成廢墟了。

此塔建於宋眞宗咸平二年公元九九九，其經過見嘉慶縣志宋張哲所撰的法海石塔記：

……密邑法海院上首帝天二年二月五日夜，有籍人安南郡仇知訓者□鄉中自算造石塔，既覺遂棄已財，洎旁誘郡好，共果厥勢。凡繩準高下規模洪促，即山以探索良珉，發地以斸……即奇勢皆自知訓襟臆，出所構匠氏但備磨刻而已。二年四月二日□蓮經七以圍其軀，金像十四以實其處……咸平四年七月十五日記。

文中所述造塔的原由，雖然稍涉誕怪，但塔之繩準高下，都出自仇知訓的心裁，倒是一件極可趣的事。

塔平面作正方形。外觀分爲九層，每層皆施瓦葺式出簷，但第一層塔身較高，在式樣上應隸屬於單層多簷式塔之內圖版叁拾貳乙。塔的高度自地面至剎頂，計一三·〇八公尺。

下部臺基被土掩埋一部，其露出者以磚包砌，當是後人所加。臺基上施仰覆蓮瓣各一層。其上塔身，闢八角形小室一間。室內壁面上所雕佛像華紋，均係陰刻，至頂收爲四角形。塔身外部，遍刻法華經經文。其上闌額微微挑出壁面外，上施斗栱一跳，卷殺比例，異常惡劣，而榱簷枋與簷椽飛子，均過於局矮，足窺製作此塔的匠工，對於木建築的詳部結構，並無深刻的研究圖版叁拾貳丁。但是簷端反翹的形式，與瓦隴瓦當戧脊及其他附屬裝飾則又權衡精確與實物無異。

自此以上，僅第二層至第五層，每面施圓券門一處。而第三層外部施勾闌欒繞，與第五第八兩層用蓮瓣承托，都不與其他各層符合，這也許就是「所構匠氏但備磨刻」的結果？勾欄的式樣，極與營造法式卷三所述的單勾欄類似圖版叁拾貳丙，不過地栿直接置於出簷戧脊之上，不能算為平坐。這當然是平坐結構未產生以前的制度，流傳於後世者。

剎的結構，以山文代替覆缽，最為奇特圖版叁拾貳乙。其上施外輪綫微微瞰出的相輪九層，相輪之上再加傘形的寶蓋，俱與河南武陟縣五代後周顯德元年公元九五四建造的妙樂寺塔同一形態。再上施仰覆蓮各一層，承托寶頂。寶頂略如桃形，而頂部特別高聳，浮雕龍雲，殊不常見。

元大都寺觀廟宇建置沿革表

王璧文

元人佞佛，琳宇之勝，遍於天下，自奠基大都今北平以來，營建之勝，尤裴然可觀。著者於編訂元大都考之餘，於其嬗遞因革，不殫考究而稽之典籍，猶往往可徵，爰將所收互相鉤稽，案其年月先後，輯成此表，以備研究大都寺觀建置沿革者之參攷。唯本表既以元代爲主，凡所著錄，胥以當時所創，或經其大規模重建及修治者爲限。例如當時所創之大崇國寺今護國寺，大聖壽萬安寺今妙應寺，天慶寺，東嶽仁聖宮今東嶽廟，城隍廟今都城隍廟，白雲觀諸寺，與重修之慶壽寺今雙塔寺等，迄今遺址猶存，雖其中建置類經明清改作，而據此亦足窺勝時規模之大概也。至於遼金所創諸寺，在元以前而又無重修紀載可徵者，雖有可考，亦不附焉。

名稱	位置	建置或重修年月	備注
長春宮	金中都燕城會僊坊（或云在白雲觀西）	太祖二一年重修 成宗元貞二年再修	陶宗儀輟耕錄卷一〇丘眞人　大宗師長春眞人姓丘氏，名處機，字通密，號長春子。登州棲霞縣濱都里人也……年十九，辭親居崑崙山，依道者脩眞。丁亥，謁重陽全眞開化王眞君於海寧，請爲弟子……貞祐乙亥，太祖平燕城，金主奔汴……己卯居萊州……是年五月，太祖自乃蠻國遣近侍劉仲祿持一手詔致聘，……壬午三月，過鐵門關，四月，達行在所……設二帳於御幄之東以居之……至九月，設庭燎虛前席，延問至道。眞人大略答以節慾保躬，天道好生惡殺，治尙無爲淸淨之理。上悅，命左史書諸策。癸未乞東還，賜號神仙，爵大宗師，掌管天下道教。甲申三月，至燕。八月，奉旨居太極宮。丁亥五月，特改太極爲長春。 王國維長春眞人西遊記注下　師自受行省衆官疏以來，閔天長之聖位，殿閣常住，堂宇皆上穎下圮，至於牆戶階砌，燬撤殆盡。乃命其徒日益脩葺，罅漏者補之，傾斜者正之，斷手於丙戌，皆一新之。又創建寮舍四十餘間，不假外緣，皆常住自給也。丁亥……五月二十有五日，道人王志明至自秦州，傳旨（案是歲春太祖自西夏入金境，故王志明自秦州來傳旨也）改北宮仙島爲萬安宮，天長觀爲長春宮。 元文類卷二二姚燧長春宮碑銘　惟是太祖格天之年，丁亥夏五，詔因其號易所居太極爲長春宮。 虞集道園學古錄卷五遊長春宮詩序　國朝初作大都於燕京北東，大遷民實之，燕城廢。惟浮圖老子之宮得不燬，亦其侈麗瑰瑋，有足以悉依而自久。是故迨今二十餘年，京師民物日以阜繁，而歲時遊觀尤以故城爲盛。獨所謂長春宮者，壓城西北隅，幽迥亢絕，游者或未必窮其趣，而幽人奇士樂於臨眺，往往得徵乎其間。 順天府志（永樂大典輯佚本）　天長觀在舊城昊天寺之東會僊坊。析津志：在南城歸義寺南。 日下舊聞考卷九四引元一統志王鶚重修天長觀碑略　燕京之會仙坊有觀曰天長，其來舊矣，肇基於唐之開元，復於咸通七年，及遼摧圮。金大定初增修，泰和壬戌正月望日焚毁殆盡。貞祐南遷，止餘石像，觀額風雨所剝，委荊榛者有年。聖代龍興，元風大振，長春應命還，命盤山棲雲子王志謹上領興建。垂二十年，建正殿五間，裝石像於其中，方丈廬室，舍館廚庫，煥然一新，凡舊址之存者罔不畢具。 同書引泊庵集梁潛同遊長春宮遺址詩序　長春宮在北京城西南十里金故城中白雲觀之西也，元方士

			邱眞人者，與其徒嘗居於此。當是時琳宮秘宇，儗于王者，今其宮既毀，獨其遺址存。 同書案語　元一統志天長觀在舊城內，有唐再修天長觀碑，節度衙推劉九霄撰，咸通七年四月，道士李知仁重事。金明昌三年重建。元元貞二年重修，有翰林承旨王鶚所撰碑銘。查明一統志不載，則明時已廢。
玉虛觀	中都舊城仙露坊	太祖二二年重葺 睿宗監國元年又葺	順天府志（永樂大典輯佚本）　玉虛觀在舊城仙露坊……國朝至元七年建玉虛觀大道祖師傳授之碑，參知政事楊果譔，商挺書。初祖卽劉德仁，無憂子，金大定間，號東嶽先生，救病不用藥，仰面視天而疾無不愈。傳之二祖陳正諭大通子。明昌庚戌，傳道與三祖張信眞希夷子。四祖毛希琮號純陽子，復得希夷子之傳，丁亥，葺玉虛觀以居之。戊子，乃立李希安爲五祖，號滋然子，修葺琳宇，粧嚴聖像，奐然一新。歲在辛丑，被徵命，辭老不起，憲宗皇帝以法服賜之。乙卯年，世祖皇帝在王邸，聞其道行，賜以眞人之號。中統二年，命之掌管大道。至元三年羽化。河間莫州人劉有明，號崇玄子，傳其道，是爲六祖。是年冬，璽書授崇玄體道暢惠眞人碑記，乃至元七年正月，中書左丞相史天澤立石。
明遠庵	中都舊城開陽坊	太祖二二年建	順天府志（永樂大典輯佚本）　明遠庵，燕京金故宮東南有坊曰開陽坊，街之北有庵曰明遠，乃全眞女冠希明大師劉慧炳，玄明大師李慧體，創始營成，濱口二州長春萬公興建之力，起於丁亥，成於壬子。太上殿宇，及雲堂廚房，散舍，隨分完備。希明玄明二師，俱西京人，拜玄都至道披雲眞人爲師，長春大宗師賜庵名曰明遠，蓋有取於光明遠及之義。癸丑年九月望日，太原李鼎爲記敘其事。實差濱口二州長官兼提點監司事萬執中母太夫人唐氏同立石。
洞眞觀	中都舊城奉僊坊	太宗元年建	順天府志（永樂大典輯佚本）　洞眞觀，按舊紀：燕京奉僊坊，而街而北，有觀曰洞眞，乃施主劉巽道之別業，以己丑歲改爲道院，淸眞大師同塵子李志柔創建。志柔亦長春丘仙翁之所點化者，有行實碑紀其事。
淸逸觀	中都舊城廣陽坊（或云在周橋之西延慶寺之西北）	太宗四年建	順天府志（永樂大典輯佚本）　淸逸觀，創建碑商挺譔，至元二十四年立石。略曰：其本末自己卯歲，長春丘僊來自海上，應太祖皇帝之聘，越金山而入西域，弟子從行者十八人，各有科品，琴香科則冲和眞人潘公也。長春既居燕，潘公乃擇勝地以爲長春別館。壬辰歲，廣陽坊有民貨居，潘公往相焉。曰，土厚木茂，幽淸之氣鬱然，眞道宮也，遂捐金得之。建正殿，翼左右二室，以居天尊，仍築琴臺於殿之陰。落成

			之日，清和眞人以清逸名之。潘公諱德冲，字仲和，齊東人，號玄都廣道冲和眞人。析津志：在周橋之西，延慶寺之西北。又云：在南城廣陽，有創建碑，商挺左山譔。
玄禧觀	中都舊城開遠坊	太宗七年建	順天府志（永樂大典輯佚本）玄禧觀，長春宮之南，有觀曰玄禧，昔開遠坊李忠道，濟菴，逃長春眞人堂于此，以奉香火。甲午夏，忠道以地歸之眞常李公。乙未秋，道衆雲集，觀始創建，眞常公名以玄禧。北平王粹記其本末云。
藥師寺	中都舊城永平坊	太宗時建	順天府志（永樂大典輯佚本）藥師寺，林泉老衲從倫爲藥師寺撰記，至元十一年甲戌歲孟冬也。述其創寺之原，有比丘尼德秀者，於壬辰春趨燕，初寓淨垢禪林，七經寒暑，於永平坊修梵剎，不數年增廣構營莊嚴，無不具足。
清眞觀	中都舊城奉先坊	太宗后聽政元年建	順天府志（永樂大典輯佚本）清眞觀，廣殿虛妙寂照眞人何守夷，受業於長春主教眞人丘公，壬寅歲始爲清眞於京師奉先坊爲祈福地。析津志：觀在南城奉仙坊。
固本觀	中都舊城開遠坊（或云長春宮之南）	太宗后聽政二年建	順天府志（永樂大典輯佚本）固本觀，創於清眞散人李鍊師守微者，始自癸卯歲，得地中都開遠坊，後請名于長春大宗師曰固本。至元四年，太華洞玄子史志經爲紀其本末立石。析津志：在長春宮之南，又云，在南城開遠坊。
眞元觀	中都舊城廣陽坊（或云文明門外）	定宗二年建	順天府志（永樂大典輯佚本）眞元觀，按舊記編修蒲道源所述：全眞之道，自國朝龍飛燕造，長春子應詔北庭，而其教始興。舊都城廣陽坊故孝靖宮，乃金世宗嬪御老而無子者之所居，自經變故，屋宇榛蕪。樓雲王眞人命李志方度材用工，極力三十年，正殿，齋堂，方丈，廚舍，碾房，疏圃罔不畢備。志方，沃州人，禮樓雲王公，師其道。歲丁未，普度天下道流，飛舄來燕。暇日過此地，樓雲曰：此雖瓦礫之場，實是祈福之地，因建爲觀，名曰眞元。析津志：在文明門外有江東大王祠，近河西北岸，有滕城所作碑。
薦福寺	中都舊城歸厚坊（或云藥師寺西）	憲宗元年建八年成	順天府志（永樂大典輯佚本）薦福寺在舊城歸厚坊，建於遼，後以兵革廢。元朝辛亥歲，蹤公長老興修，戊午落成，己未立碑。析津志：在藥師寺西。
海雲禪寺		憲宗二年重建	順天府志（永樂大典輯佚本）海雲禪寺，佛日圓明大宗師海雲年十九，開堂於慶壽祖庭之興國，厥後三住慶壽，偏歷諸剎。歲次辛丑，燕京齊濟院僧衆舉寺以施於師曰：此剎始立於金天會七年，至大定二

			年賜是名，其地爽塏幽僻，非師居之不可。元朝壬子春，師舉衣鉢，命庵主覺文等戮力興修，殿宇宏麗，金碧輝映，爲諸剎冠，以師之道號曰海雲，賜爲寺額。……戊午歲五月望，可庵智朗立石。
大開泰寺	中都舊城昊天寺西北	憲宗二年重建	順天府志（永樂大典輯佚本）大開泰寺在昊天寺之西北。寺之故基，遼統軍鄴王宅也，始於樞密使魏王所置，賜名聖壽，作十方大道場。聖宗開泰六年，改名開泰……至金國又增之，礱址磅礴，湧出庭甸。厥後毀於兵塵，獨存大殿。壬子春，海雲諸大老請雲山珍公開堂演法，遂爲此寺之五伏祖。憲宗皇帝深加崇重，賜以金帛，常有異恩。雲山負衛興建，蟲類翟露，昔爲土壤，今爲金碧，昔爲蕪閑，今爲翬飛，眞叢林選佛之場，衲子棲禪之地也。
玉眞觀	中都舊城開遠坊	憲宗七年建	順天府志（永樂大典輯佚本）玉眞觀，女冠，梁慧眞，世將陵人，丙午歲，謁眞常眞人于萬壽宮，授以法名，戒律精嚴。丁巳，來燕，於開遠坊買地創建道舍，以事玄元，請于掌教者，額以玉眞。至元七年立石紀銘，翰林待制孟攀鱗爲文云。
紫金寺	中都舊城北開遠坊（或云彰儀門內）	世祖中統二年建	順天府志（永樂大典輯佚本）紫金寺在舊城北開遠坊，元朝中統二年興修。析津志：在彰儀門內，慶壽寺支院。
報恩寺（方長老寺）	大都齊化門內太廟西北（或云在南城嘉會坊萬壽寺西）	世祖中統四年修	順天府志（永樂大典輯佚本）報恩寺，案中統四年重修寺紀：創建於金，爲宮人祝髮之所。比丘尼□然自汴來燕，主此寺，志節眞淳，道韻嚴冷……析津志：在齊化門太廟西北，太子影堂在內，俗名方長老寺。又云：在南城嘉會坊之萬壽寺西，先爲報恩精舍，有金朝圓通全行大師碑。
下生寺	中都舊城仙露坊	世祖中統初建	順天府志（永樂大典輯佚本）下生寺在舊城仙露坊，本舊剎也，元朝中統初名殿額曰彌勒，壇主圓悟通辯大師比丘尼志果興建，有翰林侍講學士趙與票撰記。
居堅院	美俗坊	世祖至元三年建	順天府志（永樂大典輯佚本）居堅院，又禪寺，在美俗坊，至元三年無礙建。
至元禪寺	敬客坊南雙廟北街東	同右	順天府志（永樂大典輯佚本）至元禪寺，佛慧曉庵大禪師本西蜀瀘川何氏子，不樂俗榮，喜歸禪苑，祝髮習竺典，具大戒。元朝兵下蜀，從西歸來趨燕，寓錫陸壽參可庵法席。歲在丙寅，有功德主寓古燕招提寺古基創佛舍，改額爲至元禪寺以處之。析津志：在敬客坊南雙廟北街東。
崇聖寺	大都咸寧坊	世祖至元五年建	順天府志（永樂大典輯佚本）崇聖寺在咸寧坊，至元五年建。

昭應宮	大都城西高良河	世祖至元七年二月建	元史卷七世祖本紀　至元七年二月甲戌，築昭應宮于高良河。 同書卷二〇成宗本紀　大德五年二月戊戌，賜昭應宮興教寺地各百頃。 順天府志（永樂大典輯佚本）　大護國仁王寺，案大都圖册：國朝都城之外西建此寺及昭應宮。　昭應宮在西鎮國寺西。 劉侗帝京景物略卷五雙林寺　雙林寺……西昭應宮，元至元建也，龜蛇兆焉。　正德八年修，蛇復驟出，……大學士費宏碑文記之。 日下舊聞考卷九七　昭應宮遺址在雙林寺之西，今長河又在其西北，相距半里許，元史稱在高良河者，殆以其地勢相近，故約略言之耳。　又昭應宮久廢，費宏碑亦無存矣。
大護國仁王寺	大都城西高良河	世祖至元七年一二月建一一年三月成	元史卷七世祖本紀　至元七年十二月辛酉，建大護國仁王寺于高梁河。　十一年三月癸巳，建大護國仁王寺成（同書卷八）。　十六年八月甲辰，置大護國仁王寺總管府（同書卷一〇）。　二十二年春正月辛卯，發諸衛軍六千八百人給護國寺修造（同書卷一三）。 同書卷二〇成宗本紀　大德五年春正月壬子，奉安昭睿順聖皇后御容于護國仁王寺。 同書卷二九泰定帝本紀　至治三年十一月癸丑，敕會福院奉北安王那木罕像于高良河寺。 同書卷七五祭祀志神御殿　影堂所在：……也可皇后大護國仁王寺。 元代畫塑記　武宗皇帝至大三年正月二十一日，敕虎堅帖木兒丞相奉旨新建寺……仿高梁河寺，鑄銅幡竿一對。 虞集道園學古錄卷七劉正奉塑記　至元七年，世祖皇帝始建大護國仁王寺。 順天府志（永樂大典輯佚本）　大護國仁王寺，案大都圖册：國朝都城之外西，建此寺及昭應宮，寺宇宏麗雄偉，每歲二月八日大闡佛會，莊嚴迎奉，萬民瞻仰焉。 日下舊聞考卷九八引道園學古錄大護國仁王寺恒產之碑　初至元七年秋，昭睿順聖皇后於都城西高梁河之濱，大建佛寺，三年而成。（壁文案：道園學古錄（商務四部叢刊影明景泰本）不載此碑。） 同書案語　護國仁王寺今無考。
城隍廟	大都城西南	世祖至元七	虞集道園學古錄卷二三大都城隍廟碑　世祖聖德神功文武皇帝至元四年，歲在丁卯，以正月丁未之吉，

	隅順承門裏向西	年建　文宗至順二年修	始成大都……七年太保臣劉秉忠，大都留守臣段貞，侍儀奉御臣忽都于思，禮部侍郎臣趙秉溫言：大都城既成，宜有明神主之，請立城隍神廟。上然之，命擇地建廟，如其言，得吉兆於城西南隅，建城隍之廟。設像而祀之，封曰佑聖王，以道士段志祥築宮其旁，世守護之。……天曆二年二月庚子，皇后遣內侍傳旨中政院臣，使言於上曰：城隍神廟，世祖皇帝時所建，有禱必應，烜赫彰著，而廟久敝弗葺，無以答神明之貺，以繼世祖之意，請出內帑寶鈔五萬緡以修。制曰可，命京尹臣賈某蒞之。太史以諏日弗協，請俟其吉。……至順二年二月癸亥，以前所賜爲未足用，增賜寶鈔十萬緡，大修治之。平章政事臣阿里海牙，工部尚書臣岩穆忽爾實奉詔領其事……於是工部率其屬以卽役，土木瓦石，金碧丹堊，既善既足，百工並作，無敢不虔，未幾而告成功。 日下舊聞考卷五〇引童梓加封聖號頒降宣命記　世祖皇帝定都於燕，既城既隍，爰命太保臣劉秉忠建神祠於坤維，賜額曰佑聖王廟。迨天曆己巳，文宗敕參知政事臣趙世安加封神曰護國保寧，錫香幡及楮幣五萬緡，欲葺其敝，太史以用且弗足，遂寢。越至順辛未，益賜緡十萬，重飾繪像，以朽易堅，崇墉增級，金碧丹堊，燦然炳耀。 同書引元一統志　都城隍廟在大都城西南隅，順承門裏向西，國朝所創建，有碑。 同書引明宣宗實錄　宣德五年六月，命行在工部修北京城隍祠。 明英宗實錄　正統十二年十一月壬辰，重建城隍廟成。御製碑文曰：……舊有城隍廟，在都城西南隅，固陋甚矣，朕念弗稱其所主也，城完之日，令更造焉……不浹旬而功倍于累月。 明世宗實錄　嘉靖二十七年正月己丑，都城隍廟災，詔工部擇日重建。 孫承澤春明夢餘錄卷六六　元佑聖王靈應廟，卽今都城隍廟，在城西刑部街。 順天府志（永樂大典輯佚本）　佑聖宮卽新都城隍廟之一方也。 日下舊聞考卷五〇引五城寺院冊趙符庚重修城隍廟碑略　都城西南隅，朝廷建祠以奉城隍神祀，嘉靖丁未毁於火，命工部尚書文明重建。萬曆乙亥孟夏重修。 同書案語　都城隍廟，歷代以來，敬禮崇飾，本朝雍正四年，乾隆二十八年，屢發帑興修，恢宏鉅麗，視昔有加。
天王寺	中都舊城延慶坊（或云在黃土坡上）	世祖至元七年建	順天府志（永樂大典輯佚本）　天王寺在舊城延慶坊內，始建於唐，殿宇碑刻，皆毁於火，元朝至元七年建三門，而梵宇未能完集。析津志：在黃土坡上，有塔。

天寶宮	中都舊城春臺坊	世祖至元八年建	順天府志（永樂大典輯佚本）：天寶宮在舊城春臺坊。有制賜大道正宗四世稱號碑，元貞元年翰林學士李謙撰……又案本宮提點陳德元等刻石載翰林直學士王之綱撰大元創建天寶宮碑，略曰：……初太玄之主法席也，歲在丁亥，沖虛高弟劉希祥等，市燕故都開陽里廢宅爲焚修之所，爲殿爲門，像設儼然，闢道院以棲雲衆，正函丈以尊師席。至元八年，通玄于琳宇之左，創立殿五楹，金碧輝煌，高出霄漢，而又建層壇于中央，敞三門于離位，十年敕賜宮額曰天寶。
延福寺	中都舊城開遠坊	世祖至元九年建	順天府志（永樂大典輯佚本）：延福寺，沙林雪庭老人福裕譔建寺記有曰：大都故城之乾隅，有善人姜普萬師事松岩老人，於開遠坊買地結廬，奉師爲退隱之計，香積有廚，義聚有堂，以延福爲額，至元九年壬申夏建。
玉華觀	廣源坊	世祖至元九年成	順天府志（永樂大典輯佚本）：玉華觀，按舊記：都西北隅廣源坊，有觀曰玉華，女冠體眞澄德通妙大師之所建也。師陳氏，名慧端，洛陽人。家殷富，俗以銀陳家呼之。師七歲，禮紫虛觀李師出家學道。壬辰，來都下，大長春宮禮宗師眞常人，證明心地，大蒙印可，賜以令名，並其師號，授都功法籙。癸丑，以恩賜金襴道服，盡出所積，得白金二百三十兩，市地得養素庵，改立此觀，得名額於嗣教誠明眞人。至元九年九月，作齋會以落成之。大德元年五月，劉懸眞請于虛舟老人李鼎爲記，立石。析津志：西堂之西北，惟有石碑聳立。
崇眞萬壽宮	大都蓬萊坊西門外	世祖至元一三年建（或云至元十四年建或云十五年建）	元史卷二〇二釋老傳：張留孫者，字師漢，信州貴溪人……至元十三年，從天師張宗演入朝，世祖與語，稱旨，遂留侍闕下……命留孫爲天師，留孫固辭不敢當，乃號之上卿，命尙方鑄寶劍以賜，建崇眞宮于兩京，俾留孫居之，專掌祠事。 同書卷二七英宗本紀：延祐七年秋七月戊寅，命玄教宗師張留孫修醮事于崇眞宮。 程文海雪樓文集卷七漢國敏懿公神道碑：元貞元年，建三皇廟於京師……崇眞萬壽宮成，詔公位置像設。 明一統志卷一：崇眞萬壽宮在府南蓬萊坊，元至元中建……眞人張留孫吳全節相繼居此，俗名天師庵。 順天府志（永樂大典輯佚本）：崇眞萬壽宮在蓬萊坊，元至元十三年嗣漢天師張宗演自龍虎山偕張留孫入覲，明年，宗演還山，留孫侍輦下，世祖以其嚴靜自持，行業可尙，命平章段貞度地京師，建宮艮隅，永

			為國家儲祉地，而俾留孫主之，賜額曰崇眞萬壽宮。……後留孫還江東，其徒吳全節眞人嗣居之，俗名天師庵，今為府城道衆祈福之都會云。元一統志：在都城內。至元丙子嗣漢天師張宗演自龍虎山被徵命來京師，偕張留孫入覲。明年，宗演還山，留孫侍從下……至元十五年置祠上都。尋命平章政事段貞度地京師，建宮艮隅……賜額曰崇眞萬壽宮。元貞丙申春二月，守司徒集賢使阿敕運撒里，集賢大學士李闊肸言：崇眞萬壽宮成，制詔翰林文以識石，翰林學士王構撰記。析津志：在蓬萊坊西門外，曰蓬萊眞境。正南靈星門，入北高上壇，環植柏松，樾蔭蕭森。又入紅門至三門，正大殿，門屋進入，東西廚祠。後殿與前殿對峙，東西門下階入道紀堂。兩廡衆寮，西飯堂，東廚庫，堂後搬道入方丈西，方丈曰瓊樞堂，西有璇璣殿。下壇上有張上卿，吳宗師，及開山諸碑刻，多趙子昂書。並有大槩篆書。方丈之東有冰雪堂，東有便門，乃車馬行香多人來往之徑也。有浴堂並在東。 日下舊聞考卷四三引吳文正集　世祖混同海宇，而神德眞君張公入覲，上悅，即兩都建崇眞宮居之，號公天師。 同書引朱彝尊案語　元有二崇眞宮，一在上都，易之詩所云『珠宮瀕水上』是也。一在大都，今之天師庵。 同書案語　崇眞宮一名天師庵。明一統志云：在府南蓬萊坊；畿輔志云，在大興縣南，今無考。案坊巷胡同集：天師庵在草廠眉掠胡同，與惠民藥局毗連敘次，今藥局遺址尚存，則天師庵疑與相近。
天寧禪院	中都舊城陽春關	世祖至元一四年建	順天府志（永樂大典輯佚本）　天寧禪院在舊城陽春關，寺有創建碑記謂：開山住持沙門普淨，本平陽姚氏儒家子，至燕京禮萬松和尚，偏住大刹，有齋僧萬人願。于至元十四年，磬鉢之資，得廣濟廢址，大興土木，造佛宇以畢萬僧夙願。至元二十二年師弟子為立石紀其事。
大聖壽萬安寺	大都平則門內街北	世祖至元一六年一二月建二五年四月成	元史卷一〇世祖本紀　至元十六年十二月，丁酉，建聖壽萬安寺於京城。二十五年四月甲戌，萬安寺成，佛像及窗壁皆金飾之，凡費金五百四十兩有奇，水銀二百四十斤。二十六年十二月，幸大聖壽萬安寺，置旃檀佛像，命帝師及西僧作佛事坐靜二十會（同書卷一五）。 同書卷三二文宗本紀　天曆元年冬十月己亥，幸大聖壽萬安寺，謁世祖，裕宗神御殿。二年五月乙亥，幸大聖壽萬安寺，作佛事於世祖神御殿。 同書卷五一五行志二火不炎上　至正二十八年六月甲寅，大都大聖壽萬安寺災。是日未時，雷雨中有

火自空而下，其殿脊東鰲魚口火焰出，佛身上亦火起。帝聞之泣下，亟命百官救護，唯東西二影堂神主及寶玩器物得免，餘皆焚毁。此寺舊名白塔，自世祖以來爲百官習儀之所。其殿陛闌楯一如內廷之制。成宗時置世祖影堂于殿之西，裕宗影堂於殿之東，月遣大臣致祭。

同書卷七五祭祀志神御殿　神御殿舊稱影堂，所奉祖宗御容皆紋綺局織錦爲之。……影堂所在：世祖帝后大聖壽萬安寺，裕宗帝后亦在焉。

元代畫塑記　仁宗皇帝皇慶二年八月十六日，敕院使也訥，大聖壽萬安寺內五間殿，八角樓四座，令阿僧哥提調其佛像。

程文海雪樓文集卷七涼國敏慧公神道碑　至元……十六年建聖壽萬安寺浮圖，初成，有奇光燭天，上臨觀大喜。

明一統志卷一　白塔寺在府西南三里，舊名萬安寺，洪熙元年改建。

孫承澤春明夢餘錄卷六六　遼白塔寺建自壽昌（壁文案遼史壽隆爲道宗年號，而無壽昌紀年，疑昌蓋隆之誤）二年，塔制如幢，色白如銀，至元八年加銅網石欄。天順二年，改名妙應寺。

順天府志（永樂大典輯佚本）　萬安寺在福田坊。大聖壽萬安寺，案大都圖册：國朝建此大刹，在都城內平則門裏街北，精嚴壯麗，坐鎮都邑。白塔在大聖壽萬安寺平則門內。

蔣一葵長安客話卷二　都城西北隅妙應寺（阜城門內），偏右有白塔一座，人多稱白塔寺。世傳是塔創自遼壽昌二年，爲釋迦佛舍利建。內貯舍利戒珠二十粒，香泥小塔二千，無垢靜光等陀羅尼經五部，水晶爲軸。後因兵燹湮沒。……元至元八年，世祖發而祥視，果有香泥小塔石函銅缾……帝后閲之，益加崇重，即迎舍利，崇飾斯塔。……國朝天順元年賜今額。

日下舊聞考卷五二引燕都遊覽志　天順元年改妙應寺賜額，成化元年於塔座周圍砌造燈龕一百八座，以奉佛塔，相傳西方賜金故建白塔鎭之。

同書案語　妙應寺舊名大聖壽萬安寺，又名白塔寺，在阜城門街北。創自遼道宗年間，元至元二十六年，奉迎旃檀佛像，居寺之後殿。……明天順元年，改名妙應。本朝康熙二十七年修寺與塔，有御製碑文……乾隆十八年重修……四十一年奉敕又修。

城南寺		世祖至元一七年建	程文海雪樓文集卷七涼國敏慧公神道碑　至元……十七年建城南寺。
大悲閣（聖恩寺）	中都舊城舊市中	世祖至元一九年修	順天府志（永樂大典輯佚本）　聖恩寺即大悲閣，在南城舊市之中，建自唐，至遼開泰重修。聖宗過雨飛鷲來臨，改寺聖恩而閣隸焉。金皇統九載，即其地而新之，元朝至元壬午春重修。日下舊聞考卷六〇引元一統志　大悲閣在舊城之中，建自有唐，至遼開泰重修……金皇統九載，即其地而新之，元朝至元壬午春重修。
興教寺	大都順承門裏街西阜財坊	世祖至元二〇年建	程文海雪樓文集卷七涼國敏慧公神道碑　至元……二十年建興教寺。順天府志（永樂大典輯佚本）　興教寺在阜財坊，案大都圖冊：國朝建立梵宇，在都城之內順承門裏街西，名曰興教，華殿宏大，精邃整麗，佛會甲於京師。
無量壽庵	大都寅賓坊	世祖至元二一年建　仁宗皇慶二年災旋重建之	日下舊聞考卷四八引說學集　京師寅賓里有無量壽庵者，居士屠君所建也……至元二十一年，出己貲七百貫買地十畝於太廟之西，作無量壽庵，樹佛殿四楹，屋宇象設，無不具足……皇慶二年遇災庵毀。子覺興裒金於好施者，復謀營建，未幾規制悉還其舊。文案語　無量庵今廢，同書引朱彝尊案語　元時太廟門外馳道抵齊化門之通衢，無量壽庵在太廟之西，昔之寅賓里，今之思城坊也。
昭覺禪寺	大都常清坊	世祖至元二一年成	順天府志（永樂大典輯佚本）　昭覺禪林，按大都重修昭覺禪寺，至元甲午比丘宗圓立石，翰林侍講學士王構撰記，林泉老人從倫書。其略曰……昭覺禪林亦舊刹也，金因之貞祐初毀於回祿。智公數年經營在心，以力不能而止。中書左丞濟川李公恒以值百指爲助，自是夊數年獲楮幣二萬緡，規度工作，中央殿宇次及門廡，齋寮賓舍，香積色色具備。至元甲申正月晦，遽示疾而逝，弟子宗圓稟遺訓卒克成，輪焉奐焉，金碧錯映，都人耆老以爲升平舊觀，復還於今日……析津志在大都常清坊，學士王構撰記，至元二十一年五月五日立石。
天慶寺	中都舊城	世祖至元二二年建二三年成	王惲秋澗文集卷五七大元國大都創建天慶寺碑銘　……維永泰寺離基自遼，彌陀者泰之別院也。大安兵燼，廢撤不存，鞠爲茂草者五十□□。大元至元壬申，有僧雪□始來結庵而主之。先是師業嗣法，栖遲滑天德，以經戒嚴襯，鋒峻越在齊朔，名動京師。嘗假息間，有以天慶名所棲而告之者，初不諭其故

<table>
<tr><td></td><td></td><td></td><td>……及觀光大都，郲王迺出重幣易是院，爲師待問駐錫之所……逮甲申冬，□阜孫紺蘇剌以師持誦保釐，故欲辟靜室處之官府，辭不可。翼日出貨泉二千五百緡泊名騾二。仍歐留守段貞儕事丞張九思，即所居庀徒蕆事。起三大士正殿，丈室七巨楹，下至門閎庖湢賓客之所，略皆完美。始於乙酉之春，成于丙戌秋仲。役初作，闢地得綫鐘，所刻天慶二字，考之蓋有遼建號也，亦麥既協，卽爲新寺名額。
袁桷清容居士集卷四五魯國大長公主圖畫記　至治三年三月甲寅，魯國大長公主集中書議事執政官翰林集賢成均之在位者，悉會於南城之天慶寺。
孫承澤春明夢餘錄卷六六　元天慶寺原遼之永泰寺，大安兵毁，元世祖至元壬申重建。明成化二年錦衣指揮朱善重修。
日下舊聞考卷五八引燕京重修天慶寺碑略　距城南三里河之滸，曰魏村社，其地幽曠闃寂，林木蘙茂，有古刹曰天慶，其創始不可考。宣德僧德誌仍其故址更新之，建大殿，禪堂，齋堂，丈室，以次而成。天順戊寅十月，或請于朝，仍賜額曰天慶寺。
同書案語　天慶寺今存，在樂王廟西。</td></tr>
<tr><td>眞常觀</td><td>中都舊城宜中里</td><td>世祖至元二二年建</td><td>王惲秋澗文集卷四〇眞常觀記　大都南城故宜中里眞常觀，爲全眞學者亓玄子樊君所建也。惟全眞教倡於重陽王尊師，道行於丘仙翁，逮眞常李公體含妙用，動應玄機，通明中正，貴重一時，可爲成全光大矣。亓玄子有意外受業，焉資爽朗，嶄然已露頭角。由是日獲承侍，聽其淳誨，仰其高風……晚節退休，與時消息。至元二十二歲，易張侯故第爲幽棲所，榜曰眞常觀，示不忘本也。鼎堂爲殿，下至齋廚庫廄，修治完整，復置蔬圃一區，負郭田二百畝，資給道衆。
日下舊聞考卷九四引甘水仙源錄　眞常觀長春宮之別院也，眞常李公所創，因以名之。初宮之西北，正與朝元閣相直，五里許有廢地一區。眞常偶過其處，曰披荆棘，躋瓦礫，登北阜之上，徘徊久之，謂從者曰：此可居也，吾他日將老於玆焉。暇日除荆棘，發去瓦礫，發地而土脊滋豐，非而水泉冽，遂莊治蔬圃，樹雜木，版築未施，而眞常棄世。嗣教誠明張眞人，繼眞常遺意，搆三清殿，九眞堂，羅官之祠，祈眞之壇，齋堂廚舍，又搆靜室以居年高不任役者。
同書案語　秋澗集以眞常觀爲樊志應所建，與甘水仙源錄所言不同，觀今已無址，其是非莫辨矣。</td></tr>
</table>

大崇國寺	大都城內	世祖至元二十四年建（或云成宗時建）仁宗皇慶延祐間別建山門　順帝至正中重修法堂雲堂等及新建鐘樓方丈等

元皇慶元年趙孟頫撰書大元大崇國寺佛性圓融崇教大師演公碑　師名定演，俗姓王氏，世爲燕三河人……七歲，入大崇國寺事隆安和尙爲弟子……世祖聞而嘉之，賜號佛性圓融崇教大師。至元二十四年，別賜地大都，乃與門人叶力興建，化塊礫爲寶坊，幻蒿萊爲金界，依大殿以象三聖，樹高閣以庋藏經，丈室廊廡，齋廚僧舍，悉皆完美，故崇國有南北二寺焉。

至元十一年皇元大都崇國寺重新修建碑　京師有寺曰崇國，前至元乙酉世祖皇帝所賜地，俾戒大德沙門定演所開創。凡爲佛殿，經閣，齋堂，方丈，香積，僧寮，僦屋等百有餘楹。敕賜薊州遵化縣般若院爲刺刹，資以水磑磨田產有加。皇慶延祐間，仁宗皇帝，剌室门剌皇后，賜鈔三千餘錠，貿易民地，別建三門，瀋元皇太后復賜鈔五百錠而終繼焉。寺之倫敍，十完六七……無何，歲月變更，漸致頹弊。且鐘樓廊廡等屋，尙爲闕如。至正乙酉，適方丈虛席，寺衆合謀曰：寺之房宇久故，將不可支吾矣，況未備尤多，非力量人莫克有爲，孤峯學公法派之嫡，其器局拔羣，宜敦勉焉。乃闔辭三請致之。既畀事，講演之餘，相厥緩急，涓巳衣資於疏漏□修者曰法堂，雲堂，祖師，伽藍二堂，廚庫，僧房，侍者僦賃等房，計間五十餘。於新創建者，鐘樓，法堂東廊廡，南方丈等，計間亦三十餘。皆爲之甃砌坊墁，丹堊髹漆，輪焉奐焉，咸爲一新。

趙孟頫松雪齋文集卷九大元大崇國寺佛性圓明大師演公塔銘　師名定演，俗姓王氏，世爲燕三河人……七歲，入大崇國寺，事隆安和尙爲弟子，偏習五部大經……世祖皇帝聞而嘉之，賜號佛性圓明大師。至成宗時，別賜地於大都，建大崇國寺。

至元二十一年碑　皇帝聖旨裏，帝師法旨裏，宣授大都路僧錄司承奉總統所劄付……薊州的般若院，係二百三十七處數內回付到院子，見無主人，照總統每將那院子便分付與大都崇國寺家教做下院者……右付崇國寺收執，唯此執照事。至元二十一年二月二十七日衆官印押。

大崇國北寺地產圖　大都路薊州遵化縣禮稔鄉蘇家莊般若院常住應有房舍，莊田，水磑磨等物，花名下項：東至駙馬寨廟西水渠爲界，南至河南山頭爲界，西至田知事墳爲界，北至鳩山爲界，內上下水磑爲二盤……大元至元二十一年月日三剛等立石。

光緒順天府志卷十六　護國寺舊稱崇國寺，僧定演所創也……明宣德己酉賜名大隆善寺。

天順二年敕賜崇國寺碑　西天大剌麻桑渴巳哢，迺中天竺國之人……同葛哩麻統諳番邦進貢方

			物，來我中原……朝覲太宗皇帝……命居西天寺……自在修行，即永樂三年也。其後駕幸北京，越十一年，被召而來居崇恩寺……正統元年，伏蒙御用監太監阮文等同其仍將後殿興修莊嚴救度佛母色相，與蓋山門，廊房，方丈皆備。　至四年間，欽蒙敕賜還做崇恩之額。 劉侗帝京景物略卷一崇國寺　大隆善護國寺，都人呼崇國寺者，寺初名也，都人好語詭語，名初名。　寺始至元，皇慶修之，延祐修之，至正又修之。　元故有南北二崇國寺，此其北也。　我宣德己酉賜名隆善。　成化壬辰，加護國名。　正德壬申，敕西番大慶法王領占班丹大覺法王着肖藏卜等居此。 日下舊聞考卷五三引燕都遊覽志　崇國寺在皇城西北隅定府大街，元時有東西二崇國寺，此則西崇國寺也……宣德間重建，賜額大隆善護國寺。 同書案語　崇國寺在今西四牌樓大街東德勝門大街西。　明宣德年賜名大隆善寺。　成化間，賜名大隆善護國寺。　今其地稱護國寺街。
極樂寺	大都城內	世祖至元中建	日下舊聞考卷五四引明順天府志　極樂寺在崇教北坊，元至元間建。 同書案語　極樂寺在安定門街東，明嘉靖辛酉重修，行人司尹校撰碑。
	大都城西高梁橋西三里	同右	日下舊聞考卷九八引畿輔寺觀志　極樂寺在高梁橋西三里，至元間建。 同書案語　極樂寺元至元間建，春明夢餘錄謂成化中建，當是重修。 劉侗帝京景物略卷五極樂寺　高梁橋水來自西山……距橋可三里，為極樂寺址，寺天啓初年猶未毀也。
圓恩寺	大都昭回坊	同右	日下舊聞考卷五四引明順天府志　圓恩寺在昭回坊，元至元間建。 同書案語　圓恩寺在圓恩寺胡同，有碑二，剝落不可識。　寺西有廣慈庵碑，偈有『建立十方院，圓恩是北鄰』之句，可以為證。
法王寺	大都城西	同右	日下舊聞考卷九九引淥水亭雜識　廣通寺元之法王寺也。　內有二碑，皆嘉靖中大學士華亭徐階所撰……碑稱寺係至元間本剎住持貴吉祥建，至明更額廣通，內官監太監田用，御馬監太監渠經修之。 同書引燕都遊覽志　廣通寺在巡河廠北。

			同書引世宗御製廣通寺碑文，距都城西關一里，有橋跨玉泉之東流，橋西北平原塏爽，舊有法王寺，後改名廣通。聖祖仁皇帝曾命興工修治……雍正十一年八月，特發帑金重爲修葺，越一月而竣事焉。
寶集寺	中都舊城披雲樓之東對巷	世祖至元中修	順天府志（永樂大典輯佚本）寶集寺在舊城。以遼記考之，金大定十六年重修，亦遼時舊刹也，復修於金，已上並見元一統志。析津志：在南城披雲樓對巷之東五十武。寺建於唐，殿之前有石幢記，越建年日昭著，亦實具詳矣。其餘以後與創修造，復口于他石。茲寺之大槪，今見於所撰宗原堂記。其詞曰：宗原堂者，大寶集寺之丈室也。佛殿前石幢刻曰：大唐幽州寶集寺，唐碑亦有寶集之名，寺創於唐，世可考見矣。遼統和間，沙門彥珪大開講筵，繼者延洪宗景克弘圓頓之教……大覺圓通大宗師守司空志玄，當承安間，統領教門，暨歸國朝，行業高峻，王侯將相，爭趨下風，世稱長公……繼以領釋教都總統開內三學都壇主開府儀同三司光祿大夫大司徒邠國公知棟，至元二十二年，世祖皇帝建聖壽萬安寺于新都，詔棟公開山主之。仍命同門圓融清慧大師妙文主領祖刹，修治儆壞。後至者或久或速，餘盛而止，越稱其選。至正三年，賢端侍堂儀公，被詔主寺，提綱絜維，廢不緝者，緇徒孔盛，宗風藹然。
千佛寺	大都金臺坊	成宗元貞二年建	日下舊聞考卷五四，千佛寺即吉祥寺，有紀事碑二，嘉靖丙申順天府學生馬經撰。略云：吉祥寺即元之千佛寺也，在都城坎地金臺坊。舊有碑刻云，元貞丙申建，至宣德癸丑凡百三十有八年，因故址而新之，遂爲精藍焉。正統戊午五月，敕賜爲吉祥寺，而俗猶以千佛寺稱之。萬曆九年另建千佛寺於德勝門北八步口，遂稱小千佛寺以別之。明一統志卷一：吉祥寺在府治西，元泰定間建。
雲巖觀	大都集慶坊	成宗大德元年建	順天府志（永樂大典輯佚本）：雲巖觀在金水河西，與高口寺鄰。有記，略曰：君諱道盈，號天祐道人，混成子，姓黃氏，父[illegible]，母呂氏，樂善好施，眞人生於至元九年癸酉三月二十有七日，有紅光照室。又口郎穎悟，聞膠州即墨縣紫山劉眞人有道術，往師之。數年，歸適關西，雲遊至輪，歷諸方，在途旅中而以飲食制情口慾，戳睡爲務，心目開明……至元三十一年又還至紫山，劉眞人大賞異之。大德元年雲遊至大都集慶里，得地二畝，建雲巖觀，起三清殿，殿之後建一室，爲供老之計。至治元年三月，敕授完者台皇后懿旨，特賜金冠法服法號，葆崇素圓貞靜眞人。又奉旨齎御香往紫山祝釐，壽崇，兼掌教大眞人法旨充益

			都路道門都提點。至正四年，奉特追神仙法旨，充大都大長春宮諸路道教所詳議提點事。至正十二年三月三日，於雲巖觀鍾室，命門人諸僧孫具湯沐衣冠，端坐而逝，享年八十。
大承華普慶寺	大都太平坊	成宗大德四年創建 武宗至大元年增崇	元史卷八七百官志　崇祥總管府，秩正三品。至大元年，立大承華普慶寺都總管府。二年改延福監，尋改崇祥監。四年升為崇祥院，秩二品。泰定四年，復改為大承華普慶寺總管府。天曆元年，改為崇祥總管府。 同書卷二二武宗本紀　至大元年二月己未，以皇太子建佛寺，立營繕署，秩五品。 同書卷二四仁宗本紀　至大四年十月辛未，賜大普慶寺金千兩，銀五千兩，鈔萬錠，西錦綵緞紗羅布帛萬端，田八萬畝，邸舍四百間。 同書卷二七英宗本紀　至治元年二月己酉，作仁宗神御殿于普慶寺。 同書卷二九泰定帝本紀　泰定元年四月庚申，作昭獻皇后御容殿於普慶寺。　八月辛亥，遣翰林學士承旨斡赤祀太祖太宗睿宗御容于普慶寺。 同書卷七五祭祀志神御殿　影堂所在，……順宗帝后大普慶寺，仁宗帝后亦在焉。 姚燧牧庵集卷十一普慶寺碑　大承華普慶寺者，皇帝為皇祖妣徽仁裕聖太后報德作也。……大德二年，詔武宗復撫軍於北，日侍慈幃者惟今皇上一人耳，故情不分，而愛彌篤，怡言煦之，摩手撫之，……四年，裕聖上仙，撤是歇屋為殿三楹，事佛妥靈，以諶孝思，……武宗之至，既踐天位，惟以其月授皇太子寶，……明年至大之元，視昔所作，陋觀弗稱，……乃市民居倍售之估，跨有數坊。直其門為殿七楹，後為二堂，行宇屬之，中是殿堂，東偏仍故殿，少西疊甓為塔。又西再為塔殿，與之角峙。自門徂堂，廡以周之，為僧徒居中建二樓。東廡通庖井，西廡通濤會，市為列肆，月收僦直，寺須是資。大抵據擬大帝所為聖壽萬安寺而加小，其盤礴之安，陛所之崇，題楶之騫，藻繪之輝，巧不劣焉。 趙孟頫松雪齋文集外集大元大普慶寺碑銘　至元三十一年，世祖晏遐。當是時，徽仁裕聖皇后不動聲色，召成廟於撫軍萬里之外，授是神器，易天下岌岌者為泰山之安。　大德二年，武宗撫軍於北，今上日侍隆福，怡言煦之，摩手撫之，擇師取友，俾知先王禮樂刑政，為治國平天下之具，恩莫大焉。　四年，裕聖上僊，皇上追思罔極……始建佛殿於大都……武宗既踐阼，以上至德偉功，不踰月而立上為皇太子。　上緬懷疇昔報本之意，乃命大創佛宇，因其地而擴之，凡為百畝者二，鳩工度材，萬役並作，置崇祥監以董其事。

			其南爲三門，直其北爲正覺之殿，奉三聖大像于其中。殿北之西偏，爲最勝之殿，奉釋迦金像。東偏爲智藏之殿，奉文殊普賢觀音三大士。二殿之間，對峙爲二浮圖。浮圖北爲堂二，属之以廊。自堂徂門，廡以周之。西廡之間，爲總持之閣，中寘寶塔，經藏環焉。東廡之間，爲圓通之閣，奉大悲彌勒金剛手菩薩。齋堂在右，庖井在左。最後又爲二閣，西曰眞如，東曰妙祥。門之南東西又爲二殿，一以事護法之神，一以事多聞天王。合爲屋六百間，盤礎之固，陛所之崇，題𥴦之騫，藻繪之工，若忉利兜率化出人間。凡工匠之備，悉皆內帑，一毫不役於民，既成，賜名曰大普慶寺。 元代畫塑記 泰定三年三月二十日，宣政院史滿禿敕諸色府可依帝師指授畫大天源延聖寺前後殿，四角樓畫佛，囗囗制爲之。其正殿內光焰佛座，及幡竿，咸依普慶寺製造。延祐四年十月九日敕用鍮石鑄燃燈彌勒佛二，普慶寺安奉。 順天府志（永樂大典輯佚本） 普慶寺在太平坊。 日下舊聞考卷五二引薊丘雜抄 寶禪寺在崇國寺之街西，卽元大承華普慶寺也。成化庚寅，供用庫內官廠俊買地蓋宅，掘土得趙承旨碑，始知爲寺基，乃復建佛殿，山門，廊廡，庫廚悉具，聞於朝，改賜額曰寶禪寺。 同書案語 寶禪寺在寶禪寺胡同……本朝康熙年間大學士明珠，乾隆年間大學士公傅恒先後修建。
東花園寺		成宗大德八年建	程文海雪樓文集卷七涼國敏慧公神道碑 大德……八年，建東花園寺，鑄丈六金身。
大天壽萬寧寺	大都金臺坊	成宗大德九年二月建	元史卷二一成宗本紀 大德九年二月乙未，建大天壽萬寧寺。 同書卷一一四后妃傳 卜魯罕皇后伯岳吾氏駙馬脫里思之女，元貞初立爲皇后。大德三年十月受册寶。成宗多疾，后居中用事……大德之政，人稱平允，皆后處決。京師剏建萬寧寺，中塑祕密佛像，其形醜怪，后以手帕蒙覆其面，尋傳旨毀之。 同書卷三〇泰定帝本紀 泰定四年五月乙巳，作成宗神御殿于天壽萬寧寺。 同書卷七五祭祀志神御殿 影堂所在……成宗帝后大天壽萬寧寺。 元代畫塑記 成宗皇帝大德十一年十一月二十七日，敕丞相脫脫，平章禿堅帖木兒等，成宗皇帝貞慈靜懿皇后御影，依大天壽萬寧寺內御容織之。大德九年十一月四日司徒阿尼哥等奉皇后懿旨，中心閣

			佛像，欲歲久不壞，可用銅鑄之。 程文海雪樓文集卷七涼國敏慧公神道碑　大德……九年，建聖壽萬寧寺，造千手眼菩薩，鑄五方如來。 順天府志（永樂大典輯佚本）　萬寧寺在金臺坊，實當城之中，故其閣名中心，今在城之正北。 日下舊聞考卷五四引析津日記　天壽萬寧寺在鼓樓東偏，元以奉安成宗御像者。 同書案語　萬寧寺今存。
大崇恩福元寺	大都城南	武宗至大元年創建　仁宗皇慶元年成	元史卷二四仁宗本紀　至大四年十月己巳，敕繪武宗御容，奉安大崇恩福元寺。　皇慶元年四月庚寅，大崇恩福元寺成，置隆禧院。 同書卷七五祭祀志神御殿　影堂所在……武宗及二后，大崇恩福元寺，爲東西二殿。 同書卷九九兵志看守軍　仁宗延祐元年閏三月，隆禧院官言：初世祖影殿有軍士守之，今武宗御容於大崇恩福元寺安置，宜依例調軍守衛，從之。 姚燧牧庵集卷一〇崇恩福元寺碑　……至大之元，詔羣臣曰：昔朕萬里撫軍北荒，險阻踐蹈，躬擐甲冑，北寇底平，實難實棘，時有願言……必俟他日振旅而南，大建寶刹，憑依佛乘……卿曹其灼是侚。　惟以其日繼軺親巡，賫地所宜，于都城南，不離闤闠，得是吉卜。　敕行工曹，躄其外垣，爲屋再重，踰五百礎，門其前而殿於後，左右爲閣，樓其四隅，大殿孤峙，爲制正方，四出翼室。　文石席之，玉石爲台，黃金爲趺，塑三世佛，後殿五佛，皆範金爲席台及趺，與前殿一。　諸天之神，列塑諸廡，皆作梵像，變相詭形，怵心駭目……至其榱題梲桷，藻繪丹碧，緣飾皆金，不可貲算，楯檻衡縱，捋陛承宇，一惟玉石，皆前名刹所未曾有。　榜其名曰大崇恩福元寺，用時願言。　外爲僧居，方丈之南，延爲行宇，屬之後殿，庫庾庖湢，井井有條，所置隆禧院，比秩二品……坤維爲殿，乘輿時臨，留必信宿，久或旬浹，其急其功，爲何如哉。　功垂什八，期以四年正月八日大慶，讚將偏賚工官，下及役夫，何意其日奄以奉諱。　（順天府志（永樂大典輯佚本）引輿地要覽姚燧碑同。） 元代畫塑記　皇慶元年十二月十六日，敕崇祥使野訥，普慶寺依大崇恩□元寺例，鑄掛幡銅竿。 光緒順天府志卷一六　崇恩觀在崇文門花兒市四條胡同。　元建，名崇恩福元寺，後以安元武宗御容者。
大永安寺	大都城西香山	仁宗皇慶元年四月修	元史卷二四仁宗本紀　皇慶元年四月辛未，給鈔萬錠，修香山永安寺。

（香山寺）			元代畫塑記 延祐五年十月二十五日，香山寺四天王命劉總管塑之。 順天府志（永樂大典輯佚本） 大永安寺在京師之乾隅一舍地香山。案舊記：金翰林修撰党懷英奉敕撰，昔有上下二院，皆□□□山拓地而增廣之……文宗泰和元年四月翰林應奉□□□碑記，亦云：舊有二寺，上曰香山，下曰安集。金世宗□□思振宗風，乃詔有司合爲一，於是賜名永安寺。元朝興修莊嚴殊勝於舊。有中統四年太保劉秉忠號藏春散人十詠。 光緒順天府志卷一六 香山寺在靜宜園瓔珞岩之西，寺爲金剎，本名永安，一名甘露寺，今以山名。
興福院	大都保大坊北	仁宗延祐五年成	袁桷淸容居士集卷二五興福頭陀院碑 興福院在都城保大坊北。院旣成，其主僧尼捨塵以其狀來謁曰：捨塵王姓，膠州即墨人也……至元中，今平章政事王公毅，樞密副使吳公珪，福建宣慰使李公璟，見而異之，始買今院地。至大德□年，平章政事賈公某邇院居，審捨塵積行無退意，遂與其夫人林氏，引見於皇后，下敎出財帛，建其殿曰慈尊，俾開府知院月魯公監賈公，奏其事於皇帝、皇太后，咸曰可，其悉以皇后私府輸助之，延祐五年院告成。 日下舊聞考卷四三 興福院今無考。
能仁寺	大都城內	仁宗延祐六年建	日下舊聞考卷五〇引五城寺院册胡濙大能仁寺記略 京都城內有寺曰能仁，實元延祐六年，開府儀同三司崇祥院使普覺圓明廣照三藏法師建造。逮洪熙元年，仁宗昭皇帝增廣故宇而一新之，特加賜大能仁之額。 明一統志卷一 大能仁寺弘熙元年因舊重修。 光緒順天府志卷一六 能仁寺元剎也，在兵馬司胡同。寺本元延祐六年崇祥院使普覺圓明廣照三藏法師建，明洪熙元年賜額曰大能仁寺，正統九年重修。
壽安山寺（昭孝寺）	大都城西壽安山	仁宗延祐七年九月建，文宗至順二年正月重建	元史卷二七英宗本紀 延祐七年九月甲申，建壽安山寺，給鈔千萬貫。十月庚午，命拜住督造壽安山寺。至治元年二月丁巳，監察御史觀音保、鎖咬兒哈的迷失、成珪、李謙亨，諫造壽安山佛寺。三月乙酉，益壽安山造寺役軍。十二月乙丑，冶銅五十萬斤作壽安山寺佛像。至治二年八月庚辰，增壽安山寺役卒七千人。九月戊申，給壽安山造寺役軍匠死者鈔人百五十貫。辛亥，幸壽安山寺，賜監役官鈔人五千貫（同書卷二八）。

寺名	所在	建置年代	資料
			同書卷二九泰定帝本紀　泰定元年二月己未，修西番佛事于壽安山寺……三年乃罷。 同書卷三五文宗本紀　至順二年春正月丁亥，以壽安山英宗所建寺未成，詔中書省給鈔十萬錠供其費。仍命燕帖木兒、撒迪等總督其工役。　戊子，以晉邸部民劉元寶等二萬四千餘戶，隸壽安山大昭孝寺爲永業。 同書卷一二四鎖咬兒哈的迷失本傳　至治元年春，詔起大剎于京西壽安山。 劉侗帝京景物略卷六臥佛寺　香山之山，玉泉之泉，灌灌于遊人，北五里曰遊臥佛寺，看婆羅樹也……寺唐名兜率，後名昭孝、名洪慶，今曰永安。以後殿香木佛，又後銅佛俱臥，遂目臥佛云。 日下舊聞考卷一〇一引長安可遊記　臥佛寺名壽安，因山得名，臥佛俗稱也。 同書案語　臥佛寺雍正十二年世宗憲皇帝賜名十方普覺寺。
大永福寺（青塔寺）	大都城內	英宗至治元年二月成	元史卷二七英宗本紀　至治元年二月壬子，大永福寺成，賜金五百兩，銀二千五百兩，鈔五十萬貫，幣帛萬匹。 同書卷二九泰定帝本紀　泰定二年正月甲辰，奉安顯宗像于永福寺，給祭田百頃。 同書卷七五祭祀志神御殿　影堂所在，……英宗帝后，大永福寺。 元代畫塑記　延祐四年八月十一日，中政院使闊闊解奏青塔寺山門內四天王，今已秋涼，正可興工，未審命誰塑，奉旨劉學士塑之。 順天府志（永樂大典輯佚本）　青塔，永福寺，青琉璃。 日下舊聞考卷五二引五城寺院冊張一桂重修青塔寺碑略　青塔寺者，即勝國時敕建大永福寺也。　寺在都城阜城門內，故有青浮圖，稍東爲白塔禪寺，相距里許，俗稱青塔寺云。　寺創自延祐間，國朝天順成化中，嘗再新之，迄今久且百禩矣，殿宇僅存遺址。　沙門佛寶毅然以興復爲已任，太監王喜等捐資助之。工始於隆慶壬申，訖于萬曆乙亥。
萬嚴寺	同右	英宗至治元年建	順天府志（永樂大典輯佚本）　萬嚴寺在崇敎坊。 日下舊聞考卷五四引寰宇通志　萬嚴寺在城內北，元至治元年建。 同書案語　萬嚴寺無考。

東嶽仁聖宮	大都齊化門外	英宗至治二年作大殿大門三年作四子殿東西廡。泰定帝泰定二年作昭德殿	虞集道園學古錄卷二三東嶽仁聖宮碑　延祐中故開府儀同三司上卿玄教大宗師張留孫，買地于大都齊化門外，規以爲宮，奉祠東嶽天齊仁聖帝。仁宗皇帝聞之，給以大農之財，辭不拜，第降詔書，襃作，方鳩工而留孫殁。後口年，今特進上卿玄教大宗師吳全節，大發累朝賜金，以成其先師之志。至治壬戌，作大殿，作大門。殿以祀大生帝，前做露台以設樂；門有衞神。明年作東西廡，東西廡之間，特起如殿者四，以奉其佐神之尊貴者。列廡如官舍，各有職掌，皆肖人而位之。築館于東，以居奉祠之士，總名之曰東嶽仁聖宮。泰定乙丑，魯國大長公主自京師歸其食邑之全寧，道出東門，有禱於大生帝，出私錢鉅萬，俾作神寢，象帝與其妃夫人嬪寺之容。天曆建元，今上皇帝卽大位，遣使迎大長公主於全寧，還及國門，皇后迎母於郊，主禮神拜貺，而後卽其邸。天子乃賜神寢名曰昭德殿云。 劉侗帝京景物略卷二東嶽廟　廟在朝陽門外二里，元延祐中建，以祀東嶽天齊仁聖帝。……正統中益拓其宇，兩廡設地獄七十二司，後設帝妃行宮。 日下舊聞考卷八八引趙世延昭德殿碑　……元教大宗師張開府留孫，於延祐末買地城東，擬建東嶽廟……方得涓吉鳩工，而開府遽厭世。嗣宗師吳特進，念師志未畢，竭心經營，不惜勞費，於至治壬戌春成大殿，成大門。癸亥春成四子殿，成東西廡，諸神之像，各如其序，而後殿則未遑也。泰定乙丑，徽文懿福貞壽大長公主東歸，過祠有禱，捐繒錢若干緡，竟其所未竟者。天曆改元，皇上入纂正緒，主來朝，適後殿落成，事徹宸聰，賜名昭德。 同書引吳文正集吳澄大都東嶽仁聖宮碑　大都新築，規模宏遠，祖社朝市，廟學官署，無一不備，獨東嶽廟未建。元教大宗師張開府留孫，職掌祠禱，晨夕親密，欽承上意，買地城東，擬建東嶽廟……方將捐吉鳩工，而開府遽厭世。嗣宗師吳特進全節，深念師志未畢，竭心經營，不惜勞費，於壬戌春成大殿，成大門；於癸亥春成四子殿，成東廡西廡，神像各如其序。魯國大長公主捐貲搆後寢，敕賜廟額曰仁聖宮。 同書案語　東嶽廟在朝陽門外，本朝康熙三十九年重建，乾隆二十六年復加修葺。
吉祥寺	大都城內	泰定帝泰定中建	孫承澤春明夢餘錄卷六六　唐吉祥寺在城西南隅，萬曆丙午重修改名石鐙庵。 日下舊聞考卷四九引寰宇通志　吉祥寺在城內西，元泰定間建。 同書案語　石鐙庵在今猪尾胡同，燕都遊覽志已云化爲灰燼，則今之石鐙庵乃後人重建，非其舊矣……惟有碑一，漫滅不可讀，碑陰倘存吉祥寺三字，則斯地爲庵之舊址無疑也。

大承天護聖寺	大都城西玉泉山	文宗天曆二年五月建　順帝至正初火十三年重建

元史卷三三文宗本紀　天曆二年五月乙丑，以儲慶司所貯金三十錠，銀百錠，建大承天護聖寺。九月乙卯，市故宋太后全氏田，爲大承天護聖寺永業。十月己丑，立大承天護聖寺營繕提點所，秩正五品。至順元年四月壬辰，以所籍張珪諸子田四百頃，賜大承天護聖寺爲永業(同書卷三四)。至順二年二月甲子，中書省臣……又言陛下不用經費，不勞人民，創建大承天護聖寺，臣等願上儲所易鈔本十萬錠，銀六百錠，助建寺之需，從之。甲戌，命田賦總管府稅鑛銀輸大承天護聖寺。四月戊申，發衛卒三千助大承天護聖寺工役。九月乙亥，命留守司發軍士築駐蹕台于大承天護聖寺東。庚寅，幸大承天護聖寺(同書卷三五)。

同書卷一一四后妃傳　文宗卜答失里皇后弘吉剌氏……天歷元年，文宗即位，立爲皇后。二年受册寶，十一月，后以銀五萬兩，助建大承天護聖寺。

同書卷三八順帝本紀　元統元年十月庚辰，奉文宗皇帝及太皇太后御容於大承天護聖寺。至正十三年三月甲申，詔修大承天護聖寺，賜錠二萬錠(同書卷四三)。

同書卷一八五李稷本傳　至正初……大承天護聖寺火，有旨更作。乃上言水旱相仍，公私俱乏，不宜妄興大役，議遂寢。

虞集道園學古錄卷二五大承天護聖寺碑　……天曆二年，歲在己巳，春口月，口皇帝若曰：……予昔在沖幼，太皇太后躬保持而導迪之，欲報之德，亦不敢少忘也。……汝太禧宗禋使月魯不花，中書平章明理董阿，大都留守張金界奴，其爲朕度地以作梵刹，稱朕心焉。四月，上幸近郊，觀於玉泉之陽，謂侍臣曰：曾岡復嶺，際西北，太湖之浸汪洋渟涵，峙而東，高粱山在焉，旁薄扶輿，開祇園之地也。使太史眂之曰吉。秋八月晦，立隆祥總管府以領之……以臣月魯不花領府事，將作臣阿麻剌爲達魯花赤，臣金界奴爲總管。上曰：建寺而不先正其名，民將因其地而稱之，其署題曰大承天護聖寺。又曰：寺所以嚴奉慈事，而廛氓雜居，則幾乎瀆矣，買旁近地得十頃有奇，皆厚直以予之，分賜從臣，俾爲休沐之邸，侍祠而至則處焉。且命其總管府臣相大田以買之，度其歲入以爲僧食。明年，上受尊號，改元至順。十月，上命太師臣燕帖木兒率百官詣寺所，告諸后土之神，始命大匠治木……二年四月十六日，始作土工。治佛殿基，得古金銅之器於地中，多事佛之儀物，實有密契者云。寺之前殿，寘釋迦然燈彌勒文殊金剛手二大士之像，後殿寘五智如來之像，西殿庋金書大藏經，皇后之所施也，東殿庋墨書大藏經，歲庚午上所施也。又像

			護法神王於西室，護世天王於東室。二閣在水中坻，東曰圓通，有觀音大士像，西曰壽仁，上所御也。日 神御殿，奉太皇太后睟容於中……曰壽禧殿，上寢宮也，諸衛府之舍畢具。 日下舊聞考卷一〇〇引南遊集 功德寺舊名護聖。 同書引拘虛集 功德寺宣皇臨幸之地，西山東麓盤處也。 同書案語 大承天護聖寺創自元時，規制鉅麗，至正初毀而復修。明宣德間修建，改名功德寺。至嘉靖 時遂廢，本朝乾隆三十五年，奉敕重修。
瑞雲寺	大都城西大安山	文宗至順二年重建	日下舊聞考卷一〇六引元僧雪成重修瑞雲寺碑略 宛平有寺曰瑞雲，山即大安……案寺創自隋唐間， 歲月既久，興廢屢經，迄今而爲名刹也，俗以百家稱，豈以村里敝寺宇之規模，山谷之形勢，備諸寺碑。至 順辛未，長老信忠始蒞院事，以肯搆心，復化諸檀信，整高殿宇，繪祖師堂，塑彩天王地藏，置建僧房，闢王，龍 王祠，咸爲一新。 同書案語 觀音山菩薩頂之下龍王廟大士殿今俱無考，白水庵瑞雲寺今尙存。 劉侗帝京景物略卷七百花陀 府西一百二十里，繇王平口過漢匈奴分界處曰大漢嶺，抵沿河口，玄女廟， 是百花山足也……登菩薩頂，累石凡三峯……是百花山頂也，下頂未半，又入百花中……東之龍王頂 廟……北之大士殿……下千佛岩，南之東之又入百花中，花被遝八里多千畝。過白水庵，竹泉聲二里， 一松標，瑞雲寺寺即五代時李克用避亭故處，俗曰百家寺也。
五福太乙宮	大都和義門內	文宗至順二年二月建	元史卷三五文宗本紀 至順二年二月，創建五福太乙宮於京師乾隅。 順天府志（永樂大典輯佚本） 西太乙宮在和義門內，張秋泉所建。
興國禪林		順帝元統三年建	明一統志卷一 宏慈寺在府西北，舊名興國寺，元建，本朝正統初修，重改今名。 日下舊聞考卷一〇七引五城寺院冊 德勝門外東北，有前宏慈寺後宏慈寺。 同書案語 宏慈前後二寺，相去不半里，形勢聯屬，似一寺分而爲二者。考寺爲元興國禪林，茲於後寺斷 垣荒草中搜得明臣顧紫迹碑，有元統三年興國禪林之語，翰林沈若作重修碑記，殆本於此，而所謂興國 禪林者，其興廢無可考矣。前寺本朝乾隆丙申年新修，有鐘一，上識萬曆十一年宏慈寺造，後寺有鐵磬 一，上識天啓五年宏慈寺住持紫松發心募造字。

			同書引順天……迹宏慈寺碑略 ……京師德勝門外有古剎遺址，發地得石碣，蓋元之元統三年，興國禪林也，劉公信心喜捨，鼎建一新，奏聞賜名宏慈。
大壽元忠國寺	大都健德門外	順帝至正三年建	元史卷一三八脫脫本傳 至正三年，脫脫乃以私財造大壽元忠國寺於健德門外，爲皇太子祝釐，其費爲鈔十二萬二千錠。
柏林寺	大都城內	順帝至正七年建	日下舊聞考卷五四 柏林寺在今雍和宮東，建於元至正七年。明正統間重建。又柏林寺本朝康熙五十二年奉敕修，乾隆二十二年重修。 同書引燕都遊覽志 柏林寺在國子監之東。 同書引御製重修柏林寺碑文 京師名剎不勝記，而柏林寺以傍近雍和宮特著……皇考祝釐皇祖，故於康熙癸巳，施檀重修，且請於皇祖特賜萬古柏林之額……至今又四十餘年矣，塗之丹者日以剝，榱之彝者日以落，爰以乾隆丁丑仲冬，敕所司葺而新之，迨戊寅長至訖工。寶界莊嚴，人天增勝。考寺之始創也，不著於圖志，惟明正統間所存故碣，稱元至正七年鼎建，乃其所援據，僅出屋梁題字。
法通寺	大都金臺坊	順帝至正中建	日下舊聞考卷五四 法通寺元至正間建，明成化丁酉年復建堂三間，曰淨業……萬曆四十年修……康熙四十四年重修，改名淨因寺。 同書引五城坊巷胡同集 金臺坊九舖，有萬寧寺法通寺。
崇效寺	中都舊城	同右	日下舊聞考卷六〇引析津日記 元至正初，以唐貞觀元年所建佛寺舊址建寺，賜額崇效，明天順間重修。嘉靖丁亥，掌丁字庫內官監太監李朗於寺中央建藏經閣。有鄒人夏子開，高明區大相二碑。 同書引夏子開重修崇效寺碑略 神京之宣武關外，古剎一區，創自唐貞觀元年，宋元末因罹兵火，日就傾頹，至正初爲好善者重葺，賜額曰崇效。年久就弊，修於天順年間。至嘉靖壬午，內官監太監宣福等，同本寺上人了空，乘處修葺，煥然一新。三十年辛亥，內官監太監李朗捐金造藏經殿一座，屬予爲文以紀其事，嘉靖四十二年仲秋立。 同書案語 崇效寺在白紙坊。
牛蔵寺（義利寺）	大都集慶坊	同右	日下舊聞考卷四四引五城坊巷胡同集 積慶坊有嘉興寺，牛蔵寺。 同書案語 牛蔵寺在嘉興寺東。考寺碑云：建於元至正間，爲僧儀佛駐錫之所。師早膺祖印，定慧不羣，

寺名	地點	年代	文獻
			人奐所居名牛蔵焉。至正七年，其徒智存奉狀徵銘，丞相布哈奏請賜額崇利。明嘉靖中重修，改名保安寺。 光緒順天府志卷一六 保安寺舊名牛蔵寺，為元崇僧駐錫之所，元至正間建也，在地安門外宛平縣東。
福安寺（?）	大都居賢坊	順帝至正中建	日下舊聞考卷四八引五城坊巷胡同集 南居賢坊有福安寺。 同書案語 福安寺在瓦岔胡同，有正統年間通政司左通政陳恭撰碑。載寺始於元至正間，厥後惟存大殿一區，明永樂中始構僧舍數楹，宣德七年興修，至正統癸亥落成奏聞，特賜今額云。
慶壽寺	大都城內	裕宗時修	順天府志（永樂大典輯佚本） 上闕……月，下詔加贈光天普照佛日圓明海雲佑聖國師，重修其塔，敕翰林承旨程鉅夫撰塔銘立於左。可庵朗公國師之嗣也，示寂後塔於東，亦蒙詔贈為魏國公國師塔。至今九十四年曰珠砌寶冠。世祖皇帝，壬寅年間，在潛邸中，聞海雲宗師道業，遣使詔至北庭，問以佛法，師對有契，以珠絡寶冠西域無縫僧衣賜之，仍號燕國大師。寶冠迄今本寺收貯，永以為山門之寶。追今一百一十年，曰石碑党字碑，在內三山東南夾道中立，可高三丈，螭首龜趺，前金起行翰林承旨李晏撰文，党懷英書字，篆額高舉，筆力勁古，有傷冰之風也。好事多摸勒。今一百七十年，皇太子大慶壽禪寺功德院事狀：今天子即位之二十一年，至正甲午二月二十七日，有旨以大慶壽禪寺賜皇太子作功德院。越五年戊戌，正月十有一日，詹事院官啓請勒碑本寺，以紀其事，東宮許之。欽惟太祖皇帝，應天順人，撫寬纂傑，開基啓運，世祖皇帝天應人順，混一四海，臣妾六合，大德好生，深有覺於佛教之旨。於是列聖相承，事佛彌勤，亘古罕匹。惟大都大慶壽禪寺，故命之慶壽宮也，刱於大定間，其主在位年高，捨宮為剎。我國初，中和章公首主是山。初太師木華黎國王，領兵平河東，取嵐州，得僧中觀沼公及弟子印簡，即海雲禪師，北見太祖皇帝於行宮。奏對稱旨，呼之曰小長老。繼命居燕之慶壽寺，賜以固安新城武清之地，房山栗園，煤坑之利，並京師之房舍，恆資給之。特奉旨為國師，統領諸路僧尼教門事。昔者裕宗皇帝在娠，世皇以問海雲，師對曰：必生太子，且預製其名，已而果然，大奇異之。及長，自燕邸居青宮之日，上思海雲之前言有徵，特以寺賜之，俾以祈天永命，以資福利。故慶壽禪寺為儲皇之功德院者，實自茲始。厥後仁宗龍潛，亦嘗臨幸焉。至正十三年夏，車駕時巡上都，大會宗室大臣。六月，詔册皇子為皇太子，上以副祖宗付託之重，固天下之本，下以屬四海之望，開太平之治也。先是前太師中書右丞相脫

36436

脫公詣寺修齋，今主持長老鳳巖大禪師儀公相客，從容論寺之興建本末與夫裕宗皇帝功德之由，請援前朝故事，大師悅從之。一日，上御隆福宮光天殿，翰林學士承旨臣老章進奏曰：大慶壽禪寺昔世祖皇帝賜裕宗皇帝爲之功德主，今本寺住持僧臣顯儀具疏請皇太子主是山功德，制曰可。仍命太師脫脫公提調寺事，並敕翰林院頒旨護持。疏曰：伏念本寺幸處神京，忻逢聖世，地密依於紫禁，苑長託于青宮，茲遇元良，丕承泰運，爰稽故實，寅恭忱辭，恭請皇太子殿下作本山大功德主，祝延皇帝皇后參贊綿洪上以鞏固皇基，下以敷錫民福。又曰：裕皇捐金億萬，重修梵宇之華，仁廟命駕再三，臨幸祇園之勝，皆以居儲之日，畢崇樂施之規。疏進，東宮請於上，畀以手書大功德主之字于疏，還鎮山門，恩寵日隆，實爲京師諸剎之甲。歲時朔望吉辰，內廷頒香幣于寺，崇敬之儀尤謹，僧衆朝夕恭對如來諷閱經乘，端爲萬歲千秋之祝焉。

同書　海雲禪寺，佛日圓明大宗師海雲年十九，開堂於慶壽祖庭之興國，厥後三住慶壽，偏歷諸剎……師既示寂，命建靈塔于慶壽之側。又海雲可庵雙塔，在慶壽寺西。

元史卷六世祖本紀　至元三年四月庚午，敕僧道祈福於中都寺觀，詔以僧機爲總統，居慶壽寺。

同書卷三五文宗本紀　至順二年三月甲申，繪皇太子眞容，奉安慶壽寺之東鹿頂殿，祀之如累朝神御殿儀。

孫承澤春明夢餘錄卷六六　元慶壽寺即雙塔寺，在西長安街。有二塔，一九級，一七級，寺僧海雲可菴葬其下。　僧像尚存，皆團龍魚袋。海雲像有門弟子劉秉忠贊。

劉侗帝京景物略卷四　西長安街雙磚塔，若長少而肩隨立者，其長九級而右，其少七級而左。九級者額曰特贈光天普照佛日圓明海雲佑聖國師之塔，七級者額曰佛日圓照大禪師可菴之靈塔。

日下舊聞考卷四三引續文獻通考　中統元年，賜慶壽寺海雲師陸地五百頃。

同書引析津志　慶壽寺西有雲團師與可庵大師二塔，正當築城要衝，時相奏，世祖有旨命圈裹入城內，于以見聖德涵融者如是。

同書引明成祖實錄　姚廣孝住北平慶壽寺，事上藩邸。

同書引明宣宗實錄　宣德七年二月，監察御史李德全劾僧錄司右覺義大旺，于慶壽寺擅創樓閣。　上命錦衣衛執大旺等付都察院鞫之。

同書引明英宗實錄　慶壽寺僧覺義創毘盧閣，高出數十丈，虞祥爲禮科給事中，抗章論其罪。　宣宗怒，命毀閣下覺義於獄。　又　正統十三年二月修大興隆寺。　寺初名慶壽，在禁城西，金章宗時所創。　太監王振言其朽敝，上命役軍民萬人重修，費至鉅萬。　既成，壯麗甲於京都諸寺，改賜今額，樹牌樓號第一叢林，上躬臨幸焉。　十三年十月工完，賚工太監尙義，工部右侍郎王永和，內官黎賢，主事蒯祥各賞鈔有差。

同書引燕都遊覽志　慶壽寺亦名大慈恩寺，在禁牆西，俗呼曰演象所。　初文皇欲爲姚廣孝建第，廣孝固辭，竟居慶壽寺中，後退居天寧寺，百官遂於慶壽習儀。

同書引明典彙　十四年四月，大興隆寺災。　御史諸演言：佛者非聖人之法，惑世誣民，皇上御極，命京師內外毀寺宇，汰尼僧，將挽回天下于三代之隆。　今大興隆寺之災，可驗陛下之排斥佛教，深契天心矣。　又言寺基甚廣，宜改爲習儀祝聖之處。　上不可，部議請改僧錄司於大隆善寺，並遷姚廣孝牌位，散遣僧徒。

嘉靖十五年五月，論改大興隆寺爲講武堂。

同書引涌幢小品　嘉靖初，廢大慈恩寺，從錦衣衛之請，卽其地改爲射所，上以金鼓聲徹于大內，擬改建元明宮，別以大興隆地爲射所。　都督陸炳言，大興隆地亦逼禁城，惟安定門外有廢官廳，宜將宣武門外民兵教場移此，而移射所於民兵教場，射所舊地改爲演象所，得旨允行。

同書引雪樓集大慶壽寺大藏經碑　國家信佛法，建立佛寺，必置經藏，叢天下之工書者，泥黃金繕寫，以示其嚴，選天下之善鍥者，刊美本傳刻，以致其廣，京師諸寺日飯僧端坐繙師，撞鐘吹螺，窮夜不絕，歲又一再遣使乘驛奉香幣，徧天下亦如之，斯盡恒河沙界，並受其福，於虖至矣。　東南海濱之國高句麗，古稱詩書禮義之邦，奉佛尤謹。　皇元之有天下，聞風來附，世祖皇帝結之恩，待之禮，亦最優異，父子繼王，並列貳館。　今王又以聰明忠孝爲皇帝皇太后所親幸。　大德乙巳，乃施經一藏，入大慶壽寺，歸美以報于上。　寺爲裕皇祝釐之所，于京城諸刹爲最古。　皇慶元年夏六月，詔某爲文，勒之石。　王名章，好賢樂善，有德有文。

同書案語　大慶壽寺創于金章宗時，明正統中重修，易名曰大興隆寺，又曰慈恩寺。　嘉靖初廢，後卽其地爲射所，名曰講武堂，又以爲演象所。　今西長安街北，有雙塔慶壽寺，殿廡數楹，乃本朝乾隆二十九年重修。　雙塔在寺西偏。　再考寺北稍東有關帝廟，又東北半里許，亦有名慶壽寺者，中有明崇禎間重修廟碑記，敍寺名原委與諸書相同。　又云射所中有殿宇，祀北極關帝，西爲庫藏。　歲戊寅，修廢補缺，于庫中

			得石刻上鐫帝君聖號，遂捐貲遷奉，迺建此寺。是慶壽寺地本宏敞，頹廢已久，今前後兩寺皆非其舊，特以雙塔尙存而地仍遺址，故兩寺曰後來重建，猶均存慶壽之名耳。
東嶽廟	中都舊城長春宮東南	元建	虞集道園學古錄卷七劉正奉塑記……將作院經歷洛陽田君，博物君子也，嘗謂予言：大都南城長春宮都提點馮道頤，始作東嶽廟于宮之東。謀其徒曰：不得劉正奉名手，無以稱吾祠，且正奉嘗從吾徒游，將無靳乎。即詣正奉言之，正奉以前勑未之許也。是時廟未成，民間以禳異禍福相恐動，事未甚顯灼。馮去後，正奉果怳惚，若有所感者，病不知人者三日。或爲之禱，乃起，謂其門人子孫曰：速爲我御，我且之東嶽廟。至廟疾頓已，會立廟事奏御，正奉祝曰：願親造仁聖帝像，既而疾大安，又進秩二品，益喜曰：是神之賜也。因又造炳靈公、司命君像，而猶侍諸神有弗當其意悉更之，蓋幾有神助者。延祐四年春，予遊長春，因即而觀焉。凡廊廡時共稱好者，皆市井物怪憯狀，蓋易以悅人；及仰瞻仁聖帝，巍巍乎帝王之度矣，餘皆稱其神之所以名者。予尤愛其盛服立侍，侃侃若不勝憂深思遠之至者。元史卷二〇三方技阿尼哥傳　有劉元者，嘗從阿尼哥學西天梵相，亦稱絕藝。元字秉元，薊之寶坻人，始爲黃冠，師事靑州把道錄，傳其藝非一。至元中，凡兩都名刹，塑土範金，摶換爲佛像，出元手者，神思妙合，天下稱之……後大都南城作東嶽廟，元爲造仁聖帝像，巍巍然有帝王之度，其侍臣像乃若憂深思遠者。始元欲作侍臣像，久之未措手，適閱秘書圖畫，見唐魏徵像，矍然曰：得之矣，非若此莫稱爲相臣者。遽走廟中爲之，即日成，士大夫觀者咸歎異焉。
白雲觀	中都舊城長春宮東	同右	王惲秋澗文集卷五六宗師尹公道行碑銘　歲癸未，長春還燕，主太極宮。師雅志閑適，退居縉雲秋陽觀，俄徙德興之龍陽。長春仙去，命公嗣主玄教，即建處順堂於白雲觀，奉藏邱公仙蛻。 順天府志（永樂大典輯佚本）　白雲宮在長春宮東。 日下舊聞考卷九四引甘水仙源錄陳時可白雲觀處順堂會葬記　長春宗師既逝，嗣其道者尹公，乃易其宮之東甲第爲觀，號曰白雲。明年四月，除地建址，凡四旬堂成，榜之曰處順，既祥，奉旨以葬。 同書引胡濙重修白雲觀碑略　白雲觀在都城西南三里許，乃邱眞人藏蛻之所。洪武二十七年，太宗文皇帝居潛邸時，重建前後二殿，廊廡廚庫，及道侶藏修之所。宣德三年，太監劉順建三清殿。正統三年，道士倪正道募建玉皇閣。正統五年，復建處順堂以奉長春。正統八年，建衍慶殿於玉皇閣之前，重修

			四師殿及山門，建鐵晁門於外，繚以周垣，植以嘉木，茲觀至是始大觀，甃有加焉。　正統九年立。 同書案語　白雲觀本朝乾隆二十一年奉敕重修。
大明寺	中都舊城安仁坊	元建	順天府志（永樂大典輯佚本）　大明寺在舊城安仁坊。　案重修寺記：乃復集寺大覺圓通大師志玄，當大元開國統御之際，見古燕大明□曰，屋老僧殘，考其遺跡，乃金正隆二年安遠大將軍甄孝與所建，舊名甄樂。　師以金易其地，大闡法筵，律儀爲世所重，門資洪濟極老復開疏，增修宗主，即隱侍奉藏眷太保積有年矣。　一日還燕，見大明寺宇摧頹，大興土木，未及落成，傳之即顯，竭力畢備。　至元甲午大都報恩禪寺林泉老衲從倫譔書。
淨居寺		同右	順天府志（永樂大典輯佚本）　淨居寺，案本寺成公大禪師淳德碑　至元六年立石。　師諱善成，嗣庵其號，生於濟南，本孫氏子，初生即能跏趺，六歲出家。　年二十五登法坐，脫去文字，求直指之要，所至道俗景慕，倦於應接，求爲怡養之地，乃於都城中得淨居故基，即庵其上，此第一代住持也。
龍泉寺	中都舊城開陽東坊（或云清夷門西）	同右	順天府志（永樂大典輯佚本）　龍泉寺在舊城開陽東坊。　開山第一代禪師谷氏淨端，號龍泉老人創建，因以龍泉名，具寺至元二十四年立碑。　析津志在天寶宮西北。　又云：在清夷門西，俗號五台寺是也。
報恩禪寺	中都舊城	同右	順天府志（永樂大典輯佚本）　報恩禪寺在舊城，重修於元朝癸丑歲，有大德元年國師道業功行記。
靈應萬壽宮	大都城西西山	同右	順天府志（永樂大典輯佚本）　靈應萬壽宮元自開國始創建于西山，賜上名額，實自太保劉文正公之主也。
碧雲寺	同右	同右	光緒順天府志卷一六　碧雲寺在昭廟北石橋之北。　寺建於元耶律阿勒彌，明正德中內監于經拓之，土人呼爲于公寺。　天啓三年，魏忠賢重修之，寺最宏麗，因山下上築台殿，乾隆年間重修。
元都勝境	大都城內	同右	高士奇金鰲退食筆記卷下　元都勝境在弘仁寺之西，建於元，相傳爲劉元塑像，正殿乃玉皇大帝，右殿塑三清像，儀容肅穆，道氣深沉；左殿塑三元帝君像，上元執簿側首而問，若有所疑，一吏跪而答，甚戰慄，一堂之中皆若悚聽嚴肅者，神情動止，恍如聞其謦欬，眞稱絕藝。 日下舊聞考卷四二　元都勝境建於元代，因內有劉元塑像，其地因之得名。　本朝乾隆二十五年重修，賜

			名天慶宮。
寶馨寺	同右	同右	日下舊聞考卷四八引寰宇通志 寶磬寺在城內東，元建，永樂十年重修。 同書案語 寶磬寺無考。
石湖寺	同右	同右	孫承澤春明夢餘錄卷六六 元石湖寺在德勝門內北湖旁，後爲方閣老園。
圓寧寺	同右	同右	日下舊聞考卷五四 圓寧寺在今羊管胡同，係元時舊蹟，以僧圓寧得名。明嘉靖十五年，沙門杇庵宗林重修，其碑尚存寺中。又有元時石碣，亦作圓寧，其爲圓寧寺無疑。
大萬壽寺	中都舊城	同右	日下舊聞考卷六一引析津日記 永光寺元大萬壽寺也，曹洞下青州辯公居之。寺有大萬壽寺開山佛法歷代宗師實跡碑記。 同書引京城古蹟考 永光寺在順承門外東南。
崇恩萬壽宮		同右	日下舊聞考卷五八引寄園寄所寄錄 慈源寺東數百武有關王廟，相傳即元崇恩萬壽宮殿，中塑像甚古，作姚彬被縛狀，殆元時舊塑。
平坡寺	大都城西西山		劉侗帝京景物略卷六平坡寺 秘魔崖而西，行碎石中一里，息龍泉庵而上平坡寺也，寺爲仁宗敕建，曰大圓通寺，制宏麗宮闕以爲規，今圮壞。 日下舊聞考卷一〇三引懷麓堂集 平坡寺元故刹，宣德間修之，改名圓通。 同書引王文端集 翠微山圓通寺蓋舊平坡寺也。洪熙初詔改作易今名。寺在西山高處，去城可四十里。 同書引御製香界寺碑文 香界寺在香山迤南，故爲平坡寺，不知其所由始，蓋古刹也，其後名聖感寺。康熙中僧海岫薙髮於此，經營十載，重事鼎建……閱今數十年，丹青剝落，庭宇且就荒寂……因出內帑，命將作撤而新之，易其名曰香界。
大天源延聖寺	大都太平坊（或云在盧師山）	同右	順天府志（永樂大典輯佚本） 黑塔在大天源延聖寺，太平坊。 元史卷七五祭祀志神御殿 影堂所在，……明宗帝后，大天源延聖寺。 元代畫塑記 泰定三年三月二十日，宣政院史滿禿傳敕諸色府，可依帝師指授，畫大天源延聖寺前後殿，

			四角樓畫佛口口爲之，其正殿內光熖佛座，及幡杆，戚依普慶寺製造。 元史卷三〇泰定帝本紀 泰定三年二月丙申，建顯宗神御殿于盧師寺，賜額曰大天源延聖寺。 八月乙亥，大天源延聖寺神御殿成。 十月庚辰，奉安顯宗御容於大天源延聖寺。 劉侗帝京景物略卷六盧師山 石子鑿鑿，故桑乾河道也，曰盧師山，有寺曰盧師寺，正統十一年更名清涼。 日下舊聞考卷一〇四 盧師山之盧師寺，據劉侗帝京景物略始自隋仁壽中，元曰大天源延聖寺，明曰清涼寺，今廢，僅存塔一。
丹陽觀	中都舊城周橋西南	元建	順天府志（永樂大典輯佚本） 丹陽觀全眞道師通玄子劉君所建也。 通玄子才氣邁爽，年三十餘，辟王府參謀，委任近密。 一日散財棄妻子，衲衣蓬頭，詣灤州玉清觀，拜清眞弘教眞人爲師，修全眞教。 入長春宮，衆推爲提點，掌道門事，非所樂也。 故所交游達官貴人，競施財物助之，買地致材，以建此觀，至元十六年冬，翰林學士王磐譔記。 觀在舊城有碑。 析津志：在周橋西南，趙汲古宅之西北也。
興眞觀	中都舊城康樂坊	同右	順天府志（永樂大典輯佚本） 興眞觀在舊城康樂坊。 國朝中統甲子春，長安李庭作觀記有曰：都城東北之隅，曰康樂坊，殿堂巍然，兩廡翼然，興眞觀也。 道教都提點何志邈，爲其師至德靜默保眞眞人何君所創。 保眞諱志堅，高唐人，幼事長春丘公學道。 己卯歲，長春應太祖聖武皇帝之命，從行者十八人，保眞其一也。 還燕之日，嘗有興修之志，不果而逝。 志邈爲修之，以成師之先志，觀成，求額於淸和眞人，號曰興眞。
崇元觀	中都舊城北春臺坊大井頭近東	同右	順天府志（永樂大典輯佚本） 崇元觀在舊城北春臺坊。 碑記乃大德三年翰林直學士王德淵譔。 舊都東北隅北春臺坊有觀曰崇元，殿曰虛極，以奉玄元至德洞淵通眞眞人，邯鄲霍志融之所建也。 公當其丘尹二眞人掌敎之時，已獲殊顧。 眞常知公有材，盡付興造，數十年間，堅完轢麗。 甲寅年賜眞人號，有徒弟百餘人，臨終付誠明眞人而逝。 析津志：在大井頭近東。
玉陽觀	中都舊城康樂坊（或云敬客坊內）	同右	順天府志（永樂大典輯佚本） 玉陽觀在舊城康樂坊。 至元初翰林學士承旨王鶚譔記有曰：全眞之教，肇基於東華帝君，而正陽純陽海蟾三祖師，始克發揮之。 至於重陽眞人顯化山東，得高第六人：曰馬丹陽，曰譚長眞，曰劉長生，曰丘長春，曰王玉陽，曰郝太古，然後七眞之號立，又曰眞常爲大宗師。 賜庵名履眞，都人敬信。 及誠明嗣教，易庵爲觀，以玉陽名之。 析津志：在敬客坊內，有玉百一石刻古帖所述碑，

			俗呼爲百一帖是也。
洞神觀	中都舊城（或云南巡院西北）	同右	順天府志（永樂大典輯佚本）洞神觀在舊城，有盧舟老人太原季鼎所譔記，保光大師谷神子所創建也。保光先就雲中拜長春爲師，傳法於圓明普照崇德宋眞人，其道行皆見於記。至元十二年，提點洞神觀事王志譔立石。析津志：又云在南巡院西北。
十方昭明觀	中都舊城金故宮北	同右	順天府志（永樂大典輯佚本）十方昭明觀在舊城金廢宮北圍內，有道館曰昭明，乃修眞道人弘玄子，及其徒郭志眞所建。其地則平章軍國重事密里沙公初以施樓雲王眞人。樓雲門弘玄名，遂以地請居之。師力事興構，旣而仙蛻。志眞嗣其役不懈，建大殿以祀玄元聖祖及五祖七眞，粧嚴繪事備極精緻。鑿宜爲堂，弘玄爲祠，丈室齋廚，雲衆之樓，舍賓之館，蔬圃井廄各有攸序。其經營指畫雖出弘玄，而締構落成志眞之力居多。基業相傳，不私於己，以待諸方有道之士。掌教大宗師誠明眞人錫其號曰昭明，蓋爲弘玄設也。弘玄子諱道寬，本鄜州孟氏子。至元三十年翰林學士王之綱譔記。
寧眞觀	中都舊城永樂坊（或云在渤海寺西西營之北）	同右	順天府志（永樂大典輯佚本）寧眞觀在舊城西南永樂坊，迺超然崇道清眞大師丁公所建。中統四年冬，門人孫志銓等狀其經始落成之事，實請文於掌教誠明眞人，刻石以傳永久，至元三十年立石，太原盧舟老人李鼎爲文云。析津志：在南城正南禮樂坊。又云：在渤海寺西，西營之北。
清都觀	中都舊城太廟寺之西	同右	順天府志（永樂大典輯佚本）清都觀，定庵老人吳章記：辛卯年四月立石，提點長春宮大師宋德方得紫微之故地，立混元像于中，名其觀曰清都。清都紫府，乃上界神仙之所居也。觀宇旣成，大集道侶，與京城士大夫共落之。析津志：觀在太廟寺之西。
長主觀	中都舊城豐宜門	同右	順天府志（永樂大典輯佚本）長主觀長春丘仙翁門弟崇德宋眞人所創建。在舊都豐宜關，有崇德祠堂記，長春宮玄學講經宣義大師史志經譔。析津志：在豐宜門。
玉華庵	中都舊城常清坊	同右	順天府志（永樂大典輯佚本）玉華庵舊都西南隅常清坊有庵曰玉華，女冠崇素散人張守本爲之宗，經營規度有年。于茲正殿奉玄元道祖於中，像眞人玉女以侍左右，西有堂，東有齋，長春太宗師賜以玉華之名。至元十二年立石，以記其興修之本末云。

明魯般營造正式鈔本校讀記

劉敦楨

魯般營造正式六卷，曾著錄明焦竑經籍志，惟焦志簡稱營造正式，列於宋李誠營造法式之前，讀者每疑其書與李書相仲伯。曩歲晤趙斐雲先生，知於寧波天一閣獲覩是書，頗類明福建刊本，約異日以跋記見貽，以諗同好，乃比歲來人事倥偬，同居舊都，竟無造訪之緣，窮其究竟。去歲十一月，浙省舉行文獻展覽，范氏遺書，往日深錮密藏，非常人所得問津者，至是遂公開於世。此書經陳叔諒先生影抄，以贈葉遐庵先生，葉先生復以轉贈社中，始悉焦氏著錄者，固與坊間通行之匠家鏡魯班經，同爲一書。

范氏所藏，據鈔本共存三十六頁。版心最低者十六公分，最高者十七公分半。寬十一公分。每面八行，行十五字。內揷圖二十幅，占全頁者十五幅，半頁者一幅，餘四幅略小，蓋文與圖篇幅略相頡頏也。

書中卷數除失卷五外，與焦氏所紀大體符合，惟此書殘缺過甚，魚尾下注明『經一』『經二』者各僅三頁，『經三』者一頁，其餘或逕書一二三等字，幾無由定其先後。又卷首佚亡，亦不能證通行本所列著者午榮、章嚴、周言三人是否正確。

鈔本文字以請三界魯般仙師文爲首，其下列定盤眞尺，斷水平法，魯般眞尺，曲尺，推白吉星，伐木擇日，起工格式，宅舍吉凶論，三架屋後車（疑應作連）三架法，畫起屋樣，五架屋格，間數吉凶例，正七架三間格，九架五間堂屋格，小門式，樓蓋亭造，門法，廳堂門例，垂魚正式，駝峯正式，五架屋圖式，五架後拖二架，正七架格式，造羊棧格式等共二十五項，持與通行本核校，其羊棧格式與垂魚駝峯三條今本屬之卷二，餘皆歸入卷一，而抄本則分爲六卷，疑焦氏著錄者原即此本。其後不知何人改纂，併爲二卷，更益以相宅秘訣及禳解等術，成爲今之三卷本與四卷本。但今本文字似經一度潤飾，訛奪處亦較鈔本爲少。

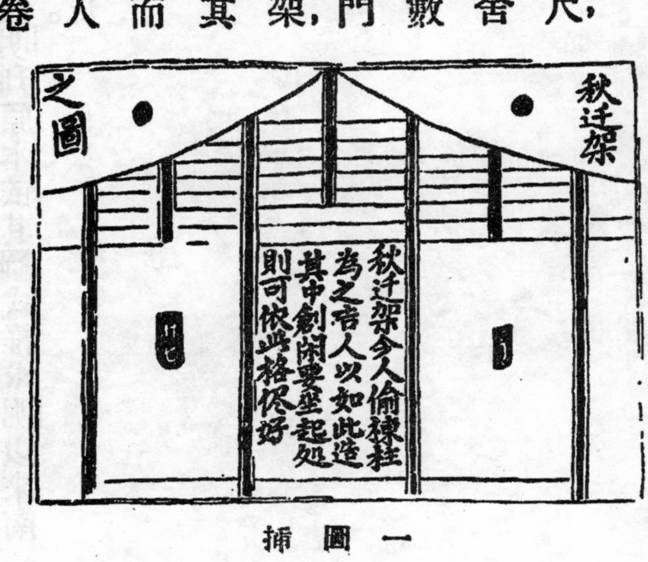

插圖一

此外鈔本之圖，如正七架地盤，地盤眞尺，水繩，魯般眞尺，曲尺，三架屋連一架，五架屋拖後架，樓閣正式，七架之格，九架屋前後合寮，小門式，樓亭式，創門正式，垂魚，掩角，駝峯等，胥爲今本所無，

依此類推，其割棄遺漏者更不知凡幾。　又鍬鑼架一圖，原指山面梁架中柱不落地者而言插圖

一，今本乃圖爲眞實之鍬鑼架，徽鈔本不知創作原意矣。

此書在舊日南方諸省流傳極廣，幾與官書做法則例，處於對立地位，而勢力彌漫，殆尤過之，惟書中往往雜以咒訣及五行迷信之說，實無足取。然苟獲明刊原本，依其圖式，推求明以來南方住宅祠廟結構之變遷，亦足爲研究我國建築史之一助也。

書評

遼金燕京城郭宮苑圖考

著者　朱偰

發行者　國立武漢大學出版部

原文登於國立武漢大學文哲季刊第六卷第一期內，除緒言外，分第一第二兩章，另附平面略圖四幅，體制簡明，行文暢茂，絕無時下考證文字艱深枯燥之病。惟所引資料迹其出處不逾遼金二史與日下舊聞考順天府志諸書，而金史似未全部檢讀，不僅遺珠尙多，其矛盾謬誤處，亦未加辨証，遽予引用。此外樓鑰北行日錄，路振乘軺錄，程卓使金記，及近人奉寬燕京故城考，日人那波利貞遼金南京燕京故城疆域考等，咸未寓目，致篇中論斷，及所繪遼金城郭殿闕配置諸圖，或與文獻史蹟，枘鑿不合，或未列舉佐證，迹近武斷，以云『圖考』，似有未安。舉其重要者，約有七事。

(一)遼南京城之四至　著者所繪遼南京析津府圖，在平面上東西較南北略廣，然文中所舉證據，僅及東北二面，而此二面之起迄地點，亦無確証。若以城之闊度定之，則遼史地理志謂『城方三十六里』，奉使行程錄稱『城周二十七里』，乘軺錄又謂『城周二十五里』，三者中孰爲正確，亦無論斷。未知是圖所示，何所依據？

(二)遼大內位置　原文列大內於丹鳳門之北，謂『今外城西南角外，其地猶有溝渠遺蹟，似當年之禁城護河，』然未述溝渠之詳細地點，證其與遼大內之關係，足窺圖中所定廣袤四至，皆以臆測出之。且第二章金中都大興府圖，已將遼大內之大半部，劃入金之皇城，是金已一度改築矣，烏覩此溝渠遺蹟即爲遼禁城護河耶？

（三）金中都城之四至　金海陵營中都，展築遼城東南二面，著者固已論之，然畢沅續資治通鑑載海陵遷都燕京詔，謂『廣阡陌而展西南之城』，知其時西垣亦在推展之列。今案中都東垣之位置，日下舊聞考與順天府志言之綦詳，無庸再贅。其北垣位置，則以奉寬考定今白雲觀西北二里之會城村爲金會城門故址，最爲精確可信。自此引一直綫使與磁針所指之方向成直角，則南距白雲觀約一里，與明楊士奇郊遊記『永樂癸卯二月……出平則門……度石橋入土城，望白雲觀可一里，土城者，遼金故城也，』適相契合。西垣位置據奉寬考定者，自雷震口迤南至鳳凰口，現存土垣一段，約長五里，高二丈，其方向適與磁北一致。又自鳳凰口折東九十度至鷄房營，尚存土垣一里有奇，當爲中都南垣故基。著者所繪金中都大興府圖，除東垣位置未有錯誤外，其西垣南垣俱未列舉佐證，而北垣位置，較所繪遼南京析津府圖，南移一里有奇，在文獻上尤無根據。

（四）彰義門之位置　原文金中都大興府圖，列彰義門於西垣之北端，然奉寬引金史禮志『夕月壇曰夜明，在彰義門之西北，當闕西地』，依西之方位，斷其位於西垣之南端。在未發現有力反證以前，宜以此說爲是。

（五）金大內位置　自來論遼金建置沿革者，皆以今外城燕角胡同，即燕角樓故址，而那波利貞考定之金皇城中軸，與奉寬所舉之周橋寺，皆在今外城西南角外平綏鐵路路線左近，足證金皇城之東部，實跨入今外城西垣之內。著者對上列證物，既未引用，亦未列舉反證，而遽置金皇城於其西偏使其東垣位於今外城西垣之外。

（六）金之內外朝　著者所繪金皇城殿闕配置圖，在全文中謬誤最多。推原其故，蓋僅據金史地理志與攬轡錄二書，不知金史蕪雜凌亂，素有定評，而攬轡錄所載，亦遠不及樓鑰北行日錄之精密。玆以樓記校著者之圖，發現遺漏及錯誤事項如次：

(甲)應天門前部千步廊，有東西橫街三道，通左右民居及太廟三省六部，皆未繪入。

(乙)應天門之北，大安殿之南，遺漏大安門一座。此門除北行日錄外，又見金史卷三十二及三十六禮志。

(丙)大安門左右兩側有行廊及日華月華二門，皆南向，著者誤為東西向。

(丁)左右翔龍門，應位於大安門前東西廊之中部，著者之圖置於廊後。

(戊)大安殿左右朵殿行廊及其前東西二廊與廣祐弘福二樓，皆未載入。

(己)樓記謂敷德門之西廊，位於左翔龍門之後，則敷德門本身宜在大安門之東矣。著者乃置之大安殿之東北角。

(庚)會通門內之西廊，樓記謂即大安殿之東榮，則此門應在殿之東南，與著者所定方位適相反對。

(辛)承明昭慶集禧左嘉會四門相對，諸書所載悉皆一致。而樓氏所紀自承明門轉西經左嘉會門，即至大安殿後，亦與攬轡錄符合。是此四門位於殿之東北，極為明顯。著者乃列於殿之西北。

(壬)尚書省之位置，著者置之大安仁政二殿間，然考金史與大金集禮，當時實以大安殿為大朝，仁政殿為常朝，衡以我國宮闕配置之原則，決無置尚書省於大朝常朝之間者。微樓氏紀載，亦知其誤。

(癸)仁政殿左右朵殿廻廊及其前鐘鼓二樓，俱皆遺漏。

又是圖所載之仁政殿，幾與栱城門鄰接，疑常朝之後不應狹隘若是。此殿東側之內省及殿西十六位，俱未箋注。同樂園地點，金虜圖經謂在玉華門外，亦待考證，始能決定。

(七)泰和殿未改名慶寧殿　著者沿金史地理志之誤，謂泰和二年改泰和殿為慶寧殿，然攷章宗本紀『泰和二年……五月……甲子，更泰和宮曰慶寧』，係指德興府晉新州龍門縣離宮而言，非大內泰和殿也。又同書卷一百七張行信卷「泰和……四年四月召見於泰和殿」，尤足證泰和二年此殿未曾改名。

此外文中所舉之樞光殿，亦漠北離宮之一，與大內殿闕無涉。其餘見於金史與南遷錄者，尚有福安，大慶，集賢，凝和，薰風，明陽，承安，絳霄等殿及瑞雲樓，瓊華閣與西園瑤光臺，南園熙春殿，胥未收入。（敦楨）

元大都宮殿圖考

著者　朱偰

發行者　商務印書館

近年來國內以元大都宮殿制度為研究主體之書籍，凡有二種：一為民國十九年由朱啟鈐先生主撰，闞鐸執筆之元大都宮苑圖考，（原文刊於中國營造學社彙刊第一卷第二期）一即最近出版朱偰先生之元大都宮殿圖考。二書同屬紹介元大都宮殿之專著，唯以所採方法不同，故所論斷亦各異致。闞書首重圖釋及文獻之蒐集，而略於制度之考究，致全書訛誤歧出。朱偰先生列舉諸證，足引為他山之攻錯，提起吾輩重事研討之興趣不少。余前歲整理元大都城坊考，擬進而研究宮苑位置，何幸而得此參互之裁料，供吾肆考。茲就朱書所舉，歸納述之如左：

（一）闞書未能詳考元大內位置，以為南自今天安門，北至神武門，及東西華門之間，皆是，不知元大內實較今紫禁城為

圖版壹

甲 山西大同華嚴寺薄伽教藏殿壁藏天宮樓閣

乙 德勝門外西小關(元健德門遺址)

丙 德勝門外西小關石橋

圖版貳

甲 清故宮交泰殿寶匣(其一)

乙 交泰殿寶匣(其二)

丙 南海瀛臺涵元殿井亭

圖版叁

甲 清故宮欽安殿(屋頂背面)

乙 欽安殿(四側面)

圖版肆

甲　南海瀛臺翔鸞閣（背面）

乙　翔鸞閣（西側面）

偏西，至明始東展。

（二）誤分奎章閣宣文閣及端本堂為三，不知三者實為一體而異名者。因此輿聖宮表既列奎章閣，又重列端本堂，而宣文閣則又列入玉德殿東。又興聖宮表雖列奎章閣，而其圖中則失載之，致一代文物之中心如後世之文淵閣者，不得一見於圖中。

（三）大明殿東廡為鐘樓（又名文樓），西廡為鼓樓（又名武樓），其制皆與周廡相連。隆福宮制與大內相埒，但其暸龍翥鳳二樓，則分置於東西廡之前，為獨立之建築，以致前後互相矛盾。因此暸龍樓後牧人庖人之室本應在周廡之外者，不得不列入廡內。

（四）隆福宮有東西二盝頂殿，一在光天殿東寢安殿之後，一在光天殿西北角樓之西，隆福宮表仍沿輟耕錄之誤，均列入光天殿西北角樓之西，其在寢安殿後者則未及之。

雖然，朱書雖於幽書多所正謬，但其本身持論亦不乏可議之處。爰就管見所及，案原文次序先後，臚陳於左，以質高明。

（一）誤謂今承光殿為元儀天殿

原文曰：『元代之亡，去今五百六十八年，大都宮殿，已湮沒而不可復考；一代宮闕，存於今者，僅儀天殿（今之承光殿），及廣寒殿之玉甕而已』（原書第一頁導言）。案朱氏以為今承光殿即元儀天殿之舊，不知其地雖仍元舊，而今殿則係清聖祖康熙二十九年所重建，決非舊制矣。關於重建工程，具見國立北京大學所藏清內閣奏銷檔冊。

（二）誤謂今天安門前後華表為變通元制而來

原文根據蕭洵故宮遺錄（以下簡稱遺錄）：『南麗正門內……建欞星門……門內數十步許有河，河上建白石橋三座，名周橋……橋下有四白石龍，擎載水中，甚壯』，以為橋下『石龍』乃指華表而言，並謂今天安門前後之石華表，亦係由元制變通而來。其言曰：『案今天安門前橋上亦有華表二，東西峙立，竿頭獅南向；天安門後復有華表二，竿頭獅北向，其制蓋沿自元而稍加變通耳』（原書第二頁崇天門前橋邊之華表）。然徵之舊籍，如：

（甲）徐鍇說文解字繫傳卷十一『桓』字注　亭郵表。臣鍇曰：亭郵立木為表，交木於其端，則謂之華表。……表雙立為桓。

（乙）漢書卷九〇尹賞傳注　如淳曰：舊亭傳於四角面百步築土四方，上有屋，屋上有柱，高出丈餘，有大板貫柱四出，名曰桓表，縣所治夾兩邊各一。……師古曰：即華表也。

（丙）晉崔豹古今注卷下問答釋義第八　程雅問曰：堯設誹謗之木，何也？答曰：今之華表木也，以橫木交柱頭，狀若花也，形如桔槔，大路交衢悉施焉，或謂之表木。……今西京謂之交午也。

諸書所述其制，實肇自我國，而非自元始，雖丙項古今注所示，其說不無渺茫，而以甲乙兩項證之，漢時確已有華表則毫無疑問。故斷定明清之沿用此制，絕非導自元氏可知也。況蕭錄明示『石龍』擎戴水中，其非華表自明（關於華表之變遷，可參閱本社彙刊第四卷二期明長陵第十一十二諸圖）。

（三）誤謂清太和殿為沿襲元大明殿之遺跡

據原文：『陶宗儀輟耕錄云：大明殿乃登極正旦壽節會朝之正衙也，十一間，東西二百尺，深一百二十尺，高九十尺。清宮史續編云：正中南向為太和殿，皇朝之正殿也，基崇二丈，殿高十有一丈（去基即為九十尺），廣十有一楹，縱五楹，上為重簷垂脊。試比較觀之，尤可見其沿襲之跡』（原書第二頁大明殿十一楹之制）。朱氏以為清太和殿與元大明殿規制相倣，而斷定其制乃沿襲元制之遺。然作者不知太和殿之前身乃明之奉天殿，殿僅九間，非十一間也。其事見孫承澤春明夢餘錄卷七：

奉天殿洪武鼎建初名也，累朝相沿，至嘉靖四十一年改名皇極殿，制九間。至於今太和殿，乃清聖祖康熙三十四年所重建，（見于敏中等編清宮史卷十一及日下舊聞考卷十一）其制已與明異，雖於元爲近，然金之大安殿亦十一間，見樓鑰北行日錄，苟以間數爲標準，亦不能斷爲承襲元制也。

（四）謂陶宗儀輟耕錄『宮城周回九里三十步』爲六里三十步之誤文

原文引陶宗儀輟耕錄（以下簡稱陶錄），『宮城周回九里三十步，南北六百十五步，東西四百八十步』，用今里制折合，以爲『九里』乃六里之誤（原書第十五頁宮城之四至）。然案陶錄首於敘述京城一節，即曰：『城方六十里，里二百四十步』，似已聲明元代里制與今世以三百六十步爲一里者異，是不能以今制度之也。案陶氏記述宮城制度，其數有二：一爲總數，即九里三十步；一爲分記之數，即東西四百八十步與南北六百十五步二數。今請案其分記之數，以二百四十步爲一里折合之，如下式所示：

$$\frac{2(\text{東西}480\text{步}+\text{南北}615\text{步})}{240\text{步}}=9\text{里}30\text{步}$$

其得數適爲九里三十步，與總數所示相符，則『九里』實非六里之誤明矣。設謂元時『九里』相當於今制六里者，其說自有成立可能，然不能謂『九里』必爲六里之誤也。證以下式，當知非誣。

$$\frac{2(\text{東西}480\text{步}+\text{南北}615\text{步})}{360\text{步}}=6\text{里}30\text{步}$$

（五）誤釋清紫禁城制度之文

關於元宮城與清紫禁城平面比較，原文謂：『宮城周六里三十步，東西四百八十步，（今紫禁城東西三百有二丈九尺五寸，合六百零六步，璧文案東西實合六百〇五步四尺五寸）南北六百十五步，（今紫禁城南北二百三十六丈二尺，合四百七十三步二尺，璧文案南北實爲四百七十二步二尺）可見南北較今之紫禁城爲長，而東西則較今之紫禁城爲狹』（原書第十七頁宮城之四至）。然以觀察所得，元城平面實較大於今之紫禁城（插圖一），以二城均爲南北較長之長方形，原書元大都宮殿圖固已明示之（案原圖紫禁城尺寸亦倒置）。設依此節所述，則元城殆爲東西較長之長方形，復與插圖互相矛盾矣。詳審其致誤之點，殆由於作者誤釋紫禁城制度之文所致。案淸宮史續編卷五一記紫禁城制度曰：『紫禁城居皇城內，周六里，廣袤一千六十八丈三尺二寸。南北長二百三十六丈二尺，東西長三百有二丈九尺五寸，高三丈』，其言『南北』長度乃指南北兩牆由東至西之長度，而『東西』則指東西兩牆由南至北之長度也，與陶錄之言『東西』及『南北』者適得其反。原陶言宮城『東西』長若干者乃指某城由東至西之長度言，即南北兩牆之長，如今言建築物之『面闊』也。其『南北』又係指全城由南至北之長度，即東西兩牆之長，如今言『進深』也。證以陶錄：

大明殿……十一間，東西二百尺，深一百二十尺。延春閣九間，東西一百五十尺，深九十尺。光天殿七間，東西九十八尺，深五十五尺。興聖殿七間，東西一百尺，深九十七尺。

所言某殿『東西』若干，『深』若干，審其形制，『東西』二字殆均指『面闊』而言可知。

（六）誤釋夾室爲今廂房

關於大明殿寢室制度，原文根據陶錄：『大明殿……寢室五間，東西夾六間，後連香閣三間，東西一百四十尺，深五

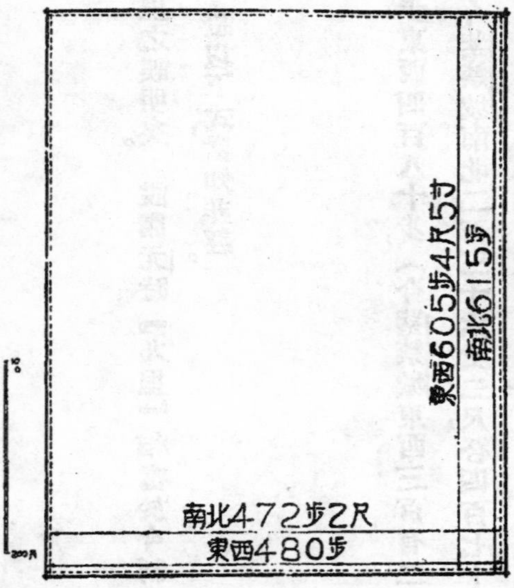

元淸宮城平面比較圖　一表示元宮城　---表示淸宮城

東西605步4尺5寸
南北615步
南北472步2尺
東西480步
200尺

插圖一

廿尺，高七十尺』以爲『東西夾』，即今之『東西廂房』，並以此點而斷定其寢室與東西夾室乃係三面相向之『三合式』建築（原書第二十四頁大明殿案第四十四頁隆福宮殿室制度及其插圖所示如大明殿延春閣興聖殿延華閣光天殿等處悉同此誤不另贅）。然徵之歷來典籍，知『夾室』之制肇源綦古，其制古者在堂內東西序之外，後世沿之而置於正室兩旁，如今所經見之『套間』（又稱耳房）者是，與『東西廂房』之在室前者，迥異其制。請撮列其證如次：

(甲) 漢劉熙釋名卷五夾室注，在堂兩頭，故曰夾也。

(乙) 宋李如珪儀禮釋宮 堂之東西牆謂之序，序之外爲夾室。

(丙) 清任啓運宮室考 堂有房，有室，有廂，有夾室。注曰：此分言堂也，堂五間，每間五架，就堂之地分爲二十區，堂爲九區，北一區爲室，東西各一區爲房，房外各一區爲廂，廂南各一區爲東西堂，又南各二區爲東西夾室。

(丁) 唐書卷二五禮儀志 元和元年七月……是月二十四日，禮儀使杜黃裳奏曰：順宗皇帝神主已升祔太廟，告祧之後，即合遞遷，中宗皇帝神主今在三穆三昭之外，準禮合於太廟從西第一夾室，每至禘祫之日，合食如常。於是祧中宗神主於西夾室，祔順宗神主焉。 十五年四月，其月禮部奏准貞觀故事，遷廟之主藏於夾室西壁南北三間，第一間代祖室，第二間高宗室，第三間中宗室。

(戊) 舊五代史卷一四二禮志 周廣順三年九月，將有事于南郊，議於東京別建太廟，時太常禮院言準洛京廟室一十五間，分爲四室，東西各有夾室。

(己) 宋李明仲營造法式卷九佛道帳 天宮樓閣共高七尺二寸……下層爲副階，中層爲平座，上層爲腰檐，檐上爲九脊殿結瓦，其殿身茶樓（有挾屋者），角樓，並六鋪作單抄重昂。

又卷十一轉輪藏 天宮樓閣三層，共高五尺，深一尺，下層副階內角樓子長一瓣，六鋪作單抄重昂，角樓挾屋長一擬。

(庚)宋周必大思陵錄下　下宮　殿門東西兩挾各一間，四椽入深二丈，各間闊一丈六尺。後殿東西兩挾各一間，六椽入深三丈各間闊一丈六尺。

又　十二月己卯後殿座提舉修內司劉慶祖申契勘本司恭奉聖旨指揮修蓋慈福宮殿堂門廊等屋宇大小計二百七十四間內……寢殿五間，挾屋二間，……後殿五間，挾屋二間。

(辛)大金集禮卷三五長白山封冊禮雜錄：大定十四年六月建畢正殿三間，正門三間，兩挾廊各二間，北廊准上惟不設門。東西兩廊各七間，東廊當中三間，就作齋廳，神廚二間，並添寢殿三間，貯廊三間。

(壬)元史卷七四祭祀志　廟制　至治元年詔增廣廟制，三年別建大殿一十五間，於今廟前，用今廟為寢殿，中三間通為一室，餘十間各為一室，東西兩旁際牆各留一間，以為夾室。

綜上而觀，施之殿堂兩側者謂之『夾室』，門兩側者謂之『挾廊』，其與今『廂房』之別，不難自明。且文字之外，其制之見於實物者，如大同下華嚴寺遼重熙七年所建薄伽教藏殿壁藏天宮樓閣所示，其正室兩旁，各有夾室一間，與之毗連，(圖版壹甲插圖二)與法式所謂『挾屋』者合，足為『夾室』非今『東西廂房』

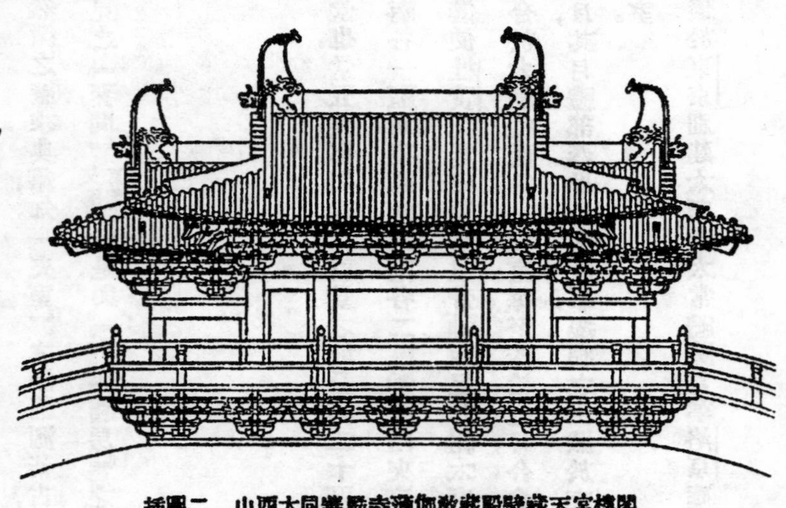

插圖二　山西大同華嚴寺薄伽教藏殿壁藏天宮樓閣

之旁證。此外魯豫江浙諸省之祠廟民居採用夾室者，指不勝屈，更無庸辯。

（七）誤引蕭錄後苑一則入於御苑

原文引蕭錄：『又後苑中有金殿，殿楹窗扉皆裹以黄金，四外盡植牡丹百餘本，高可五尺，又西有翠殿，又有花亭毬（一作毯）閣，環以綠牆獸闥，綠障鮲窗，左右分布異卉，幽芳參差映帶……苑後重繞長廡，廡後出內牆，東連海子，以接厚載門，繞長廡中皆宮娥所處之室』（原書第三十一頁御苑）一節，以入御苑，蓋仍沿闕書之誤，以爲後苑即指厚載北之御苑，言殊不知蕭氏有『東連海子以接厚載門』一語，固明示其地乃在海子（即太液池）以西，而與厚載北之御苑遠不相涉也。

（八）興聖宮小注引陶錄誤文

原文曰：『輟耕錄謂興聖門興聖殿之北門也，以禁扁考之，興聖宮正門曰興聖，左曰明華，右曰肅章；宣則（門）在延灝（樓）之北，弘慶（門）在凝暉（樓）之北，與其他宮殿制度相同，必無正門北向之理，輟耕錄誤』（原書第三十七頁興聖宮小注）。然案愚所見陶書諸刻本中，如國立北平圖藏明刊本，四庫本，津逮秘書本，民國癸亥武進陶氏影元刊本，商務印書館叢書集成據津逮秘書排印本，與古香齋本春明夢餘錄，六峰閣本日下舊聞，及乾隆刊本日下舊聞考，引錄陶文其中除明刊本日下舊聞與舊聞考三種作『北門』外，餘均作『正門』，疑『北門』必係『正門』之誤，朱氏未以他本參校，遽以爲誤，殊非。

（九）誤列興聖宮東盝頂殿旁庖室及好事房於西盝頂殿

據陶錄『東殿（案指興聖宮東盝頂殿言）之旁，有庖室三間，好事房二，各三間，獨脚門二，紅門一』。案其制有紅門及獨脚門，必係自爲一院，而在東殿之外。今朱氏仍沿闕誤而入西盝頂殿，實非（原書第四一頁興聖宮案興聖宮隆福宮西御苑圖亦未載）。案闕氏原文以陶錄『東殿』二字乃西殿之誤，故列上述建築於西殿，唯以愚所知陶錄諸刻本（參見前文）及舊聞考等書所引陶文無作西殿者，似以遵從原文爲是。

(十)遺漏興聖宮西紅門內盝頂房等

據陶錄：『興聖宮……外夾垣……西紅門一，達徽政院門內差北有盝頂房二，各三間，又北有屋二所，各三間，差南有庫一所，及屋三間，』知興聖宮外夾垣西紅門以內尚有以上之建置，原文興聖宮一章，及插圖均未收。

(十一)元健德門像片之誤

原書元大都健德門故址圖所示並非元健德門——今德勝門外西小關所在，證以愚所攝西小關及西小關外石橋照片可知（圖版壹乙丙）。

(十二)盝頂殿誤作鹿頂殿

盝頂殿之『盝』字陶錄作『盝』，兼附訓釋曰：『盝頂之制三椽，其頂若笥之平，故名；』元史元氏掖庭記，大元氈闕記，元南台備要，故宮遺錄，格古要論等書均作『鹿』。案營造法式卷十一轉輪藏經匣條有

經匣長一尺五寸，廣六寸五分，高六寸，（盝頂在內）上用趄塵盝頂，陷頂開帶，四角打卯，下陷底，每高一寸，以二分爲盝頂斜高，以一分三厘爲開帶。

一節，爲『盝頂』二字見於紀載之最早者。又攷宋史卷一一一禮志：

冊立皇后儀……仁宗冊皇后曹氏……寶用金，方一寸五分，高一寸，其文曰皇后之寶，盤螭紐，綬並絲冊寶法物約舊制爲之，匣盝並朱漆金塗銀裝。

及大金集禮卷三〇輿服下寶：

捧寶官與昇寶盝官並前進，（去寶盝蓋置于床）取寶盝升。

符寶郎一員于寶盝內取寶用金㪷奉寶進呈取旨封收，蹕畢付所司，……寶盝二重朱漆背裝以金以紅羅明金帕以戧腰輿及行馬並飾以金則寶璽匣亦用盝頂，故有『匣盝』『寶盝』之名。今清故宮交泰殿庋存寶匣猶可窺其遺制（圖版貳甲乙）。蓋宮殿屋頂有作平頂而略具斜坡向四方洩水者極類經匣寶匣之盝頂，遂以爲名。如清故宮欽安殿（圖版叁甲乙），與南海瀛臺翔鸞閣（圖版肆甲乙）及涵元殿井亭（圖版貳丙），迄今猶存其制。但『盝』字不經見，故率誤作『鹿』。著者不明建築術語，而遽加論斷，未免失之輕率。（璧文）

本社紀事

(一)調查山西陝西二省古建築

二十五年十月下旬，社員梁思成率研究生莫宗江麥儼曾等作山西省第三次調查，並經潼關入陝西；在山西境內工作縣分，有陽曲（太原市）太原趙城洪洞臨汾汾城新絳等縣；在陝西境內爲長安及咸陽二縣；於十二月上旬返平。所測繪攝影之古建築，有山西陽曲永祚寺明雙塔及大殿；太原晉祠宋聖母廟叔虞祠及其多數附屬建築，晉祠奉聖寺清初舍利塔及住持墓塔；天龍山齊隋石窟及聖壽寺；趙城縣廣勝上下二寺元代多數殿宇及明飛虹塔元代明應王殿建築及壁畫；洪洞元泰雲寺龍祥觀宋彌勒寺元火神廟明文廟東嶽廟；臨汾明平陽府文廟及臨汾縣文廟大雲寺清磚塔，雲泉宮宋正殿崇寧寺明正殿；汾陽縣文廟及城隍廟，善惠寺；新絳縣明文廟，清初武廟，明龍興寺塔，縣政府等建築。陝西境內有長安慈恩寺大雁塔，青龍寺，臥龍寺，寶慶寺明花塔及陝西省立圖書館所藏隋唐造像；咸陽周文武王陵漢武帝茂陵，霍去病墓，唐武氏順陵等。所集材料，刻正着手整理。

(二)調查河北河南山東等省古建築

二十五年十月中旬，社員劉敦楨率研究生陳明達王璧文趙法參赴河北河南山東等省調查，凡歷河北省涿新城行唐邢臺大名磁景等縣；河南省武安安陽汲滑武陟等縣；山東省滋陽濟寧肥城嘉祥等縣；於十一月下旬返平。所測繪攝影之古建築，有山東肥城縣漢孝堂山郭巨墓祠；及河北行唐縣隋封崇寺石塔；河南武陟縣五代後晉妙樂寺塔；河北景縣宋開福寺望夷塔；河南武安縣宋常樂寺塔，山東濟寧縣宋鐵塔寺鐵塔；河北新城縣遼開善寺大殿，涿縣遼東禪寺石塔磚塔；河南滑縣金明福寺塔；河北邢臺縣元開元天寧二寺墓塔二十餘座；河南安陽縣元天寧寺雷音殿及磚塔；武陟縣元法雲寺大殿等。石刻方面則調查山東嘉祥縣文廟漢畫像石；河南武安縣與河北磁縣北齊開鑿之南北響堂山石窟；河南滑縣第一第二高級小學校與同縣明福寺所藏隋唐石浮圖四處。經幢則有河南滑縣第二高級小學校唐太和六年幢；汲縣寧靜寺後晉開運二年幢；與河北行唐縣封崇寺，邢臺縣天寧寺開元寺，磁縣南響堂寺，河南武安縣常樂寺等處北宋經幢七基。

(三)測繪北平清宮苑

二十六年三月，社員梁思成率助理邵力工等仍繼續測繪文華武英等殿及宮城東西華門等處建築。

(四)中國建築設計參考圖集第七八九集出版

社員梁思成劉致平合編之中國建築設計參考圖集陸續出版者計柱礎一集，槅扇一集，雀替一集。編竣付印者有藻井屋瓦二集。

(五)明代建築大事年表出版

社員單士元主編之明代建築大事年表已於本年四月印竣，即日發行。

（六）刊印江南園林志

我國園林建築之盛，江南素推精華薈粹之區，惟歷來紀述私家園林者自李文叔而下，除趙之璧平山堂圖志，李斗揚州畫舫錄外，類多競尙詞藻，而略於圖畫。社員童寯先生嘗於休沐之暇，調查南京蘇州揚州杭州無錫嘉定上海南潯等處名園結構，著爲江南園林志一書，對於我國林園建築之平面配置與局部結構，裝修文樣等等均有詳細之論述，並輔以圖樣像片多種。現由本社刊行，以廣傳流。

（七）整理姚氏營造法原

蘇州姚補雲先生所著營造法原，乃紀述我國南方建築唯一之專著。去歲本社委託張志剛先生繪測實物，補充圖樣像片，重行編訂，約於本年內出版。

（八）重修河北趙縣大石橋

趙縣安濟橋，隋匠李春所造，主券長約三十八公尺，兩涯各嵌兩小券，構造精巧，切合近代造橋工程原則，爲世界最古之空撞券橋。去歲中央古物保管委員會撥欵三千元興修，今春冀察政委會亦擬撥欵興修。社員梁思成已與河北建設廳數度接洽，現正複勘橋基結構。至於詳細計劃，則將由淸華大學王裕光敎授設計。

（九）修理河北正定龍興寺塑壁

正定龍興寺佛香閣宋塑壁，爲海内稀有珍品，惟庚子亂後，殿閣失修，致塑壁日就損壞。本社爲保存古物起見，於二十五年九月函請管理中英庚欵董事會撥欵修葺。本年三月接該會覆函，准由保存國内固有文化史蹟古物委員會撥欵四千元，供修葺該塑壁之用。現經社員劉致平携同工匠一名再度複勘，以便設計。

（十）協助修理河南登封測景臺

去歲六月社員劉敦楨調查之河南登封縣告成鎮元郭守敬所築觀星臺，爲國内天文學重要之史蹟。現由行政院指令中央古物保管委員會與中央研究院負責修理，並由社員劉敦楨擬就計劃，着手進行。

（十一）古建築展覽

今春二月，本社借北平萬國美術會陳列室舉行中國建築展覽。計陳列漢魏迄清照片二百幅，各附以簡明說明，模型十餘件，實測圖，復古圖及工程做法補圖共十餘幅，並本社全部出版物。爲時一週，觀衆數千人。

（十二）參加修理北平古建築

本年度本社仍繼續擔任舊都文物整理實施事務處第二次工程技術顧問。

（十三）請求中華教育文化基金董事會繼續補助本社經費

致中華教育文化基金董事會函

敬啟者：敝社自受　貴會補助整理我國營造學術，已八稔於茲，所有研究成績業經分期報告在案，諒邀　鑒察。年來社中工作除仍繼續完成我國建築史外，舉凡實物調查與圖籍編製胥以切合實用為前提，而服務一門，迭受政府與國內公私團體之委託，協助北平文物整理計畫，雲岡石窟，趙縣大石橋，正定龍興寺，青島湛山寺等處重要史蹟之修復，並供給教學用與展覽用標本模型，及於上海北平二處舉行建築展覽會，圖斯學知識之普及。惟是敝社經費除經常辦公費及一部分研究員之薪俸，向於　貴會補助費內支給，與調查出版費用，每年接受管理中英庚款董事會補助費一萬八千元外，其餘薪俸與出版二項不足之數，由敝社自行籌募者，每歲且達萬元左右。際此國事蜩沸，社會經濟極端凋弊，私人集欵，原極不易，而年來義務服務工作，復紛至沓來，有增無已，遂使敝社人力經費，俱苦無以應付。竊念敝社為國內研究營造學術之唯一機關，對此類保存文化史蹟，及促進建築事業之工作，職志所在，雖屬義無反顧，然以經費竭蹶如彼，而工作之亟待推行如此，遙矚前途，實感使命之重，為此繼續申請　貴會自下年度起，每年補助敝社經費二萬元，暫以三年為度。如蒙　惠准，豈惟敝社工作得以賡續進展，抑亦全國建築界之所引領翹望者也。臨穎無任禱企。此致

中華教育文化基金董事會

中國營造學社社長朱啟鈐啟　中華民國廿六年二月廿四日

中華教育文化基金董事會復函

敬啟者：查本屆　貴社向敝會繼續聲請補助一案，經提請第十三次董事會討論，以敝會為財力所限，對於請求之欵，未能全數通過，當決議補助國幣壹萬伍千元，以為古建築調查之用，自廿六年七月起，至廿七年六月止，期限一年等因，相應函達，並檢附空白預算書兩份，即希　查收，按照通過補助數額，編製預算，於七月一日以前寄送到會，以憑審核撥欵為荷。此致

中國營造學社

中華教育文化基金董事會啟　廿六年五月十日

本社自二十五年九月起至二十六年四月底止受贈及交換各界圖籍臚列於左敬表謝悃

廈門大學	廈門大學學報第六・七期二册
輔仁大學	輔仁學誌第五卷第一・二期合刊一册
天津工商學院	工商學誌第八卷第二期一册
嶺南大學	南大工程第四卷第一期一册
	嶺南學報第五卷第一至四期三册
	嶺南大學校報第九卷第一至十四期十四册
震旦大學理工學院	理工雜誌第三卷第一期一册
國立清華大學	清華學報十一卷四期十二卷一・二期三册
國立浙江大學	土木工程第一卷第二期一册
國立武漢大學	文哲季刊五卷一至四期・六卷一期五册
國立暨南大學	暨南校刊第一九九至二〇一號各二册
廣東省立勷勤大學	勷大季刊第一卷第三期一册
國立交通大學	交大季刊第二十一・二十二期二册
交大唐山工程學院	交大唐院周刊第一三七至一五八號十一册
之江大學文理學院	之江學報第五期一册
中法大學	中法大學月刊第九卷第二至五期第十卷第一至五期八册
復旦大學文摘社	文摘第一卷第三至四期二册
廣西大學中國金屬研究會	金屬第一卷第一期一册
國立中山大學研究院	史學專刊第一卷第四期一册
國立杭州藝術專科學校	亞波羅第十七期一册
上海同濟大學	德文月刊第三卷第一期一册
金陵大學中國文化研究所	金陵學報第五卷一・二期六卷一期三册
國立中央研究院歷史語言研究所	集刊五・六本一至四分・七本一分九册
國立北平研究院	史學集刊第二期一册
中央陸軍軍官學校黃埔月刊社	黃埔第七卷第三・四期二册
燕京大學圖書館	燕京學報第二十期一册
	燕京大學圖報第九三至一〇三期八册
國立中央大學圖書館	二十四年度中文新書目錄一册
	二十四年度西文新書目錄一册
廣州大學圖書館	廣州大學圖書季刊第二卷二・三期合刊一册
	社會科學第七至十期四册
國立北京大學圖書館	國學季刊第五卷第四期第六卷第一期二册
國立北平師範大學圖書館	師大月刊第三十一期一册
國立中央圖書館籌備處	學觚第一卷第八至十期三册
國立北平圖書館	圖書季刊中文本第三卷第三・四期二册
	英文本第三卷第二・期・四期三册
河南省立圖書館	河南圖書館館刊第一至四期四册
江蘇省立國學圖書館	年刊第八・九期二册
山東省立圖書館	山東省立圖書季刊第一卷第一・二期二册
浙江省立圖書館	文瀾學報第二卷第二期一册
	圖書展望第一卷第十一・十二期第二卷第一至五期七册
安徽省立圖書館	學風六卷六至十期七卷一・二・三期六册
廣州市立中山圖書館	廣州學報第一卷第三期三册
中華圖書館協會	書林第一卷第一・二・三期三册
	圖書館學季刊第十卷第三期一册
中國博物館協會	會報第二卷第一・二・四期三册
國立北平故宮博物院	二十五年度年刊一册
	文獻叢編第三三輯至三六輯四册
	又二十六年第一・二輯二册
	故宮旬刊第一至十六號十六張
	增訂故宮圖說一册
	文獻館二十四年工作報告一册
河北博物院	河北博物院畫刊一二〇至一三五號各兩份
上海國術館	戚繼光拳經一册
	國術鑒第四卷第四・五・七三張
上海通志館	徵信錄目錄一册
中央黨史史料編纂委員會	中央黨史史料陳列館陳列史料目錄一册
世界文化合作中國協會	國家與經濟生活一册
	無線電廣播的文化教育的作用一册
中南文化協會	國貨與民衆一册
中山文化教育館	宣傳學與新聞記者一册
	時事類編第四卷第十六至二二期・第五卷第一至八期十五册
山西省立民衆教育館	月刊第三卷第九・十期合刊一册
山西省立理化實驗所	山西省立理化實驗所總報告一册
考古學社	考古學社社刊第五期一册

中國地學會	地學雜誌二十三年第二期一册
中國新建築月刊社	新建築第一・二・三期三册
中國工程師學會	工程十一卷五・六期十二卷一・二期四册
中華教育職業社	教育與職業第一七七至一八四期八册
中國牛頓社	工業五卷五至十期六卷一・二期八册
中國科學社	科學第二十卷第九至十二期第二十一卷第一至四期八册
中華學藝社	學藝第十五卷第一至五・七至九期八册
中國水利工程學會	水利十一卷三至六期十二卷一至四期八册
中國建築師學會	中國建築第二十四三至二十九期六册
上海市建築協會	建築月刊第四卷第六至十期五册
綠渠美術會	綠渠第一至三期三册
天津廣智館	廣智星期報第四〇〇號至四二二號二三張
禹貢學會	禹貢六卷一至十二期七卷一至四期十二册
中華全國道路建設協會	道路月刊第五一卷第二・三號第五二卷第五三卷第一至三號八册
文化建設月刊社	文化建設二卷十二期三卷一至七期八册
人文月刊社	人文七卷七至十期八卷一至三期七册
建設委員會	建設第二十期一册
江蘇省建設廳	江蘇建設第三卷第九至十二期第四卷第一至四期八册
財政部國定稅則委員會	上海物價二十四年年刊一册
實業部國際貿易局	國際貿易導報第八卷第七至十二期第九卷第一至四期十册
西京籌備委員會	西京勝蹟圖二幅
浙江省電話局	浙江省電話局事業報告一册
浙江反省院	馬克思剩餘價值學說之批判的研究一册
福建省縣政指導委員會	福建縣政第一卷第一・二・四・五期四册
北平市工務局	實測圓明等園遺址圖一幅
華北水利委員會	華北水利月刊第九卷第七至十二期第十卷第一・二期四册
黃河水利委員會	黃河水利月刊第三卷第六期一册
中國華洋義賑會	二十四年度賑務報告一册
北海公園委員會	北海公園風景一册
	北海公園景物略一册
	北海公園概要一册

商務印書館	編纂中國文化史之研究一册
商務印書館北平分館	明瓦當三件
孫伯恆先生	明清瓦當六件
張嘉鑄先生	元代小泥塔四個
汪申伯先生	景山亭彩畫模樣十五張
茅乃文先生	物料價值手摺一册
	乾嘉營規手摺一册
艾克先生	泉州開元寺浮彫模畫九張
	泉州開元寺雙塔圖曬印四張
	江東橋斷面圖二張
	The Twin Pagodas of Zayton.
	Structural Features of the Stone-built Ting-Pagoda.
蕭治平先生	現代日本一册
齊如山先生	山東古蹟名勝大觀第一集一册
王敬立先生	鋼骨混凝土聯拱設計
于皞民先生	博山縣孝婦祠照片一張
楊廷寶先生	北平古建築照片十四張
傅沅叔先生	恒山懸空寺壁畫照片九張
宋麟徵先生	天壇祈年殿照片一張
	天壇全景照片二張
張星梧先生	淶水縣北鄭下石佛照片二張
	淶水縣石虎照片二張
張琮庭先生	西安灃峪口張感寺道寶塔照片一張
	西安道因碑碑側拓片十二張
黃文弼先生	西安重修孔廟石經記碑碑首拓片一張
	京兆府小學規碑碑首拓片一張
朱桂辛先生	國立北平圖書館館刊八册
	文獻叢編第三二至三五輯四册
	國學月報王靜安先生專號一册
	國立中央研究院二十年度總報告一册
	國立北平研究院院務彙報二册
	故宮博物院文獻館南遷檔案文物清册一册
	湖社月刊第一百期一册
	黑龍江墾殖說略一册
	江蘇省立蘇州圖書館年刊二十五年份一册

梁思成先生
東三省鐵路圖八張
光緒戊申實測內蒙古東盟山川道里圖一張
京兆地圖二十四張
天一閣刻石七種十三張
Ostasiatische Zeitschrift 1936 3/4.
行政研究四冊
新杭州導游一冊
整理海河治標工程進行報告書一冊
Aperçu Sur la Modernisation des Villes de Chine.

東京帝國大學文學部
滿鮮地理歷史研究報告第十五冊一冊

東京帝國大學史學會
史學雜誌第四七卷第九至十二號第四八卷第一至四號八冊

京都帝國大學史學研究會
史林第二一卷第四號第二二卷第一號二冊

東京文理科大學大塚史學會
史潮第六卷第三號第七卷第一號三冊

廣島文理學院史學研究會
史學研究第八卷第三號一冊

早稻田大學理工學部建築科
早稻田建築學報第十至十三號四冊

東方文化學院東京研究所、
東方學報第六編副編一冊第七編一冊

東方文化學院京都研究所
東方學報第七編一冊
戰國式銅器の研究一冊
左傳賈服注攟逸一冊
日清役後支那外交史一冊
昭和十年度東洋史研究文獻類目一冊

日本帝室博物館
昭和十年度年報一冊

日本帝國美術院美術研究所
美術研究第五十二號至第六十三號十二冊

東京考古學會
考古學年刊一九三四・一九三五年份二冊
考古學第八卷第一至四號四冊

考古學研究會
考古學論叢第三・四號二冊

考古學會
考古學雜誌第二六卷第十至十二號第二七卷第一至四號七冊

建築學會
建築雜誌第六一六號至六二五號八冊文附刊論文集五冊

國際建築協會
國際建築第十二卷第九至十二號第十三卷第一至四號八冊

日本建築士會
日本建築士第十九卷第三至六號第二十卷第一至四號八冊

滿洲建築協會
滿洲建築雜誌第十六卷第九至十二號第十七卷第一至四號八冊

滿洲技術協會
會誌第九〇至九七號八冊

日本支那學社
支那學第八卷第四號一冊

飛鳥園
東洋美術第二十三號一冊

翰林書房
ミネヴア昭和十一年第八・九號十二年第一號三冊

朝鮮總督府
朝鮮昭和十二年第一至四號四冊

日本東亞經濟調查局
東亞九卷九至十二號十卷一至四號八冊

田邊泰先生
金鑽神社多寶塔に就て一冊
傳甲良豐後守宗廣の本像就ひて一冊
關東地方に於ける神社建築一冊
關東地方に於ける佛教建築一冊
本朝儒教建築の起原及び特質に就て一冊
鹿島神宮建築考一冊

小杉一雄先生
飛鳥時代に於ける大陸系の舍利安置法に就て一冊

蘇聯中央建築圖書館
建築業一九三六年第八至十二號一九三七年第一號六冊
弔橋建築之將來一冊
數種小型飛船場之木拱一冊
洋灰及洋灰鐵筋(論文索引)一冊
建築之機械及技術之工具(論文索引)一冊
建築事業之組織與生產(論文索引)一冊
(以上六種均為俄文)

TheRoyal Institute of British Architects. Journal of R.I.B.A. Vol.43. Journal of R.I.B.A. Vol.44 No.1-9.

The Association of Chinese & American Engineers. Journal of A.C.A.E. Vol.17 No.5,6. Vol.18. No. 1,2.

The Toyo Bunko. Memoirs of the Research Department of the Toyo Bunko. No.8.

Harvard-Yenching Institute. Harvard Journal of Asiatic Studies. Vol.1. No3,4.

The American Oriental Society. Journal of The American Oriental Society. Vol.56. No.2-4.

Bibliothèque Sino-Internationale. Orient et Occident. Vol.2. No.4-8.

中國營造學社發售古建築照片及圖版啟事

本社近年來蒐集古建築照片數千餘張，承國內外各學術機關，迭次函索，以廣流傳。茲經理事會議決；凡在本社彙刊及不定期刊物中業經發表之照片圖版，得收價代印。如欲訂購此項照片圖版者，請賜函本社事務室接洽爲荷。

簡章

(一)凡託本社代印照片及圖版，均甚歡迎，但以在本社刊物中業經發表者爲限。

(二)凡發表著作，引用本社照片圖版時，須預先徵求本社同意，翻印時並須註明引用本社刊物之名稱。

(三)凡各學術機關託印照片及圖版，須來函指定書名及某卷某期某號圖版，並須按照定價將款匯下，方能代辦。

(四)照片一律用黑色磁面印晒，如須特種紙面者，祈預先聲明。

(五)凡外埠託印照片總價在貳元以內者，酌收郵費貳角，貳圓以上免收。惟歐美各國照郵章加入。

(六)照片及鋅版圖價格如後；

放大照片

四吋每張　三角

五吋每張　四角

六吋每張　五角

八吋每張　一元

十二吋每張　二元

晒印照片

六乘六公分每張　一角

六乘九公分每張　一角五分

九乘十二公分每張　二角

鋅版圖(一六○磅道林紙印)

八開紙每張　三角

十六開紙每張　二角

36472

中國營造學社彙刊　第六卷　第四期

定價壹圓　郵費國內日本朝鮮八分　香港澳門歐美六角

中華民國二十六年六月出版

編輯兼發行者　中國營造學社　北平中山公園內　電話南局二五三六號

印刷者　京城印書局　北平和平門內北新華街　電話南局三五七〇號

製版者　華昌製版局　前外李鐵拐斜街路北　電話南局二六二三號

寄售處
北平天津南京西安濟南永興紙行
北平琉璃廠來薰閣
北平琉璃廠商務印書館
南京成賢街鍾山書局
上海福州路二七一號作者書社
北平北京飯店法文圖書館
北平隆福寺街修綆堂文奎堂
天津北馬路直隸書局

BULLETIN OF THE SOCIETY FOR RESEARCH IN CHINESE ARCHITECTURE

Volume VI. Number 4.

June, 1937.

Published by the Society at Chung-shan Kung-yuan, Peiping. China.